21世纪高职高专土建系列技能型规划教材

建筑工程测量

主　编　赵　昕

副主编　张　营　杨凤华　张丽丽　石奉华

参　编　张建国　郑　焱

主　审　王怀海

内容简介

本书是“21 世纪全国高职高专土建系列技能型规划教材”之一。本书以测量的基本理论和概念为基础，以基本技能技术和应用方法为主要内容，以突出测量技术在实际工程中的应用为核心，加强了实践环节的教学内容。

本书共分 13 个项目，主要内容包括测量基本知识、水准测量、角度测量、距离测量与直线定向、全站仪及其应用、小区域控制测量、大比例尺地形图的测绘与应用、施工测量的基本工作、施工场地的控制测量、民用建筑施工测量、工业建筑施工测量、道路工程测量和建筑物变形观测与竣工测量。每个项目都有与知识点相对应的引例和应用案例，具有较强的实用性和针对性。

本书可作为高职高专院校建筑工程技术、工程监理、工程造价和建筑测绘等土建类专业的教材，也可作为相关工程技术人员培训、自学的参考用书。

图书在版编目(CIP)数据

建筑工程测量/赵昕主编. —北京：北京大学出版社，2018.1

21 世纪高职高专土建系列技能型规划教材

ISBN 978-7-301-28757-6

Ⅰ. ①建…　Ⅱ. ①赵…　Ⅲ. ①建筑测量—高等职业教育—教材　Ⅳ. ①TU198

中国版本图书馆 CIP 数据核字（2017）第 218461 号

书　　名　建筑工程测量
　　　　　　JIANZHU GONGCHENG CELIANG

著作责任者　赵　昕　主编

策划编辑　杨星璐

责任编辑　刘健军　杨星璐

标准书号　ISBN 978-7-301-28757-6

出版发行　北京大学出版社

地　　址　北京市海淀区成府路 205 号　100871

网　　址　http://www.pup.cn　新浪微博：@北京大学出版社

电子信箱　pup_6@163.com

电　　话　邮购部 010-62752015　发行部 010-62750672　编辑部 010-62750667

印 刷 者　天津中印联印务有限公司

经 销 者　新华书店

787 毫米×1092 毫米　16 开本　22 印张　521 千字

2018 年 1 月第 1 版　2021 年 2 月第 2 次印刷

定　　价　50.00 元

前　言

建筑工程测量是高职高专土建类专业的一门主要专业课，重点讲解建筑工程测量的基本知识、测量仪器的使用、建筑工程实地测设以及施工测量和变形观测等内容。对培养学生的专业和岗位能力具有重要的作用。

为突出高职高专职业教育特色和人才培养质量，本书在编写中突出了以下特点。

(1) 教材内容以必需、够用为原则，优化教材结构，整合教材内容，强化施工测量知识，调整后的体系能更适合高职高专教学的要求。

(2) 本书密切结合工程实际，引入较多的全站仪、GPS 等新技术和新方法，符合现行的建筑工程测量规范及验收规范。

(3) 本书具有较强的实用性和针对性。编写时力求严谨、规范，内容精练，叙述准确，通俗易懂。

(4) 与之配套的《建筑工程测量实训》(第 2 版)教材，突出项目化实训特色，方便了实践教学的实施。

本书由赵昕任主编，张营、杨凤华、张丽丽和石奉华任副主编。项目 1、5、6 由济南工程职业技术学院赵昕编写；项目 2、11、12 由济南工程职业技术学院张营编写；项目 3、10 由济南工程职业技术学院杨凤华编写；项目 4、8 由济南工程职业技术学院张丽丽编写；项目 7 由河北农业大学石奉华编写；项目 9 由济南鲁恒建筑有限公司郑焱编写；项目 13 由山东正元建设工程有限公司张建国编写；全书由赵昕统稿并定稿。

本书建议安排 108 学时，各项目参考理论和实践教学学时如下。

教学单元	课程内容	学时分配		
		总学时	理论教学	实践教学
项目 1	测量基本知识	4	4	
项目 2	水准测量	10	6	4
项目 3	角度测量	12	6	6
项目 4	距离测量与直线定向	6	4	2
项目 5	全站仪及其应用	8	4	4
项目 6	小区域控制测量	8	4	4
项目 7	大比例尺地形图的测绘与应用	10	4	6
项目 8	施工测量的基本工作	8	4	4
项目 9	施工场地的控制测量	6	4	2
项目 10	民用建筑施工测量	12	6	6
项目 11	工业建筑施工测量	8	6	2
项目 12	道路工程测量	10	6	4
项目 13	建筑物变形观测与竣工测量	6	4	2
合计		108	62	46

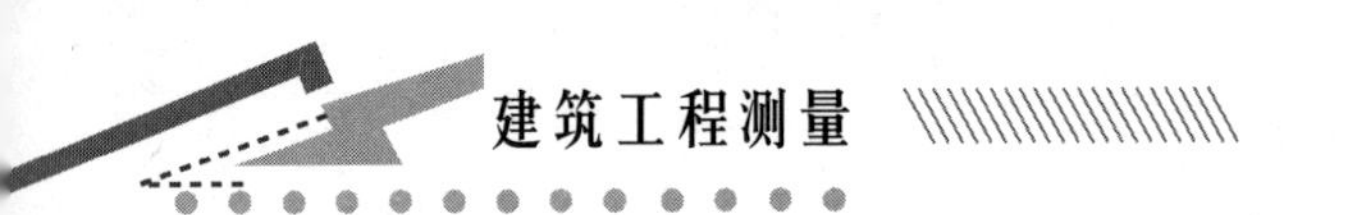

济南市建委王怀海对本书进行了审核，在此致以诚挚的谢意！编写中参考了书后所附多种文献，在此向原作者表示感谢！还得到了北京大学出版社和编写者所在单位的大力支持，在此也一并致谢！

由于编者水平有限，编写时间紧迫，书中难免存在疏漏和不足之处，恳请读者批评指正。

编　者

2017 年 7 月

CONTENTS

目录

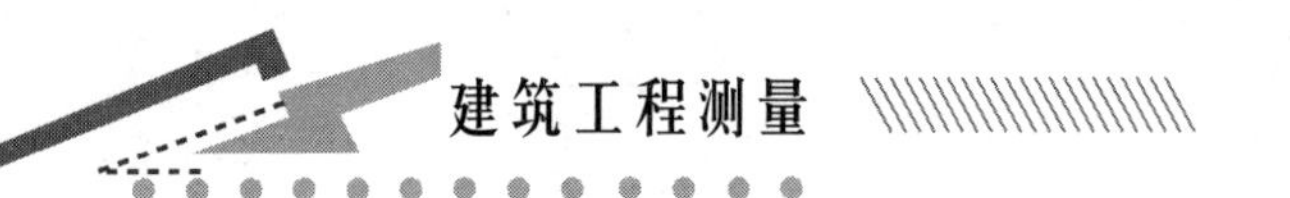

项目1

测量基本知识

学习目标

通过本项目的学习，要求明确建筑工程测量的定义和主要任务；理解测量工作的基准面；掌握确定地面点位和高程的方法；了解地面点的坐标、空间直角坐标系、用水平面代替水准面的范围；熟悉测量的基本工作和基本原则；初步认识测量误差的来源及分类；理解评定精度的标准和计算方法。

能力目标

知 识 要 点	能 力 要 求	相 关 知 识
建筑工程测量的任务	明确建筑工程测量的任务	测量学、建筑工程测量学的定义
地面点位的确定	(1) 掌握确定地面点位的原理和方法	测量工作的基准面、地理坐标、高斯平面直角坐标、空间直角坐标系的定义及应用
	(2) 理解绝对高程、相对高程和高差的含义	
	(3) 熟悉测量学中的独立直角坐标系	
	(4) 领会用水平面代替水准面的限度	
测量工作概述	熟悉测量的基本工作和基本原则	测量的三要素、测量的工作程序
测量误差概述	(1) 了解产生误差的原因	真误差、系统误差、偶然误差、粗差的定义，偶然误差的特性
	(2) 理解测量误差的分类	
衡量精度的标准	理解衡量观测值精度的标准和方法	中误差、容许误差、相对中误差的定义和使用

学习重点

确定地面点位的方法、地面点位的高程、评定精度的标准。

最新标准

《工程测量规范》(GB 50026—2007)；《建筑变形测量规程》(JGJ 8—2016)。

引 例

国家测绘局 2005 年测定的珠穆朗玛峰高度是 8844.34m，你认为此高度是指从峰底到峰高的铅垂距离吗？目前所有测量仪器都是在水平面上进行测量的，而地球是曲面体，其测量结果是否满足测量精度？测量的三项基本工作是什么？……一系列有关测量问题将是本项目阐述的主要内容。本项目对工程测量的任务、地面点位的确定、测量误差的来源与处理、测量精度如何评定以及测量的基本工作进行了系统阐述，这也是本书的基础知识，深刻领会本项目内容是学好建筑工程测量的前提和基础。

1.1 建筑工程测量的任务

测量学是研究如何量测地球或者地球局部区域的形状、大小和地球表面的几何形状及其空间位置，并把量测结果用数据或图形表示出来的科学。

建筑工程测量是测量学的一个重要组成部分，它是建筑工程在勘测设计、施工建设和组织管理等阶段，应用测量仪器和工具，采用一定的测量技术和方法，根据工程施工进度和质量要求，完成应进行的各种测量工作。建筑工程测量的主要任务有如下几项。

1. 测绘大比例尺地形图

依据各种图例符号和规定的比例尺，运用各种测量仪器和工具，把工程建设区域内的地貌和地物测绘成地形图，并把建筑工程所需的数据用数字表示出来，为工程建设的规划设计提供必要的图纸和资料。

2. 建筑物施工放样

将拟建建(构)筑物的位置和大小按照设计图纸所给定的条件和有关数据，为施工做出实地标志而进行的测量工作，为施工依据、质量控制、工程验收、修缮与维护等提供资料。

3. 建筑物的沉降变形观测

对于一些大型的、重要的建(构)筑物在施工过程中和组织管理中，还要定期对工程稳定性进行观测，以便及时掌握其沉降、位移、倾斜、裂缝和挠度等变形情况等。采用动态监测的手段，及时采取相应的技术措施，以确保工程安全。同时也为改进设计、施工提供科学的依据。

建筑工程测量工作可分为两类：①测定，就是将地球表面局部区域的地物、地貌按一定的比例尺缩绘成地形图，作为建筑规划、设计的依据；②测设，就是将图纸上规划、设计好的建筑物、构筑物的位置，按设计要求标定到地面上，作为施工的依据。

测量工作贯穿于工程建设的整个过程，测量工作的质量直接关系到工程建设的进度和质量。所以，每一位从事工程建设的人员，都必须掌握必要的测量知识和技能。

施工阶段测量工作的主要内容有：施工前的场地平整测量，建(构)筑物的定位、放线测量，施工阶段的基础工程和主体砌筑中的施工测量，构件安装测量，工程后期的竣工测量以及建(构)筑物的变形观测等。

1.2 地面点位的确定

1.2.1 测量工作的基准面

地球表面是一个不规则的曲面，其表面错综复杂，有陆地、海洋，有高山、低谷，所以地球表面不是一个单一的规则面。地球表面约71%的面积被海洋覆盖，陆地面积仅占地球总面积的29%。为了表示所测地面点位的高低位置，应在施测场地确定一个统一的起算面，这个面称为基准面。

1. 水准面和水平面

人们设想以一个静止不动的海水面延伸穿越陆地，形成一个闭合的曲面包围整个地球，这个闭合曲面称为水准面。

水准面的特点是水准面上任意一点的铅垂线都垂直于该点的曲面。

与水准面相切的平面，称为水平面。

2. 大地水准面

水准面有无数个，其中与平均海水面相吻合的水准面称为大地水准面，它是测量工作的基准面。大地水准面是水准面中特殊的一个，且具有唯一性。

由大地水准面所包围的形体，称为大地体。

3. 参考椭球面

由于地球内部物质分布不均匀，引起地面各点的铅垂线方向不规则变化，所以大地水准面是一个有微小起伏的不规则曲面，不能用数学公式来表达。因此，测量上选用一个和大地水准面非常接近，并能用数学公式表达的面作为基准面。这个基准面是一个以椭圆绕其短轴旋转的椭球面，称为参考椭球面，它包围的形体称为参考椭球体或称参考椭球。

中国目前采用的2000国家大地坐标系的参考椭球参数值为

长半轴 a=6378137m

扁率 f=1/298.257222101

地心引力常数 GM=$3.986004418\times10^{14}\text{m}^3/\text{s}^2$

自转角速度 ω=7.292115×10^{-5}rad/s

由于参考椭球的扁率很小，所以当测区面积不大时，可把这个参考椭球近似看作半径为 6371km 的圆球。

测量工作就是以参考椭球面作为计算的基准面，并在这个面上建立大地坐标系，从而确定地面点的位置。

确定地面点的位置需要有一个坐标系，测量工作的坐标系通常建立在参考椭球面上，因此参考椭球面就是测量内业工作的基准面。建筑工程测量地区面积一般不会太大，对参考椭球面与大地水准面之间的差距可以忽略不计。测量仪器均用铅垂线作为安置的依据，其测量数据沿铅垂线方向传至大地水准面上。因此在实际测量中将大地水准面作为测量工作的基准面。由于铅垂线是很容易求得的，而水准面、水平面可以根据铅垂线直接确定，所以一般把铅垂线作为测量工作的基准线。

1.2.2 确定地面点位的方法

地球表面上的点称为地面点，不同位置的地面点有不同的点位。测量工作的实质就是确定地面点的点位。如图 1-1 所示，设想地面上不在同一高度上的 A、B、C 三点，分别沿着铅垂线投影到大地水准面 P'上，得到相应的投影点 a'、b'、c'，这些点分别表示地面点在地球面上的相对位置。

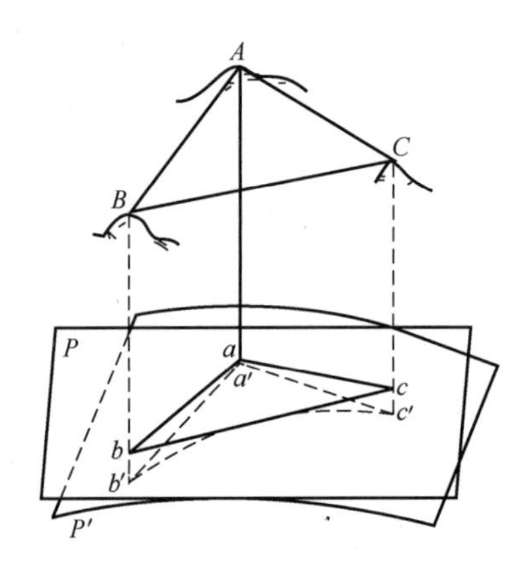

图 1-1 地面点位确定

如果在测区中央内作大地水准面 P'的相切平面 P，A、B、C 三点的铅垂线与水平面 P 分别相交于 a、b、c，这些点则表示地面点在水平面上的相对位置。

由此可见，地面点的相对位置可以用点在水准面或者水平面上的位置以及点到大地水准面的铅垂距离来确定。

测量工作总是要把测定或测设的地物和地貌归结为一些特征点，将这些特征点的位置测出和标定，即可绘出地形图，或在地面上标定它们的位置。

1.2.3 地面点的高程

地面点的高程是指地面点到基准面的铅垂距离。由于选用的基准面不同而有不同的高程系统。

1. 绝对高程

地面点到大地水准面的铅垂距离称为该点的绝对高程，用 H 表示。如图 1-2 所示，H_A、H_B 分别表示地面点 A、B 的高程。

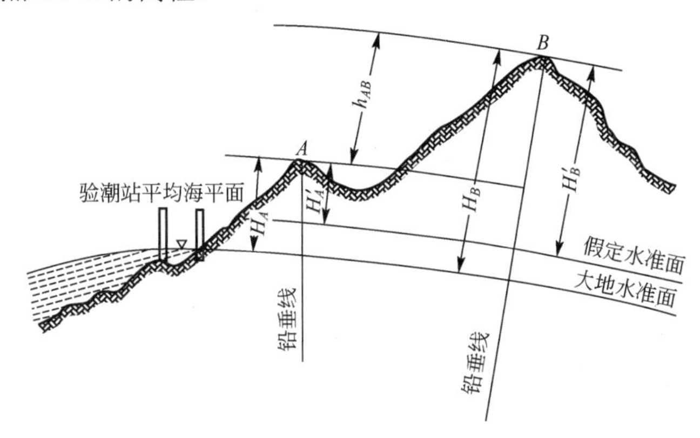

图 1-2　高程和高差

目前，我国以 1953—1977 年青岛验潮站资料确定的平均海水面作为绝对高程基准面，称为“1985 年国家高程基准”。并在青岛建立了国家水准原点，其高程为 72.260m。

2. 相对高程

局部地区采用国家高程基准有困难时，可以采用假定水准面作为高程起算面。相对高程又称“假定高程”，是以假定的某一水准面为基准面，地面点到假定水准面的铅垂距离称为相对高程。如图 1-2 所示，H'_A、H'_B 分别表示 A、B 两点的相对高程。

地面两点的高程之差称为高差，用 h 表示。A、B 两点间的高差为

$$h_{AB}=H_B-H_A \tag{1-1}$$

或

$$h_{AB}=H'_B-H'_A \tag{1-2}$$

当 h_{AB} 为正时，表示 B 点高于 A 点；当 h_{AB} 为负时，表示 B 点低于 A 点。

B、A 两点间的高差为

$$h_{BA}=H_A-H_B \tag{1-3}$$

或

$$h_{BA}=H'_A-H'_B \tag{1-4}$$

由此可见，A、B 的高差与 B、A 的高差绝对值相等，符号相反，即 $h_{AB}=-h_{BA}$。

特别提示

在建筑设计中，每一个独立的单项工程都有它自身的高程起算面，称为 ±0.00。一般取建筑物首层室内地坪标高为 ±0.00，建筑物各部位的高程都是以 ±0.00 为高程起算面的相对高程，称为建筑标高。

例如，某建筑物 ±0.00 的绝对高程为 40.00m，一层窗台比 ±0.00 高 0.90m，通常说窗台标高是 0.90m，而不再写窗台高程是 40.90m。

1.2.4　地面点的坐标

地面点的坐标常用地理坐标或者平面直角坐标来表示。

1. 地理坐标

地理坐标是指用经度(λ)和纬度(φ)表示地面点位置的球面坐标，如图 1-3 所示。经度是从本初子午线(即指通过格林尼治天文台的子午线)起算，分为东经(向东 0°～180°)和西经(向西 0°～180°)。纬度是从赤道起算，分北纬(向北 0°～90°)和南纬(向南 0°～90°)。

我国位于地球的东半球和北半球，所以各地的地理坐标都是东经和北纬。例如北京的地理坐标为东经 116°28′，北纬 39°54′。地理坐标常用于解算大地问题，研究地球形状和大小，编制地图、火箭和卫星发射及军事方面的定位及运算等。

2. 平面直角坐标

地理坐标是球面坐标，在实际工程建设规划、施工中若利用地理坐标会带来诸多不便。为此，须将球面坐标按照一定的数学法则归算到平面上，即测量工作中所称的投影。我国采用的是高斯投影法。

1) 高斯平面直角坐标

利用高斯投影法建立的平面直角坐标系，称为高斯平面直角坐标系。在广大区域内确定点的平面位置，一般采用高斯平面直角坐标。

高斯投影法是将地球按 6°的经差分为 60 个带，从首子午线开始自西向东编号，东经 0°～6°为第 1 带，6°～12°为第 2 带，以此类推，如图 1-4 所示。

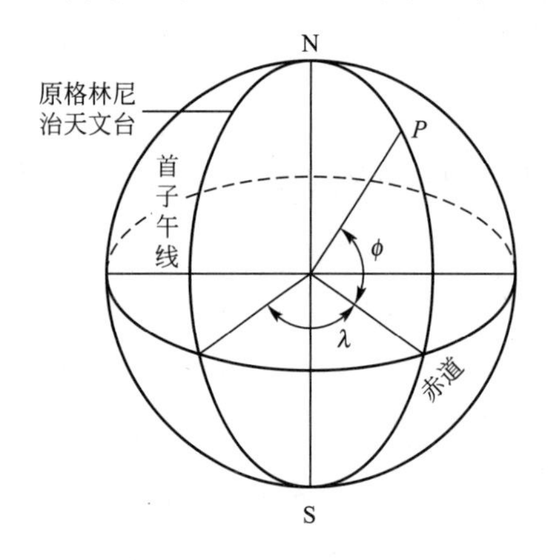

图 1-3　地理坐标

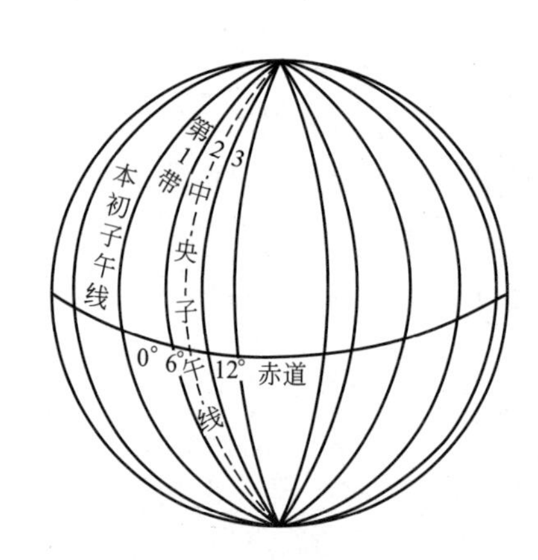

图 1-4　高斯坐标系

位于每一带中央的子午线称为中央子午线，第一带中央子午线的经度为 3°，则任一带中央子午线的经度λ_0与带号 N 的关系为

$$\lambda_0=6^\circ N-3^\circ \tag{1-5}$$

为了方便理解，把地球看作球体，并设想把投影平面卷成圆柱体套在地球上，使圆柱体面与某 6°带的中央子午线相切，如图 1-5(a)所示。在球面图形与柱面图形保持等角的条件下将球面图形投影到圆柱面上，然后将圆柱体沿着通过南北极的母线剪开，并展成平面。展开后的平面称为高斯投影面，其投影如图 1-5(b)所示。投影后，中央子午线为一直线，且长度保持不变，其他子午线和纬线均成为曲线。选取中央子午线为坐标纵轴 x，取与中

央子午线垂直的赤道作为坐标横轴 y，两轴交点为坐标原点 O，从而构成使用于这一带的高斯平面直角坐标系，规定 x 轴向北为正，y 轴向东为正，坐标象限按顺时针编号。

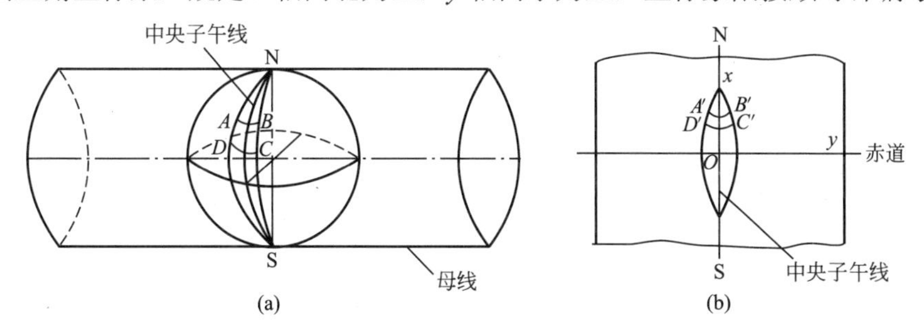

图 1-5　高斯投影面

在高斯投影中，除了中央子午线以外，球面上其余的曲线，投影后都会发生变形。离中央子午线越远，长度变形越大，因此，当要求投影变形更小时，可采用 3° 带。3° 带是从东经 1° 30′起，每隔经度 3° 划分为一带，整个地球划分为 120 个带，如图 1-6 所示。每带中央子午线经度 λ'_0 与带号 n 的关系为

$$\lambda'_0=3n \tag{1-6}$$

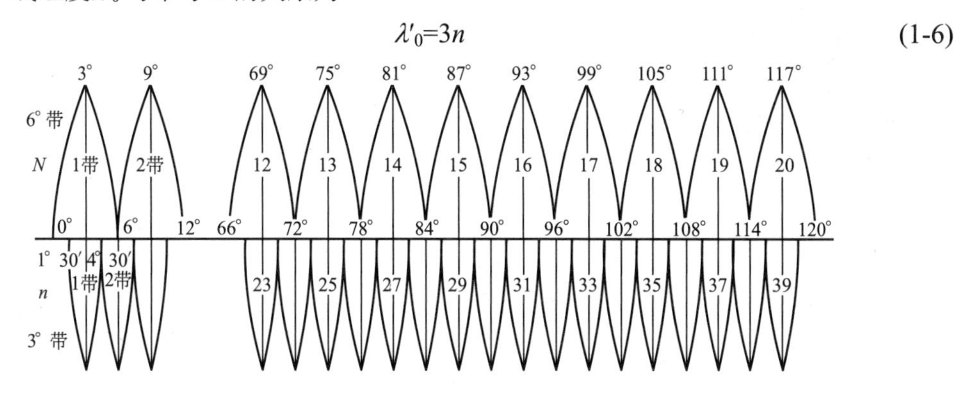

图 1-6　中央子午线经度带划分

由于我国位于北半球，所以在我国范围内，所有点的 x 坐标均为正值，而 y 坐标则有正有负，如图 1-7 所示。为了使 y 坐标不出现负值，将每带的坐标原点西移 500km。为了确定某点所在的带号区域，规定在横坐标之前冠以带号。例如：纵轴西移前，y_A=+136780m，y_B=−272440m；纵轴西移后，y_A=(500000+136780)m=636780m，y_B=(500000−272440)m=222560m。设 A、B 位于第 20 带中，则 y_A=20636780m，y_B=20222560m，分别表示离 20 带中央子午线向东 136.780km 和向西 272.440km 处。

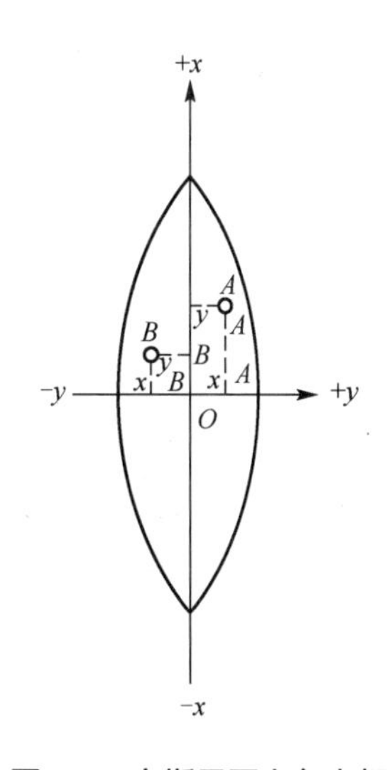

图 1-7　高斯平面直角坐标

目前，我国以陕西泾阳县永乐镇为坐标原点进行定位，称为“1980 年国家大地坐标系”。

2) 独立平面直角坐标

当测区范围较小时，可以不考虑地球曲率的影响，而将大地水准面看作水平面，并在平面上建立独立直角坐标系。这样，地面点在大地水准面上的投影位置就可以用平面直角坐标来确定，如图 1-8 所示。

测量上选用的独立平面坐标系，规定纵坐标轴为 x 轴，向北为正方向；横坐标为 y 轴，向东为正方向，坐标原点一般选在测区的西南角，避免任意点的坐标均为正值。坐标象限按顺时针标注，如图 1-9 所示。

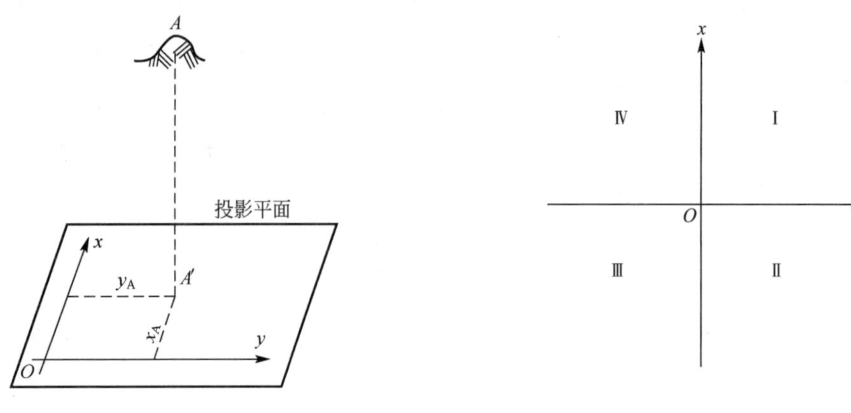

图 1-8　独立平面直角坐标　　　图 1-9　坐标象限

特别提示

测量学上的坐标与数学上的坐标在纵横轴和象限划分上是不一样的。数学上坐标的横轴为 x 轴，向右为正，纵轴为 y 轴，向上为正，而坐标象限则是按逆时针方向标注的。所以要对测量学和数学的坐标系加以区别。

1.2.5　空间直角坐标系

目前，随着卫星大地测量技术的发展，采用空间直角坐标系来表示空间点位，已在多个领域中得到应用。空间直角坐标系是将地球的中心作为原点 O，x 轴指向格林尼治子午面与地球赤道的交点 E，z 轴指向地球北极，过 O 点与 xOz 面垂直，按右手法则确定 y 轴方向，如图 1-10 所示。

1.2.6　用水平面代替水准面的范围

当测区范围小，用水平面取代水准面所产生的误差不超过测量容许误差范围时，可以用水平面取代水准面。但是在多大面积范围内才容许这种取代，有必要加以讨论。假定大地水准面为圆球面，下面将讨论用水平面取代大地水准面对距离、角度和高程测量的影响。

1. 对水平距离的影响

如图 1-11 所示，设地面上 A、B、C 三点在大地水准面上的投影分别是 a、b、c 三点，过点 a 作大地水准面的切平面，地面点 A、B、C 在水平面上的投影分别为 a'、b'、c'。设 ab 的弧长为 D，ab'的长度为 D'，球面半径为 R，D 所对应的圆心角为θ，则用水平长度 D' 取代弧长 D 所产生的误差为

$$\Delta D = D' - D = R\tan\theta - R\theta = R(\tan\theta - \theta) \tag{1-7}$$

在小范围测区θ角很小。$\tan\theta$可用级数展开，得

$$\tan\theta = \theta + \frac{1}{3}\theta^3 + \frac{5}{12}\theta^5 + \cdots$$

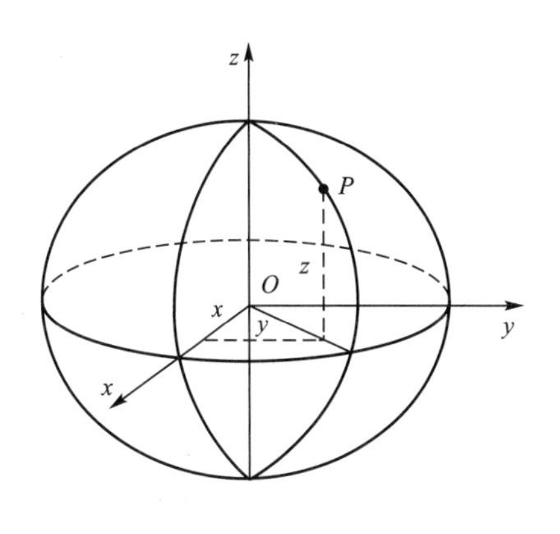

图 1-10　空间直角坐标

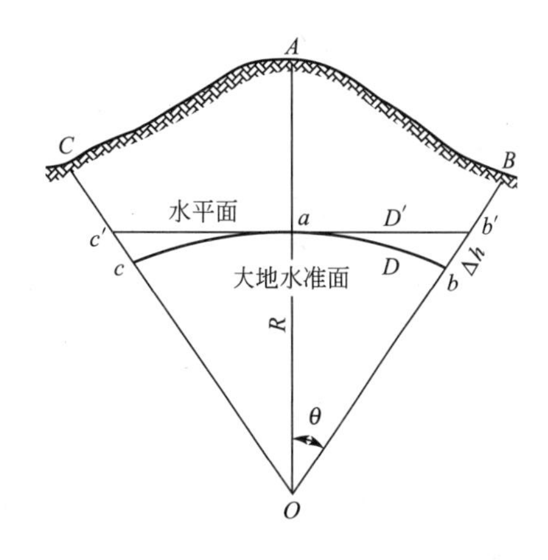

图 1-11　水平距离与球面距离差

因 D 比 R 小得多，θ 角又很小，只取级数前两项代入式(1-7)中，得

$$\Delta D = R\left(\theta+\frac{1}{3}\theta^3-\theta\right)=\frac{R}{3}\theta^3$$

将$\theta=\dfrac{D}{R}$代入上式中，得

$$\frac{\Delta D}{D}=\frac{D^2}{3R^2} \tag{1-8}$$

地球平均半径 R=6371km，用不同的 D 值代入式(1-8)中得到如表 1-1 的结果。

表 1-1

D/km	ΔD/cm	$\Delta D/D$	D/km	ΔD/cm	$\Delta D/D$
1	0.00	—	15	2.77	1/541000
5	0.10	1/4871000	20	6.57	1/304000
10	0.82	1/1218000	50	102.65	1/48700

计算表明两点相距 10km 时，用水平面代替大地水准面产生的误差为 0.82m，相对误差为 1/1218000，相当于精密量距精度的 1/1100000。所以在半径为 10km 的测区内，可以用水平面取代大地水准面，其产生的距离投影误差可以忽略不计。

2. 对水平角测量的影响

如图 1-12 所示，球面上为一个三角形 ABC，设球面多边形面积为 P，地球半径为 R，通过对其测量可知，球面上多边形内角之和比平面上多边形内角之和多一个球面角超ε。其值可用多边形面积求得。

$$\varepsilon=\rho\frac{P}{R^2} \tag{1-9}$$

其中，ρ=206265″。

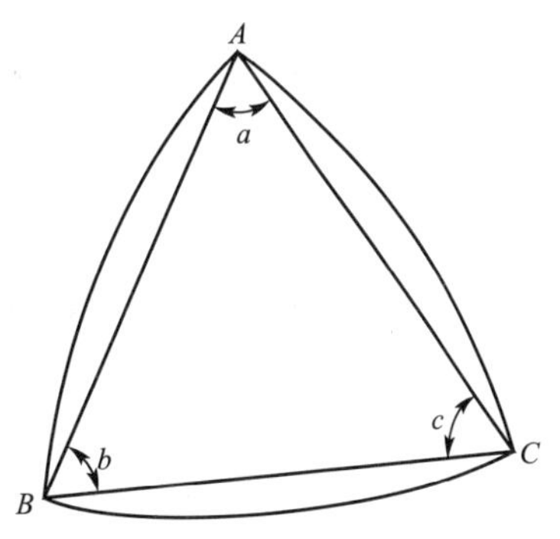

图 1-12　球面三角形与平面三角形的角度差

球面多边形面积 P 取不同的值，球面角超ε得到相应的结果，见表 1-2。

表 1-2

P/km^2	10	50	100	300
ε/″	0.05	0.25	0.51	1.52

当测区面积为 100km^2 时，用水平面取代大地水准面，对角度影响最大值为 0.51″，对于土木工程测量而言在这样的测区内可以忽略不计。

3. 对高程的影响

如图 1-11 所示，以大地水准面为基准面的 B 点绝对高程 $H_B=Bb$，用水平面代替大地水准面时，B 点的高程 $H'_{\rm B}=Bb'$，两者之差Δh 就是对点 B 高程的影响，也称地球曲率的影响。在 Rt$\triangle Oab'$中，得知

$$(R+\Delta h)^2=R^2+D'^2 \tag{1-10}$$

推导可得

$$\Delta h=\frac{D'^2}{2R+\Delta h} \tag{1-11}$$

D 与 D'相差很小，可以用 D 代替 D'，Δh 相对于 $2R$ 很小，可以忽略不计，则

$$\Delta h=\frac{D^2}{2R} \tag{1-12}$$

对于不同的 D 值产生的高差误差见表 1-3。

表 1-3

D/km^2	0.05	0.1	0.2	1	10
Δh/mm	0.2	0.8	3.1	78.5	7850

计算表明，地球曲率对高差影响较大，即使在不长的距离如 200m，也会产生 3.1mm 的高程误差，所以高程测量中应考虑地球曲率的影响。

用水平面代替水准面，关于对水平距离、水平角和高程影响过程的推导仅作参考，但其结论非常重要。

1.3 测量工作概述

1.3.1 测量的基本工作

地面点位可以用它在投影面上的坐标和高程来确定。地面点的坐标和高程一般并非直接测定，而是间接测定的，或者说是传递来的。首先在测区内或测区附近要有已知坐标和高程的点，然后测出已知点和待定点之间的几何位置关系，继而推算出待定点的坐标和高程。

如图 1-13 所示，设 A、B 为已知点，C 点为待定点，A、B、C 三点在平面上的投影分别为 a、b、c 三点。在$\triangle abc$ 中，ab 是已知边，只要测得一条未知的边长和一个水平角(或者两个水平角，或者两个未知边的边长)，即可推算出 C 点的坐标。由此可见，测定地面点

的坐标主要是测量水平距离和水平角。

欲求 C 点的高程，只要测出 h_{AC}(或 h_{BC})，根据已知点 A 或 B 就可推算出 C 点的高程，所以测定地面点的高程主要是测量两点间的高差。

因此，水平距离、水平角和高差是确定地面点位的三个基本要素。距离测量、角度测量和高程测量是测量的三项基本工作。

测量工作按其性质可分为外业(野外作业)和内业(室内作业)两种。外业工作的内容包括应用测量仪器和工具在测区内进行测定和测设工作。内业工作时将外业观测成果或按照图纸要求的放样数据加以整理、计算、绘图等以便使用。

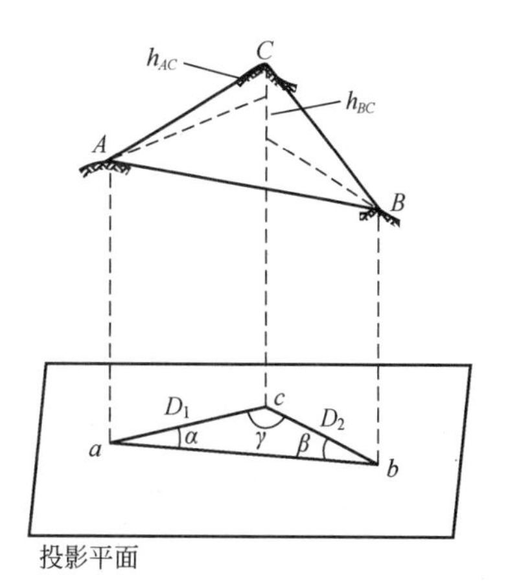

图 1-13 水平面代替水准面高程影响

测定时一般遵守“先外业后内业”的工作程序；测设时一般遵守“先内业后外业”的工作程序。对于较为复杂的工程而言，外业和内业工作是双向交叉进行的。

1.3.2 测量工作的基本原则

进行建筑工程测量时，需要测定(或测设)许多特征点或碎步点的坐标和高程。如果从一个特征点开始至下一个特征点逐一进行施测，尽管能够确定各待定点的位置，但由于测量中不可避免地存在误差，会导致前一个点的测量误差传至下一点，这样累积起来的误差就有可能超出容许误差范围。另外逐点传递的测量效率也很低。施工测量人员的工作既要保证工程的质量，也要跟上工程施工的进度，为此测量工作必须按照一定的原则进行。

“从整体到局部，先控制后碎步，由高精度到低精度”是测量工作应遵循的基本原则之一。施工测量首先应对施测场地布设整体控制网，用较高的精度控制全区域，在其控制的基础上，再进行各局部碎步点的定位测设。这种方法不但可以减少碎步点测量误差积累，而且可以同时在各个控制点上进行碎步测量，从而提高测量工作效率。

施工测量还必须遵守“重检查，重复核”的原则。在控制测量或碎步测量中都有可能发生错误，小错误会影响工程质量，大错误则会造成返工浪费，甚至导致无法挽回的损失，因而在实际操作与计算中均应步步设防，采取校核手段，检查已进行的工作有无错误，从而找出错误并加以改正，保证各个工作环节可靠，以确保工程质量。

1.4 测量误差概述

从测量工作的实践中可以看出：对于某一量进行多次观测时，无论测量仪器和工具多么精密和先进，观测人员多么认真细致，其测量结果之间总是存在差异。这说明观测之中不可避免地存在测量误差。

1.4.1 测量误差产生的原因

测量误差有许多方面的原因，概括起来主要有以下三个方面。

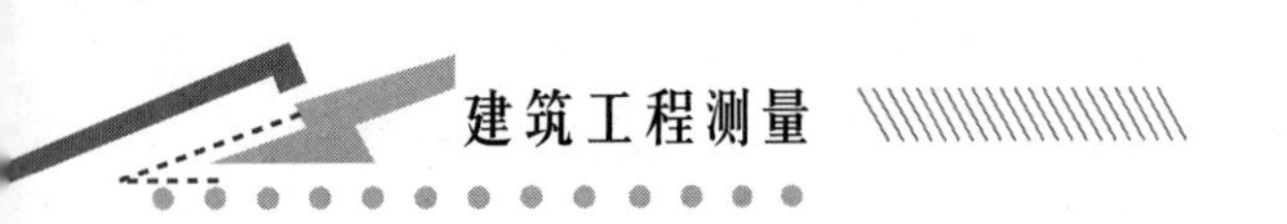

1. 仪器误差

使用的仪器在构造及制造工艺诸方面不十分完善，尽管经过了检验和校正，但还有可能存在残留误差，因此不可避免地会给观测值带来影响。

2. 观测误差

由于观测者的感觉器官鉴别能力的限制，在进行测量时都有可能产生一定的误差。同时观测者操作技术、工作态度也会对观测值产生影响。

3. 外界条件的影响

由于测量时外界自然条件(如温度、湿度、风力等)的变化，也会给观测值带来误差。

观测者、测量仪器和观测时的外界条件是引起观测误差的主要因素，通常称为观测条件。观测条件相同的各次观测，称为等精度观测，观测条件不同的各次观测称为非等精度观测。在工程测量中多采用等精度观测。

综上所述，任何一个观测值都含有误差。为此，必须对误差做进一步的了解和研究，以便对不同的误差采取不同的措施，达到消除或减少误差的目的。

1.4.2 测量误差分类

测量误差按其观测结果影响性质的不同，可分为系统误差和偶然误差两大类。

1. 系统误差

在相同的观测条件下，对某量进行一系列观测，如果观测误差在大小和符号上均相同，或者按照一定规律变化，那么这种误差就称为系统误差。例如，将 30m 的钢尺与标准尺比较，其尺长误差 3mm，用该钢尺丈量 30m 的距离，就会有 3mm 的误差，若丈量 60m，就有 6mm 的误差。就一段而言，其误差为固定的常数，就全长而言，其误差与丈量的长度成正比。

系统误差具有积累性，对测量成果影响甚大，但它的符号和大小又具有一定的规律性。一般可采用观测值加改正数或者选择适当的观测方法来消除或减少其影响。

2. 偶然误差

在相同的观测条件下，对某量进行一系列观测，如果观测误差在大小和符号上都不一致，从其表面上看没有任何规律性，这种误差则称为偶然误差。例如读数时，估计的数值比正确数值可能大一点，或者小一点，因而产生读数误差；照准目标时可能偏离目标的左侧或右侧而产生照准误差。这类误差在观测前无法预测，也不能用观测方法消除，它的产生是由于许多偶然因素的综合影响。

在测量工作中，由于观测者粗心大意，可能发生错误，如看错目标，读错数字，记错、算错等，这些产生的误差统称为粗差。粗差在观测中是不允许出现的，为了避免粗差，及时发现错误，除测量人员要细心工作外，还必须采用适当的方法进行检核，以保证观测结果的正确性。

在观测成果中，系统误差和偶然误差同时存在，由于系统误差可用通过计算改正或采取适当的观测方法消除，所以观测成果中主要是偶然误差的影响。因此误差理论主要是针对不可避免的偶然误差而言，为此需要对偶然误差的性质做进一步探讨。

3. 偶然误差的特性

偶然误差从表面上看没有任何规律性，但是随着对同一量观测次数的增多，大量的偶然误差就会显现出一定的统计规律性，观测次数越多，其规律性就愈加明显。例如，在相同条件下，观测了162个三角形的全部内角，由于观测值中存在偶然误差，三角形内角观测值之和 l 不等于真值 X(三角形内角和的真值为180°)，真值与观测值之差，称为真误差$\varDelta$。即

$$\varDelta=X-l \tag{1-13}$$

任一个观测量，客观上存在一个能代表其真正大小的数值，称为该量的“真值”。使用仪器或工具对某一个观测量进行直接观测，所得的数值，称为该量的“观测值”。

由式(1-13)算出162个真误差，再按照误差的绝对值大小划分范围，排列于表1-4中。

表1-4

误差区间	正误差个数	负误差个数	总数
0".0～0".2	20	20	40
0".2～0".4	18	18	36
0".4～0".6	16	13	29
0".6～0".8	10	12	22
0".8～1".0	9	8	17
1".0～1".2	5	6	11
1".2～1".4	1	3	4
1".4～1".6	1	2	3
1".6 以上	0	0	0
总和	80	82	162

在其他测量结果中也显示出上述同样的规律，通过大量实验统计，结果表明，偶然误差存在以下特性。

(1) 在一定的观测条件下，偶然误差的绝对值不会超过一定的限值。

(2) 绝对值小的误差比绝对值大的误差出现的可能性大。

(3) 绝对值相等的正误差与负误差出现概率相等。

(4) 偶然误差的平均值随观测次数的增加而趋近于零，即

$$\lim_{n\to\infty}\frac{[\varDelta]}{n}=0$$

式中　n——观测次数。

其中，$[\varDelta]=\varDelta_1+\varDelta_2+\cdots+\varDelta_n$。

由偶然误差的特性可知，但对某量有足够的观测次数时，其偶然误差的正负误差可以相互抵消。因此，可以采用多次观测取其结果的算术平均值作为最终的结果。

1.5 衡量精度的标准

精度又称精密度，是指对某一个量的多次观测中，其误差分布的密集或离散的程度。在一定的观测条件下进行一组观测，若观测值非常集中，则精度高；反之，则精度低。例如，有两组对于同一个三角形的内角各做 10 次观测，其真误差列于表 1-5 中。从表中不难看出，第一组的真误差分布相对密集，第二组真误差分布较为离散，所以第一组的观测精度比第二组的观测精度要高。但在实际工作中，这种方法既麻烦又不便应用，为了易于正确比较各观测值的精度，通常用下列几种指标，作为衡量精度的标准。

表 1-5

第一组					第二组				
次数	观	测	值	真误差Δ	次数	观	测	值	真误差Δ
	°	′	″	″		°	′	″	″
1	179	59	57	+3	1	180	00	00	0
2	180	00	02	−2	2	180	00	01	−1
3	180	00	04	−4	3	180	00	07	−7
4	179	59	58	+2	4	179	59	58	+2
5	180	00	00	0	5	179	59	59	+1
6	180	00	04	−4	6	179	59	59	+1
7	179	59	57	+3	7	180	00	08	−8
8	179	59	58	+2	8	180	00	00	0
9	180	00	03	−3	9	179	59	57	+3
10	180	00	01	−1	10	180	00	01	−1

1.5.1 中误差

在相同的观测条件下，对某未知量进行 n 次观测，其观测值为 l_1，l_2，…，l_n，相应的真误差为Δ_1，Δ_2，…，Δ_n。则中误差为

$$m=\pm\sqrt{\frac{[\Delta\Delta]}{n}} \tag{1-14}$$

式中 m——观测值的中误差，又称为标准差。

其中，$[\Delta\Delta]=\Delta_1^2+\Delta_2^2+\cdots+\Delta_n^2$。

由式(1-14)中可以看出中误差与真误差之间的关系。中误差不等于真误差，它仅是一组真误差的代表值，中误差 m 值的大小反映了这组观测值精度的高低。因此，一般都采用中误差作为衡量观测质量的标准。

在一组等精度观测值中，虽然它们的真误差各不相同，但每一观测值的中误差均为 m。

例 1-1 试根据表 1-5 中所列数据，分别计算各组观测值的中误差。

解：第一组观测值的中误差为

$$m_1=\pm\sqrt{\frac{3^2+(-2)^2+(-4)^2+2^2+0^2+(-4)^2+3^2+2^2+(-3)^2+(-1)^2}{10}}=\pm2.7''$$

第二组观测值的中误差为

$$m_2=\pm\sqrt{\frac{0^2+(-1)^2+(-7)^2+2^2+1^2+1^2+(-8)^2+0^2+3^2+(-1)^2}{10}}=\pm6.6''$$

$m_1<m_2$，说明第一组的精度高于第二组的精度。

1.5.2 容许误差

在一定观测条件下，偶然误差的绝对值不应超过的限值，称为容许误差，又称为限差或极限误差。根据误差理论和实践证明，在一组大量的等精度观测中，绝对值大于两倍中误差的偶然误差出现的概率为 5%；而绝对值大于三倍中误差的偶然误差出现的概率仅为 0.3%。例如表 1-6 中列出的 40 个三角形各自内角和对应的真误差。根据真误差可以算出观测值的中误差为

$$m=\pm\sqrt{\frac{[\Delta\Delta]}{n}}=\pm\sqrt{\frac{3252.68}{40}}=\pm9.0''$$

表 1-6

三角形编号	真误差Δ ″	三角形编号	真误差Δ ″	三角形编号	真误差Δ ″	三角形编号	真误差Δ ″
1	+1.5	11	−13.0	21	−1.5	31	−5.8
2	−0.2	12	−5.6	22	−5.0	32	+9.5
3	−11.5	13	+5.0	23	+0.2	33	−15.5
4	−6.6	14	−5.0	24	−2.5	34	+11.2
5	+11.8	15	+8.2	25	−7.2	35	−6.6
6	+6.7	16	−12.9	26	−12.8	36	+2.5
7	−2.8	17	+1.5	27	+14.5	37	+6.5
8	−1.7	18	−9.1	28	−0.5	38	−2.2
9	−5.2	19	+7.1	29	−24.2	39	+16.5
10	−8.3	20	−12.7	30	+9.8	40	+1.7

从表 1-6 可以看出，偶然误差的绝对值大于中误差 9″的有 14 个，占总数的 35%；绝对值大于两倍中误差 18″的仅有 1 个，仅占 2.5%，而绝对值大于三倍中误差的没有出现。因此，在观测次数不多的情况下，可以认为大于三倍中误差的偶然误差实际上是不可能出现的。所以通常以三倍中误差作为偶然误差的容许误差，即

$$\Delta_{容}=3m \tag{1-15}$$

如一观测值的偶然误差超过三倍中误差时，可以认为此观测值中含有粗差，不符合精度要求，应予舍去并重测。

当测量精度要求较高时，往往以两倍中误差作为容许误差，即

$$\Delta_{容}=2m \tag{1-16}$$

1.5.3 相对中误差

真误差、中误差和容许误差，仅仅是表示误差本身的大小，都是绝对误差。衡量测量成果的精度，在某些情况下，利用绝对误差评定观测值的精度，并不能准确地反映观测的质量。例如，丈量两段距离，D_1=200m，中误差 m_1=±1cm，D_2=30m，中误差 m_2=±1cm，尽管 $m_1=m_2$，但不能说明这两段丈量精度相同，显然，前段精度远高于后段丈量精度，这时就应采用相对中误差 K 来作为衡量精度的标准。

相对中误差 K 就是据对误差的绝对值与相应测量结果，并以分子为 1 的分数形式表示，即

$$K=\frac{|m|}{D}=\frac{1}{D/|m|} \tag{1-17}$$

在上例中

$$K_1=\frac{0.01}{200}=\frac{1}{20000}$$

$$K_2=\frac{0.01}{30}=\frac{1}{3000}$$

显然，前者精度远高于后者，所以相对中误差能确切地评定距离测量的精度。

在实际工程中有些量不能直接观测，而是与直接观测量构成一定的函数关系计算出来。这种观测值中误差与观测值函数中误差之间关系的定律为误差传播定律，它主要包括一般函数的误差传播和线性函数的误差传播。因误差传播定律及利用改正数求得观测中误差平差的方法在实际工程中应用较少，难度也较大，故本项目将不再赘述。

1.6 计算中数字的凑整规则

测量计算过程中，一般都存在数值取位的凑整问题。由于数值取位的取舍而引起的误差称为凑整误差。为了尽量减弱凑整误差对测量结果的影响，避免凑整误差的积累，在计算中通常采用如下凑整规则。

若以保留数字的末位为单位，当其后被舍去的部分大于 0.5 时，则末位进 1；当其后被舍去的部分小于 0.5 时，则末位不变；当其后被舍去的部分等于 0.5 时，则末位凑成偶数，即末位为奇数时进 1，为偶数或零时末位不变(五前单进双不进)。

例如，将下列数据取舍到小数点后三位。

3.14159→3.142

3.51329→3.513

9.75050→9.750

4.51350→4.514

2.854500→2.854

1.258501→1.259

上述的凑整规则对于被舍去的部分恰好等于五时凑成偶数的方法做了规定,其他情况与一般计算中的“四舍五入”规则基本相同。

本项目小结

本项目讲述的主要内容包括：建筑工程测量的任务、地面点位的确定方法、测量工作的一般概念和测量误差的原因、分类及评定精度的标准等。

在学习建筑工程测量的任务中，要理解测量学的定义和建筑工程测量的三项任务。对于测量工作的基准面、绝对高程、相对高程、高差、经度、纬度、平面直角坐标系等测量学的基本词汇应理解并牢记。能够掌握地面点位确定的原理和方法，而对地理坐标、高斯平面直角坐标系、空间直角坐标系只做一般性了解即可。

要熟悉测量的三要素，即水平距离、水平角和高差；掌握测量的三项基本工作，即距离测量、角度测量和高程测量。在此基础上要领会测量工作的基本原则。

明确测量误差的存在和产生的主要原因，明晰系统误差、偶然误差、粗差的界定，牢记真误差、中误差、容许误差和相对中误差的定义及应用，能够区别正确与错误的界限，掌握精度评定的方法和标准，为后续项目学习和实践打下基础。

习题

一、单项选择题

1. 测量学的任务是(　　)。

A. 高程测量　　B. 角度测量　　C. 距离测量　　D. 测定和测设

2. 确定地面点位关系的基本元素是(　　)。

A. 竖直角、水平角和高差　　B. 水平距离、竖直角和高差

C. 水平角、水平距离和高差　　D. 水平角、水平距离和竖直角

3. 测量上所说的正形投影，要求投影后保持(　　)。

A. 角度不变　　B. 长度不变　　C. 角度和长度都不变

4. 我国现在采用的1980年大地坐标系的大地原点设在(　　)。

A. 北京　　B. 上海　　C. 西安　　D. 青岛

5. 自由静止的海水面向大陆、岛屿内延伸而成的闭合曲面称为水准面，其面上任一点的铅垂线都与该面相垂直。与平均海水面相重合的水准面称为大地水准面。某点到大地水准面的铅垂距离称为该点的(　　)。

A. 相对高程　　B. 高差　　C. 标高　　D. 绝对高程

6. 位于东经116°28′、北纬39°54′的某点所在6°带带号及中央子午线经度分别为(　　)。

A. 20、120°　　B. 20、117°　　C. 19、111°　　D. 19、117°

7. 某点所在的6°带的高斯坐标值为 x_m=366712.48m，y_m=21331229.75m，则该点位于(　　)。

A. 21带、在中央子午线以东　　B. 36带、在中央子午线以东

C. 21带、在中央子午线以西　　D. 36带、在中央子午线以西

8. 目前中国建立的统一测量高程系和坐标系分别称为(　　)。水准原点在山东青岛，大地原点在陕西泾阳。

A. 渤海高程系、高斯平面直角坐标系

B. 1956 高程系、北京坐标系

C. 1985 国家高程基准、1980 国家大地坐标系

D. 黄海高程系、84WGS

9. 从测量平面直角坐标系的规定可知(　　)。

A. 象限与数学坐标象限编号顺序方向一致

B. x 轴为纵坐标轴，y 轴为横坐标轴

C. 方位角由横坐标轴逆时针量测

D. 东西方向为 x 轴，南北方向为 y 轴

10. 测量工作的基本原则是从整体到局部、从高级到低级和(　　)。

A. 从控制到碎部　　B. 从碎部到控制

C. 控制与碎部并行　　D. 测图与放样并行

11. 测量误差按其性质分为系统误差和偶然误差(随机误差)。误差的来源为(　　)。

A. 测量仪器构造不完善　　B. 观测者感觉器官的鉴别能力有限

C. 外界环境与气象条件不稳定　　D. A、B 和 C

12. 水准尺分划误差对读数的影响属于(　　)。

A. 系统误差　　B. 偶然误差　　C. 粗差　　D. 其他误差

13. 等精度观测是指(　　)的观测。

A. 允许误差相同　　B. 系统误差相同

C. 观测条件相同　　D. 偶然误差相同

14. 测得两个角值及中误差为$\angle A$=22°22′10″±8″和$\angle B$=44°44′20″±8″，据此进行精度比较，得(　　)。

A. 两个角精度相同　　B. $\angle A$ 精度高

C. $\angle B$ 精度高　　D. 相对中误差 $K_A>K_B$

15. 偶然误差具有(　　)。

①累积性；②有界性；③小误差密集性；④符号一致性；⑤对称性；⑥抵偿性。

A. ①②④⑤　　B. ②③⑤⑥　　C. ②③④⑥　　D. ③④⑤⑥

二、思考题

1. 测量学的概念是什么？建筑工程测量的任务是什么？

2. 测量的基准面有哪些？各有什么用途？

3. 测量学中的平面直角坐标系与数学中的平面直角坐标系有何不同？

4. 如何确定地面点的位置？

5. 什么是水平面？用水平面代替水准面，对水平距离、水平角和高程分别有何影响？

6. 什么是绝对高程？什么是相对高程？什么是高差？已知 H_A=36.735m，H_B=48.386m，求 h_{AB} 和 h_{BA}。

7. 测量的基本工作是什么？测量工作的基本原则是什么？

8. 误差的产生原因、表示方法及其分类是什么？

9. 系统误差和偶然误差有什么不同？在测量工作中对这两种误差应如何处理？

10. 衡量观测结果精度的标准有哪几种？各有什么特点？

能力评价体系

知识要点	能 力 要 求	所占分值(100 分)	自评分数
建筑工程测量的任务	明确建筑工程测量的任务	8	
地面点位的确定	(1)掌握确定地面点位的原理和方法	12	
	(2)理解绝对高程、相对高程和高差的含义	12	
	(3)熟悉测量学中的独立直角坐标系	10	
	(4)领会用水平面代替水准面的限度	14	
测量工作概述	熟悉测量的基本工作和基本原则	10	
测量误差概述	(1)了解产生误差的原因	8	
	(2)理解测量误差的分类	12	
评定精度的标准	理解评定观测值精度的标准和方法	14	
总分		100	

项目 2

水 准 测 量

学习目标

测量地面点高程的测量工作，称为高程测量。高程测量根据所使用的仪器和施测方法不同，分为：水准测量(leveling)、三角高程测量(trigonometric leveling)、气压高程测量(air pressure leveling)、GPS 测量 (GPS leveling)。

水准测量是高程测量中最基本的和精度较高的一种测量方法，在国家高程控制测量、工程勘测和施工测量中被广泛采用。

本项目主要介绍了水准测量的原理和方法、水准仪的技术操作和检验校正、水准测量误差的影响与消除方法，并介绍了三、四等水准测量和精密、自动安平、数字水准仪，重点内容包括水准测量原理、水准器的作用和分划值、水准仪的技术操作和检验校正、水准测量的施测程序与成果检验、闭合差调整、误差的消除方法以及三、四等水准测量。本项目的难点为水准测量施测程序与成果检验、闭合差调整及误差的消除方法。

能力目标

知识要点	能力要求	相关知识
水准测量原理	具备灵活应用水准测量方法的能力	高差、高差法、视线高法
水准仪的构造及使用	(1) 掌握水准仪各组成部分的名称和功能	水准仪的组成、视准轴、圆水准器轴、水准管轴、水准仪的操作程序、粗平、瞄准、精平、读数
	(2) 理解水准仪四条主要轴线	
	(3) 理解圆水准器与水准管的作用	
	(4) 熟练掌握水准仪的操作步骤及方法	
	(5) 掌握水准仪的读数方法	

续表

知识要点	能力要求	相关知识
普通水准测量	(1) 了解水准点及点之记的意义	水准点、点之记、水准路线、转点、变动仪器高法、双面尺法
	(2) 理解不同水准路线布设的作用	
	(3) 掌握普通水准测量的观测方法	
	(4) 熟练掌握水准测量手簿的填写	
水准测量误差及注意事项	(1) 了解产生误差的原因	仪器误差、观测误差、外界环境的影响
	(2) 掌握消除不必要误差的方法	
水准测量成果计算	(1) 理解闭合差及闭合差容许值	闭合差、闭合差容许值、高差闭合差调整的原则、水准路线成果计算步骤
	(2) 掌握三种水准路线的成果计算方法及步骤	
	(3) 掌握闭合及附合水准测量成果计算表的填写	
水准仪的检验与校正	(1) 掌握水准仪的主要轴线及满足的条件	水准仪四条主要轴线及满足的条件、圆水准器、十字丝横丝、水准管的检验及校正
	(2) 掌握水准仪的检验方法及校正操作	

学习重点

水准测量原理、水准仪的构造及使用、水准测量施测方法、水准测量内业计算。

最新标准

《工程测量规范》(GB 50026—2007)；《国家三、四等水准测量规范》(GB/T 12898—2009)。

引例

你能找到你所在大学校园里的已知水准点吗？根据已知水准点利用水准仪可以测量你所使用的教学楼首层地面的绝对高程。你了解水准仪吗？会正确使用它吗？如何进行水准测量和成果计算？通过本项目的学习，你将会对上述问题迎刃而解。

2.1 水准测量在工程中的应用

土木工程地形图测绘、地质勘测、工程施工、竣工验收以及工程变形监测过程中，水准测量都是十分重要的工作之一。对水准测量技术在工程中应用的研究，将提高工程勘测施工质量，提升工程整体质量水平，并保证工程建设工期和投资效率。如图 2-1 所示为测量工人在施工现场进行水准测量。

图 2-1　测量工人在施工现场进行水准测量

随着我国经济的高速发展，国家及民间企业开始加大对基础设施的投入，这也加大了对测绘技术的运用，测绘新技术及测量仪器开始变得越来越精密，水准仪已逐步从传统的机械式发展到现在的自动安平水准仪、数字水准仪等，测量的速度和效率也有很大幅度的提升。现今，在测量地面点的高程上水准测量开始被 GPS 代替，GPS 水准测量在工程中应用也越来越普遍。但在实践中，确定绝大多数高等级地面控制的高程依然使用精密的水准测量。

2.1.1　抄平测量

施工中，常常需要同时测设一些同一设计标高的点，如设置水平桩，我们把这一工作称为施工现场的抄平(图 2-2)。在地势平坦的地区，利用视线高法的原理，安置一次仪器就可以测出许多同一标高的点。

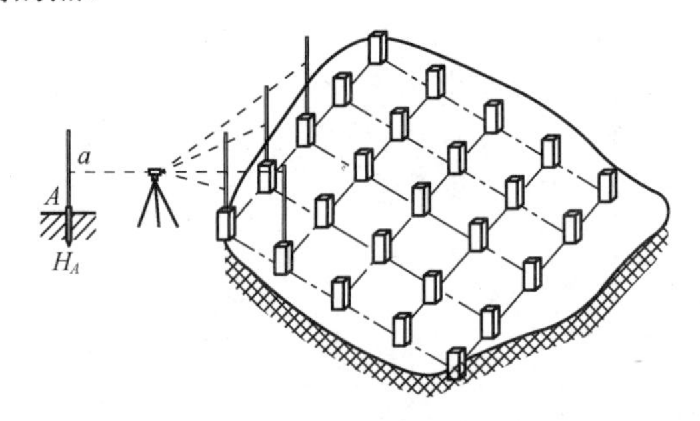

图 2-2　水准测量抄平

2.1.2　高程传递

在测量的实际工作中，有时会碰到两点高差较大的情况，如开挖较深的基槽或将高程引测到建筑物的楼顶处，这时可采取水准测量来传递高程，施工中常用的是吊钢尺法(图 2-3)和接力法(图 2-4)。

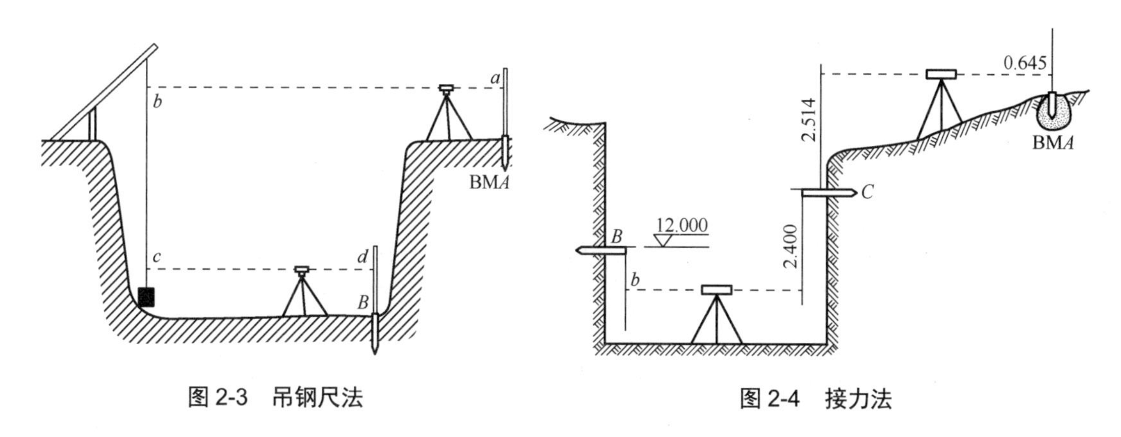

图 2-3　吊钢尺法　　　　图 2-4　接力法

2.1.3　坡度的测设

在进行道路、排水沟等工程施工时，需要按一定的坡度施工，这种情况下，就需要在地面上测设出坡度，以满足施工的要求。如图 2-5 所示为坡度测设。

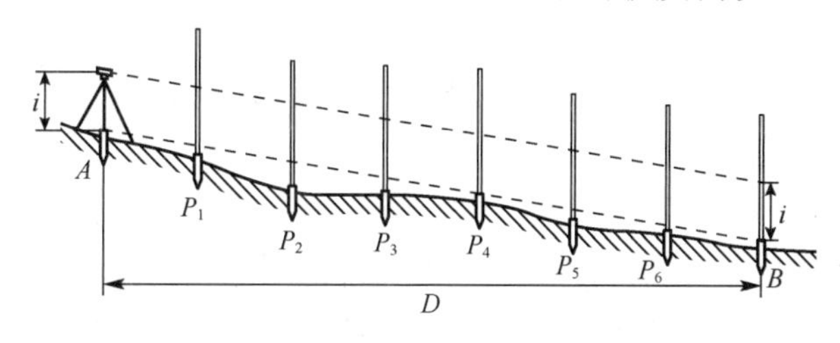

图 2-5　坡度测设

2.1.4　道路纵断面测量(中平测量)

纵断面测量通常以相邻两水准点为一测段，从一个水准点出发，逐点测量各中桩的高程，再附合到另一水准点上，进行校核。如图 2-6 所示为中平测量。

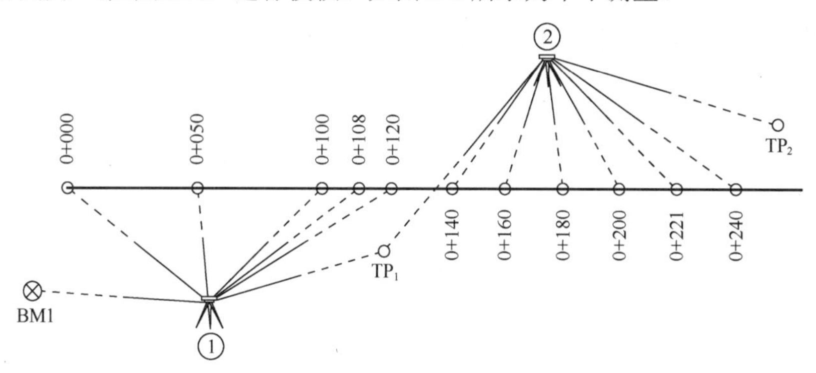

图 2-6　中平测量

2.1.5　道路横断面测量

在中线各整桩和加桩处，垂直于中线的方向，测出两侧地形变化点至道路中线的距离和高差，依此绘制的断面图，称为横断面图。横断面反映的是垂直于道路中线方向的地面起伏情况，它是计算土石方和施工时确定开挖边界等的依据。如图 2-7 所示为道路横断面测量。

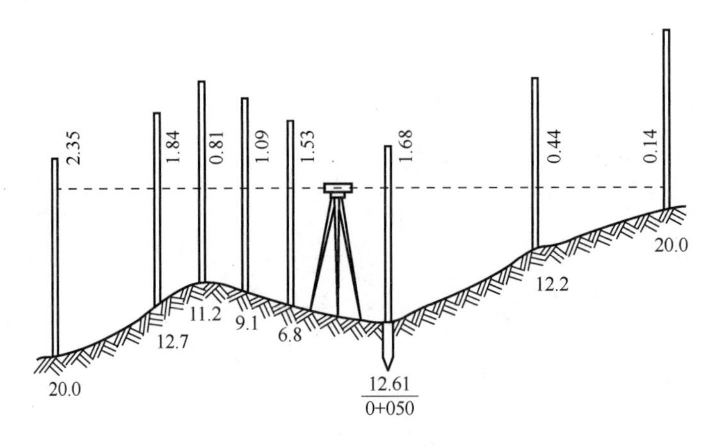

图 2-7　道路横断面测量

以上水准测量在工程中的应用，具体内容在第 9 章施工测量的基本工作及第 12 章道路工程测量中将进行讲解。

2.2　水准测量原理及方法

2.2.1　水准测量原理

水准测量原理是利用水准仪提供一条水平视线，借助竖立在地面点上的水准尺，直接测定地面上各点的高差，然后根据其中一点的已知高程推算其他各点的高程。

如图 2-8 所示，已知地面 A 点的高程为 H_A，如果要测得 B 点的高程 H_B，就要测出两点的高差 h_{AB}。

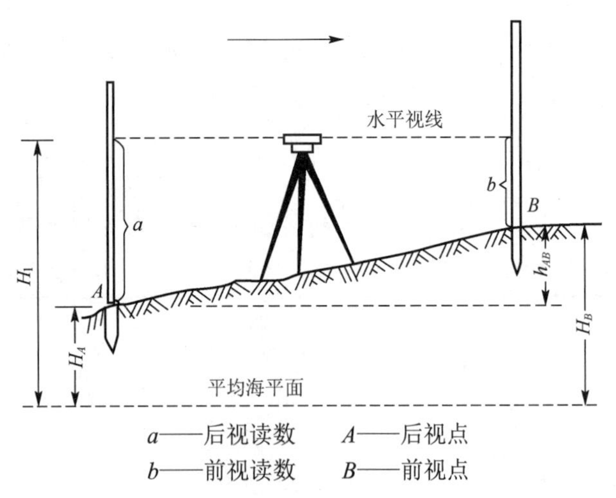

图 2-8　水准测量原理

欲测定 A、B 两点间的高差，可在 A、B 两点各竖一根水准尺，在两点之间安置水准仪。测量时利用水准仪提供的一条水平视线，读出已知高程 A 的水准尺读数 a，这一读数在测量上称为后视读数。同时测出未知高程点 B 的水准尺读数 b，这一读数在测量上称为前视读数。由此可知 A、B 两点的高差 h_{AB} 可由下式求得

$$h_{AB}=a-b \tag{2-1}$$

也就是说，A、B 两点的高差等于后视读数减去前视读数，即 A、B 两点间高差为

$$h_{AB}=H_B-H_A=a-b \tag{2-2}$$

测得两点间的高差 h_{AB} 后，若已知 A 点高程 H_A，则可得 B 点的高程，即

$$H_B=H_A+h_{AB} \tag{2-3}$$

2.2.2 水准测量方法

1. 高差法

这种由求得两点之间的高差，再根据已知点高程得未知点高程的方法，称为高差法。

在给出的条件中，A 点的高程为已知，则 A 点的水平视线高就应为 A 点的高程与 A 点所立水准尺上读数 a 之和，即视线高=后视点的高程+后视尺的读数；而前视点的高程=视线高－前视尺的读数

$$H_i = H_A + a = H_B + b \tag{2-4}$$

2. 视线高法

这种由求得视线高，再根据已知点高程得未知点高程的方法，称为视线高法(工程中常用的方法)。

上述测量中，只需要在两点之间安置一次仪器就可测得所求点的高程，这种方法叫简单水准测量。

如果两点之间的距离较远，或高差较大时，仅安置一次仪器还不能测得它们的高差，这时需要加设若干个临时的立尺点，作为传递高程的过渡点，这些过渡点称为转点。欲求 A 点至 B 点的高差 h_{AB}，选择一条施测路线，用水准仪依次测出 AP 的高差 h_{AP}、PQ 的高差 h_{PQ} 等，直到最后测出的高差 h_{WB}。每安置一次仪器，称为一个测站，而 P、Q、$R\cdots W$ 等点即为转点，如图 2-9 所示。

$$h_{AB}=h_{AP}+h_{PQ}+\cdots+h_{WB} \tag{2-5}$$

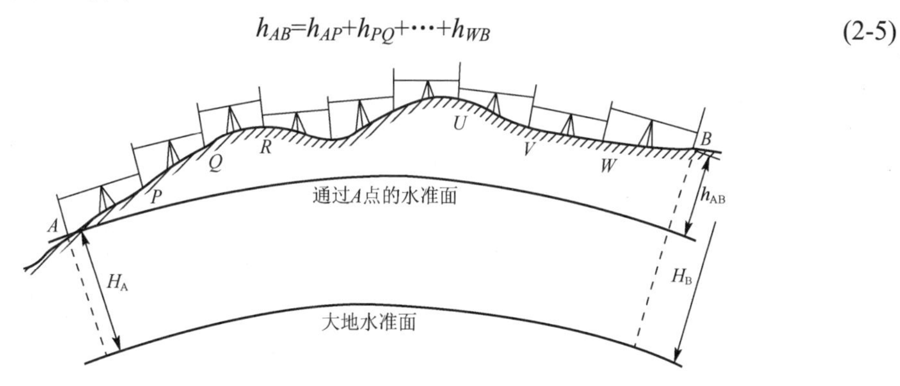

图 2-9 连续水准测量

各测站的高差均为后视读数减去前视读数之值，即 $h_{AP}=a_1-b_1$，$h_{PQ}=a_2-b_2$，…，$h_{WB}=a_n-b_n$(下标 1，2，…，n 表示第一站、第二站、……、第 n 站的后视读数和前视读数)。

$$h_{AB}=(a_1-b_1)+(a_2-b_2)+\cdots+(a_n-b_n)=\sum(a-b) \tag{2-6}$$

在实际作业中可先算出各测站的高差，然后取它们的总和而得 h_{AB}。再利用式(2-6)，即用后视读数之和 $\sum a$ 减去前视读数之和 $\sum b$ 来计算高差 h_{AB}，检核计算是否有错误。

2.3 水准测量的仪器与工具

水准仪是水准测量的主要仪器，按其所能达到的精度分为DS_{05}、DS_1、DS_3及DS_{10}等几种等级。

“D”和“S”表示中文“大地”和“水准仪”中“大”字和“水”字的汉语拼音的第一个字母，通常在书写时可省略字母“D”，下标“05”“1”“3”及“10”等数字表示该类仪器的精度。

S_3型和S_{10}型水准仪称为普通水准仪，用于国家三、四等水准及普通水准测量，S_{05}型和S_1型水准仪称为精密水准仪，用于国家一、二等精密水准测量。

2.3.1 DS_3型水准仪的构造

根据水准测量原理，水准仪的主要作用是提供一条水平视线，并能照准水准尺进行读数。因此，水准仪主要由望远镜、水准器和基座三部分构成。如图 2-10 所示为我国生产的DS_3型微倾式水准仪。

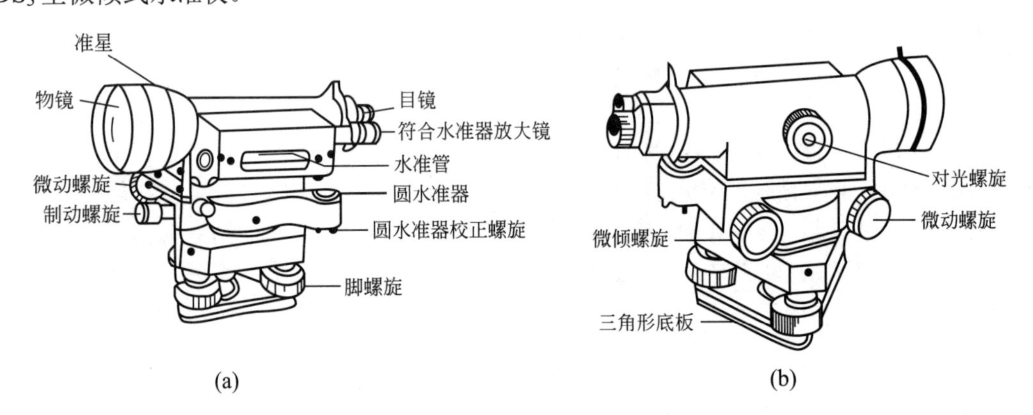

图 2-10 DS_3型水准仪

仪器的上部有望远镜、水准管、水准管气泡观察窗、圆水准器、目镜及物镜对光螺旋、制动螺旋、微动及微倾螺旋等。

仪器竖轴与仪器基座相连；望远镜和水准管连成一个整体，转动微倾螺旋可以调节水准管连同望远镜一起相对于支架做上下微小转动，使水准管气泡居中，从而使望远镜视线精确水平，由于用微倾螺旋使望远镜上、下倾斜有一定限度，可先调整脚螺旋使圆水准器气泡居中，粗略定平仪器。

整个仪器的上部可以绕仪器竖轴在水平方向旋转，水平制动螺旋和微动螺旋用于控制望远镜在水平方向转动，松开制动螺旋，望远镜可在水平方向任意转动，只有当拧紧制动螺旋后，微动螺旋才能使望远镜在水平方向上做微小转动，以精确瞄准目标。

1. 望远镜

望远镜是用来精确瞄准远处目标和提供水平视线进行读数的设备(图 2-11)。它主要由物镜、目镜、调焦透镜及十字丝分划板等组成。从目镜中看到的是经过放大后的十字丝分划板上的像。

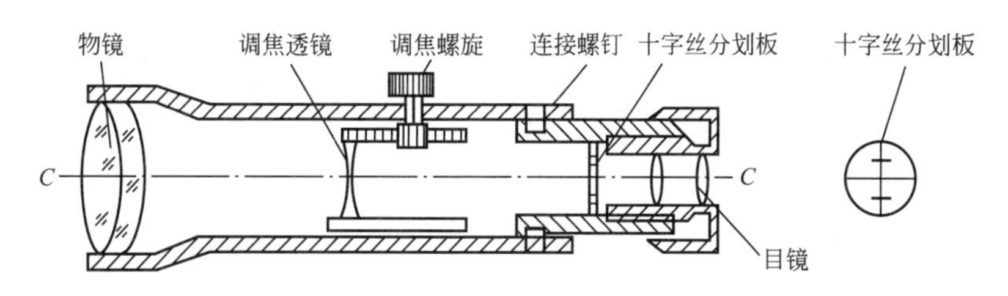

图 2-11 水准仪望远镜

物镜和目镜多采用复合透镜组。物镜的作用是和调焦透镜一起使远处的目标在十字丝分划板上形成缩小的实像。转动物镜调焦螺旋，可使不同距离目标的成像清晰地落在十字丝分划板上，称为调焦或物镜对光。目镜的作用是将物镜所成的实像与十字丝一起放大成虚像。转动目镜螺旋，可使十字丝影像清晰，称为目镜对光。

十字丝分划板是一块刻有分划线的透明薄平玻璃片，是用来准确瞄准目标用的，中间一根长横丝称为中丝，与之垂直的一根丝称为竖丝，在中丝上下对称的两根与中丝平行的短横丝称为上、下丝(又称观距丝)，如图 2-12 所示。在水准测量时，用中丝在水准尺上进行前、后视读数，用以计算高差；用上、下丝在水准尺上读数，用以计算水准仪至水准尺的距离(视距)。

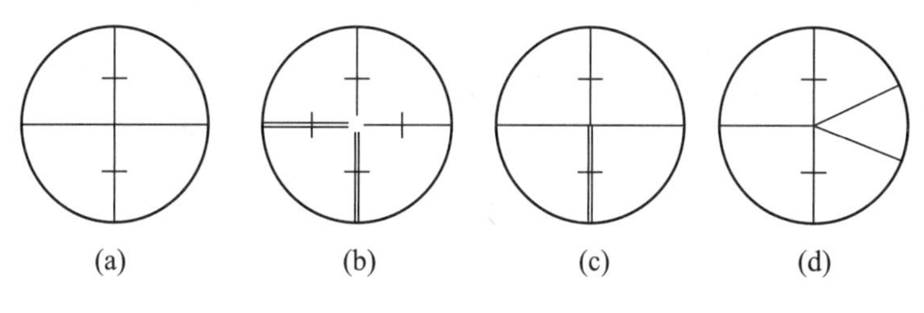

图 2-12 十字丝

物镜光心与十字丝交点的连线构成望远镜的视准轴，如图 2-11 所示中的 CC。水准测量是在视准轴水平时，用十字丝的中丝截取水准尺上的读数，观测的视线即为视准轴的延长线。

从望远镜内所能看到的目标影像的视角β与肉眼直接观察该目标的视角α之比，称为望远镜的放大率，一般用 v 表示，即

$$v=\beta/\alpha \tag{2-7}$$

DS_3 型微倾式水准仪望远镜的放大率一般为 25～30 倍。

2. 水准器

水准器是用来整平仪器、指示视准轴是否水平，供操作人员判断水准仪是否置平的重要部件。水准器分为圆水准器和管水准器两种。

1) 圆水准器

如图 2-13(a)所示，圆水准器是一封闭的玻璃圆盒，盒内部装满乙醚溶液，密封后留有气泡。盒顶面内壁磨成圆球形，顶面的中央画一小圆，其圆心 S 即为水准器的零点。连接零点 S 与球面的球心 O 的直线称为圆水准器的水准轴。当气泡居中时，圆水准器的水准轴即成铅垂位置；当气泡偏离零点时，表示轴线呈倾斜状态。气泡中心偏离零点 2mm，轴线

所倾斜的角值，称为圆水准器的分划值。DS_3 型水准仪圆水准器的分划值一般为 8′～10′。圆水准器的功能是用于仪器的粗略整平。

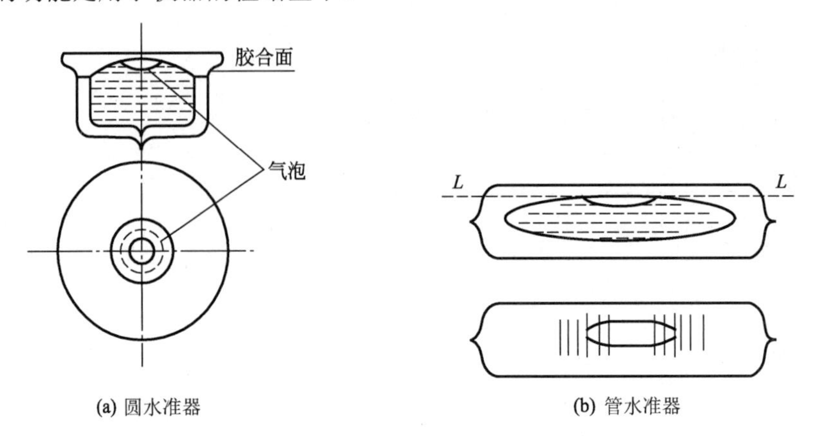

(a) 圆水准器　　(b) 管水准器

图 2-13　水准器

2) 管水准器

管水准器又称水准管，它是一个管状玻璃管，其纵剖面方向的内表面为具有一定半径的圆弧。精确水准管的圆弧半径为 80～100m，最精确的可达 200m。管内装有乙醚溶液，加热融封冷却后在管内留有一个气泡，如图 2-13(b)所示。由于气泡较液体轻，气泡恒处于最高位置。水准管内壁圆弧的中心点(最高点)为水准管的零点。过零点与圆弧相切的切线称为水准管轴[图 2-13(b)中 *LL*]。当气泡中点处于零点位置时，称气泡居中，这时水准管轴处于水平位置，否则水准管轴处于倾斜位置。水准管的两端各刻有数条间隔 2mm 的分划线，水准管上 2mm 间隔的圆弧所对的圆心角，称为水准管的分划值，用 τ 表示。

$$\tau = \frac{2}{R}\rho \tag{2-8}$$

式中　R——为水准管圆弧半径，mm；

ρ——弧度相对应的秒值，ρ=206265″。

测量仪器上的水准管分划值，小的可达 2″，大者可达 2′～5′。水准管的分划值越小，灵敏度越高。DS_3 型水准仪水准管的分划值为 20″，记作 20″/2mm。由于水准管的精度较高，因而用于仪器的精确整平。

气泡准确而快速移居管中最高位置的能力，称为水准管的灵敏度。测量仪器上水准管的灵敏度须适合其用途。用灵敏度较高的水准管可以更精确地导致仪器的某部分成水平位置或竖直位置；但灵敏度越高，置平越费时间，所以水准管灵敏度应与仪器其他部分的精密情况相适应。

为了提高水准管气泡居中的精度，DS_3 型水准仪水准管的上方装有符合棱镜系统，如图 2-14(a)所示。将气泡两端影像同时反映到望远镜旁的观察窗内。通过观测窗观察，当两端半边气泡的影像符合时，表明气泡居中，如图 2-14(b)所示；若两影像成错开状态，则表明气泡不居中，如图 2-14(c)所示，此时应转动微倾螺旋使气泡影像符合这种装有棱镜组的水准管，称符合水准器。

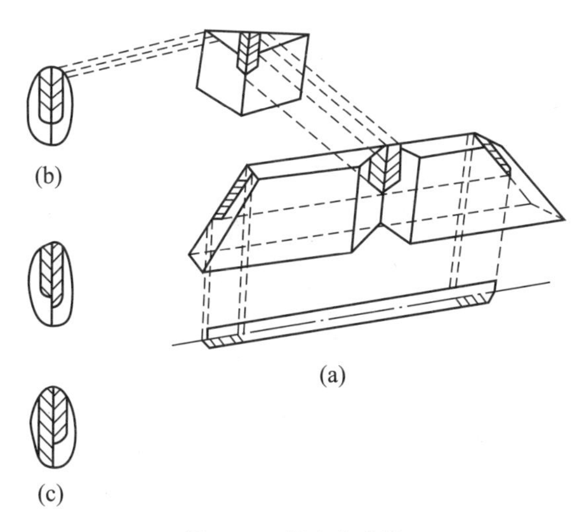

图 2-14 符合水准器

3. 基座

基座的作用是支承仪器的上部并通过连接螺旋使仪器与三脚架相连。基座位于仪器下部，主要由轴座、脚螺旋、底板、三角形压板构成。仪器上部通过竖轴插入轴座内旋转，由基座承托。脚螺旋用于调节圆水准气泡的居中。底板通过连接螺旋与三脚架连接，如图 2-15 所示。

图 2-15 水准仪基座

除了上述部件外，水准仪还装有制动螺旋、微动螺旋和微倾螺旋。制动螺旋用于固定仪器；当仪器固定不动时，转动微动螺旋可使望远镜在水平方向做微小转动，用以精确瞄准目标；微倾螺旋可使望远镜在竖直面内微动，圆水准气泡居中后，转动微倾螺旋使管水准器气泡影像符合，这时即可利用水平视线读数。

2.3.2 自动安平水准仪的构造

用普通微倾式水准仪测量时，必须通过转动微倾螺旋使符合气泡居中获得水平视线后，才能读数，需在调整气泡居中上花费时间，且易造成视觉疲劳，影响测量精度。而且自动安平水准仪(图 2-16)，利用自动安平补偿器代替水准管，观测时能自动使视准轴置平，获得水平视线读数。这不仅能加快水准测量的速度，而且，对于微小倾斜，也可迅速得到调整，使中丝读数仍为水平视线读数，从而提高水准测量的精度。

图 2-16 自动安平水准仪

1. 自动安平原理

与普通水准仪相比，自动安平水准仪是在望远镜的光路上加了一个补偿器。

自动安平原理如图 2-17 所示，当水准轴水平时，从水准尺 a_0 点通过物镜光心的水平光线将落在十字丝交点 A 处，从而得到正确读数。当视线倾斜一微小的角度α时，十字丝交点从 A 移至 A'，从而产生偏距 AA'。为了补偿这段偏距，可在十字丝前 s 处的光路上，安置一个光学补偿器，水平线经过补偿器偏转β 角，恰好通过视准轴倾斜时的十字丝交点 A' 处，所以补偿器满足下列要求：

$$f \cdot \alpha = s \cdot \beta$$

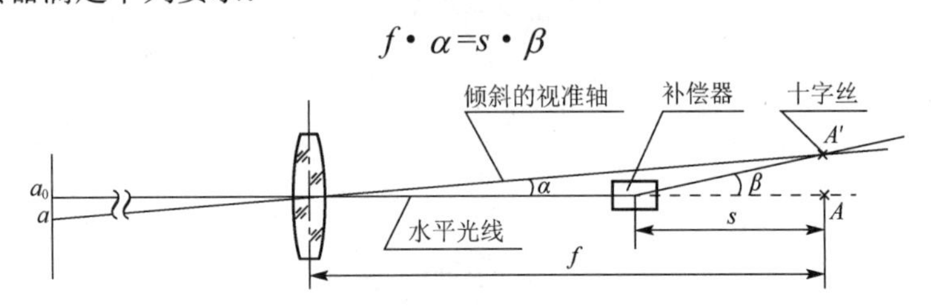

图 2-17　自动安平原理

从而达到补偿的目的。

2. 自动安平的构造

如图 2-18 所示为我国生产的 DS32 型自动安平水准仪构造。补偿器采用了悬吊式棱镜装置，如图 2-19 所示。在该仪器的调焦透镜和十字丝分划之间装置了一个补偿器，这个补偿器由固定在望远镜筒上的屋脊棱镜以及用金属丝悬吊的两块直角棱镜所组成，并与空气阻尼器相连接。

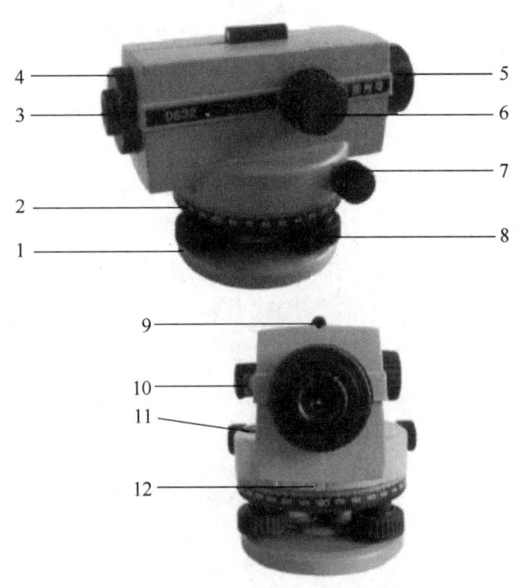

图 2-18　自动安平水准仪

1—球面基座；2—度盘；3—目镜；4—目镜罩；5—物镜；6—调焦手轮；7—水平循环微动手轮；8—脚螺钉手轮；9—光学粗瞄准；10—水泡观察器；11—圆水泡；12—度盘指示牌

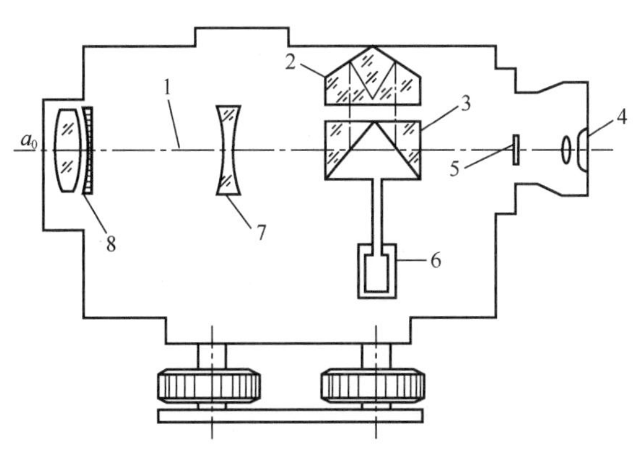

图 2-19 自动安平补偿器

1—水平光线；2—固定屋脊棱镜；3—悬吊直角棱镜；4—目镜；
5—十字丝分划板；6—空气阻尼器；7—调焦透镜；8—物镜

2.3.3 水准尺和尺垫

1. 水准尺

水准尺是水准测量时使用的标尺。其质量的好坏直接影响水准测量的精度。因此，水准尺需用伸缩性小、不易变形的优质材料制成，如优质木材、玻璃钢、铝合金等。常用的水准尺有塔尺和双面尺两种，如图 2-20 所示。

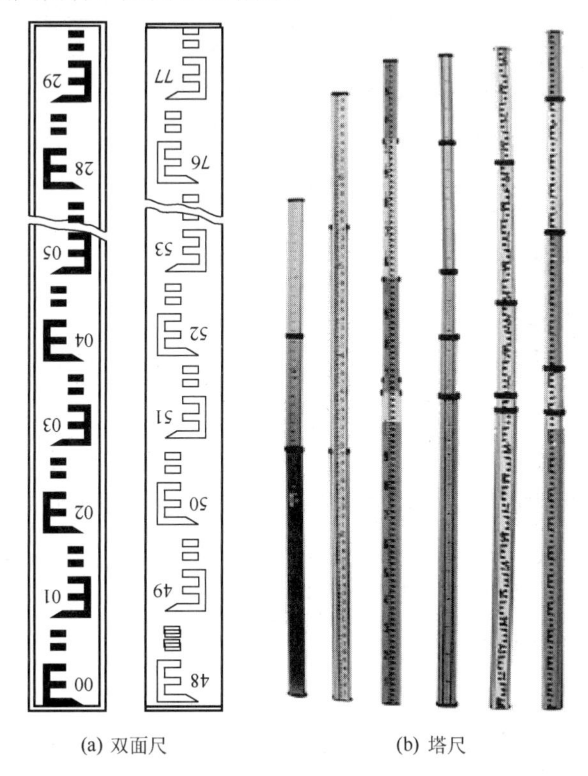

(a) 双面尺　　(b) 塔尺

图 2-20 水准尺

双面尺[图 2-20(a)]多用于三、四等水准测量，其长度为 3m，两根尺为一对。尺的两面均有刻划，一面为红白相间称为红面尺；另一面为黑白相间，称黑面尺(也称主尺)，两面的最小刻划均为 1cm，并在分米处注字。两根尺的黑面均由零开始；而红面，一根由 4.678m 开始至 7.678m，另一根由 4.787m 开始至 7.787m；其目的是避免观测时的读数错误，便于校核读数。同时用红、黑两面读数求得高差，可进行测站检核计算。

塔尺[图 2-20(b)]仅用于等外水准测量。一般由两节或三节套接而成，其长度有 3m 和 5m 两种。塔尺可以伸缩，尺的底部为零点。尺上黑白格相间，每格宽度为 1cm，有的为 0.5cm，每小格宽 1mm，米和分米处皆注有数字。数字有正字和倒字两种。数字上加红点表示米数。塔尺接头处容易损坏，观测时易出现误差。

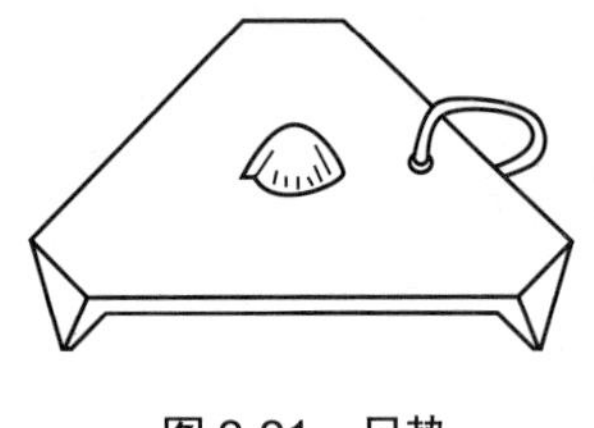

图 2-21　尺垫

2. 尺垫

尺垫是在转点处放置水准尺用的，其作用是防止转点位移动和水准尺下沉。如图 2-21 所示，尺垫用生铁铸成，一般为三角形，中间有一突起的半球体，下方有三个支脚。使用时将支脚牢固地踏入土中，以防下沉。上方突起的半球形顶点作为竖立水准尺和标志转点之用。

2.4　水准仪的使用

目前工程中使用的自动安平水准仪的基本操作程序为：安置仪器、粗略整平(粗平)、瞄准水准尺和读数。

使用水准仪时，将仪器装于三脚架上，安置在选好的测站上，三脚架头大致水平，仪器的各种螺旋都调整到适中位置，以便螺旋向两个方向均能转动。用脚螺旋导致圆水准器的气泡居中，称为粗平；放松制动螺旋，水平方向转动望远镜，用准星和照门大致瞄准水准标尺；固定制动螺旋，用微动螺旋使望远镜精确瞄准水准尺；最后通过望远镜用十字丝中间的横丝在水准尺上读数。

2.4.1　水准仪的安置

安置水准仪的方法，通常是先将脚架的两条架腿取适当位置安置好，然后一手握住第三条架腿作前后移动和左右摆动。一手扶住脚架顶部，眼睛注意圆水准器气泡的移动，使之不要偏离中心太远。如果地面比较坚实，如在公路上、铺贴面的街道上等可以不用脚踏，如果地面比较松软则应用脚踏实，使仪器稳定。当地面倾斜较大时，应将三脚架的一个架脚安置在倾斜方向上，将另外两个脚安置在与倾斜方向垂直的方向上，这样可以使仪器比较稳固。

水准仪安置时应注意：

(1) 安置三脚架时，目估架台大致水平。

(2) 固定两个三脚架腿，移动另一个架腿，圆水准气泡大致居中。

(3) 调试三个脚螺旋高度大致相同。

2.4.2 粗略整平

粗平工作是通过调节仪器的脚螺旋，使圆水准器的气泡居中，以达到仪器竖轴大致铅直，视准轴粗略水平的目的。基本方法是：用两手分别以相对方向转动两个脚螺旋，此时气泡移动方向与左手大拇指旋转方向相同，如图 2-22(a)所示；然后再转动第三个脚螺旋使气泡居中，如图 2-22(b)所示。实际操作时可以不转动第三个脚螺旋，而以相同方向同样速度转动原来的两个脚螺旋使气泡居中，如图 2-22(c)所示。在操作熟练以后，不必将气泡的移动分解为两步，而可以转动两个脚螺旋直接导致气泡居中。

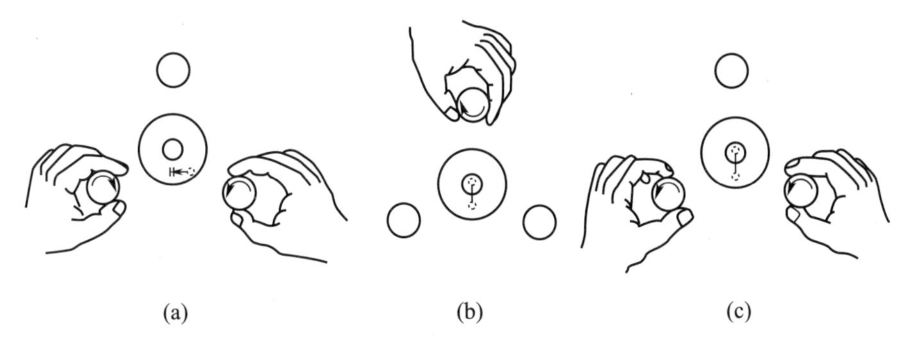

图 2-22 粗略整平的操作

需要注意的是，在整平的过程中，气泡移动的方向与左手大拇指转动的方向一致。

2.4.3 瞄准

瞄准就是使望远镜对准水准尺，清晰地看到目标和十字丝成像，以便准确地进行水准尺读数。

首先进行目镜调焦，把望远镜对向明亮的背景，转动目镜调焦螺旋，使十字丝清晰；松开制动螺旋，转动望远镜，利用镜筒上的照门和准星连线对准水准尺，再拧紧制动螺旋。然后转动物镜的调焦螺旋，使水准尺成像清晰。最后转动微动螺旋，使十字丝的纵丝对准水准尺的像。

瞄准时应注意消除视差，眼睛在目镜处上下左右作少量的移动，发现十字丝和目标有对应的运动，这种现象称为视差。测量作业是不允许存在视差的，因为这说明不能判明是否精确地瞄准了目标。

产生视差的原因是目标通过物镜之后的影像没有与十字丝分划板重合，如图 2-23(a)和图 2-23(b)所示：人眼位于中间位置时，十字丝交点 O 与目标的像 a 点重合，当眼睛略为向上，O 点又与 b 点重合，当眼睛略为向下时，O 点便与 c 点重合了。如果连续使眼睛上下移动，就好像看到 O 点目标的像上下运动。图 2-23(c)是没有视差的情况。

消除视差的方法是仔细地进行目镜调焦和物镜调焦，直至眼睛上下移动时读数不变为止。

由于望远镜目镜的出瞳直径约为 1.5mm，人眼的瞳孔直径约为 2.0mm，所以检查有无视差时，眼睛上下左右移动的距离不宜大于 0.5mm。

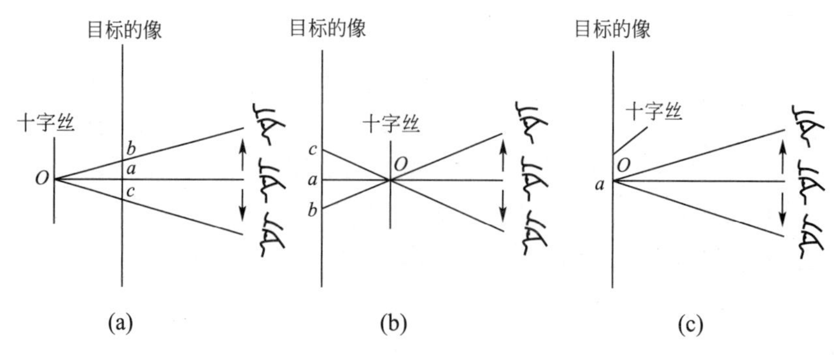

图 2-23　十字丝视差

2.4.4　读数

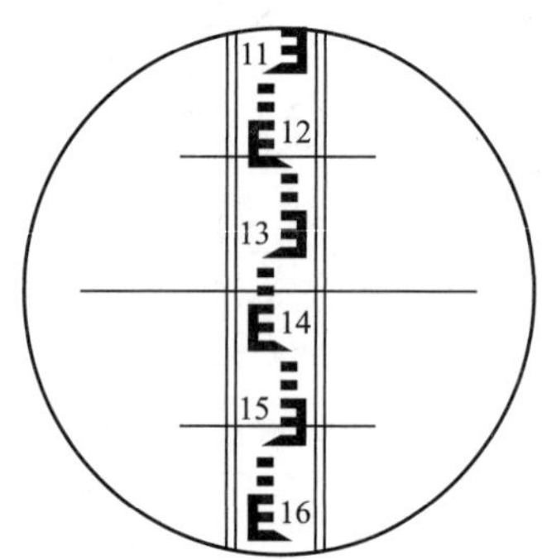

图 2-24　照准水准尺读数

当确认气泡符合后，应立即用十字丝横丝在水准尺上读数。读数前要认清水准尺的注记特征，读数时按由小到大的方向，读取米、分米、厘米、毫米四位数字，最后一位毫米估读。如图 2-24 所示，读数为 1.338，习惯上不读小数点，只读 1338 四位数，以毫米为单位，2.000m 或读 2000，0.068m 或读 0068。这对于观测、记录及计算工作都有一定的好处，可以防止不必要的误差和错误。

2.4.5　微倾式水准仪的使用

微倾式水准仪比自动安平水准仪多一个管水准器，其基本操作程序为：安置仪器、粗略整平(粗平)、瞄准水准尺、精确整平(精平)和读数。相比自动安平多了精平的操作步骤。其他四步操作同自动安平水准仪操作，精平操作方法如下。

精确整平简称精平，就是在读数前转动微倾螺旋使水准管气泡居中(气泡影像重合)，从而达到视准轴精确水平的目的。

图 2-25 为微倾螺旋转动方向与两侧气泡移动方向的关系。精平时，应徐徐转动微倾螺旋，直到气泡影像稳定符合。

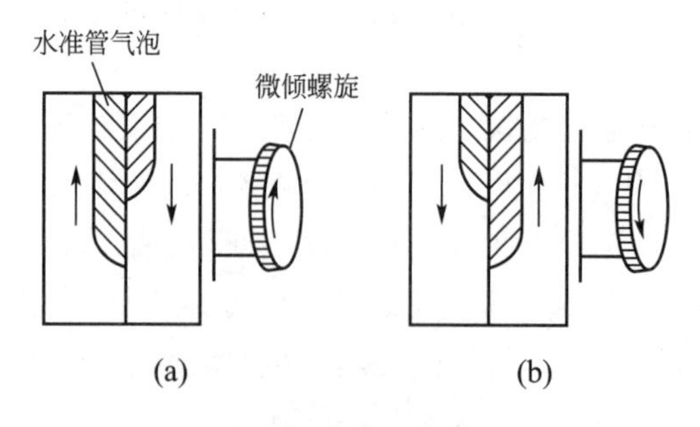

图 2-25　精确整平操作

必须指出，由于水准仪粗平后，竖轴不是严格铅直，当望远镜由一个目标(后视)转到另一目标(前视)时，气泡不一定符合，应重新精平，气泡居中符合后才能读数。

特别提示

(1) 先看水准管气泡是否大致居中。当离中心较远时，眼睛看着气泡，旋转微倾螺旋，气泡移动的方向和螺旋旋转的方向相反。

(2) 当气泡大致居中时，眼睛看观察窗中的气泡影像，螺旋旋转的方向与左边气泡移动方向相同。

(3) 气泡的移动有惯性，所以转动微倾螺旋的速度不能快，特别在符合水准器的两端气泡影像将要对齐的时候尤应注意。只有当气泡已经稳定不动而又居中的时候才达到精平的目的。

精平和读数是两项不同的操作步骤，但在水准测量过程中，应把两项操作视为一个整体，即精平后立即读数，读数后还要检查水准管气泡是否符合，只有这样，才能取得准确读数，保证水准测量的精度。

2.5 水准测量的施测方法

2.5.1 埋设水准点

水准测量的主要目的是测出一系列点的高程。通常称这些点为水准点(Bench Mark)，简记为BM。我国水准点的高程是从青岛水准原点起算的。

为了进一步满足工程建设和地形测图的需要，以国家水准测量的三、四等水准点为起始点，尚需布设工程水准测量或图根水准测量，通常统称为普通水准测量(也称等外水准测量)。普通水准测量的精度较国家等级水准测量低一些，水准路线的布设及水准点的密度可根据具体工程和地形测图的要求而有较大的灵活性。

水准点有永久性和临时性两种。国家等级水准点，如图2-26(a)所示，一般用石料或钢筋混凝土制成，深埋到地面冻结线以下，在标石的顶面设有不锈钢或其他不宜锈蚀的材料制成半球状标志。半球状标志顶点表示水准点的点位。有的用金属标志埋设于基础稳固的建筑物墙脚下，称为墙上水准点，如图2-26(b)所示。在城镇和厂矿区，常采用稳固建筑物墙脚的适当高度埋设墙脚水准标志作为水准点。

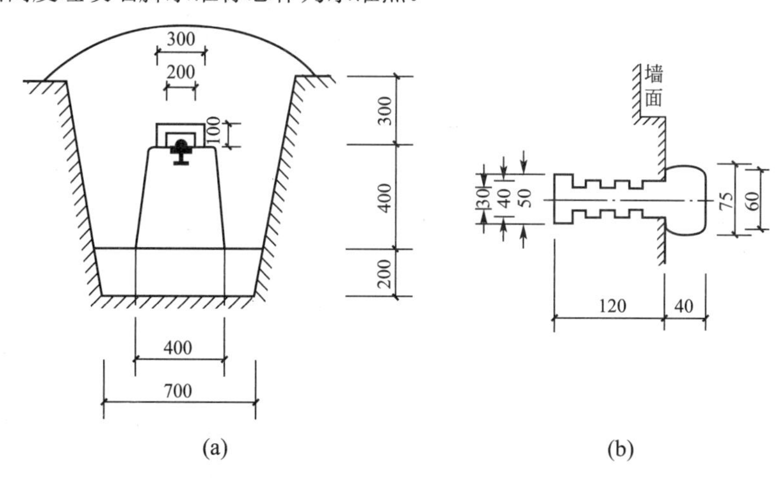

图2-26 水准点标志

建筑工地上的永久性水准点一般用混凝土预制而成，顶面嵌入半球形的金属标志如图2-27(a)所示，表示该水准点的点位。临时性的水准点可选在地面突出的坚硬岩石或房屋勒脚、台阶上，用红漆做标记，也可用大木桩打入地下，桩顶上钉一半球形钉子作为标志，如图 2-27(b)所示。

选择埋设水准点的具体地点，要求能保证标石稳定、安全、长期保存，而且便于使用。埋设水准点后，为了便于寻找水准点，应绘出能标记水准点位置的草图(称点之记)，图上要注明水准点的编号和与周围地物的位置关系，如图 2-28 所示。

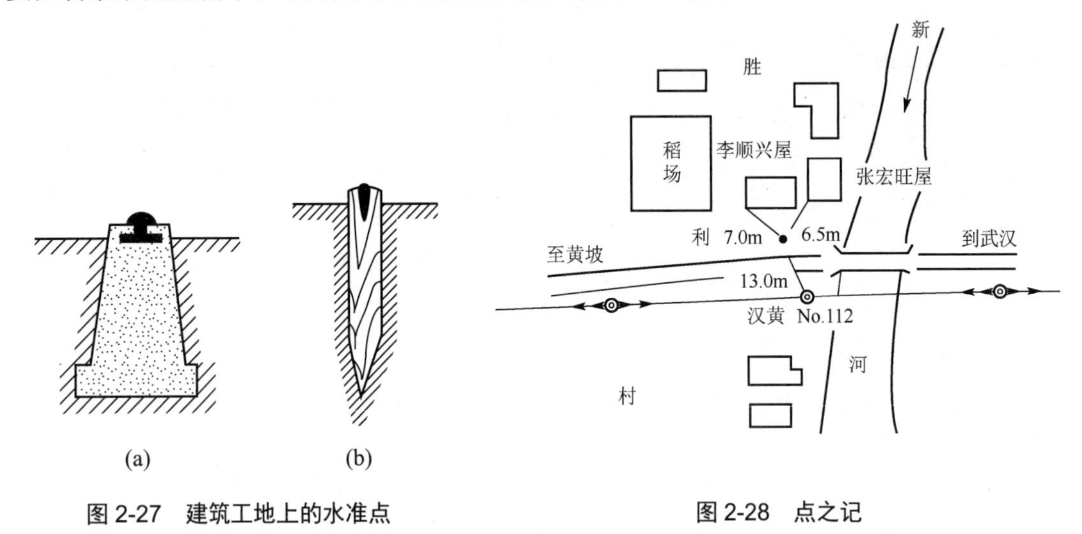

(a) (b)

图 2-27　建筑工地上的水准点

图 2-28　点之记

2.5.2　拟定水准路线

在水准测量中，为了避免观测、记录和计算中发生人为粗差，并保证测量成果达到一定的精度要求，必须布设某种形式的水准路线，利用一定的条件来检验所测成果的正确性。在一般的工程测量中，水准路线主要有以下三种形式。

1. 附合水准路线

如图 2-29(b)所示，从一个已知高程的水准点 BM_A 起，沿一条路线进行水准测量，经过测定一系列水准点 1、2、3 的高程，最后连测到另一个已知高程的水准点 BM_B，称为附合水准路线。

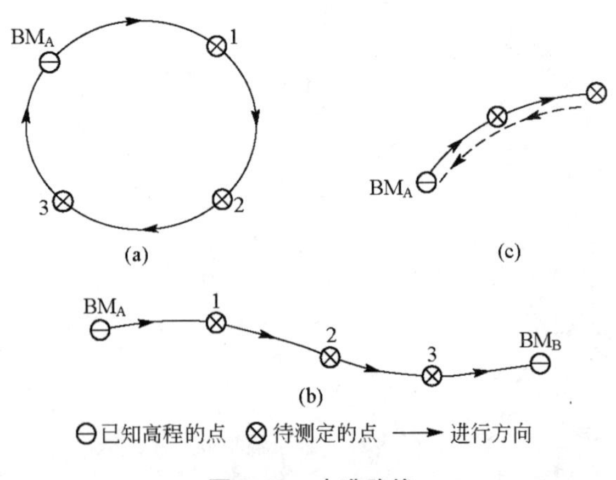

图 2-29　水准路线

理论上，符合水准路线中各待定高程点间的高差代数和，应等于始、终两个水准点的

高程之差，即

$$\sum h_{理}=H_{终}-H_{始} \tag{2-9}$$

如果不相等，两点之差称为高差闭合差，用 f_h 表示，即

$$f_h=\sum h_{测}-\sum h_{理}=\sum h_{测}-(H_{终}-H_{始}) \tag{2-10}$$

2. 支水准路线

如图 2-29(c)所示，从一已知水准点 BM_A 出发，沿待定高程点进行水准测量，如果最后没有连测到已知高程的水准点，则这样的水准路线称为支水准路线。为了对测量成果进行检核，并提高成果的精度，单一水准支线必须进行往、返测量。往测高差与返测高差的代数和 $\sum h_{往}+\sum h_{返}$ 理论上应等于零，并以此作为支水准路线测量正确性与否的检验条件。如果不等于零，则高差闭合差为

$$f_h=\sum h_{往}+\sum h_{返} \tag{2-11}$$

3. 闭合水准路线

如图 2-29(a)所示，从一已知高程的水准点 BM_A 出发，沿一条环形路线进行水准测量，测定沿线 1、2、3 水准点的高程，最后又回到原水准点 BM_A，称为闭合水准路线。

从理论上讲，闭合水准路线上各点间高差的代数和应等于零，即

$$\sum h_{理}=0 \tag{2-12}$$

但实际上总会有误差，致使高差闭合差不等于零，则高差闭合差为

$$f_h=\sum h_{测}-\sum h_{理}=\sum h_{测} \tag{2-13}$$

4. 水准网

若干条单一水准路线相互连接构成的形状，称为水准网。

特别提示

(1) 闭合水准路线——适用于开阔区域。
(2) 附合水准路线——适用于狭长区域。
(3) 支水准路线——用于补充测量。

2.5.3 普通水准测量方法

水准点埋设完毕，即可按拟定的水准路线进行水准测量。现以图 2-30 为例，介绍水准测量的具体做法。图中为 BM_A 已知高程水准点，TP 为转点，B 为拟测高程的水准点。

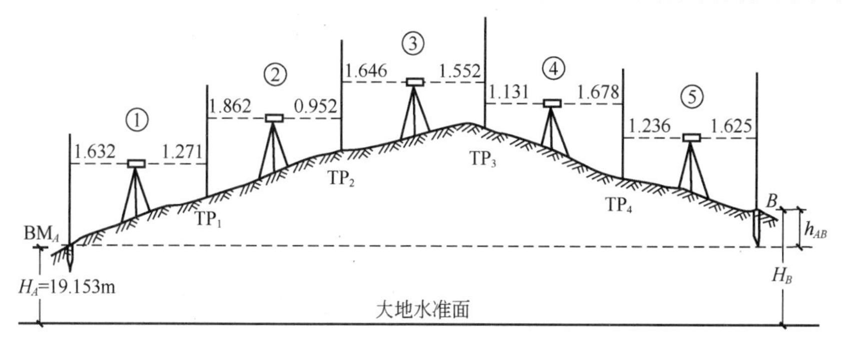

图 2-30 普通水准测量

已知水准点 BM_A 的高程 H_A=19.153m，欲测定距水准点 BM_A 较远的 *B* 点高程，按普通水准测量的方法，由点 BM_A 出发共需设 5 个测站，连续安置水准仪测出各站两点之间的高差，观测步骤如下。

将水准尺立于已知高程的水准点上作为后视，水准仪置于施测路线附近适合的位置，在施测路线的前进方向上取仪器至后视大致相等的距离放置尺垫，在尺垫上竖立水准尺作为前视。观测员将仪器用圆水准器粗平之后瞄准后视标尺，用微倾螺旋将水准管气泡居中，用中丝读后视读数至毫米。转动望远镜瞄准前视尺，此时，水准管气泡一般将会偏离少许，将气泡居中，用中丝读前视读数。记录员根据观测员的读数在手簿中记下相应的数字，并立即计算高差。以上为第一个测站的全部工作。

第一测站结束之后，记录员招呼后立尺员向前转移，并将仪器迁至第二测站。此时，第一测站的前视点便成为第二测站的后视点。依第一测站相同的工作程序进行第二测站的工作，依次沿水准路线方向施测直至全部路线观测完为止。

观测记录与计算见表 2-1。

表 2-1　水准测量手簿

日期 天气		仪器 地点		观测 记录		
测站	点号	后视度数/m	前视度数/m	高差/m	高程/m	备注
1	BM_A	1.632		+0.361	19.153	已知
	TP_1		1.271			
2	TP_1	1.862		+0.910		
	TP_2		0.952			
3	TP_2	1.646		+0.094		
	TP_3		1.552			
4	TP_3	1.131		-0.547		
	TP_4		1.678			
5	TP_4	1.236		-0.389	19.582	
	B		1.625			
计算 检核		$\sum a = 7.507$	$\sum b = 7.078$	$\sum h = +0.429$	19.582-19.153	
		$\sum a - \sum b = 7.507 - 7.078 = 0.429$			+0.429	

对于记录表中每一项所计算的高差和高程都要进行计算检核，即后视读数总和减去前视读数总和、高差之和及 *B* 点高程与 *A* 点高程之差值，这三个数字应当相等。否则计算有误，见表 2-1。

$$\sum a - \sum b = 7.507 - 7.078 = +0.429 \tag{2-14}$$

$$\sum h = +0.429 \tag{2-15}$$

$$H_B - H_A = 19.582 - 19.153 = +0.429 \tag{2-16}$$

2.5.4　测站检验方法

在进行连续水准测量时，若其中任何一个后视或前视读数有错误，都会影响高差的正确性。对于每一测站而言，为了校核每次水准尺读数有无差错，可采用改变仪器高的方法或双面尺法进行测站检核。

1. 变动仪器高法

变动仪器高法是在同一测站通过调整仪器高度(即重新安置与整平仪器)，两次测得高差，改变仪器高度在0.1m以上；或者用两台水准仪同时观测，当两次测得高差的差值不超过容许值(如等外水准测量容许值为±6mm)，则取两次高差的平均值作为该站测得的高差值。否则需要检查原因，重新观测。

2. 双面尺法

双面尺法是在同一个测站上，仪器高度不变，而立在前视点和后视点上的水准尺分别用黑面和红面各进行一次读数，测得两次高差，互相检核。在四等水准测量中，若同一水准尺红面与黑面(加常数后)之差在3mm以内，且黑面尺高差$h_{黑}$与红面尺高差$h_{红}$之差不超过±5mm，则取黑、红面高差的平均值作为该站测得的高差值。否则需要检查原因，重新观测。

每次读数时均应使符合水准气泡严密吻合，每个转点均应安放尺垫，但所有已知水准点和待求高程点上不能放置尺垫。

2.6 三、四等水准测量

测量地面点的高程也要遵循“从整体到局部”的原则，即先建立高程控制网，再根据高程控制网确定地面点的高程。为了便于展开科学研究、测绘地形图与进行工程建设中的测量工作，我国已经在全国范围内建立了一个统一的高程控制网。它与平面控制网一样构成一、二、三、四等四个等级。低一级的控制网在高一级控制网的基础上建立。由于这些高程控制点的高程是水准测量方法测定的，所以高程控制网一般称为水准网，高程控制点称为水准点。

一、二等水准网是国家高程控制的基础。一、二等水准路线一般沿铁路、公路或河流布设闭合或附合的形式，用精密水准测量的方法测定其高程。三、四等水准路线加密于一、二等水准网内，作为地形测量和工程测量的高程控制，亦可布设成闭合或附合的形式。小区域地形测图或施工测量中，多采用三、四等水准测量作为高程控制测量的首级控制。

一、三、四等水准测量的技术要求如下。

(1) 高程系统：三、四等水准测量起算点的高程一般引自国家一、二等水准点，若测区附近没有国家水准点，也可建立独立的水准网，这样起算点的高程应采用假定高程。

(2) 布设形式：如果是作为测区的首级控制，一般布设成闭合环线；如果进行加密，则多采用附合水准路线或支水准路线。三、四等水准路线一般沿公路、铁路或管线等坡度较小、便于施测的路线布设。

(3) 点位的埋设：其点位应选在地基稳固，能长久保存标志和便于观测的地点，水准点的间距一般为1～1.5km，山岭重丘区可根据需要适当加密，一个测区一般至少埋设3个以上的水准点。

(4) 三、四等水准测量所使用的仪器，其精度应不低于DS_3型的精度指标。

(5) 三、四等水准测量根据GB/T 12898—2009的精度要求和技术要求列于表2-2中。

表 2-2 三、四等水准测量技术要求

等级	仪器类别	视线长度/m	前后视距差/m	任一测站上前后视距差累积/m	视线高度	数字水准仪重复测量次数	观测方法	基、辅分划(黑红面)读数的差	基、辅分划(黑红面)所测高差的差	单程双转点法观测时，左右路线转点差	检测间歇点高差的差
三等	DS$_3$	≤75	≤2.0	≤5.0	三丝能读数	≥3 次	中丝读数法	2.0	3.0	—	3.0
	DS$_1$、DS$_{05}$	≤100					光学测微法	1.0	1.5	1.5	
四等	DS$_3$	≤100	≤3.0	≤10.0	三丝能读数	≥2 次	中丝读数法	3.0	5.0	4.0	5.0
	DS$_1$、DS$_{05}$	≤150									

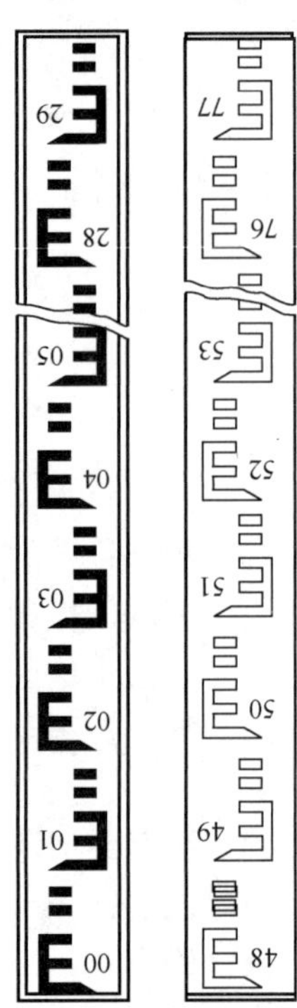

图 2-31 双面尺

2.6.1 观测方法

当三、四等水准测量主要使用水准仪进行观测时，水准尺采用整体式双面尺(图 2-31)，观测前必须对水准仪和水准尺进行检验。测量时水准尺应安置在尺垫上，并将水准尺扶直。双面尺的尺常数有 4687、4787，一般成对使用。现以四等水准测量的观测方法和限差进行介绍。

1. 双面尺法每一测站的观测顺序

(1) 后视黑面，读取上、下丝读数计算视距、中丝读数，记入(1)、(2)、(3)中。

(2) 后视红面，读取中丝读数，记入(4)。

(3) 前视黑面，读取上、下丝读数计算视距、中丝读数，记入(5)、(6)、(7)中。

(4) 前视红面，读取中丝读数，记入(8)。

以上(1)、(2)、(3)、…、(8)表示观测与记录的顺序，见表 2-3。这样的观测顺序简称为“后—后—前—前”，其优点是可以大大减弱仪器下沉误差的影响，土质松软地区施测可采用。四等水准测量也可采用“后—后—前—前”的观测顺序。当水准路线为闭合环线或附合路线时采用单程测量，支水准路线时应进行往返观测。

2. 双面尺法计算和检核

1) 视距计算

后视距离(15)=[(1)-(2)]×100

前视距离(16)=[(5)-(6)]×100

前、后视距差(17)=(15)-(16)

前、后视距累积差(18)=上站(18)+本站(17)

前、后视距差三等水准测量，不得超过 2mm；四等水准测量，不得超过 3mm。

前、后视距累积差三等水准测量，不得超过 5mm；四等水准测量，不得超过 10mm。

2) 同一水准尺红、黑面中丝读数的检核

同一水准尺红、黑面中丝读数之差，应等于该尺红、黑面的常数差 *K*(4.687 或 4.787)，三等水准测量，不得超过 2mm；四等水准测量，不得超过 3mm。

(9)=(7)+K107−(8)

(10)=(3)+K106−(4)

表 2-3　三、四等水准测量观测数据

测自：BM1 至 BM2　　　观测者：＿＿＿＿　　　记录者：＿＿＿＿

＿＿年＿＿月＿＿日　　　天　气：＿＿＿＿　　　仪器型号：＿＿＿＿

开始时间：＿＿＿＿　　　结束时间：＿＿＿＿　　　成像：＿＿＿＿

测站编号	点号	后尺 上丝 / 下丝	前尺 上丝 / 下丝	方向及尺号	标尺读数		K+黑减红/mm	高差中数	高程
		后距	前距		黑面	红面			
		视距差 d	∑d						
		(1) (2) (15) (17)	(5) (6) (16) (18)	后 前 后−前	(3) (7) (11)	(4) (8) (12)	(10) (9) (13)	(14)	
1	BM1	1.426	0.801	后 106	1.211	5.998	0	+0.625	
	ZD1	0.995	0.371	前 107	0.586	5.273	0		
		43.1	43.0	后−前	+0.625	+0.725	0		
		+0.1	+0.1						
2	ZD1	1.812	0.570	后 107	1.554	6.241	0	+1.244	K 为尺常数，如：K106=4.787m，K107=4.687m。已知 BM1 高程为：H=56.345m
	ZD2	1.296	0.052	前 106	0.311	5.097	+1		
		51.6	51.8	后−前	+1.243	+1.144	−1		
		−0.2	−0.1						
3	ZD2	0.889	1.712	后 106	0.698	5.486	−1	−0.824	
	ZD3	0.507	1.332	前 107	1.523	6.210	0		
		38.2	38.0	后−前	−0.825	−0.724	−1		
		+0.2	+0.1						
4	ZD3	1.891	0.758	后 107	1.708	6.395	0	+1.134	
	BM2	1.525	0.390	前 106	0.575	5.361	+1		
		36.6	36.8	后−前	+1.133	+1.034	−1		
		−0.2	−0.1						
检核		$\sum(15)=169.5$ $-\sum(16)=169.6$ =−0.1m =本页末站之(18)−上页末站之(18)=−0.1m 水准路线总长度 $=\sum(15)+\sum(16)$ =339.1m			$\sum[(3)+(8)]$ $=29.291-\sum[(7)+(8)]$ =24.935=+4.396m $\sum[(7)+(8)]$=+4.396m			$\sum(14)$ =+2.198 $2\sum(14)$ =+4.396m	

3) 计算黑、红面的高差

三等水准测量，不得超过 3mm；四等水准测量，不得超过 5mm。式内 0.100 为单、双号两根水准尺红面零点注记之差，以米(m)为单位。

黑面高差(11)=(3)−(6)

红面高差(12)=(4)−(8)

校核(13)=(11)−[(12)±0.100]=(10)−(9)

4) 计算平均高差

(14)=0.5{(11)+[(12)±0.100]}。

3. 每页计算校核

1) 高差部分

在每页上，后视红、黑面读数总和与前视红、黑面读数总和之差，应等于红、黑面高差之和。

对于测站数为偶数的页：

$$\sum\{[(3)+(4)]-[(7)+(8)]\}=\sum[(11)+(12)]=2\sum(14)$$

对于测站数为奇数的页：

$$\sum\{[(3)+(4)]-[(7)+(8)]\}=\sum[(11)+(12)]=2\sum(14)\pm 0.100$$

2) 视距部分

在每页上，后视距总和与前视距总和之差应等于本页末站视距差累积值与上页末站视距差累积值之差。校核无误后，可计算水准路线的总长度。

$$\sum(15)-\sum(16)=\text{本页末站之}(18)-\text{上页末站之}(18)，\text{水准路线总长度}=\sum(15)+\sum(16)$$

2.6.2 三、四等水准测量的内业计算

当一条水准路线的测量工作完成以后，首先对计算表格中的记录、计算进行详细的检查，并计算高差闭合差是否超限。确定无误后，才能进行高差闭合差的调整与高程计算，否则要局部返工，甚至要全部返工。

三、四等水准测量的闭合路线或附合路线的成果整理，首先其高差闭合差应满足表 2-4 的要求。然后，对高差闭合差进行调整，调整方法可参见第 2 章 2.8 节有关部分，最后按调整后的高差计算各水准点的高程。若为支水准路线，则满足要求后，取往返测量结果的平均值作为最后结果，据此计算水准点的高程。

表 2-4 三、四等水准测量闭合差精度要求

等级	附合路线或环线闭合差	
	平原	山区
三等	$\pm 12\sqrt{L}$	$\pm 15\sqrt{L}$
四等	$\pm 20\sqrt{L}$	$\pm 25\sqrt{L}$

注：山区指高程超过 1000m 或路线中最大高差超过 400m 的地区。

注：第 2 章 2.8 节介绍的图根水准测量成果处理方法是一种近似的成果处理方法，该方法不能用于三、四等水准测量的成果处理。《城市测量规范》规定，各等级高程控制网(指一、二、三、四等水准网)应采用条件平差或间接平差进行成果计算，条件平差或间接平差是符合最小二乘原理的严密平差方法，本书没有介绍它们的内容，所以，三、四等水准测量成果处理的方法已经超出了本书的范围。如果需要，可以使用专用平差计算软件，如武汉大学测绘学院开发的“科傻”软件或南方测绘公司的“平差易”软件进行计算。

2.7 水准测量的误差及注意事项

水准测量的误差包括仪器误差、观测误差、外界条件的影响三个方面。在水准测量作业中应根据误差产生的原因，采取相应的措施，尽量减弱或消除其影响。

2.7.1 仪器误差

1. 仪器校正后的残余误差

在水准测量前虽然经过严格的检验校正，但仍然存在残余误差。而这种误差大多数是系统性的，可以在测量中采取一定的方法加以减弱或消除。例如，水准管轴与视准轴不平行误差，当前后视距相等时，在计算高差时其偏差值将相互抵消。因此，在作业中，应尽量使前后视距相等。

2. 水准尺的误差

水准尺分划不准确、尺长变化、尺身弯曲，都会影响读数精度。因此，水准尺要经过检验才能使用，不合格的水准尺不能用于测量作业。此外，由于水准尺长期使用而使底端磨损，或有水准尺使用过程中粘上泥土，这些情况相当于改变了水准尺的零点位置，称水准尺零点误差。对于水准尺零点误差，可采取在两固定点间设置偶数测站的方法，消除其对高差的影响。

2.7.2 观测误差

1. 水准管气泡居中误差

水准测量时，视线的水平是根据水准管气泡居中来实现的。由于气泡居中存在误差，致使视线偏离水平位置，从而带来读数误差。消除此误差的办法是：每次读数时，使气泡严格居中。

2. 读数误差

水准尺估读毫米数的误差，与人眼的分辨能力、望远镜的放大倍数及视线长度有关。在作业中，应遵循不同等级的水准测量对望远镜放大率和最大视线长度的规定，以保证估读精度。

3. 视差影响

水准测量时，如果存在视差，由于十字丝平面与水准尺影像不重合，眼睛的位置不同，读出的数据不同，会给观测结果带来较大的误差。因此，在观测时应仔细进行调焦，严格消除视差。

4. 水准尺倾斜影响

如图 2-32 所示，水准尺倾斜将使尺上的读数增大。误差大小与在尺上的视线高度以及尺子的倾斜程度有关。为消除这种误差的影响，扶尺必须认真，使尺既直又稳，有的水准尺上装有圆水准器，扶尺时应使气泡居中。

2.7.3 外界条件的影响

1. 仪器下沉

当仪器安置在土质疏松的地面上时，会产生缓慢下降现象，由后视转前视时视线下降，读数减小。可采用“后—前—前—后”的观测顺序，减小误差。

2. 尺垫下沉

如果转点选在松软的地面时，转站时，尺垫发生下沉现象，使下一站后视读数增大，引起高差误差，可采取往返测取中数的办法减小误差的影响。

3. 地球曲率及大气折光的影响

如图 2-33 所示，用水平视线代替大地水准面在水准尺上的读数产生误差 c，即

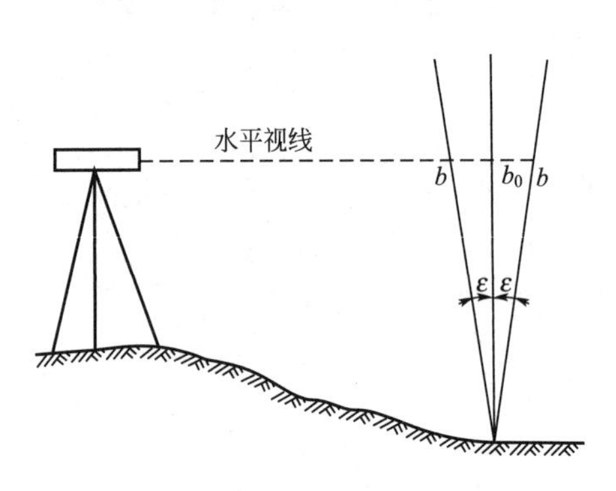

图 2-32　水准尺倾斜

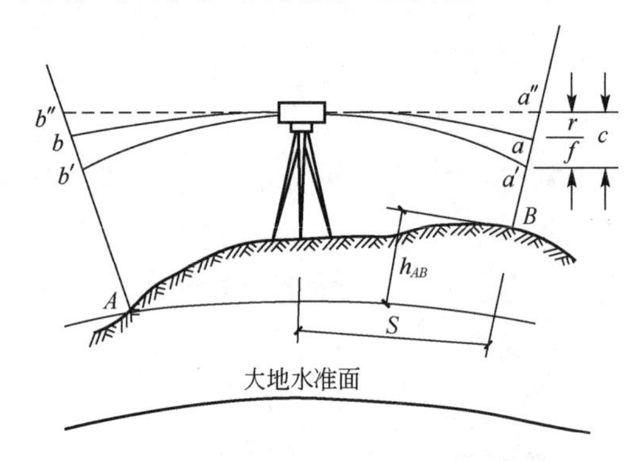

图 2-33　地球曲率及大气折光的影响

$$c=\frac{D^2}{2R} \tag{2-17}$$

式中　D——仪器到水准尺的距离；

R——地球的平均半径，6371km。

另外，由于地面大气层密度的不同，使仪器的水平视线因折光而弯曲，弯曲的半径大约为地球半径的 6～7 倍，且折射量与距离有关。它对读数产生的影响为

$$r=\frac{D^2}{2\times 7R} \tag{2-18}$$

地球曲率及大气折光两项影响之和为

$$f=c-r=0.43\frac{D^2}{R} \tag{2-19}$$

计算测站的高差时，应从后视和前视读数中分别减去 f，方能得出正确的高差，即

$$h=(a-f_a)-(b-f_b) \tag{2-20}$$

若前、后视距离相等时，则 $f_a=f_b$，地球曲率及大气折光的影响在计算高差时可以抵消。所以，在水准测量中，前、后视距应尽量相等。

4. 大气温度和风力的影响

大气温度的变化会引起大气折光的变化以及水准管气泡的不稳定。尤其是当强阳光直射仪器时，会使仪器各部件因温度的急剧变化而发生变形，水准管气泡会有因烈日照射而

收缩，从而产生气泡居中误差。另外，大风可使水准尺竖立不稳，水准仪难以置平。因此，在水准测量时，应随时注意撑伞，以遮挡强烈阳光的照射，并应避免在大风天气里观测。

2.7.4 注意事项

虽然误差是不可避免的，无法完全消除，但可采取一定的措施减弱其影响，以提高测量结果的精度，同时应避免在测量时人为因素而导致的错误。因此在进行水准测量时，应注意以下几方面。

(1) 放置水准仪时，尽量使前、后视距相等。

(2) 每次读数时水准管气泡必须居中。

(3) 观测前，仪器都必须进行检验和校正。

(4) 读数时水准尺必须竖直，有圆水准器的尺子应使气泡居中。

(5) 尺垫顶部和水准尺底部不应粘带泥土，以降低对读数的影响。

(6) 望远镜应仔细对光，严格消除视差。

(7) 前后视线长度一般不超过 100m，视线离地面高度一般不应小于 0.3m。

(8) 在强烈光照下必须撑伞，以避免仪器的结构因局部的温度增高而发生变化，影响视线的水平。

(9) 读数要清楚。记录者如有记错，错误记录应用铅笔划去，再重写。

(10) 读数后，记录者必须当场计算，测站检核无误，方可迁站。

(11) 仪器迁站，要注意不能碰动转点上的尺垫。

2.8 水准测量的成果计算

普通水准测量外业观测结束后，首先应复查与检核记录手簿，计算各点间的高差。经检核无误后，根据外业观测的高差计算闭合差。若闭合差符合规定的精度要求，则调整闭合差，最后计算各点的高程。

按水准路线布设形式进行成果整理，包括以下内容。

(1) 水准路线高差闭合差计算与校核。

(2) 高差闭合差的分配，计算改正后的高差。

(3) 计算各点改正后的高程。

不同等级的水准测量，对高差闭合差的容许值有不同的规定。对于普通水准测量，等外水准测量的高差闭合差容许值为

$$\begin{cases} f_{h容}=\pm 20\sqrt{L} & \text{适用于平原区} \\ f_{h容}=\pm 6\sqrt{n} & \text{适用于山区} \end{cases} \tag{2-21}$$

式中 $f_{h容}$——高差闭合差限差，mm；

L——水准路线长度，km；

n——测站数。

在山丘地区，当每千米水准路线的测站数超过 16 站时，容许高差闭合差可用 $f_{h容}=\pm 6\sqrt{n}$(mm)计算，式中 n 为水准路线的测站总数。五等水准测量的高差闭合差容值为 $f_{h容}=\pm 30\sqrt{L}$

施工中，如设计单位根据工程性质提出具体要求时，应按要求精度施测。

2.8.1 附合水准路线成果计算

例 图 2-34 为按图根水准测量要求施测某附合水准路线观测成果略图。BMA 和 BMB 为已知高程的水准点，A 点的高程为 65.376m，B 点的高程为 68.623m，图中箭头表示水准测量前进方向，点 1、2、3 为待测水准点，各测段高差、测站数、距离如图 2-34 所示。现以图 2-34 为例，按高程推算顺序将各点号、测站数、测段距离、实测高差及已知高程填入表 2-5 相应栏内。

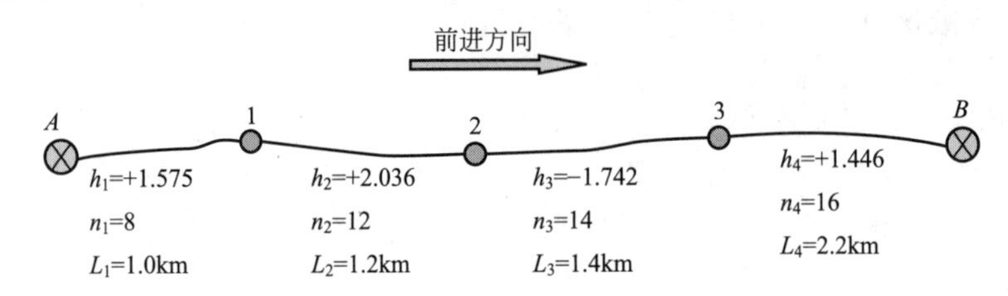

图 2-34 附合水准路线观测

表 2-5 附合水准测量成果计算表

测段编号	点名	距离/km	测站数	实测高差/m	改正数/m	改正后的高差/m	高程/m	备注
	A						65.376	
1		1.0	8	+1.575	−0.012	+1.563		
	1						66.939	
2		1.2	12	+2.036	−0.014	+2.022		
	2						68.961	
3		1.4	14	−1.742	−0.016	−1.758		
	3						67.203	
4		2.2	16	+1.446	−0.026	+1.420		
	B						+68.623	
$\sum$		5.8	50	+3.315	−0.068	+3.247		
辅助计算	f_h=+68mm　L=5.8km $f_{h容}=\pm30\sqrt{L}$ $\pm30\sqrt{5.8}=\pm72$mm　$-f_h/L=-12$mm							

解算如下。

1. 计算高差闭合差

$$f_h=\sum h_{测}-(H_{终}-H_{始})=[3.315-(68.623-65.376)]\text{mm}=68\text{mm}$$

$$f_{h容}=\pm30\sqrt{L}=\pm30\sqrt{5.8}\ \text{mm}=\pm72\text{mm}$$

因为$|f_h|<|f_{h容}|$，其精度符合要求，可进行闭合差分配。

2. 调整高差闭合差

高差闭合差的调整原则和方法是按其与测段距离(测站数)成正比并反符号改正到各相应测段的高差上，得改正后的高差，即

$$v_i=-\frac{f_h}{\sum n}\times n_i$$

或

$$v_i=-\frac{f_h}{\sum l}\times l_i \tag{2-20}$$

改正后得高差为

$$h_{i改}=h_{i测}+v_i \tag{2-21}$$

式中 v_i、$h_{i改}$——第 i 段测段的高差改正数和改正后的高差；

$\sum n$、$\sum l$——路线总测站数与总长度；

n_i、l_i——第 i 段测段的测站数与长度。

题中各测段改正数：

$$v_1=-\frac{0.068}{5.8}\times1.0\text{m}=-0.012\text{m}$$

$$v_2=-\frac{0.068}{5.8}\times1.2\text{m}=-0.014\text{m}$$

$$v_3=-\frac{0.068}{5.8}\times1.4\text{m}=-0.016\text{m}$$

$$v_4=-\frac{0.068}{5.8}\times2.2\text{m}=-0.026\text{m}$$

将各测段高差改正数分别填入相应改正数栏内，并检核；改正数的总和与所求得的高差闭合差绝对值相等、符号相反，即$\sum v=-f_h=-0.068$m。

各测段改正后的高差为

$$h_{1改}=h_{1测}+v_1=(+1.575-0.012)\text{m}=+1.563\text{m}$$

$$h_{2改}=h_{2测}+v_2=(+2.036-0.014)\text{m}=+2.022\text{m}$$

$$h_{3改}=h_{3测}+v_3=(-1.742-0.016)\text{m}=-1.758\text{m}$$

$$h_{4改}=h_{4测}+v_4=(+1.446-0.026)\text{m}=+1.420\text{m}$$

将各测段改正后的高差分别填入相应的栏内，并检核；改正后的高差总和应等于两已知高程之差，即

$$\sum h_{改}=H_B-H_A=+3.247\text{m}$$

3. 计算待定点高程

由水准点 BMA 已知高程开始，逐一加各测段改正后的高差，即得各待定点高程，并填入相应高程栏内，即

$$H_1=H_A+h_{1改}=(65.376+1.563)\text{m}=66.939\text{m}$$

$$H_2=H_1+h_{2改}=(66.939+2.022)\text{m}=68.961\text{m}$$

$$H_3=H_2+h_{3改}=(68.961-1.758)\text{m}=67.203\text{m}$$

$$H_4=H_3+h_{4改}=(67.203+1.420)\text{m}=68.623\text{m}$$

推算的 B 点的高程应该等于该点的已知高程，以此作为计算的检核。

2.8.2 闭合水准路线成果计算

闭合水准路线各测段高差的代数和应等于零。如果不等于零，其代数和就是闭合水准路线的闭合差 f_h，即 $f_h=\sum h_{测}$。当 $f_h<f_{h容}$时，可进行闭合水准路线的计算调整，其步骤与附合水准路线相同。

如图 2-35 所示，水准点 BMA 高程为 44.856m，1、2、3 点为待定高程点，各段高差及测站数均注于图 2-35 中。图中箭头表示水准测量进行方向。按高程推算顺序将各点号、测

站数、实测高差及已知高程填入表 2-6 相应栏目。

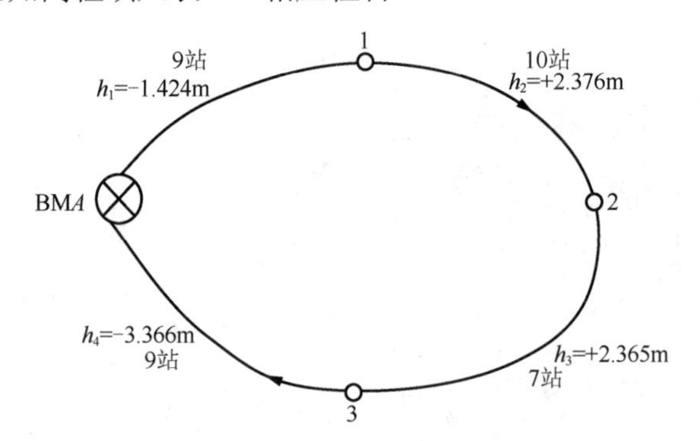

图 2-35　闭合水准路线观测

表 2-6　闭合水准测量成果计算表

测段编号	点名	测站数	实测高差/m	改正数/m	改正后高差/m	高程/m	备注
	A					44.856	
1		9	−1.424	+0.006	−1.418		
	1					43.438	
2		10	+2.376	+0.015	+2.391		
	2					45.829	
3		7	+2.365	+0.008	+2.373		
	3					48.202	
4		9	−3.366	+0.020	−3.346		
	B					44.856	
$\sum$		35	−0.049	+0.049	0		
辅助计算	$f_h=+49\text{mm}$ $f_{h容}=\pm 30\sqrt{L}=\pm 30\sqrt{3}=\pm 51\text{mm}$						

(1) 计算高差闭合差。

闭合水准路线的起点、终点为同一点，因此，路线上各段高差代数和的理论值为零，即$\sum h_{理}=0$。实际上由于各测站观测高差存在误差，致使观测高差总和往往不等于零。其值即高差闭合差，即 $f_h=\Sigma h_{理}$。按五等水准测量计算。

$$f_h=\sum h_{测}=-0.049\text{m}$$

$$f_{h容}=\pm 30\sqrt{L}=\pm 30\sqrt{3}=\pm 71\text{mm}$$

因为$|f_h|<|f_{h容}|$，精度符合要求，可以调整闭合差。

(2) 调整高差闭合差。

高差闭合差调整的原则和方法同闭合水准路线，各段改正数如下。

① 每一测段改正数。

$$v=-\frac{f_h}{\sum L}=-\frac{(-0.049)}{3}\text{m}=+0.0163\text{m}$$

② 各测段改正数。

$$v_1 = +0.0163\text{m} \times 0.4 = +0.006\text{m}$$
$$v_2 = +0.0163\text{m} \times 0.9 = +0.015\text{m}$$
$$v_3 = +0.0163\text{m} \times 0.5 = +0.008\text{m}$$
$$v_4 = +0.0163\text{m} \times 1.2 = +0.020\text{m}$$

③ 检验。

$$v_1 + v_2 + v_3 + v_4 = +0.049(\text{m})$$

④ 检核。

$$\sum v = -f_h = +0.049(\text{m})$$

各测段改正数的高差：

$$h_{1改} = h_{1测} + v_1 = (-1.424 + 0.006)\text{m} = -1.418(\text{m})$$
$$h_{2改} = h_{2测} + v_2 = (+2.376 + 0.015)\text{m} = +2.391(\text{m})$$
$$h_{3改} = h_{3测} + v_3 = (+2.365 + 0.008)\text{m} = +2.373(\text{m})$$
$$h_{4改} = h_{4测} + v_4 = (-3.366 + 0.020)\text{m} = -3.346(\text{m})$$

检核：

$$\sum h_{改} = 0$$

(3) 计算待定点高程。

用改正后高差，按顺序逐点计算各点的高程，即

$$H_1 = H_A + h_{1改} = (44.856 - 1.418)\text{m} = 43.438\text{m}$$
$$H_2 = H_1 + h_{2改} = (43.444 + 2.391)\text{m} = 45.829\text{m}$$
$$H_3 = H_2 + h_{3改} = (45.834 + 2.373)\text{m} = 48.202\text{m}$$
$$H_A = H_4 + h_{4改} = (48.209 - 3.346)\text{m} = 44.856\text{m}$$

检核：$H_{A算} = H_{已知} = 44.856(\text{m})$

2.8.3 支水准路线成果计算

对于支水准路线取其往返测高差的平均值作为成果，高差的符号应以往测为准，最后推算出待测点的高程。

以图 2-36 为例，已知水准点 A 的高程为 186.785m，往、返测站共 16 站。高差闭合差为

$$f_h = h_{往} + h_{返} = (-1.357 + 1.396)\text{m} = 0.021\text{m}$$

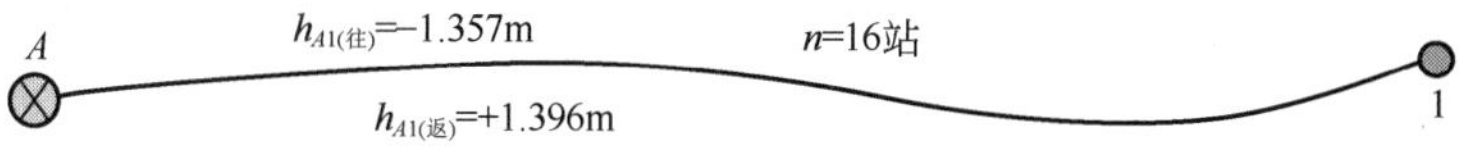

图 2-36 支水准路线观测

闭合差容许值为

$$f_{h容} = \pm 12\sqrt{n} = \pm 12 \times \sqrt{16}\text{mm} = \pm 48\text{mm}$$

$|f_h| < |f_{h容}|$说明符合普通水准测量的要求。经检核符合精度要求后，可取往测和返测高差绝对值的平均值作为 A、1 两点间的高差，其符号与往测高差符号相同，即

$$h_{AB}=-\frac{|h_{往}|+|h_{返}|}{2}=-\frac{|-1.375|+|1.396|}{2}=-1.377$$

$$H_1=186.785\text{m}-1.377\text{m}=185.408\text{m}$$

2.9 水准仪的检验和校正

2.9.1 水准仪的主要轴线及应满足的条件

如图 2-37 所示，水准仪有 4 条主要轴线，即望远镜的视准轴 *CC*、水准管轴 *LL*、圆水准轴 *L′L′*、仪器的竖轴 *VV*。各轴线应满足的几何条件如下。

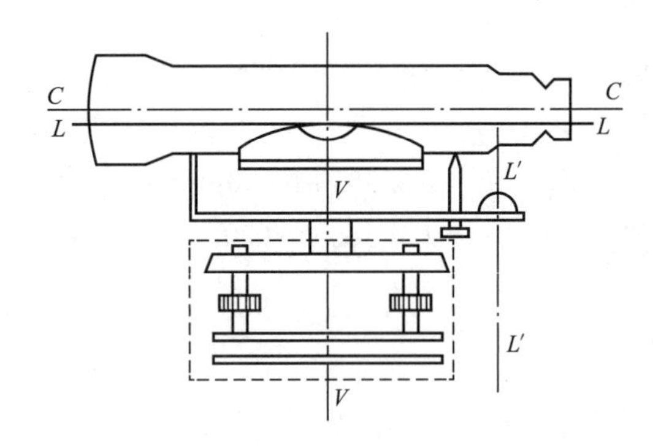

图 2-37 水准仪的轴线

(1) 水准管轴 *LL* // 视准轴 *CC*，即 *LL* // *CC*。当此条件满足时，水准管气泡居中，水准管轴水平，视准轴处于水平位置。

(2) 圆水准轴 *L′L′* // 竖轴 *VV*。当此条件满足时，圆水准气泡居中，仪器的竖轴处于垂直位置，这样仪器转动到任何位置，圆水准气泡都应居中。

(3) 十字丝垂直于竖轴，即十字丝横丝要水平。这样，在水准尺上进行读数时，可以用丝的任何部位读数。

以上这些条件，在仪器出厂前已经过严格检校，但是由于仪器长期使用和运输中的振动等原因，可能使某些部件松动，上述各轴线间的关系会发生变化。因此，为保证水准测量质量，在正式作业之前，必须对水准仪进行检验校正。

2.9.2 水准仪的检验与校正

1. 圆水准器的检验与校正

目的：使圆水准器轴平行于竖轴，即 *L′L′* // *VV*。

检验：转动脚螺旋使圆水准器气泡居中，如图 2-38(a)所示，然后将仪器转动 180°，这时，如果气泡不再居中，而偏离一边，如图 2-38(b)所示，说明 *L′L′*不平行于 *VV*，需要校正。

校正：旋转脚螺旋使气泡向中心移动偏距一半， 然后用校正拨针拨圆水准器底下的三个校正螺旋，使气泡居中，如图 2-39 所示。

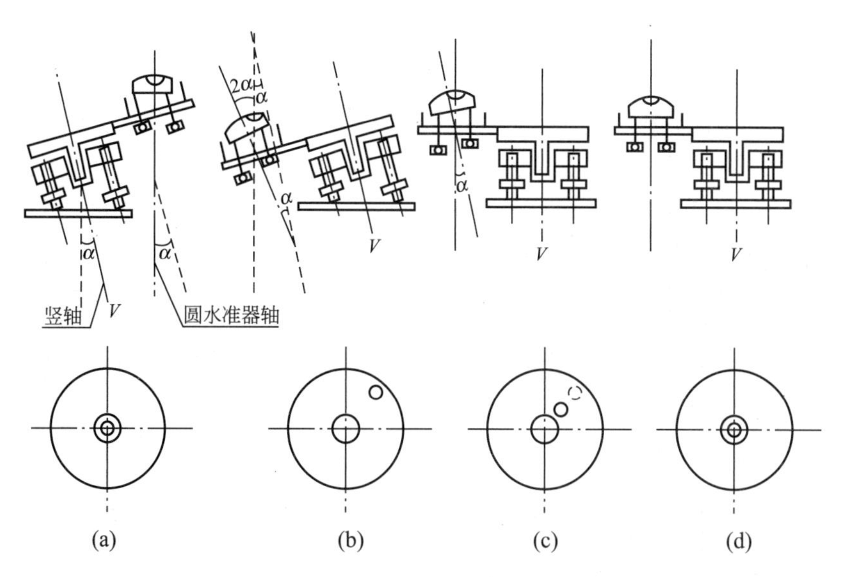

图2-38　圆水准器的检验与校正

校正工作一般难以一次完成，需反复校核数次，直到仪器旋转到任何位置时气泡都居中为止。最后，应注意拧紧固紧螺栓。

该项检验与校正的原理如图2-39所示，假设圆水准器轴$L'L'$不平行于竖轴VV，两者相交一个α角，转动脚螺旋，使圆水准器气泡居中，则圆水准器轴处于铅垂位置，而竖轴倾斜了一个角α，如图2-38(a)所示；将仪器绕竖轴旋转180°，圆水准器轴转动竖轴另一侧，此时圆水准器气泡不居中，因旋转时圆水准器轴与竖轴保持α角，所以旋转后圆水准器轴与铅垂之间的夹角为2α角，如图2-38(b)所示，这样气泡也同样偏离相对的一段弧长。校正时，旋转脚螺旋使气泡向中心移动偏离值的一半，从而消除竖轴本身偏斜的一个角α，如图2-38(c)所示，使竖轴处于铅垂方向。然后再拨圆水准器上校正螺旋，使气泡退回另一半居中，这样就消除了圆水准器轴与竖轴间的夹角α，如图2-38(d)所示，使两者平行，达到$L'L' /\!/ VV$的目的。

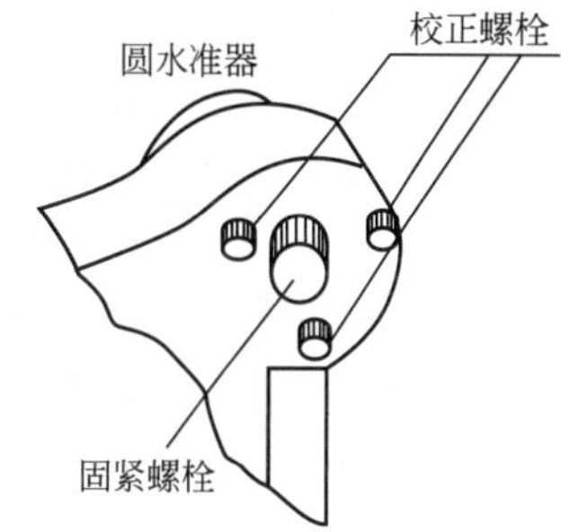

图2-39　圆水准器校正螺栓

2. 十字丝横丝的检验与校正

目的：当仪器整平后，十字丝的横丝应水平，即横丝应垂直于竖轴。

检验：整平仪器，在望远镜中用横丝的十字丝中心对准某一标志P，拧紧制动螺旋，转动微动螺旋。微动时，如果标志始终在横丝上移动，则表明横丝水平。如果标志不在横丝上移动，如图2-40所示，则表明横丝不水平，需要校正。

校正：松开4个十字丝环的固定螺栓，如图2-40所示，按十字丝倾斜方向的反方向微微转动十字丝环座，直至P点的移动轨迹与横丝重合，表明横丝水平。校正后将固定螺栓拧紧。

3. 水准管轴平行于视准轴(i角)的检验与校正

目的：使水准管轴平行于望远镜的视准轴，即$LL /\!/ CC$。

检验：在平坦的地面上选定相距为80m左右的A、B两点，各打一大木桩或放尺垫，并在上面立尺，然后按以下步骤对水准仪进行检验，如图2-41所示。

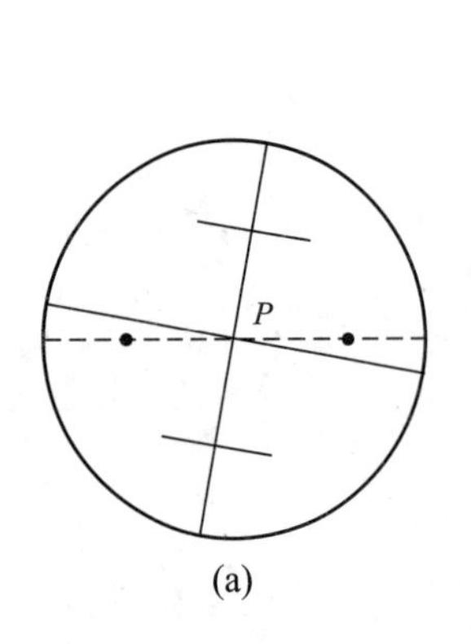

(a)

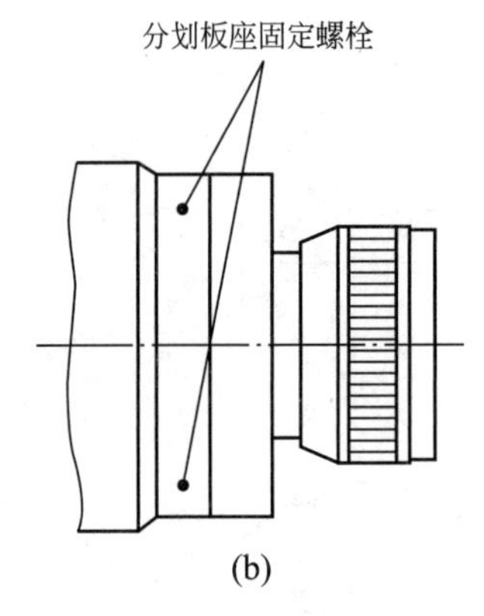

(b)

图 2-40　十字丝横丝的校正

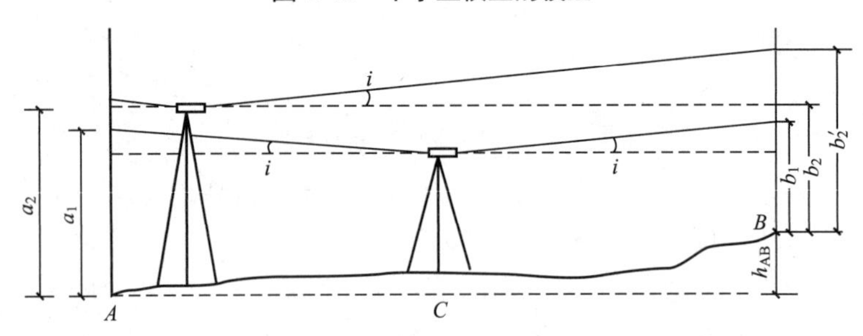

图 2-41　水准管轴的检验

(1) 将水准仪置于与 A、B 点等距离的 C 点处，用仪器高法(或双面尺法)测定 A、B 两点间的高差 h_{AB}，设其读数分别为 a_1 和 b_1，则 $h_{AB}=a_1-b_1$。两次高差之差小于 3mm 时，取其平均值作为 A、B 间的高差。此时，测出的高差值是正确的。因为，假设此时水准仪的视准轴不平行于水准管轴，而倾斜了 i 角，分别引起读数误差Δa 和Δb，但因 $BC=AC$，有$\Delta a=\Delta b=\varDelta$，则

$$h_{AB}=(a_1-\varDelta)-(b_1-\varDelta)=a_1-b_1 \tag{2-22}$$

这说明不论视准轴与水准管轴平行与否，由于水准仪安置在距水准尺等距离处，测出高差都是正确的。

(2) 将仪器搬至距 A 尺(或 B 尺)3m 左右处，精平仪器后，在 A 尺上读数 a_2。因为仪器距 A 尺很近，忽略角 i 的影响。根据近尺读数 a_2 和高差 h_{AB} 计算出 B 尺上水平视线时的应有读数为

$$b_2=a_2-h_{AB} \tag{2-23}$$

然后，调转望远镜照准 B 点上水准尺，精平仪器读取读数。如果实际读出的数 $b'_2=b_2$，说明 $LL /\!/ CC$。否则，存在角 i，其值为

$$i=\frac{b_2'-b_2}{D_{AB}}\times\rho \tag{2-24}$$

式中　D_{AB}——A、B 两点间的距离；

$\rho=206265''$。

对于 DS_3 型水准仪，当 $i>20''$时，则需校正。

校正：转动微倾螺旋，使中丝在 B 尺上的读数从 b'_2 移到 b_2，此时视准轴水平，而水准管气泡不居中。用校正针拨动水准管的上、下校正螺钉，如图 2-42 所示，使符合气泡居中。校

正以后，变动仪器高度再进行一次检验，直到仪器在 A 端观测并计算出的 i 角值符合要求为止。

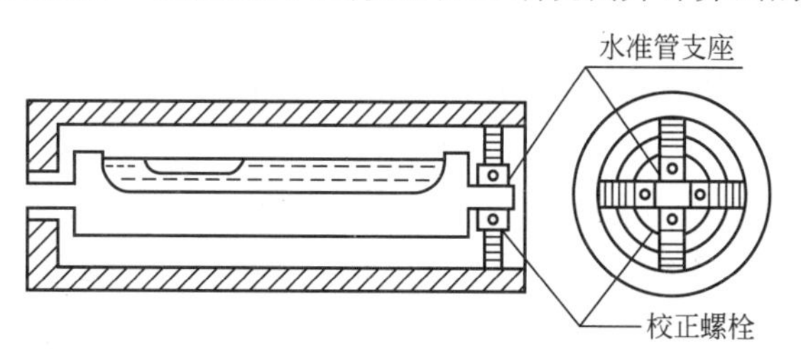

图 2-42 水准管轴的校正

校正方法有两种：

(1) 校正水准管——旋转微倾螺旋，使十字丝横丝对准 $b_2=a_2-h_{AB}$，拨动水准管“校正螺栓”，使水准管气泡居中。

(2) 校正十字丝——可用于自动安平水准仪。

保持水准管气泡居中，拨动十字丝上下两个“校正螺栓”，使横丝对准 b_2。

2.10 数字水准仪、精密水准仪简介

2.10.1 数字水准仪

目前，数字水准仪的照准标尺和调焦仍需目视进行。人工调试后，标尺条码一方面被成像在望远镜分化板上，供目视观测，另一方面通过望远镜的分光镜，又被成像在光电传感器(又称探测器)上，供电子读数。由于各厂家标尺编码的条码图案各不相同，因此条码标尺一般不能互通使用。当使用传统水准标尺进行测量时，数字水准仪(图 2-43)也可以像普通自动安平水准仪一样使用，不过这时的测量精度低于电子测量的精度，特别是精密数字水准仪，由于没有光学测微器，当成普通自动安平水准仪使用时，其精度更低。

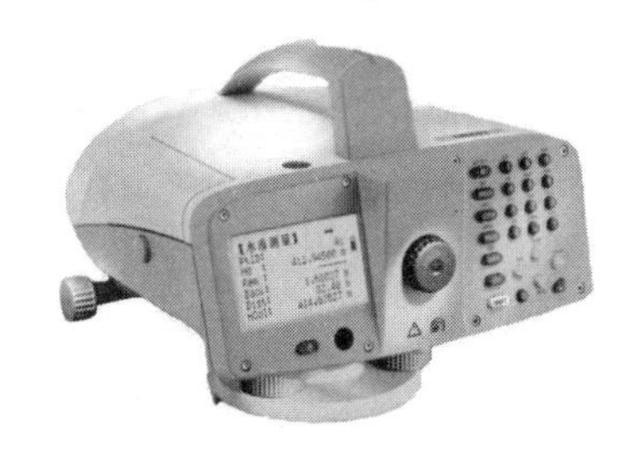

图 2-43 数字水准仪

1. 数字水准仪的原理

当前数字水准仪采用了原理上相差较大的三种自动电子读数方法：相关法(徕卡 NA3002/3003)、几何法(蔡司 DiNi10/20)、相位法(拓普康 DL101C/102C)。

它与传统仪器相比有以下特点。

(1) 读数客观。不存在误差、误记问题，没有人为读数误差。

(2) 精度高。视线高和视距读数都是采用大量条码分划图像经处理后取平均得出来的，

因此削弱了标尺分划误差的影响。多数仪器都有进行多次读数取平均的功能，可以削弱外界条件影响。不熟练的作业人员也能进行高精度测量。

(3) 速度快。由于省去了报数、听记、现场计算的时间，以及人为出错的重测数量，测量时间与传统仪器相比可以节省 1/3 左右。

(4) 效率高。只需调焦和按键就可以自动读数，减轻了劳动强度。视距还能自动记录、检核，处理并能输入电子计算机进行后处理，可实线内外业一体化。

2. 数字水准仪的构造

数字水准仪的构造如图 2-44 所示。

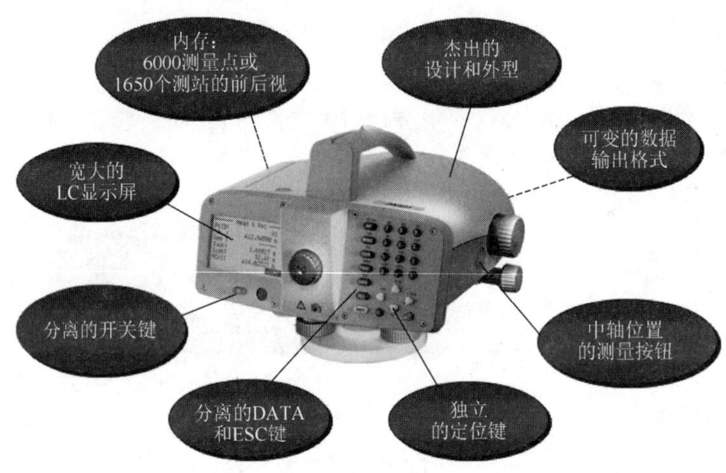

图 2-44　数字水准仪的构造

3. 数字水准仪的使用

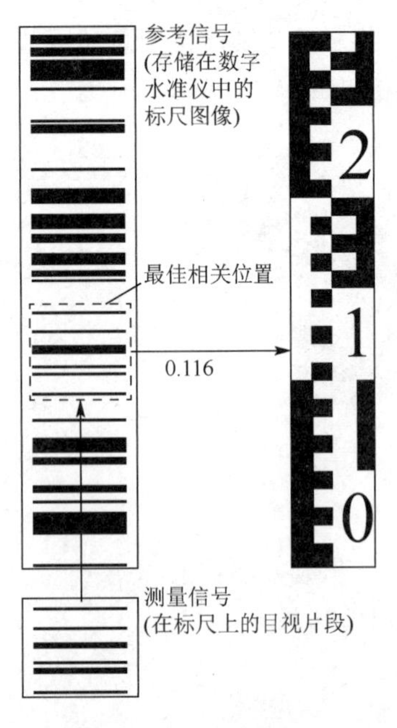

图 2-45　条码标尺

用数字水准仪进行水准测量，所使用的水准标尺为伪随机条码(图 2-45)，该条码图像已被存储在数字水准仪中作为参考信号。在条码标尺上，最窄的条码宽为 2.025mm，称为基本码宽。在标尺上共有 2000 个基本码，不同数量的同颜色的基本码相连在一起，就构成了宽窄不同的码条。

以徕卡 DNA03 数字水准仪为例，随着测量程序的开始，开始窗口显示作业、线路及其测量程序相关的其他设置，如图 2-46 所示。

进入水准测量界面(图 2-47)，首先输入所需要的全部参数，然后用测量键触发测量。

水准测量时，箭头↑提示测量的方向，“B”代表后视，“F”代表前视。在使用水准测量功能时，还可以切换到碎部点测量或放样测量。

4. 碎部点测量操作步骤

1) 设置作业

在开始程序中，选择线路测量，在线路测量程序中，新建作业、新建线路、设置限差。

图 2-46 程序界面

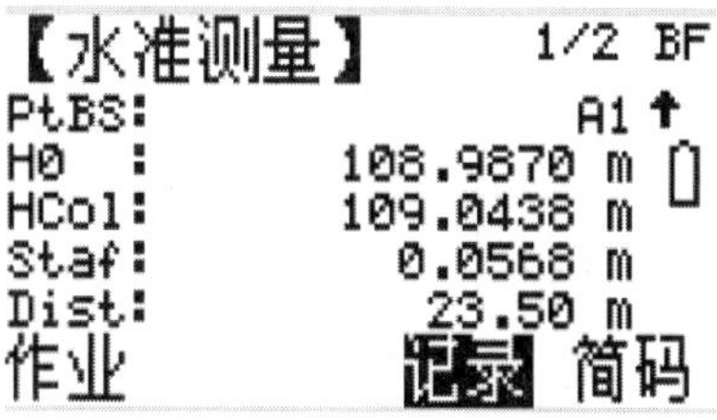

图 2-47 水准测量界面

(1) 新建作业。在线路测量程序中，选择作业，按“确认”键进入，选择增加，开始新建作业。输入：Job(作业)：输入作业名。

(2) 新建线路。在线路测量程序中，选择线路，按“确认”键进入，选择增加，开始新建线路。输入：Name (名称)：命名线路名。Meth(方法)：选择观测方法：BF/ a BF/BFFB/ a BFFB/ 单程双转点。PtID：自动点号的起始点号。

在做碎步点测量时，我们不考虑限差，故不设置限差。

2) 测量的实施

以上的设置都结束后，就可以开始进行测量。先进行已知点的观测及接后视点。后视点观测结束后，就可以按 INT 键进行碎步点测量。

启动碎步点的起始界面的注释。

Next：输入下次要测量的点号。

测完以后：

Pt2：当前测量的点号。

Staff：当前测量点的标尺读数。

dH：点相对于后视点的高差。

“至最后”：切换到相对于上一个碎步点的测量。(点击以后则界面会出现“至后视”，此时测量所得的是相对于上一个碎步点的高差。如图 2-48 所示，激活界面上的“至后视”，重新进行测量。碎步点测量过程中，切记要在“碎步测量-至后视”主界面。)

所有碎步点测量结束后，按 Esc 键退出，进行全过程测量数据的检核，如果只有一个已知点，则前视还是测量后视点，且标尺不换，即使用同一把标尺。如果有两个已知点，则前视测量另一个已知点。查看闭合差进行检核。如图 2-49 所示。

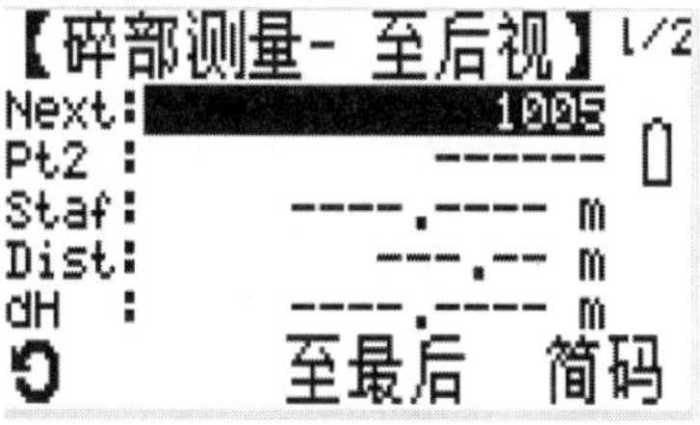

图 2-48 “至最后”界面

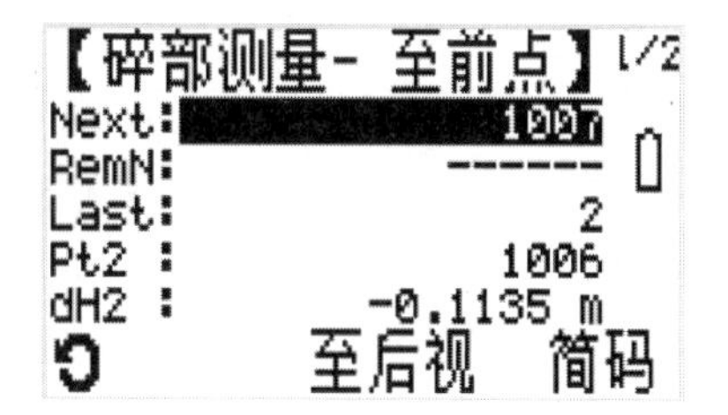

图 2-49 “到后视”界面

放样测量功能操作：

本仪器的放样功能可用来放样高程。放样点可以像已知点那样存储到相应的作业中，要调出待放样点高程，只用点号即可。

进入放样显示界面，启动放样测量。根据高程或高差放样，如图 2-50 所示。

H/dH：测得的高程，或测得的高差。

Fill/CUT：移动量，fill(+)=标尺升高/cut(-)标尺下降[1]。

根据距离放样：如图 2-51 所示。

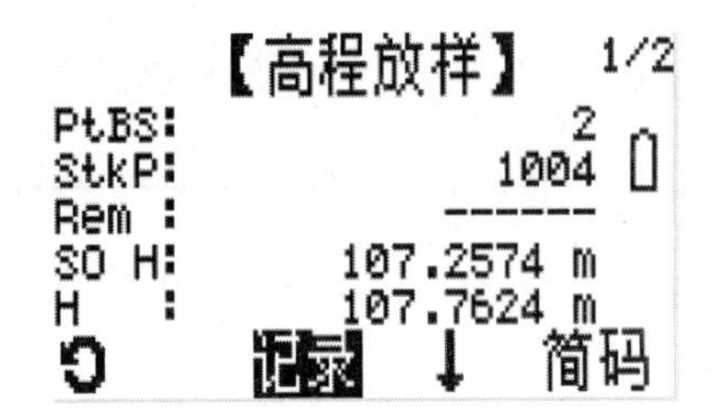

图 2-50 “高程放样”界面

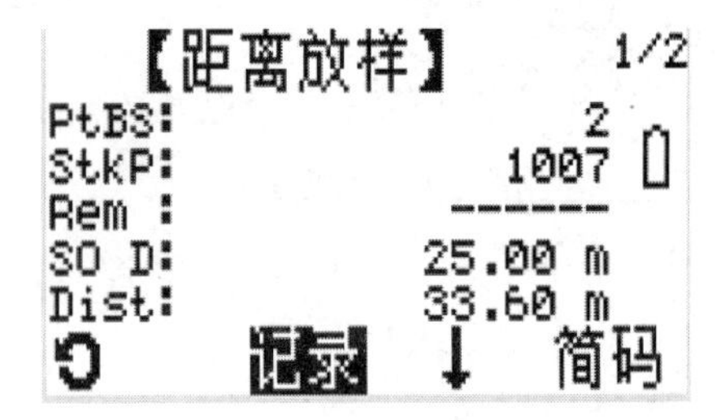

图 2-51 “距离放样”界面

Dist：测得的距离。

In/out：移动量：out(+)=标尺远离/in(-)=标尺近移[1]。

2.10.2 精密水准仪

精密水准仪主要用于一、二等水准测量和精密工程测量，如大型建筑施工、沉降观测和大型设备安装的测量控制工作。

精密水准仪的结构精密，性能稳定，测量精度高。其基本构造主要由望远镜、水准器和基座三部分组成，如图 2-52 所示。但是，与普通的 DS_3 型水准仪相比，其具有以下主要特征。

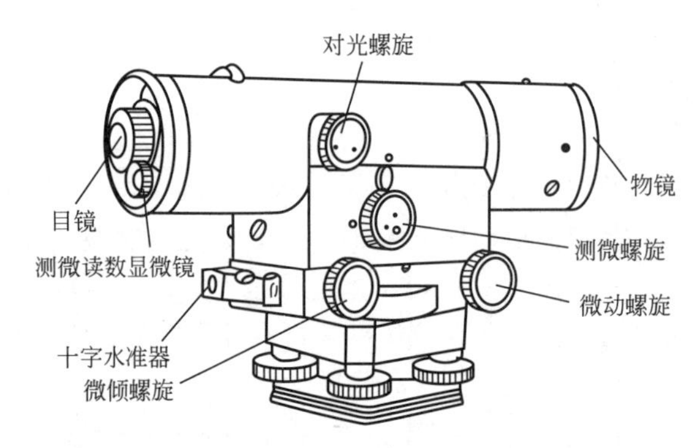

图 2-52 DS_1 型精密水准仪

(1) 望远镜的光学性能好，放大率高，一般不小于 40 倍。

(2) 水准管的灵敏度高，其分划值为 10″/2mm，比 DS_3 型水准管分划值提高 1 倍。

(3) 仪器结构精密，水准管轴和视准轴关系稳定，受温度影响较小。

(4) 精密水准仪采用光学测微器读数装置，从而提高了读数精度。

(5) 精密水准仪配有专用的精密水准尺。

精密水准仪的光学测微器读数装置主要由平行玻璃板、测微分划尺、转导杆、测微螺旋和测微读数系统组成，如图 2-53 所示。当转动测微螺旋时，传导杆推动平行玻璃板前后倾斜，视线透过平行玻璃板产生移动，移动值可由观测器反映出来，移动数值由读数显微镜在测微尺上读出。测微尺上 100 分格与标尺上 1 个分格(1cm 或 0.5cm)相对应，所以测微时能直接读到 0.1mm(或 0.05 mm)，读数精度提高。如图 2-52 所示为国产 DS_1 型精密水准仪，其光学测微器读数装置的最小读数为 0.05mm。

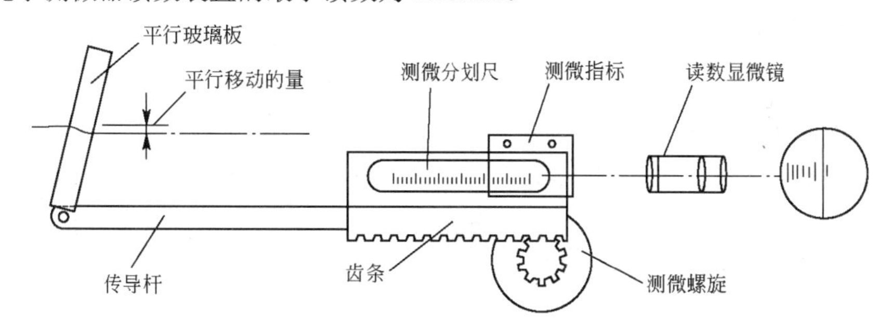

图 2-53 光学测微器测微原理

如图 2-54 所示，为精密水准仪配有的精密水准尺，该尺全长 3m，尺面平直并附有足够精度的圆水准器。在木质尺身中间有一尺槽，内装膨胀系数极小的因瓦合金带。标尺的分划是在合金带上，分划值为 5mm。它有左右两排分划，每排分划之间的间隔是 10mm，但两排分划彼此错开 5mm，所以实际上左边是单数分划，右边是双数分划。注记是在两旁的木质尺面上，左面注记的是米数，右面注记的是分米数，整个注记为 0.1～5.9m。分划注记比实际数值大 2 倍，所以用这种水准尺进行水准测量时，必须将所测得的高差值除以 2 才得到实际的高差值。

精密水准仪的操作方法与普通 DS_3 水准仪基本相同，不同之处主要是读数方法有所差异。精平时，转动微倾螺旋使符合水准气泡两端的影像精确符合，此时视线水平。再转动测微器上的螺旋，使横丝一侧的楔形丝准确地夹住整个分划线。其读数分为两部分：厘米以上的数按标尺读数，厘米以下的数在测微器分划尺上读数，估读到 0.01mm。如图 2-55 所示，在标尺上读数为 1.97m，测微器上读取 1.52mm，整个读数为 1.97152m，实际读数应该是它的 1/2，即 0.98576m。

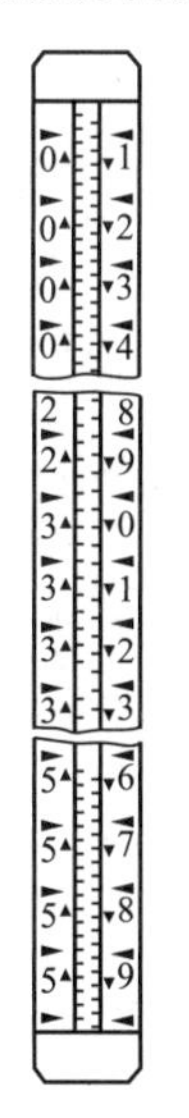

图 2-54 精密水准尺

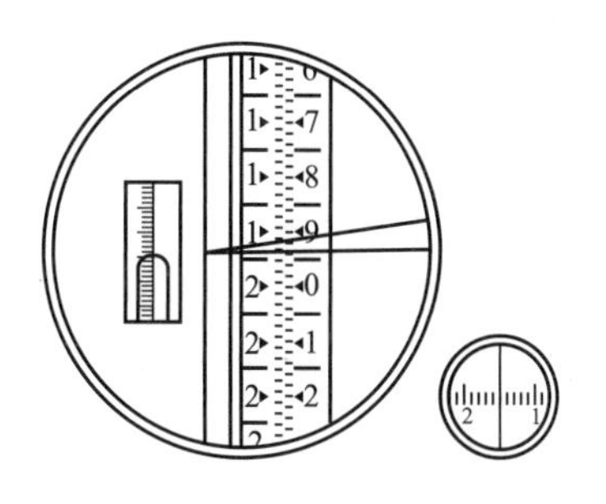

图 2-55 精密水准尺的读数

本项目小结

水准测量是测定地面点高程的常用方法。本项目主要从以下几个方面对水准测量加以分述。

1. 水准仪及其使用

主要阐述了常用的 DS_3 普通水准仪的使用。对本部分内容，要在认识水准仪基本构造的基础上，重点掌握 DS_3 水准仪的粗平、瞄准、精平和读数方法，这是水准测量的基本功。同时也是学习使用其他水准仪的基础。

2. 普通水准测量的实测与内业计算

这是水准测量的核心内容。水准测量的实测要从观测的基本步骤、数据记录计算和测量检核这三个环节加以学习，内业计算要求重点搞懂水准仪的高差闭合差的计算与调整。

3. 水准仪的检验与校正

在了解水准仪应满足几何条件的基础上，掌握圆水准器、十字丝板、水准管轴的检验与校正方法。

4. 水准测量的误差与注意事项

在了解水准测量误差的主要来源的基础上，掌握消除或减少误差的基本措施，这对于做好测量工作，提高测量精度具有重要意义。

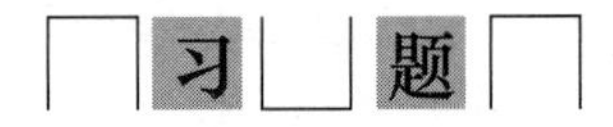

习题

一、 选择题

1. 视线高等于(　　)+后视点读数。

A. 后视点高程　　B. 转点高程　　C. 前视点高程　　D. 仪器点高程

2. 在水准测量中转点的作用是传递(　　)。

A. 方向　　B. 角度　　C.距离　　D. 高程

3. 水准测量时，为了消除 i 角误差对一测站高差值的影响，可将水准仪置在(　　)处。

A. 靠近前尺　　B. 两尺中间　　C. 靠近后尺　　D. 任意位置

4. 产生视差的原因是(　　)。

A. 仪器校正不完善　　B. 物像与十字丝面未重合

C. 十字丝分划板不正确　　D. 目镜成像错误

5. 水准测量中，同一测站，当后尺读数大于前尺读数时说明后尺点(　　)。

A. 高于前尺点　　B. 低于前尺点　　C. 高于测站点　　D. 与前尺点等高

6. 往返水准路线高差平均值的正负号是以(　　)的符号为准。

A. 往测高差　　B. 返测高差

C. 往返测高差的代数和　　D. 以上三者都不正确

7. 圆水准器轴与管水准器轴的几何关系为(　　)。

A. 互相垂直　　B. 互相平行　　C. 相交 60°　　D. 相交 120°

8. 转动目镜对光螺旋的目的是(　　)。

A. 看清近处目标　　B.看清远处目标　　C. 消除视差　　D. 看清十字丝

二、思考题

1. 何谓高差法？何谓视线高程法？视线高程法求高程有何意义？

2. 设 A 为后视点，B 为前视点，A 点的高程为 126.016m。读得后视读数为 1.123m，前视读数为 1.428m，问 A、B 两点间的高差是多少？B 点比 A 点高还是低？B 点高程是多少，并绘图说明。

3. 何谓视准轴和水准管轴？ 圆水准器和管水准器各起何作用？

4. 何谓视差？ 如何检查和消除视差？

5. 何谓水准点？ 何谓转点？ 在水准测量中转点作用是什么？

6. DS_3 水准仪有哪些轴线？它们之间应满足什么条件？

7. 为检验水准仪的视准轴是否平行水准管轴，安置仪器于 A、B 两点中间，测得 A、B 两点间高差为−0.315m；仪器搬至前视点 B 附近时，后视读数 α =1.215m，前视读数 b=1.556m。

问：(1) 视准轴是否平行于水准管轴？

(2) 如不平行，说明如何校正？

8. 水准测量中前、后视距相等可消除或减少哪些误差的影响？

三、计算题

1. 根据表 2-7 中所列观测资料，计算高差和待求点 B 的高程，并作校核计算。

表 2-7　水准测量记录表　　单位：m

测站	点名	后视读数	前视读数	高差	高程	备注
1	BMA	1.481			437.654	
	TP_1		1.347			
2	TP_1	0.684				
	TP_2		1.269			
3	TP_2	1.473				
	TP_3		1.584			
4	TP_3	2.762				
	B		1.606			
计算检核						

2. 附合水准线路的观测成果见表 2-8，试计算各点高程，列于表 2-8 中。($f_{h容} = \pm 12\sqrt{n}$mm)

3. 某闭合等外水准路线，其观测成果列于表 2-9 中，由已知点 BMA 的高程计算 1、2、3 点的高程。

表 2-8　附合水准线路成果计算表　　　　单位：m

点名	测站数	高差	改正数	改正后的高差	高程
A					56.200
	10	−0.854			
I					
	6	−0.862			
II					
	8	−1.258			
III					
	10	+0.004			
B					53.194

表 2-9　闭合水准路线成果计算表

点名	距离/km	高差/m	改正数/m	改正后的高差/m	高程/m
A					453.873
	1.4	−2.873			
1					
	0.8	+1.459			
2					
	2.1	+3.611			
3					
	1.7	−2.221			
A					
总和					

能力评价体系

知识要点	能 力 要 求	所占分值(100 分)	自评分数
水准测量原理	具备灵活应用水准测量方法的能力	6	
水准仪的构造及使用	(1) 掌握水准仪各组成部分的名称和功能	6	
	(2) 理解水准仪四条主要轴线	8	
	(3) 理解圆水准器与水准管的作用	6	
	(4) 熟练掌握水准仪的操作步骤及方法	8	
	(5) 掌握水准仪的读数方法	6	
普通水准测量	(1) 了解水准点及点之记的意义	4	
	(2) 理解不同水准路线布设的作用	8	
	(3) 掌握普通水准测量的观测方法	10	
	(4) 熟练掌握水准测量手簿的填写	6	
水准测量误差及注意事项	(1) 了解产生误差的原因	2	
	(2) 掌握消除不必要误差的方法	2	
水准测量成果计算	(1) 理解闭合差及闭合差容许值	2	
	(2) 掌握三种水准路线的成果计算方法及步骤	10	
	(3) 掌握闭合及附合水准测量成果计算表的填写	6	
水准仪的检验与校正	(1) 掌握水准仪的主要轴线及满足的条件	6	
	(2) 掌握水准仪的检验方法及校正操作	4	
总分		100	

项目 3

角度测量

学习目标

通过本项目的学习，应具有经纬仪安置的能力；具有水平角测量、竖直角测量及计算的能力；具有经纬仪的检验及简单校正的能力；具有使用电子经纬仪进行角度测量的能力。

能力目标

知识要点	能力要求	相关知识
水平角、竖直角测量原理	明确水平角、竖直角测量原理	水平角、竖直角、天顶距
经纬仪构造和使用	(1) 熟练掌握经纬仪的构造和各部件的作用	圆水准器、水准管、光学对中器、对中、整平
	(2) 熟练掌握经纬仪的安置	
水平角观测	(1) 熟练掌握测回法测量水平角的方法、记录格式和计算	测回、归零、盘左、盘右、方向值、角度值和 $2c$ 值
	(2) 了解全圆方向法测量水平角的方法、记录格式和计算	
竖直角观测	熟练掌握竖直角测量的方法、记录格式和计算	竖直角、指标差
水平角测量误差产生原因及注意事项	(1) 了解水平角测量误差产生的原因	仪器误差、观测误差、外界环境的影响
	(2) 提高角度测量的方法	
经纬仪的检验与校正	(1) 了解经纬仪各轴线应满足的条件	视准轴、水准管轴、圆水准器轴、仪器竖轴、横轴、十字丝
	(2) 掌握经纬仪各项检验的步骤和校正方法	
电子经纬仪	(1) 了解电子经纬仪的测角原理	编码度盘、光栅度盘、仪器初始化、软键功能
	(2) 掌握电子经纬仪的使用	

学习重点

经纬仪的安置、水平角、竖直角测量的方法、记录格式和计算、仪器的检验与校正及电子经纬仪的使用。

最新标准

《工程测量规范》(GB 50026—2007)。

引例

小王暑期到某建筑工地进行社会实践，看到负责该工程的施工员正在利用经纬仪测量一水平角和竖直角，操作非常娴熟，小王非常羡慕。在此之前他由于还没有学习测量内容，加上施工现场安置的经纬仪构造较为复杂，出于好奇，他向施工员请教如何进行角度测量，测量成果怎样才算合格。施工员告诉他首先要弄明白经纬仪的构造，学会对中整平，按照角度测量原理和注意事项进行观测。同时施工员也告诉他学习了本项目后就能进行角度测量了。

3.1 水平角和竖直角测量原理

3.1.1 水平角测量原理

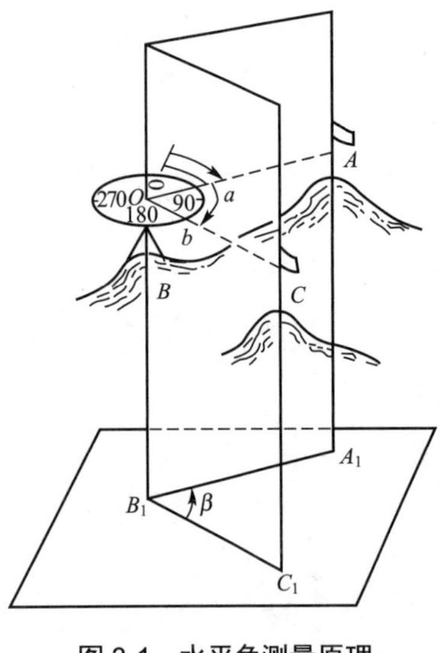

图 3-1 水平角测量原理

水平角是地面上任意一点出发到两目标的方向线在水平面上的投影之间的夹角。如图 3-1 所示，过 OA 和 OB 两竖直面所夹的二面角即在水平面上的投影。

$\beta=\angle A_1O_1B_1$

从图 3-1 上可以看出，A、O、B 为地面上的任意三点，为测量$\angle AOB$ 的大小设想在 O 点沿铅垂线上方，放置一按顺时针注记的水平度盘(0°～360°)，使其中心位于角顶的铅垂线上。

过 OA 铅垂面通过水平度盘的读数为 a，过 OB 铅垂面通过水平度盘的读数为 b，则$\angle AOB$ 的大小即为水平角β的两读数之差，如图 3-1 所示。

即 $$\beta=b-a \tag{3-1}$$

特别提示

在水平角计算时，$a-b$ 和 $b-a$ 不是同一个角度，而是两者加起来等于 360°。

3.1.2 竖直角测量原理

在同一竖直面内，目标方向与水平方向的夹角称为竖直角。目标方向在水平方向以上称为仰角，角值为正；在水平方向以下称为俯角，角值为负。

在图3-2中可以看出要测定竖直角，可在 O 点放置竖直度盘，在竖直度盘上读取视线方向读数，将视线方向与水平方向读数之差，即为所求竖直角。即

$$\alpha=目标视线读数-水平视线读数 \tag{3-2}$$

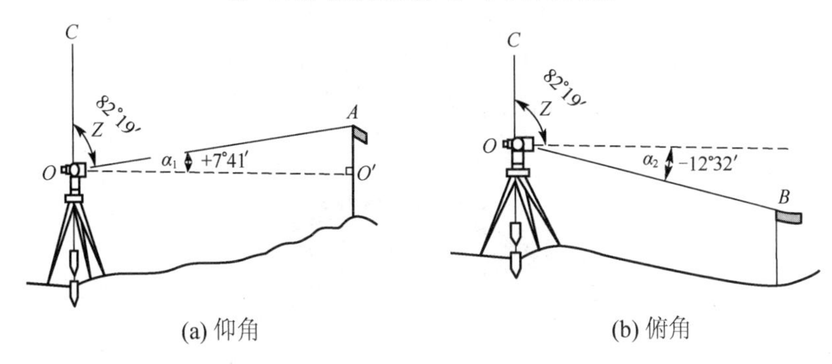

(a) 仰角　　(b) 俯角

图3-2　竖直角

图3-2中，Z 为天顶距 (即地面点 O 垂直方向的北端，顺时针转至观测视线 OA 方向线的夹角)。即天顶距与竖直角的关系为

$$Z=90°-\alpha \tag{3-3}$$

特别提示

测量竖直角的目的，是通过公式 $H_B=H_A+i-v+\tan\alpha$ 计算高程；可以看出 α 的正负决定 $\tan\alpha$ 的正负，也就决定 B 点的高程值，所以竖直角的正负至关重要，不能搞错。

3.1.3　经纬仪

经纬仪是观测角度的常用仪器。要进行水平角和竖直角的测量，经纬仪必须要有照准目标的瞄准装置，有量测角度的水平度盘、竖直度盘以及在度盘上读数的指标。观测水平角时，度盘中心应安放在过测站点的铅垂线上，并能使度盘水平，因此要有对点器、水准器。为了瞄准不同方向及不同高度的目标，望远镜应既能在水平面内绕竖轴旋转360°又能在竖直面内旋转360°，并装有读数设备。

3.2　电子经纬测量原理及构造

3.2.1　测量原理

电子经纬仪的测角与老式的仪器有不同的光学结构。绝对编码盘代替了原来的光栅盘，这种仪器开机不用初始化，测量结果更加准确。

测量原理：通过光电探测器在码盘上的特殊位置能够得到编码信息。如果竖盘或横盘工作的时候，多路复合器会得到结果，然后所有的信息都会被传输到微处理器去计算。微处理器将会发出指令指导操作，然后在显示器上显示结果。

1. 绝对编码盘的结构和原理(图 3-3)

(a) 码带

(b) 绝对编码盘

图 3-3 绝对编码盘的结构

码盘绕着 CCD 光电传感器对应地转动，通过光电探测器在码盘上的特殊位置能够得到编码信息。当竖盘或横盘工作的时候，多路复合器会得到结果，然后所有的信息都会被传输到微处理器去计算。微处理器将会发出指令指导操作，然后在显示器上显示结果。

电子经纬仪用绝对编码盘代替了原来的光栅盘，其结构合理、美观大方、功能齐全、性能可靠，适用于国家和城市的三、四等三角测量及精密导线测量，也可用于铁路、公路、桥梁、水利等工程测量。该仪器操作简单，且很容易实现仪器的所有功能，具有易学易懂的特点。

2. 工作过程(图 3-4)

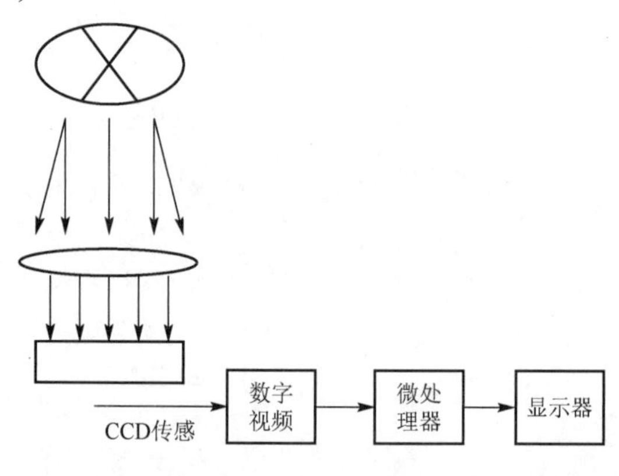

图 3-4 工作过程图

3. 电路原理图(图 3-5)

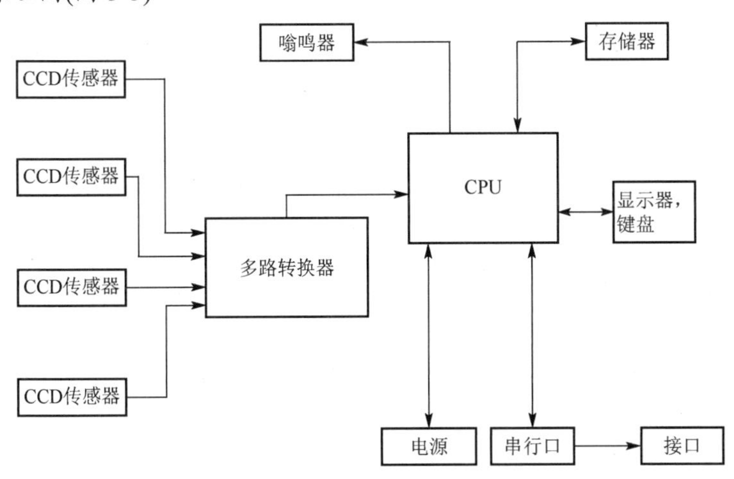

图 3-5　电路原理图

3.2.2　仪器的结构

电子经纬仪含有望远镜，垂直、水平绝对编码盘及电子读数系统，水准器，横轴，竖轴，水平、垂直制微动，对中器，基座等。

1. 望远镜组

望远镜分目镜、物镜及调焦三大部分。调焦属外调焦式，以纹的转动转换为内调焦透镜的滑动，要求转动舒适、灵活，无卡位、晃动等现象出现。目镜部分分为目镜和镀有十字丝和视距丝的分划板。

2. 横轴组

横轴组由横轴、横轴两端轴承等主要部分组成。横轴在轴承内应能灵活、无晃动地转动，同时在结构上应垂直于竖轴，而且在运动中保持不变位置。横轴左端安置着绝对编码盘部分，横轴中部装有望远镜和供初步瞄准用的光学瞄准器。

在结构上，码盘安置在横轴端部的正确位置，应满足下列要求。

(1) 码盘刻划中心须和横轴中心共心。

(2) 码盘的分划面应垂直于横轴。

3. 手提组

手提组是通过两颗紧固螺钉固定在左右支架上面，便于仪器的拿放。

4. 初瞄准器组

初瞄准器组是安装在望远镜及横轴中部连接处，供初步瞄准目标用，靠近望远镜物镜那边，是安置有“＋”或“△”型的平面玻璃。靠近望远镜目镜这边的是一块放大镜，可以清楚放大地看到“△”或“＋”符合。初瞄准器轴应与视准轴同轴。

5. 竖轴组

竖轴组是由竖轴、套轴、绝对编码盘、下壳等主要部件组成。竖轴系的作用是使望远镜、照准部及绝对编码盘绕垂线水平旋转。该轴系属于半运动式圆柱形轴，在结构上有下列优点。

(1) 同样参数条件下，晃动角比标准圆柱形轴小得多。

(2) 具有自动定中心作用，置中精度高。

(3) 摩擦力矩小，且磨性好，转动平稳灵活。

(4) 温度对轴系影响小，研磨工作量小，便于批量生产。竖轴、套轴和水平编码盘在结构上是共轴的，而且要求在运动过程中保持不变，并和横轴垂直。

6. 垂直制微动组

垂直制微动机构由制微动手轮、制动环、制微动套、制微动丝杆、万向套、顶针等主要部件组成。

制微动手轮是同轴动作，制动系列部件转动在制微动丝杆上面，通过制动环、制动套和凸轮块夹紧，达到制微动共轴工作。

7. 水平制微动组

同垂直制微动组，此略。

8. 水准器组

1) 长水准器

安装在照准部支架上，且与调整竖轴系处于垂直状态，上面有保护玻璃，水准器安装在金属管内，用石膏加以封固。金属座右端是一颗紧固螺钉，左端有一颗可使水准器左端升高或降低的校正螺钉，以此来校正长水准器轴垂直于竖轴。

2) 圆水准器

圆水准器是初平水准器，长水准器调好后，直接把圆水准器气泡调到中心位置即可。

9. 电池盒

南方 ET 系列电池盒是由五节镍氢电池组合而成，其正常值在 5.5～7V 之间。

10. 光学对中器

光学对中器的调焦机构与内对光调焦望远镜相似。转动目镜调焦手轮，使分划板上的十字丝清晰，称为对分划板调焦。转动测点调焦手轮，使测点在分划板上所成的像和十字丝同样清晰，从结构上要求分划板的十字丝中心经过棱镜，转向后应通过物镜中心。

11. 显示器组

显示器系统是由液晶板、液晶驱动器、IC 并行接口板等主要部分组成。

当通过 IC 并行接口电路按键输出后，字符送入微机，微机输出信号，将指令传输给液晶驱动器，当液晶驱动器接收到地址线和外部同步信号时，与时钟 SCL 作用，从微机和 IC 读入数据，显示出字符。

12. CCD 组

CCD 是由发光二极管、CCD 驱动电路等主要部件组成。当发光二极管有光信号发出时，CCD 接收并将光信号转化为电信号，最后电信号在 CPU 中解码，从而实现测角。

13. 机座和脚螺旋

旋开三爪式轴座的固定螺钉，照准部和机座便可卸开，把仪器和机座放在工作台上，再拧松安平螺钉上的盖帽，顺时针转动安平螺母，然后翻转机座，用螺丝刀松开三角底板上面的三颗平头螺钉，脚螺旋和机座便可分离，三角机座和底板分开。到此，便可进行脚螺旋各零件的清洗和上油工作。

14. 倾斜传感器组

它是由电子水泡和测量电路构成，并被两颗螺钉固定在主机的右侧，该倾斜传感器应保证视准轴水平时，垂直盘读数为90°，且长水准器气泡居中。

3.2.3 电子经纬仪的显示屏及操作面板(以南方某电子经纬仪为例)

(1) 熟练掌握电子经纬仪显示屏各按键的名称及作用(图3-6)

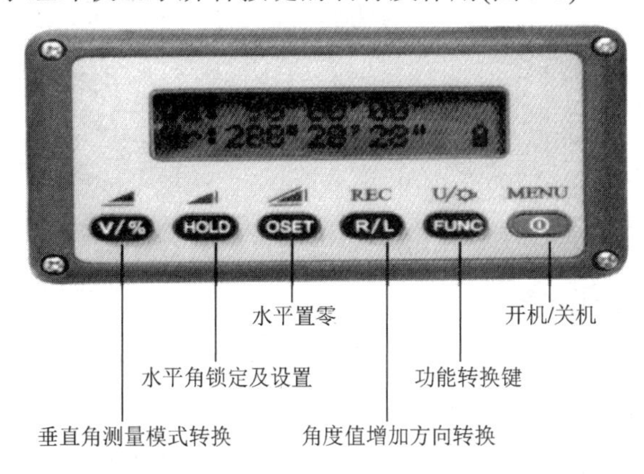

图3-6 电子经纬仪显示屏各按键介绍

V/% ——竖直角/坡度转换键；

HOLD ——水平角锁定键；

OSET ——水平方向置零键；

R/L ——右角/左角转换键；(显示为Hr——右角，照准部顺时针转动水平方向值增加)

FUNC ——功能转换键(不与光电测距仪连接此键没用)。

① ——开关。

(2) 注意事项

① 电子经纬仪与全站仪显示屏中的HR是顺时针增加，HL是逆时针增加。

② 电子经纬仪、全站仪与光学经纬仪的盘左、盘右观测方法相同。

3.3 光学经纬仪

3.3.1 经纬仪概述

经纬仪分为光学经纬仪和电子经纬仪两类。两类仪器的基本构造是一致的，只有读数系统和读数方式不同：光学经纬仪利用几何光学的放大、反射、折射等原理进行度盘读数；电子经纬仪则利用物理光学、电子学和光电转换等原理显示光栅度盘读数。

按精度划分，我国生产的经纬仪有DJ_1、DJ_2、DJ_6等几个等级，其中D、J分别为“大地”和“经纬仪”的汉字拼音首字母，1、2、6 分别为该经纬仪的精度指标，单位为秒，表示该经纬仪测回方向观测中误差的大小。

角度测量的工具有标杆、测杆、觇牌和铅垂线，作为经纬仪瞄准目标时所使用的照准工具，如图 3-7 所示。觇牌一般为红白或黑白相间，常与棱镜结合用于电子经纬仪或全站仪。

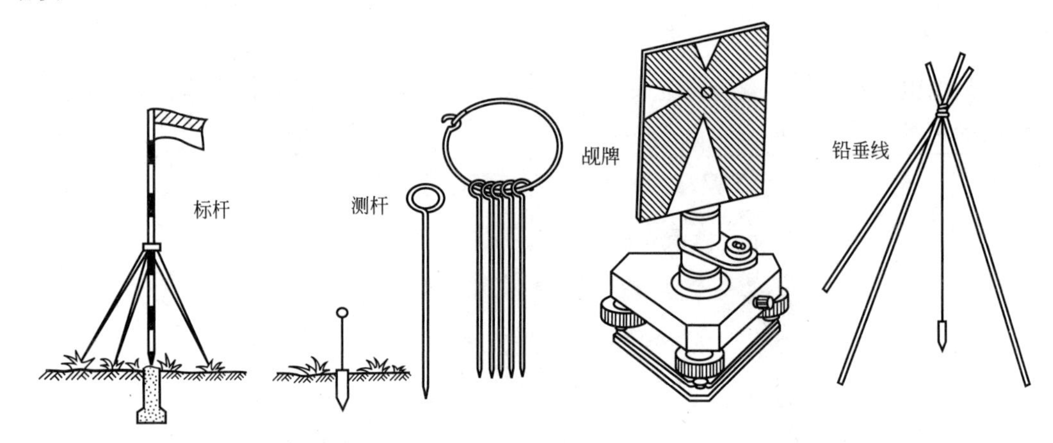

图 3-7　角度测量工具

3.3.2　光学经纬仪的基本构造

各种 DJ_6 级光学经纬仪的构造大体相同。如图 3-8 所示为北京光学仪器厂生产的 DJ_6 级光学经纬仪的外形及外部各构件的名称。

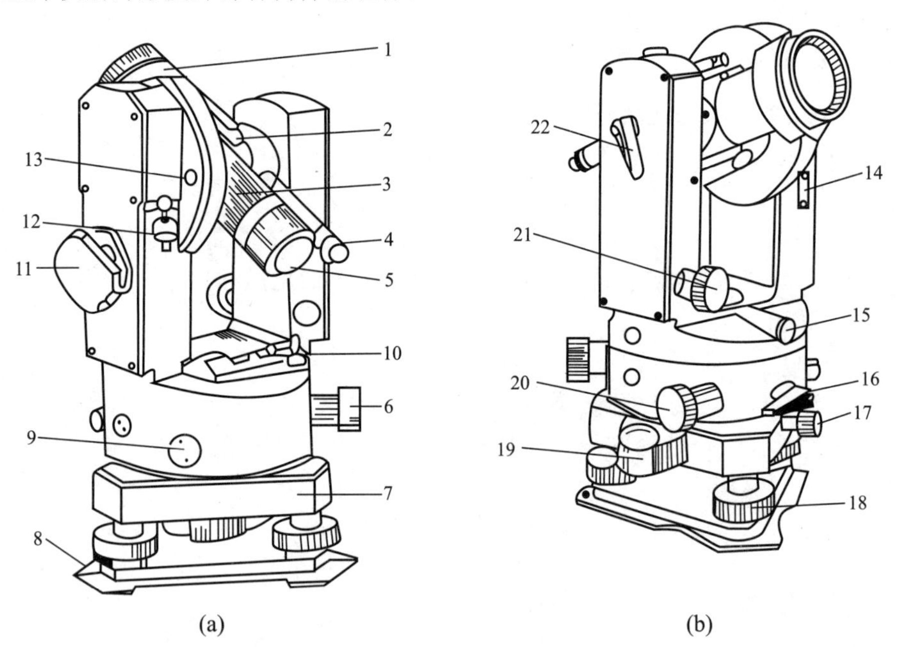

图 3-8　DJ_6 光学经纬仪

1—望远镜物镜；2—粗瞄器；3—对光螺旋；4—读数目镜；5—望远镜目镜；6—转盘手轮；7—基座；8—导向板；9、13—堵盖；10—水准器；11—反光镜；12—自动归零旋钮；14—调指标差盖板；15—光学对点器；16—水平制动扳钮；17—固定螺旋；18—脚螺旋；19—圆水准器；20—水平微动螺旋；21—望远镜微动螺旋；22—望远镜制动扳钮经纬仪由基座、照准部以及度盘和读数系统三大部分组成。

1. 基座

基座由脚螺旋、竖轴轴套、三角压板组成。

2. 水平度盘

DJ_6级光学经纬仪的水平度盘为 0°～360° 全圆刻划的玻璃圆环，其分划值(相邻两刻划间的弧长所对的圆心角)为 1°。度盘上的刻划线注记按顺时针方向增加。测角时，水平度盘不动。若使其转动，可拨动度盘变换手轮实现。

3. 照准部

照准部是指基座以上在水平面上绕竖轴旋转的整体部分。照准部的组成主要由望远镜、支架、竖直度盘、横轴、管水准器、圆水准器、水平制动和微动螺旋、竖直制动和微动螺旋、光学对点器及读数装置等构件。望远镜、竖直度盘和横轴固连在一起与横轴一起安装在支架上。

光学对点器是一个小型望远镜，视准轴通过棱镜折射后与仪器竖轴重合。

3.3.3 度盘和读数系统

光学经纬仪的读数设备主要有水平度盘、竖直度盘、测微器。通过一系列的棱镜、透镜和反光镜将度盘分划线、测微器呈现在读数显微镜内。

DJ_6 级光学经纬仪，常用的测微器有分微尺测微器和单平板玻璃测微器两种读数方法。

1. 分微尺测微器及读数方法

分微尺测微器的结构简单，读数方便，在读数显微镜中可以看到两个读数窗，如图 3-9 所示，注有“H”(或“—”)的是水平度盘读数窗；注有“V”(或“⊥”)的是竖直度盘读数窗。度盘两分划线之间的分划值为 1°，分微尺共分 0～6 个大格，每一大格 10′，每一小格为 1′，全长 60′，估读精度 0.1′，如图 3-9 所示，水平度盘的读数为 134° 53′48″；竖直度盘的读数为 87° 58′36″。

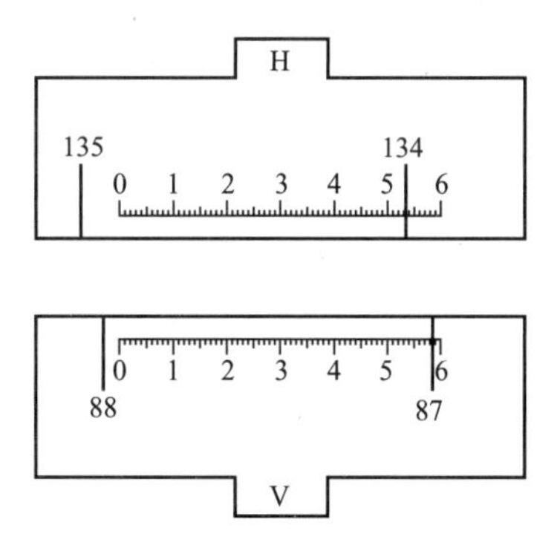

图 3-9 分微尺测微器读数窗

2. 单平板玻璃测微器及读数方法

单平板玻璃测微器主要有平板玻璃、测微尺、连接机构和测微轮组成。转动测微轮、单平板玻璃与测微尺绕轴同步转动。当平板玻璃底面垂直于光线时，如图 3-10(a)所示，读数窗中双指标线的读数是 92°+α，测微尺上单指标线读数为 15′。转动测微轮，使平板玻璃倾斜一个角度，光线通过平板玻璃后发生平移，如图 3-10(b)所示，当 92°分划线移到正好被夹在双指标线中间时，可以从测微尺上读出移动之后的读数为 23′28″。

图 3-11 为单平板玻璃测微器读数窗的影像，下面的窗格为水平度盘影像，中间的窗格为竖直度盘影像，上面的窗格为测微尺影像。分划值为 30′，测微尺全长为 30′，将其分为 30 大格，1 大格又分为 3 小格。因此，测微尺上每一大格为 1′，每小格为 20″，估读至 0.1 小格(2″)。读数时，转动测微轮，使度盘某一分划线精确地夹在双指标线中央，先读取度盘分划线上的读数，再读取测微尺上指标线读数，最后估读不足一分划值的余数，三者相加即为读数结果。如图 3-11(a)所示，竖盘读数为 92°+17′40″=92°17′40″。图 3-11(b)中，水平读数为 4°30′+12′30″=4°42′30″。

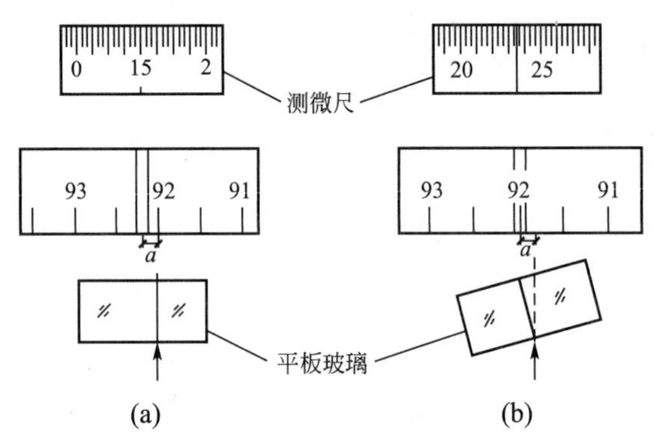

图 3-10　单平板玻璃测微器

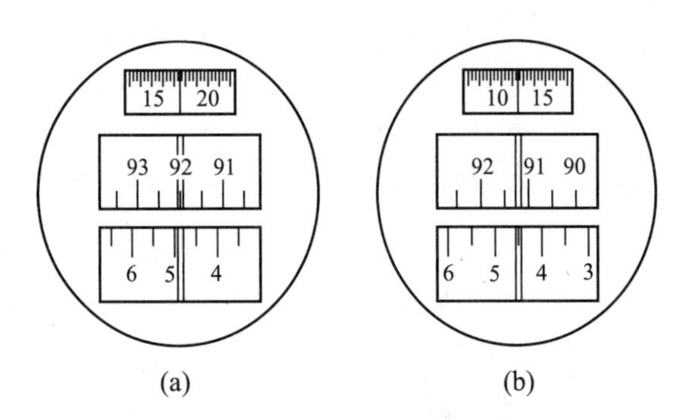

图 3-11　单平板玻璃测微器读数窗

3.3.4　DJ_2级光学经纬仪

DJ_2 级光学经纬仪的构造基本同 DJ_6 级光学经纬仪。如图 3-12 所示为苏州第一光学仪器厂生产的 J_2-1 型光学经纬仪。

为使读数方便且不容易出错，近年来生产的 DJ_2 经纬仪采用如图 3-13 所示的读数窗。读数时先转动测微轮，使没有注记的中间窗口度盘对径分化重合由图 3-13(a)变为图 3-13(b)。上面的长方形窗口为度盘注记 91°，小方框的数字来标记整 20′，下面窗口的分微尺上为分(3′)和下为秒(22.5″)，图中的读数为 91°23′22.5″。

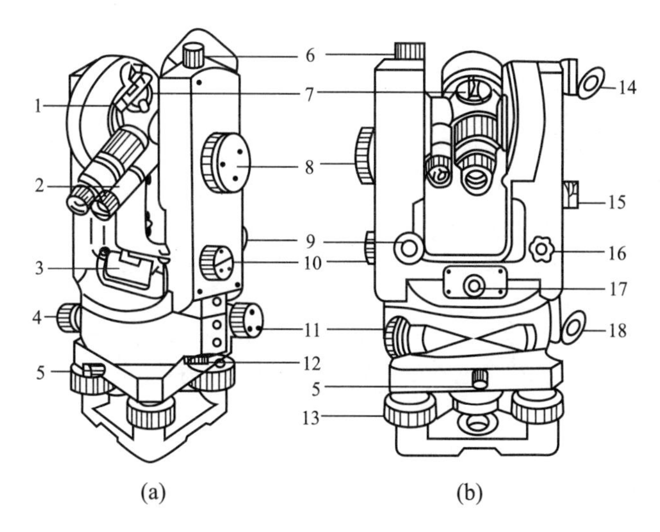

图 3-12 DJ_2级光学经纬仪

1—望远镜反光板手轮；2—读数显微镜；3—照准部水准管；4—照准部制动螺旋；
5—轴座固定螺旋；6—望远镜制动螺旋；7—光学瞄准器；8—测微轮；9—望远镜微动螺旋；
10—换像手轮；11—照准部微动螺旋；12—水平度盘变换手轮；13—脚螺旋；14—竖盘反光镜；
15—竖盘指标水准管观察镜；16—竖盘指标水准管微动螺旋；17—光学对中器目镜；18—水平度盘反光镜

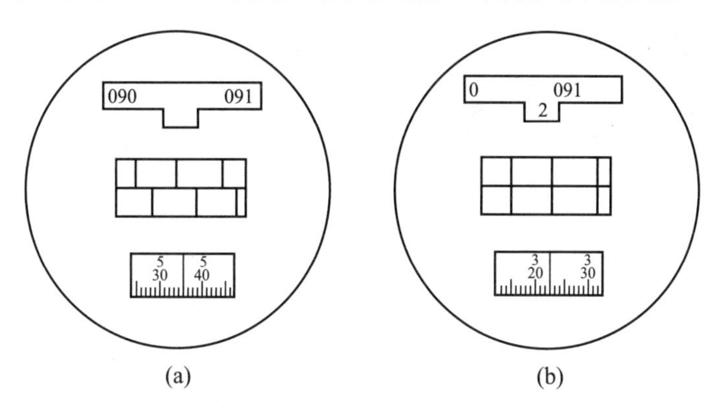

图 3-13 DJ_2光学经纬仪读数窗

目前由于电子经纬仪的出现，DJ_2光学经纬仪在工程中已不常用。

3.4 经纬仪的使用

经纬仪的使用，一般分为对中、整平、调焦瞄准和读数四个步骤。

3.4.1 对中

对中的目的：是使水平度盘中心和测站点标志中心在同一铅垂线上。

3.4.2 整平

整平的目的：是使水平度盘处于水平位置和仪器竖轴处于铅垂位置。对中、整平应反复操作。

1. 初步对中(垂球对中)

松开三脚架腿的固定螺旋，同时提起三个架腿(这样使三个架腿一样高)，高度一般与胸平齐或略矮于胸部，拧紧固定螺旋，打开三脚架，使架头大致水平，并使架头中心初步对准测站标志中心，将垂球挂在三脚架连接螺旋上。平移三脚架使垂球尖对准测站点标志中心，这样架头中心和站点标志中心在同一铅垂线上。

2. 安置仪器

将三脚架连接螺旋与仪器固定。先通过光学对点器看地面的测站中心是否在视线范围内，如在视线范围内，先整平；如不在视线范围内须重新卸下仪器，重新垂球对中。

3. 初步整平

如图 3-14 所示，松开照准部制动螺旋，转动照准部使管水准器、圆水准器位于同一竖直面，转动脚螺旋使管水准器气泡居中，同时使圆水准器气泡位于两脚螺旋中间，转动照准部 90° 使管水准器和第三只脚螺旋位于同一竖直面，再转动第三只脚螺旋，使管水准器气泡居中，同时使圆水准器气泡也居中。

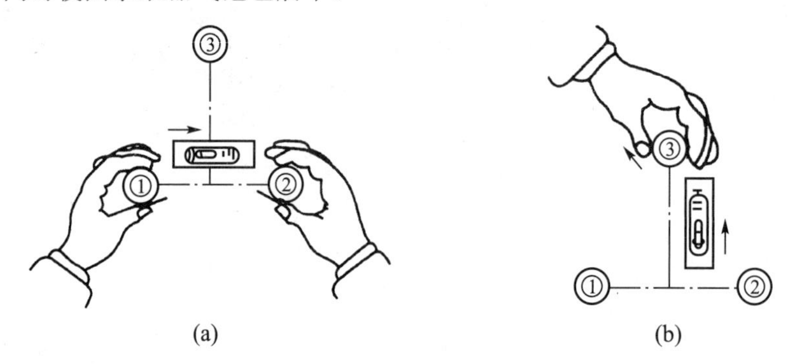

图 3-14　仪器整平

4. 光学对点起对中(精确对中)

眼睛通过光学对点器看测站中心是否在对点器圆圈中心，如果测站中心在对点器圆圈中心，说明测站中心和水平度盘中心、仪器竖轴在同一条铅垂线上；如果测站中心不在对点器圆圈中心，应稍微松开连接螺旋三脚架，在架头上平移经纬仪，眼睛看着对点器，使对点器圆圈中心平移到测站中心上。这时两个气泡偏离中心，重新整平。

5. 精确整平(即重新整平)

操作同 3 初步整平。

注意：对中、整平应反复操作，直至对中、整平同时符合精度要求。

3.4.3 照准

1. 粗略瞄准

用瞄准器粗略瞄准目标。

2. 精确瞄准

转动望远镜的微动螺旋和水平微动螺旋使望远镜的十字丝交点精确瞄准目标，如图 3-15

所示。

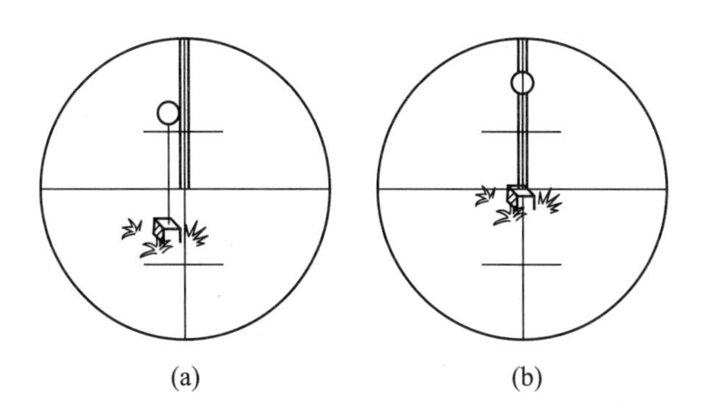

图 3-15 瞄准目标

3.4.4 读数

(1) 调节反光镜使光线照到读数窗上，要调节到充分的亮度，使读数分划线清晰。

(2) 按 3.3.2 节光学经纬仪的基本构造讲述的方法读数。

特别提示

经纬仪的安置(对中和整平)是仪器使用的基础，任何测量角度或坐标的仪器，都必须对中和整平，包括先进测量仪器，如全站仪和 GPS 接收设备。

3.5 水平角的观测方法

水平角观测方法有测回法、方向观测法两种。

3.5.1 测回法

测回法是观测水平角的一种最基本方法，常用于观测两个方向的单个水平夹角，如图 3-16 所示。观测β角步骤如下。

图 3-16 水平角观测(测回法)

1. 在 O 点安置经纬仪

对中、整平、调焦、照准。

2. 盘左 (即竖盘在望远镜的左侧，又称正镜)

(1) 先瞄准左方目标 *A*，转动测微轮使水平度盘读数为 $a_{左}$=0° 00′00″，记入观测手簿(表 3-1)。

表 3-1 水平角观测记录

测站	竖直度盘	目标	水平度盘读数			水平角观测值						各测回平均值		
						半测回值			一测回值					
			°	′	″	°	′	″	°	′	″	°	′	″
0	盘左	*A*	0	00	00	92	24	12	92	24	15	92	24	18
		B	92	24	12									
	盘右	*A*	180	00	00	92	24	18						
		B	272	24	18									
0	盘左	*A*	90	00	00	92	24	30	92	24	21			
		B	182	24	30									
	盘右	*A*	270	00	00	92	24	12						
		B	2	24	12									

(2) 松开水平制动螺旋，顺时针方向转动照准部再瞄准右方目标 *B*，读取水平度盘读数 $b_{左}$=92° 24′12″，记入观测手簿。

盘左水平角为

$$\beta_{左}=b_{左}-a_{左}(称为上半测回) \quad (3-5)$$

3. 盘右(即竖盘在望远镜的右侧，又称倒镜)

(1) 先瞄准右方目标 *B*，读记水平度盘读数 $b_{右}$。

(2) 再逆时针方向转动照准部，瞄准左方目标 *A*，读记水平度盘读数 $a_{右}$，则盘右水平角为

$$\beta_{右}=b_{右}-a_{右}(称为下半测回) \quad (3-6)$$

4. DJ_6 级光学经纬仪盘左、盘右允许误差

$$\beta_{左}-\beta_{右}\leqslant\pm40'' \quad (3-7)$$

一测回为取其平均值：$\beta=(\beta_{左}+\beta_{右})/2$，上半测回与下半测回合称一测回。

当需要用测回法测 *n* 个测回时，为了减小度盘刻划不均匀误差的影响，各测回之间要按 180°/*n* 的差值变换度盘的起始位置。如 *n*=4 时，各测回的起始方向读数为 0°、45°、90°和 135°。

5. 电子经纬仪测回法观测

(1) 盘左(竖直度盘在望远镜的左边，即盘左位置)。

① 先准确瞄准左边目标为起始目标，按显示屏(置零)水平角置零吗？按[是]

HR: 0° 00′ 00″

② 顺时针瞄准第二个目标读取度盘读数，如：

HR: 60° 12′ 00″

(2) 盘右(竖直度盘在望远镜的右边，即右手能抚摸竖直度盘)。

① 左手拿水平制动螺旋，右手拿望远镜，眼睛看瞄准器瞄准第二个(即右边)目标。左

手固定水平制动螺旋。

② 物镜调焦。右手转动物镜对光螺旋使目标清楚。

③ 精确照准目标。右手将望远镜往下辐射精确照准地面点，左手转动水平微动螺旋，用十字交点(或十字丝纵丝的单丝)照准目标。

HR：240° 12′06″

④ 逆时针再次瞄准第一个目标(表 3-2)。

HR: 180° 00′00″(可能有瞄准秒数误差如：180° 00′06″)

盘左：$a_{左}=0°00'00''$；$b_{左}=60°12'00''$

$\beta_{左}=b_{左}-a_{左}=60°12'00''-0°00'00''=60°12'00''$

盘右：$a_{右}=180°00'00''$；$b_{右}=240°12'06''$

$\beta_{右}=b_{右}-a_{右}=240°12'06''-180°00'00''=60°12'06''$

精度要求：$\Delta\beta=\beta_{左}-\beta_{右}=-06''\leqslant\pm18''$

一测回角值：$\beta=\frac{1}{2}(\beta_{左}+\beta_{右})=\frac{1}{2}(60°12'00''+60°12'06'')=60°12'03''$

表 3-2 水平角观测记录

测回	测站	盘位目标		水平角度数	水平角观测值		各测回平均值
					半测回值	一测回值	
第一测回	O	盘左	a	0° 00′00″	60° 12′00″	60° 12′03″	60° 12′03″
			b	60° 12′00″			
		盘右	a	180° 00′00″	60° 12′06″		
			b	240° 12′06″			
第二测回	O	盘左	s	90° 00′00″	60° 12′00″	60° 12′03″	
			b	150° 12′00″			
		盘右	a	270° 00′00″	60° 12′06″		
			b	330° 12′06″			

3.5.2 方向观测法

当在同一测站上需要观测三个以上方向时，通常用方向观测法观测水平角。如图 3-17 所示，欲在 O 点一次测出α、β和γ 三个水平角。其观测步骤和计算方法如下。

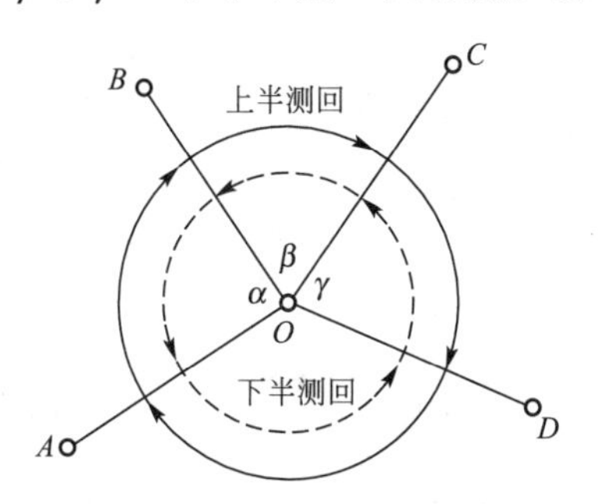

图 3-17 水平角观测(方向观测法)

1．测站观测

(1) 在测站点 O 安置经纬仪：对中、整平、调焦、照准。

(2) 盘左：瞄准 A 点转动测微轮使水平度盘读数为 0° 00′00″，并记入表 3-3，然后顺时针转动仪器，依次瞄准 B、C、D、A，读记水平度盘读数，见表 3-3(称为上半测回)。

表 3-3　水平角观测记录(方向观测法)

日期　　　　　　天　气　　　　　　班　级

仪器　　　　　　观测者　　　　　　记录者

测站	测回数	目标	读数 盘左			读数 盘右			2c	平均读数=$\frac{1}{2}$[盘左+(盘右±180°)]			归零后的方向值			各测回归零后方向值的平均值		
			°	′	″	°	′	″		°	′	″	°	′	″	°	′	″
										0°00′06″								
O	1	A	0	00	00	180	00	06	−6″	0	00	03	0	00	00	0	00	00
		B	96	51	54	276	51	48	+6″	96	51	51	96	51	45	96	52	42
		C	143	31	36	323	31	36	0″	143	31	36	143	31	30	143	31	30
		D	214	05	00	34	04	54	+6″	214	04	57	214	04	51	214	05	02
		A	0	00	12	180	00	06	+6″	0	00	09						
			$\Delta_{左}$=+12″			$\Delta_{右}$=00″				90°00′07″								
O	2	A	90	00	00	270	00	02	−2″	90	00	01	0	00	00			
		B	186	51	38	6	51	56	−18″	186	51	47	96	51	40			
		C	233	31	32	53	31	44	−12″	233	31	38	143	31	31			
		D	304	05	14	124	05	26	−12″	304	05	20	214	05	13			
		A	90	00	14	270	00	14	0	90	00	14						
			$\Delta_{左}$=+14″			$\Delta_{右}$=+12″												

(3) 盘右，逆时针转动仪器，按 A、D、C、B、A 的顺序依次瞄准目标，读记水平度盘读数，见表 3-3(称为下半测回)。

以上过程为一个测回。当需要观测 n 个测回时，测回数仍按 180°/n 变换起始方向读数。此外，起始于 A 又终止于 A 的过程称为归零的方向观测法，又称全圆方向观测法。

2. 计算

1) 计算归零差

起始方向的两次读数的差值称为半测回归零差，用Δ表示。例如，表 3-3 中盘左的归零差为$\Delta_{左}$=0° 00′12″−0° 00′00″=+12″，盘右的归零差为$\Delta_{右}$=0″。对一级及以下导线测量中，DJ_6 级仪器，Δ应小于±18″(DJ_2 级不应超过±12″)，否则应查明原因后重测(下面指标均指一级及以下导线测量)。

2) 计算两倍照准差

表中 2c 称为两倍照准差，即

$$2c=盘左读数-(盘右读数\pm180°) \tag{3-8}$$

例如第一测回 OB 方向的 2c 值为

$$2c=96°\,51'54''-(276°\,51'48''-180)=+6''$$

对 DJ_2 经纬仪，一测回内 $2c$ 的变化范围不应超过±18″；对 DJ_6 级经纬仪，考虑到度盘偏心差的影响，$2c$ 互差只做自检，不做限差规定。

3) 计算平均方向值

$$各方向平均读数=\frac{1}{2}[盘左读数+(盘右读数\pm 180°)] \tag{3-9}$$

例如，第一测回 OB 方向的平均方向值为 $\frac{1}{2}[96°51'54''+(276°51'48''-180)]=96°51'51''$。由于 OA 方向有两个平均方向值，故还应将这两个平均值再取平均，得到唯一的平均值，填在对应列的上端，并用圆括号括起来。如第一测回 OA 方向的最终平均方向值为

$$\frac{1}{2}(0°00'03''+0°00'09'')=0°00'06''$$

4) 计算归零后方向值

将起始方向值化为零后各方向对应的方向值称为归零后方向值，即归零后方向值等于平均方向值减去起始方向的平均方向值。如第一测回 OB 方向的归零后方向值为

$$96°51'51''-0°00'06''=96°51'45''$$

5) 计算归零后方向平均值

如果在一测站上进行多测回观测，当同一方向各测回之归零方向值的互差对 DJ_6 级仪器不超过±24″(DJ_2 级不超过±12″)时，取平均值作为结果。如表 3-4 中 OB 方向两测回的归零后方向平均值为

$$(96°51'45''+96°51'40'')/2=96°51'42''$$

6) 计算水平角

任意两个方向值相减，即得这两个方向间的水平夹角。如 OB 与 OC 方向的水平角为

$$\angle BOC=143°31'30''-96°51'42''=46°39'48''$$

表 3-4 方向观测限差的要求

导线等级	仪器精度等级	光学测微器两次重合读数之差(″)	半测回归零差/(″)	一测回内 $2c$ 互差/(″)	同一方向值各测回互差/(″)
四等及以上	1″级仪器	1	6	9	6
	2″级仪器	3	8	13	9
一级及以下	2″级仪器	—	12	18	12
	6″级仪器	—	18	—	24

水平角观测时，一般用十字丝的竖丝精确照准目标的底部。

3.6 竖直角的观测

3.6.1 竖直度盘的构造

光学经纬仪的竖直度盘读数系统由竖盘、指标、竖盘指标水准管及微动螺旋、读数设备及读数显微镜等组成。竖直度盘为 0°～360° 刻划的玻璃圆环。望远镜和仪器横轴固连在

一起，竖直度盘固定在横轴的一端，且垂直于横轴。横轴与竖盘随望远镜在竖直面内可旋转 360°，而竖盘指标不动应永远指向地心。仪器整平后，竖盘应为铅垂面。

为读数方便，在经纬仪制造时，望远镜视准轴水平(即望远镜放置水平)竖盘读数为 90°(或 270°)，如图 3-18 所示。故在竖直角测量中，只需读取瞄准目标时的竖盘读数，即可计算竖直角的大小。

竖盘的注记形式分天顶式注记和高度式注记两类。

(1) 天顶式注记就是望远镜指向天顶时，竖盘读数指标指示的读数为 0°(或 180°)，如图 3-19 所示。

(2) 高度式注记就是望远镜指向天顶时，读数为 90°(或 270°)。在天顶式注记和高度式注记中，根据度盘的刻划顺序不同，又可分为顺时针和逆时针两种形式。

图 3-19 为天顶式顺时针注记的度盘，近代生产的经纬仪多为此类注记。

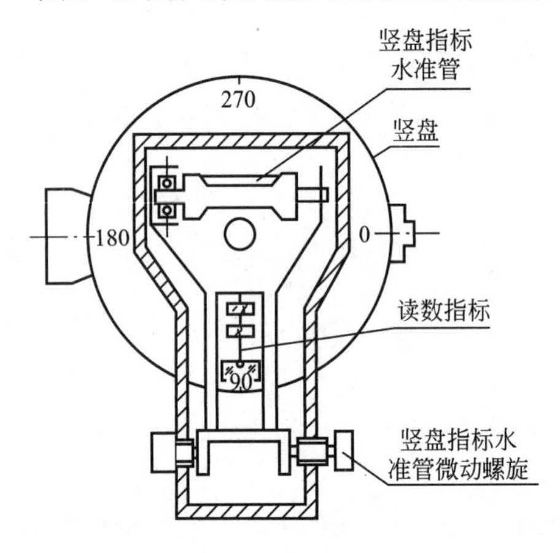

图 3-18　竖直度盘构造

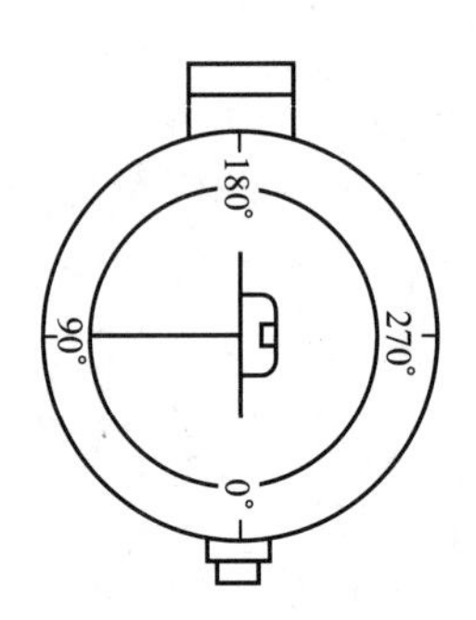

图 3-19　天顶式注记

3.6.2　竖直角的计算

竖盘构造为天顶式顺时针注记，当望远镜视线水平，竖盘指标水准管气泡居中时，读数指标处于正确位置，竖盘读数一般为一常数 90°或 270°。

如图 3-20(a)所示为盘左位置，望远镜的视线水平时竖盘读数为 90°，当望远镜仰起，读数减小，倾斜视线与水平视线所构成的竖直角为$\alpha_{左}$。设视线方向的读数为 L，则竖直角计算公式为

$$\alpha_{左}=90°-L \tag{3-10}$$

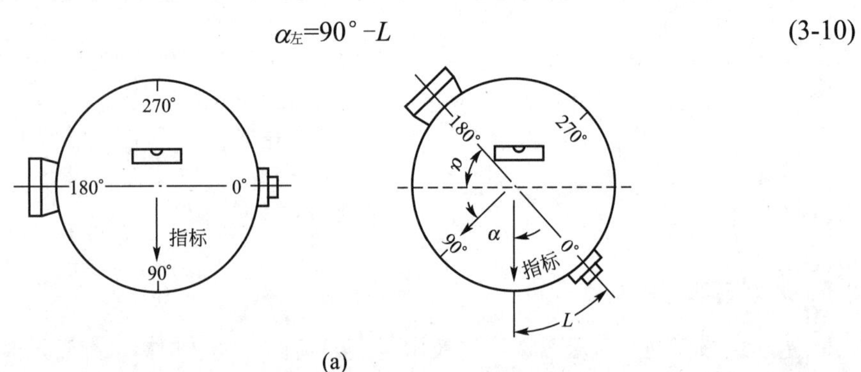

(a)

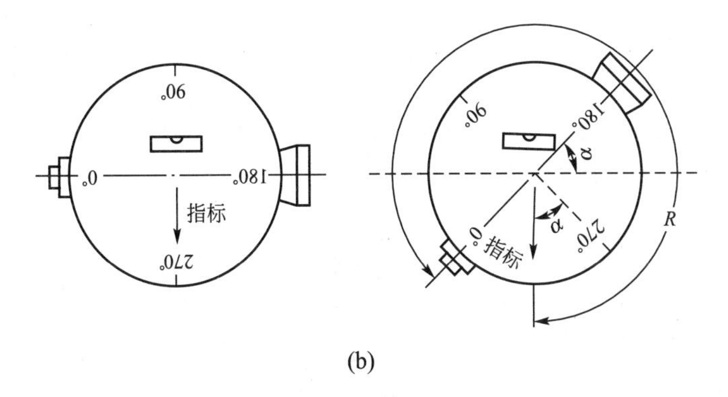

(b)

图 3-20 竖直度盘注记

如图 3-20(b)所示为盘右位置，望远镜的视线水平时竖盘读数为 270°。当望远镜仰起，读数增大，倾斜视线与水平视线所构成的竖直角为$\alpha_{右}$。设视线方向的读数为 R，则竖直角计算公式为

$$\alpha_{右}=R-270° \tag{3-11}$$

竖直角的平均值为

$$\left.\begin{aligned}\alpha&=\frac{1}{2}\left(\alpha_{左}+\alpha_{右}\right)\\ \alpha&=\frac{1}{2}\left(R-L-180°\right)\end{aligned}\right\} \tag{3-12}$$

3.6.3 竖直角的观测步骤

如图 3-21 所示，设测站点为 A，欲测量竖直角α，瞄准目标点 B；欲测量 AB 坡度角α，瞄准目标点 B 的仪器高 i。

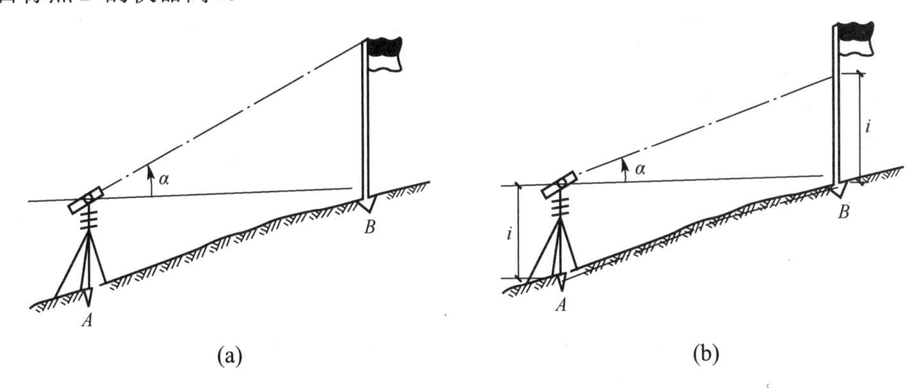

图 3-21 竖直角观测

其观测步骤如下。

(1) 在 A 点安置经纬仪(对中、整平)。

(2) 盘左十字丝横丝精确瞄准目标 B(或目标点的仪器高 i)，转动指标水准管微动螺旋，使指标水准管气泡居中，读取竖盘读数 L=81°18′42″。

$$\alpha_{左}=90°-L=90°-81°18'42''=+8°41'18''$$

以上为上半测回的观测值。

(3) 盘右再次瞄准 B(或目标点的仪器高 i)，转动指标水准管微动螺旋，使指标水准管气泡居中，读取竖盘读数 R=278° 41′30″。

$$\alpha_{右}=R-270°=278°41'30''-270°=+8°41'30''$$

以上为下半测回的观测值。

竖直角为

$$\alpha=\frac{1}{2}\left(\alpha_{左}+\alpha_{右}\right)=\frac{1}{2}(8°41'18''+8°41'30'')=+8°41'24''$$

竖直角观测记录见表 3-5。

表 3-5　竖直角观测记录

测站	目标	竖盘位置	竖盘读数			半测回竖直角			指标差	一测回竖直角			备注
			°	′	″	°	′	″	″	°	′	″	
A	B	左	81	18	42	+8	41	18	+6	+8	41	24	270° 180°　0° 90°
		右	278	41	30	+8	41	30					
	C	左	124	03	30	−34	03	30	+12	−34	03	18	
		右	235	56	54	−34	03	06					

3.6.4　竖盘指标差

竖直角的计算公式是在水准管气泡居中，指标处于正确位置，即盘左和盘右望远镜水平时竖盘常数分别为 90°(或 270°)时情况下得出的。实际工作中，由于仪器长期使用，当气泡居中时，可能指标所处的实际位置与相应的正确位置有偏差角 x，x 称为指标差。如图 3-22 所示为天顶式竖盘指标差的示意图。

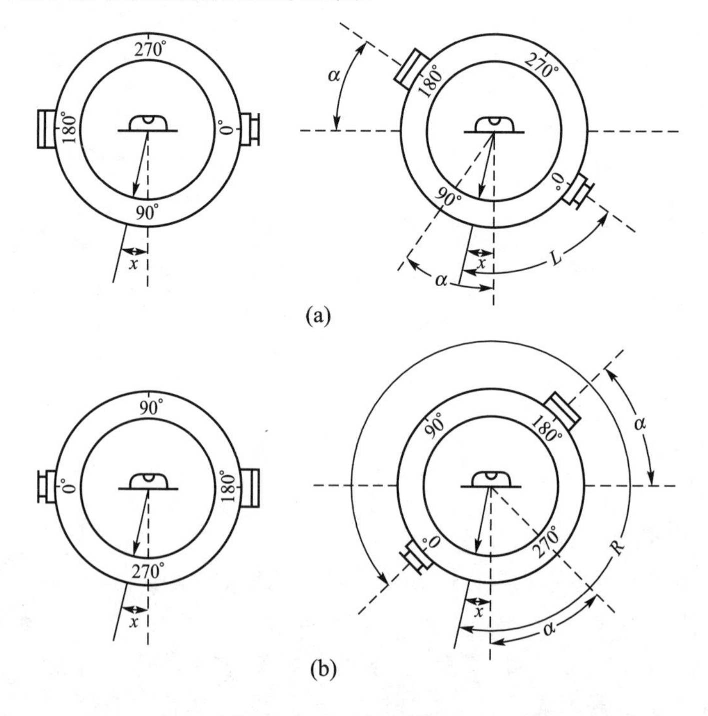

图 3-22　竖盘指标差

望远镜在盘左位置上水平竖盘读数实际上是 90°+x，盘右实际上是 270°+x。故盘左、盘右观测的正确竖直角应为

$$\alpha_{左}=(90°+x)-L \tag{3-13}$$

$$\alpha_{右}=R-(270°+x) \tag{3-14}$$

由上两式可以导出

$$x=\frac{1}{2}(L+R-360°) \tag{3-15}$$

式(3-15)便是天顶式竖盘的指标差计算公式。

对于同一台仪器来说，指标差应是一个常数，如图 3-22 所示在盘左和盘右测得的竖直角中分别加上和减去一个指标差 x。

由上述公式推导得

$$\alpha_{左}=(90°+x)-L=(90°-L)+x$$

$$\alpha_{右}=R-(270°+x)=(R-270°)-x$$

$$\alpha=\alpha_{左}-x$$

$$\alpha=\alpha_{右}+x$$

$$\alpha=\frac{1}{2}(\alpha_{左}+\alpha_{右})$$

盘左、盘右在观测同一竖直角时取其平均值，即可以消除指标差的影响。当通过式(3-15)计算的指标差 $x\geqslant1'$时，仪器的指标差需要校正。

竖直角观测时，用十字丝的横丝精确照准目标的顶端。

3.7 水平角测量误差及注意事项

水平角的测量误差来源主要有：仪器误差、仪器安置误差、目标偏心误差、观测误差和外界条件影响等误差。

3.7.1 仪器误差

仪器误差的来源主要有两个方面：一方面是仪器检校后还存在残余误差，另一方面是仪器制造、加工不完善而引起的误差。可以采用适当的观测方法来减弱或消除其中一些误差。如视准轴不垂直于横轴、横轴不垂直于竖轴及度盘偏心等误差，可通过盘左、盘右观测取平均值的方法消除，度盘刻划不均匀的误差可通过改变各测回度盘起始位置的办法来削弱。

3.7.2 仪器安置误差

1. 仪器对中误差

如图 3-23 所示，O 为测站点，A、B 为观测目标，O'为仪器中心。OO'为对中误差，其长度称为偏心距，以 e 表示。由图 3-23 可知，观测角值β'与正确角值β之间的关系式为

$$\beta=\beta'+(\varepsilon_1+\varepsilon_2) \tag{3-16}$$

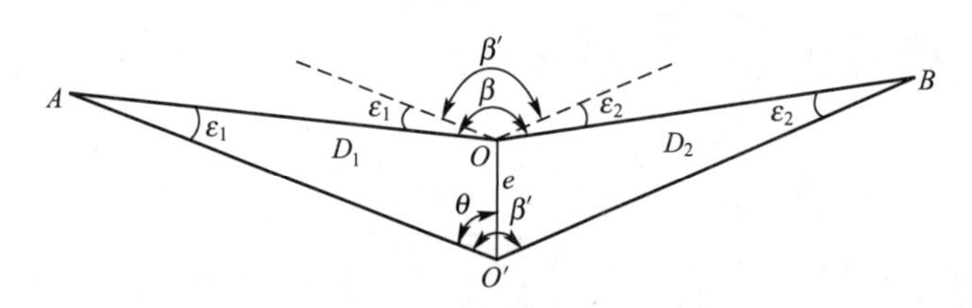

图 3-23　仪器对中误差

对中误差的影响与偏心距成正比，e 越大，$\Delta\beta$ 越大；与边长成正比，边越短，误差越大；与水平角的大小有关，θ、$\beta'-\theta$ 越接近 90°，误差越大。当 $D_1=D_2=100$m、$e=3$mm 时，$\varepsilon=12.4''$。可见，距离越短，对中越要仔细。

2. 整平误差

整平误差引起竖轴倾斜，且正、倒镜观测时的影响相同，因而不能消除。故观测时应严格整平仪器。当发现水准管气泡偏离零点超过一格时，要重新整平仪器，重新观测。

3.7.3 目标偏心误差

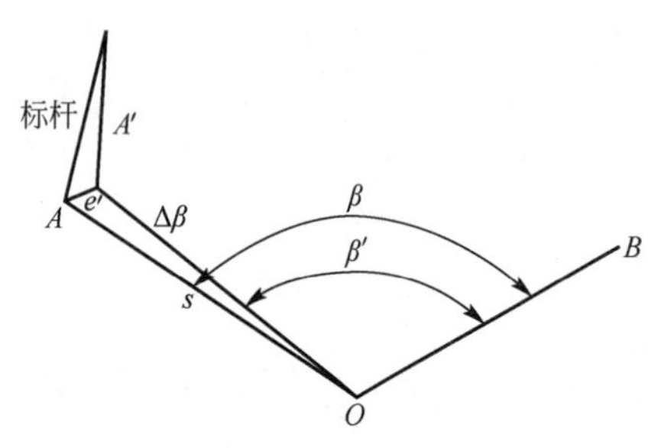

图 3-24　目标偏心误差

如图 3-24 所示，水平角观测时，常用测杆立于目标上作为照准标志。当测杆倾斜而又瞄准测杆上部时，将使照准点偏离地面目标而产生目标偏心差。设照准点至地面的测杆长度为 L，测杆与铅垂线的夹角为γ，则照准点的偏心距 e'对水平角的影响，类似于对中误差的影响，边长越短，测杆越倾斜，瞄准点越高，影响就越大。因此，在观测水平角时，测杆要竖直，并且尽量瞄准其底部，以减小目标倾斜引起的水平角观测误差$\Delta\beta$。

3.7.4 观测误差

1. 瞄准误差

影响瞄准的因素很多，现只从人眼的鉴别能力做简单的说明。人眼分辨两个点的最小视角约为 60″。以此作为眼睛的鉴别角。当使用放大倍率为 v 倍，这时的瞄准误差为

$$m_v = \pm\frac{60''}{v} \tag{3-20}$$

假设望远镜的放大倍率为 28 倍，则该仪器的瞄准误差为

$$m_v = \pm\frac{60''}{28} = \pm 2.1''$$

2. 读数误差

用分微尺测微器读数时，一般可估到最小格值的 1/10，则读数误差 $m_o=\pm 6''$。

3.7.5 外界条件的影响

外界条件对观测质量有直接影响。如松软的土壤和大风影响仪器的稳定；日晒和温度影响仪器整平；大气层受地面热辐射的影响会引起物像的跳动等。因此，要选择目标成像

清晰而稳定的有利时间观测，设法克服不利环境的影响，以提高观测成果的质量。

特别提示

任何测量数据的误差都是由仪器、观测者和外界环境这三个因素引起的。

3.8 经纬仪的检验与校正

3.8.1 经纬仪的轴线及其应满足的条件

经纬仪的主要轴线有以下几条。

(1) 仪器旋转轴(简称竖轴)VV。

(2) 照准部水准管轴 LL。

(3) 望远镜的旋转轴 HH。

(4) 视准轴 CC。

经纬仪必须满足下列几个条件。

(1) 照准部水准管轴应垂直于竖轴，即 $LL\perp VV$。

(2) 视准轴应垂直于横轴，即 $CC\perp HH$。

(3) 横轴应垂直于竖轴，即 $HH\perp VV$。

(4) 十字丝竖丝应垂直于横轴。

(5) 竖盘指标差为零。

(6) 光学对中器视准轴的折光轴应与仪器竖轴重合位于铅垂线上。

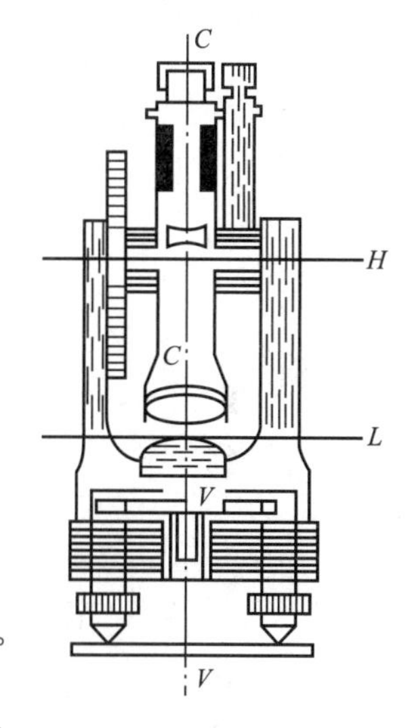

图 3-25 经纬仪轴线

如图 3-25 所示，仪器出厂时，一般都能满足上述几何关系。但在运输或使用过程中由于振动等因素的影响，轴线间可能不满足几何条件。因此，应经常对所用经纬仪进行检验与校正。

3.8.2 检验和校正

1. 水准管轴的检验和校正($LL\perp VV$)

1) 检验

检验的目的：水准管轴应垂直于竖轴($LL\perp VV$)。

先大致整平仪器，转动照准部使水准管轴与仪器任意两个脚螺旋的连线平行，调节这对脚螺旋使水准管气泡居中。再将照准部旋转 180°(可利用度盘读数)，若气泡仍然居中，则说明条件满足，否则应进行校正，如图 3-26 所示。

2) 校正

相向或相反地旋转平行于水准管的一对脚螺旋，使气泡向中央移动偏离值的一半，再用校正针拨水准管的校正螺旋，升高或降低水准管的一端至气泡居中即可。检验和校正须反复进行几次，直到在任何位置气泡偏离值都在一格以内为止。

3) 检校原理

如图 3-26(a)所示为照准部水准管轴垂直于竖轴的情况，当水准轴气泡居中，竖轴就处于铅直位置，此时，照准部绕竖轴旋转 180°后，水准管气泡仍居中。

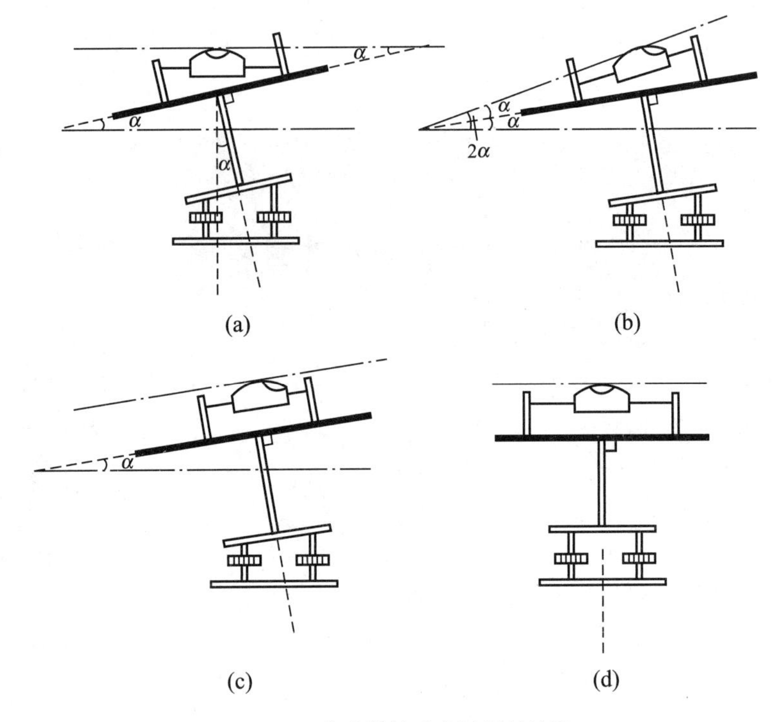

(a) (b)

(c) (d)

图 3-26　水准管轴垂直于竖轴检验

图 3-26(b)表示照准部水准管轴不垂直于仪器轴的情况，此时水准管气泡居中(水准管轴水平)，竖轴将不在铅垂位置，而是与铅垂线有一夹角α，水准管轴与仪器竖轴(旋转轴)的交角为 90°±α。

将照准部绕竖轴旋转 180°，如图 3-26(c)所示。由于竖轴倾斜方向不变，这时水准管不再居中。

相向或相反地旋转平行于水准管的一对脚螺旋使气泡向中央移动偏离值的一半，此时竖轴在铅垂线上，但气泡还没有居中，再用校正针拨水准管的校正螺旋，升高或降低水准管的一端至气泡居中即可，如图 3-26(d)所示。

此项工作应反复进行，直到在任何位置气泡偏离值都在一格以内为止。

2. 十字丝的检验与校正

1) 检验

检验的目的：十字丝竖丝垂直于横轴。

如图 3-27 所示，将仪器整平后，用十字丝交点准确瞄准一目标点，然后转动望远镜的微动螺旋，使目标点相对移到竖丝的下端或上端，若目标点始终在竖丝上移动，则说明该项条件满足。否则，应对十字丝进行校正。

2) 校正

打开十字丝分划板座的护罩，用螺丝刀松开十字丝分划板座的压环固定螺栓(图 3-28)，然后左手转动分划板座，右手转动望远镜的微动螺旋使竖丝始终沿着目标点在上下移动为止。校正后，应将分划板座的固定螺栓拧紧。

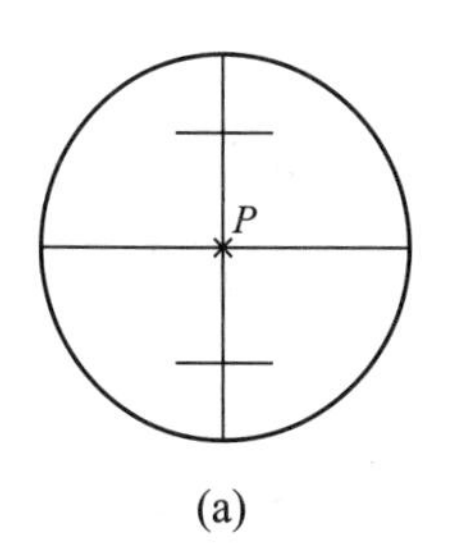

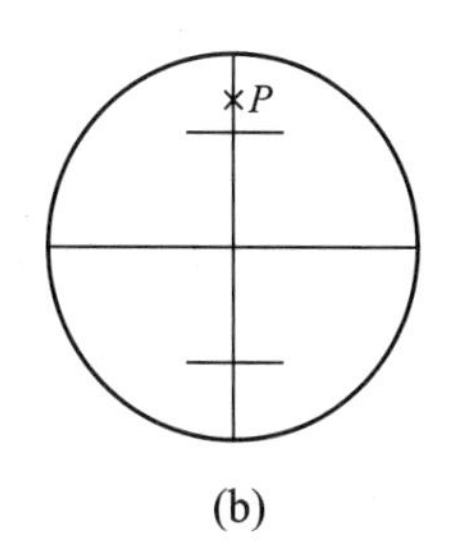

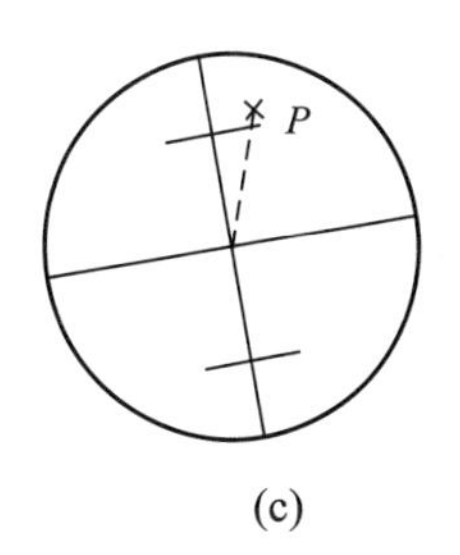

图 3-27　十字丝竖丝垂直于横轴检验

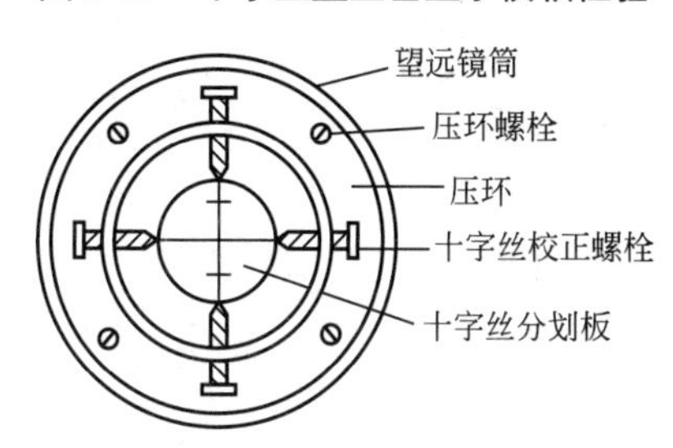

图 3-28　十字丝竖丝校正

3. 视准轴垂直于横轴的检验与校正

1) 检验

检验的目的：视准轴垂直于横轴 $CC \perp HH$。

在平坦的地面上，选一条约 80m 长的直线 AB(两面都有墙面或两面都有物体)，在中点 O 安置经纬仪，盘左将望远镜放置水平(竖盘读数为 90°)将十字丝交点标记于墙面得一标志点 A，固定照准部纵转望远镜成盘右位置将望远镜放置水平(竖盘读数为 270°)，再将十字丝交点标记于对面墙上得一标志点 B_1 点，如图 3-29 所示。松开照准部成盘右位置再次瞄准 A 点，固定照准部纵转望远镜成盘左将望远镜放置水平，瞄准对面墙体做一标志 B_2 点。若 B_1 与 B_2 重合，说明该项条件满足，否则，说明存在视准误差 c。当 c 超限时，应对仪器进行校正。

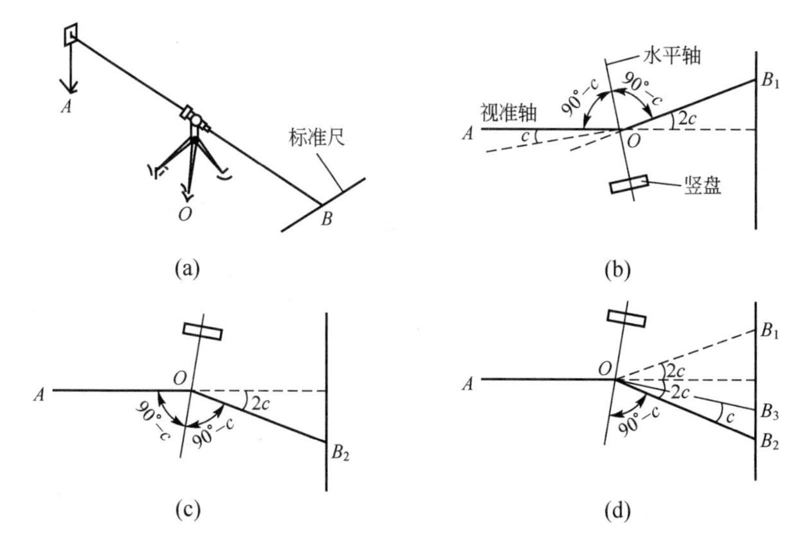

图 3-29　视准轴垂直于横轴检验

2) 校正

连接墙面 B_1 、B_2 两点，取 $B_1B_2/2$ 得 B_3 点，用校正针拨动十字丝的左右两个校正螺栓，使十字丝分划板平移眼睛看着竖丝移至 B_3 点(图 3-29)，即将视准轴调整到 OB_3 的位置，此时视准轴便垂直于横轴。此项检校需反复进行多次。

由上可知，视准轴垂直于横轴时，必有 $B_1=B_2=B$；视准轴不垂直于横轴时，$B=(B_1+B_2)/2$。可见，水平角观测中，盘左盘右取平均值可以消除视准轴不垂直于横轴带来的观测误差。

4. 横轴的检验与校正

1) 检验

检验的目的：横轴垂直于竖轴。

在距墙 10～20m 处安置经纬仪，先盘左将望远镜仰起 20°～30°照准墙面一个明显目标 P，制动照准部后俯下望远镜，望远镜放置水平将十字纵丝点于墙面 P_1；倒转望远镜成盘右位置再次瞄准 P 点，制动照准部后俯下望远镜，望远镜放置水平将十字纵丝点于墙面 P_2，若 $P_1=P_2$，说明此项条件满足。否则，需要校正，如图 3-30 所示。

图 3-30　横轴垂直于竖轴检验

2) 校正

连接 P_1、P_2，取 $P_1P_2/2$ 为 P_0 点，转水平微动螺旋，使纵丝切准 P_0 点，制动照准部将望远镜仰起观察 P 点。横轴不垂直于竖轴时，则纵丝不能再切准 P 点。校正时，则可拨动装在支架内的偏心轴校正螺旋，使横轴升降，最终竖丝重新切准 P 即可。

现在生产的经纬仪，一般都能保证横轴垂直于竖轴，故此项条件只需检验，不需校正。若需校正时，可交由专业人员在室内完成。

由上可知，当横轴垂直于竖轴时，必有 $P_1=P_2=P_0$；当横轴不垂直于竖轴时，则 $P_0=P_1P_2/2$。

可见，水平角观测中，盘左盘右观测取平均值，可以消除横轴不垂直于竖轴带来的观测误差。

5. 竖盘指标差的检验与校正

1) 检验

检验的目的：竖盘指标差等于零。

如图 3-31 所示，可知

$$x=\frac{1}{2}\left(L+R-360°\right)$$

或
$$x=\frac{1}{2}\left(\alpha_{左}-\alpha_{右}\right) \tag{3-21}$$

当指标差 $x \geq 1'$ 时仪器的指标差需要校正。

因为盘左、盘右在观测同一竖直角时取其平均值，即可以消除指标差的影响。

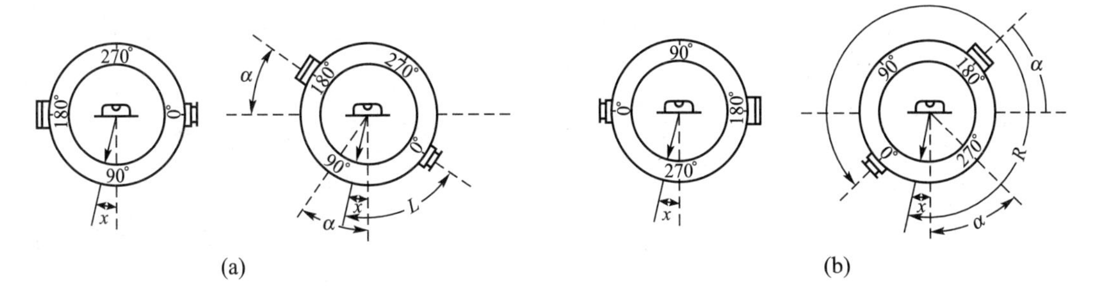

图 3-31 竖盘指标差检验

2) 校正

打开支架将竖盘指标针取下擦洗灰尘，再将指标针安置于正确位置。

6. 对中器的检验与校正

1) 检验

检验的目的：光学对中器视准轴的折光轴应与仪器竖轴重合位于铅垂线上。

安置仪器于平坦地面整平后，盘左位置将对点器视准轴点在地面上定出 A_1 点，转动照准部盘右位置，看对点器视准轴点与地面点 A_1 还是否重合，若与地面点 A_1 重合，说明满足条件；若与地面点 A_1 不重合，则需校正，如图 3-32 所示。

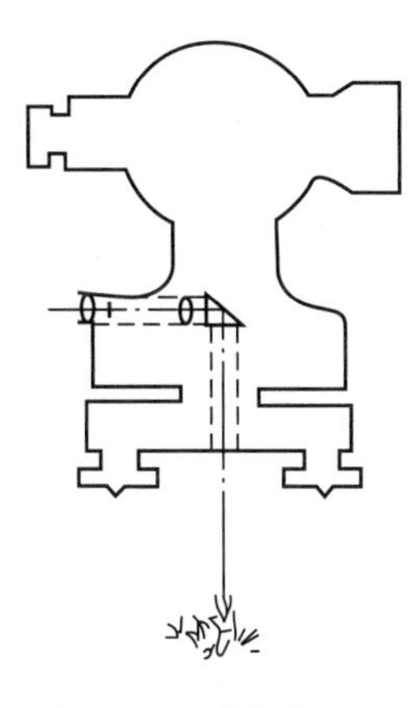

图 3-32 对中器检验

2) 校正

取地面点 $A_1A_2/2$ 的点 A_3，用校正针拨动对点器的矫正螺栓使视准轴对准地面 A_3 点。此项工作应反复进行。

3.8.3 电子经纬仪的检验与校正

1. 测角部分光机精度的检验及校正

我们的仪器在每一个几何指标的校正过程中都是从正镜开始的。所谓正镜位置是指当全站仪码盘在操作者左侧时的工作位置，也称为盘左观测。反之，码盘在操作者右侧时的位置称为倒镜位置或盘右观测。

首先将电子经纬仪放在平管、低管夹角为 30° 的平行光管校正台上，用水平水泡将仪器摆平。

1) 长水准器

(1) 检验方法如下。

① 转动仪器，使长水准器与任意两个脚螺旋连线平行，然后调整脚螺旋，使气泡居中。

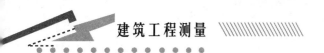

② 调整第三个脚螺旋，使另一个长水准器的气泡居中。

③ 重复①、②步骤，使两个长水准器的气泡居中。

④ 将仪器绕竖轴旋转 180°。

⑤ 如果两个气泡仍然居中(或不超过格值的 1/4)，则说明长水泡与竖轴垂直。

(2) 校正方法如下。

① 先调脚螺旋，使长水准器居中。

② 旋转仪器 180°，观察水准器偏移量。

③ 用校正针校正调整螺钉，使长水准器往回移动 1/2 的偏移量。

④ 将仪器旋转 180°，检查校正结果。

⑤ 重复上述步骤，直至气泡居中。

2) 圆水准器

长水准器检验后，若圆水准器气泡已居中(或不超出分划圆圈)，说明圆水准器与竖轴垂直。

校正方法如下。

① 长水准器居中后，再校正圆水准器。

② 先松开气泡偏移方向对面的螺钉(一个或两个)。

③ 然后拧紧偏移方向的调整螺钉，直至气泡居中。

④ 反复调整三个调整螺钉，直到气泡居中。

⑤ 气泡居中后，三个调整螺钉的紧固力均应一致。

3) 立线

立线指竖轴的铅垂程度，也就是望远镜分划板竖丝对横轴的垂直度。要求望远镜分划板竖丝在铅垂面内不可有目视可见的倾斜。

① 用望远镜分划板横丝对准平行光管无穷远点刻度线竖丝上任意一个读数值。

② 制动望远镜制动手轮。

③ 转动水平微动手轮使分划板横丝左右移动。

④ 在位移中望远镜分划板横丝与刻度线的偏离程度若不超过 3"，则说明分划板十字丝不倾斜。

校正方法如下。

① 将固定分划板座的三个紧定螺钉松开两个。

② 用工具轻轻敲动分划板座，使立线符合标准。

③ 紧上螺钉，点上清漆防止螺钉松动。

4) 视准轴与横轴的垂直度($2c$)

我们是通过在校正过的平行光管上正镜位置瞄准一点 A，再打倒镜瞄准平行光管中同一目标点 A 的方法来检查这个指标，所以又通称为 $2c$。

(1) 检验方法如下。

① 用望远镜分划板竖丝对准另一个平行光管无穷远点刻度线横丝上任意一个读数 A，例如＋10，按 F1 置零，F3 确认。

② 打倒镜瞄准同一点 A，读水平盘度数值 a，a 和 180° 的差值不能大于±8"。

(2) 校正方法如下。

① 拆下目镜护盖。

② 用校正针拨动望远镜分划板左右两个拉丝直至 2C 符合要求。

③ 装上目镜护盖。

5) 竖轴与横轴的垂直度(高低差)

校好立线后可直接修正高低差，用的同样是平管、低管夹角为 30° 的平行光管。要求高低差不超过 8"。

(1) 检验方法如下。

① 正镜瞄准平管的十字丝分划板中心。

② 向下转动望远镜，在平行光管低管的横丝刻度分划板上读取格值数 *A*。

③ 倒镜重复以上操作，并读取格值数 *B*。

④ *A* 与 *B* 的差值就是高低差，检查是否小于 8 " 。

(2) 校正方法如下。

① 先取下中心盖板。

② 若 *B* 大于 *A*，紧一下正镜这边的内六方钉。

③ 反之，当 *B* 小于 *A* 时，紧一下倒镜这边的内六方钉。

④ 直至满足要求。注意要尽量保持 3 个内六方钉力度大小的一致。

6) 视准轴与竖轴的偏离程度(光轴)

光轴是视准轴与竖轴在水平方向上的偏离程度，要求不大于 15"，主要通过加厚或减薄修正垫的厚薄程度来使光轴达到要求。

(1) 检验方法如下。

① 正镜，用望远镜分划板竖丝对准平行光管无穷远点刻度线横丝上任意一个读数值 *A*(例如＋10)。

② 转动望远镜调焦手轮，到近点，记下望远镜分划板竖丝对准的刻度线横丝上的数值 *B*。

③ 倒镜，用分划板竖丝对准刻度线横丝上的刻度 *B*。

④ 转动调焦手轮至远点，与数值 *A* 的差值就是光轴。

(2) 校正方法如下。

光轴误差是由横轴和机身之间所夹的修正垫引起的，修正垫的厚薄程度影响着视准轴与竖轴的偏离程度，若光轴存在误差，只能返厂，更换修正垫。

7) 倾斜传感器

由于竖直角的准确度直接影响水平距离和高度的准确度，为了尽可能提高竖直读盘的准确度，使之等于或者接近于水平读盘的准确度，仪器上还装有竖直指标自动补偿器，又称为电子水泡或倾斜传感器。

(1) 检验方法如下。

① 按住开机＋角/坡键，按左/右键五次，锁定键五次。

② 在水平方向转动望远镜镜筒过零。

③ 最上面一行显示的数值就是倾斜传感器的频率值，要求不大于±30。

(2) 校正方法如下。

① 打开仪器右盖板。

② 用工具敲打倾斜传感器的两侧，使其符合要求。

(3) 若上述方法不能校正误差，则需要重新设置倾斜传感器的补偿系数。其设置方法如下。

① 水泡调平稳定几分钟后，将仪器上倾 120"，记下频率 F1。

② 再下倾 120"，记下频率 F2。

③ 则灵敏度系数 ADJA 为(|F1|+|F2|)/240；温度补偿系数 ADJK 为 0.2。

④ 按 R/L 回车确认，直到进入测角状态。

⑤ 正镜，用分划板横丝瞄准刻度线竖丝上一点。

⑥ 用正对平行光管的基座手轮使分划板横丝在刻度线竖丝上移动，上下各移动四小格(120")。

⑦ 要求误差不大于 10"，大于 10"的话重新计算系数。

⑧ 如此反复直至符合要求。

8) 指标差(I 角)

接下来需要对仪器的 I 角进行校正，一般要求不大于 12"。

(1) 检验方法如下。

① 按开机键，正镜，用望远镜十字丝分划板横丝瞄准刻度线竖丝上的一点，读取垂直角度数 A。

② 倒镜，对准同一点，读取此时垂直角读数 B。

③ 天顶零：$I=(A+B-360°)/2$ 应该不大于±12"。

水平零：$I=(A+B-180°)/2$ 应该不大于±12"。

(2) 校正方法如下。

① 按住开机键＋置零键开机。

② 正镜，用望远镜分划板十字丝横丝瞄准平行光管平管十字丝分划板竖丝上的一点，按置零键确认。

③ 倒镜，对准同一点，按置零键确认(此时若出现错误提示需连续按锁定，置零，锁定)，记下垂直角读数 A，按置零键。

④ 正镜，对准同一点，读取垂直角度数 B。

⑤ 输入 I 角$=[(A+B)-360]/2$。

9) 粗瞄器

(1) 检验方法如下。

① 用分划板中心竖丝瞄准垂球(可用任一条铅垂线代替)。

② 转动调焦手轮以看清垂球。

③ 若粗瞄器中“Δ”的中垂线与垂球的铅垂线重合，则粗瞄器无偏移。

(2) 校正方法如下。

① 调整粗瞄器上的两个螺钉。

② 若粗瞄器偏离幅度大，松开两个螺钉，扭粗瞄器。

③ 若偏离幅度不大，松开一个螺钉，用工具敲粗瞄。

10) 对中器

(1) 检验方法如下。

① 通过对点器看地面中心，应无偏移。

② 将照准部旋转180º，再通过对点器看地面中心，也应无偏移。

(2) 校正对点器也遵循“1/2,1/2”原则。若偏移量不大，校正方法如下。

① 通过对点器对准地面中心标记处。

② 将照准部旋转180°，看偏移量是多少。

③ 去掉对点器目镜扣盖，调整里面上下左右四个螺钉(上下偏移调整上下两颗螺钉，左右偏移调整左右两颗螺钉)，调至偏移量的1/2。

④ 将照准部旋转180°回原来的位置，用脚螺旋再校正剩下1/2的偏移量。

(3)若偏移量较大，可调如图3-33所示螺钉1、2。

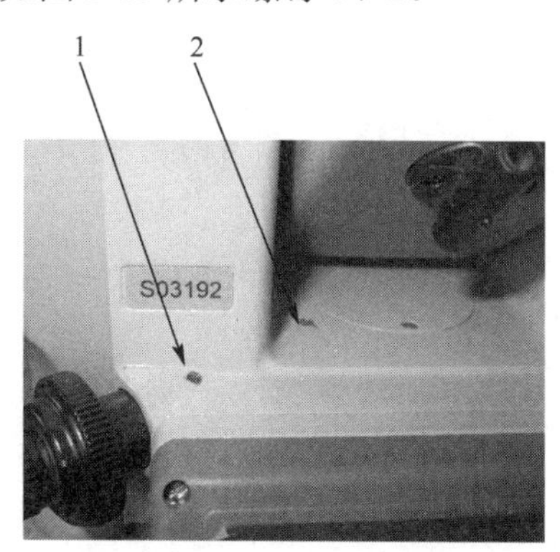

图3-33 对中器矫正螺钉

仪器校正时，要有耐心，逐渐靠近且要反复进行，直至满足要求为止。

本项目小结

本项目主要内容包括：水平角、竖直角测量原理，经纬仪的构造及使用，水平角、竖直角测量的方法、记录及计算，水平角测量误差产生的原因及注意事项，经纬仪的检验与校正和电子经纬仪的使用。

角度测量是测量三项基本工作内容之一，它包含水平角测量与竖直角测量。水平角是空间两相交直线在水平面上投影后的夹角，它是确定点的平面位置基本要素之一。竖直角是倾斜视线与水平线之间的夹角，它可分为仰角($+\alpha$)与俯角($-\alpha$)，竖直角是确定地面点高程位置的一个要素。

角度测量应用的仪器为电子经纬仪，它主要由照准部、度盘、基座三大部分组成。在正确的安置与使用下，既符合水平角测量原理，又符合竖直角测量原理要求，可测出所需要的要素。

电子经纬仪是建筑工程施工中常用的测角仪器。

经纬仪的使用包括安置经纬仪(对中与整平)，照准目标，正确读数。在仪器的使用上有多项应注意的事项，从而可提高测角的精度。

角度测量，不论是水平角测量，还是竖直角测量，在测量方法上都应采用两个度盘位置进行，即盘左半测回与盘右半测回各观测一次，并取其平均值，从而可消除度盘偏心，视准轴不垂直于横轴，横轴不垂直于竖轴，以及竖盘指标差等误差的影响，提高测角精度。

光学经纬仪有四条主要轴线，它们是照准部水准管轴、望远镜视准轴、横轴及仪器的竖轴。经纬仪的四条主要轴线之间应满足六项几何关系。如轴线之间应保证的几何关系遭到破坏，应予以检验与校正，恢复轴线之间应有的几何关系，减小误差影响。

水平角观测与竖直角观测时，其观测读数应记录在一定的表格之内，保持记录的原始性，并应及时计算其相应的角值，检查是否在容许的精度范围之内，还应掌握记录与计算的规律。

习　题

一、　单选题

1. 经纬仪精确整平的要求是(　　)。

A. 转动脚螺旋管水准器气泡居中　　B. 转动脚螺旋圆水准器气泡居中

C. 转动微倾螺旋管水准器气泡居中　　D. 管水准器与圆水准器气泡同时居中

2. 产生视差的原因是(　　)。

A. 仪器校正不完善　　B. 物像与十字丝面未重合

C. 十字丝分划板不正确　　D. 目镜成像错误

3. 经纬仪视准轴检验和校正的目的是(　　)。

A. 横轴垂直于竖轴　　B. 使视准轴垂直于横轴

C. 使视准轴平行于水准管轴　　D. 使视准轴平行于横轴

4. 用经纬仪观测水平角时，尽量照准目标的底部，其目的是消除(　　)误差对测角的影响。

A. 对中　　B. 照准　　C. 目标偏心　　D. 整平

5. 测量竖直角时，采用盘左、盘右观测，其目的之一是可以消除(　　)误差的影响。

A. 对中　　B. 视准轴不垂直于横轴

C. 整平　　D. 指标差

6.当经纬仪的望远镜上下转动时，竖直度盘(　　)。

A. 与望远镜一起转动　　B. 与望远镜相对转动

C. 不动　　D. 有时一起转动有时相对转动

7. 观测某目标的竖直角，盘左读数为 101°23′36″，盘右读数为 258°36′00″，则指标差为(　　)。

A. 24″　　B. −12″　　C. −24″　　D. 12″

8. 经纬仪的安置仪器顺序是(　　)。

A. 对中、整平　　B. 调焦、照准　　C. 读取读数　　D. 以上都是

9. 当经纬仪竖轴与目标点在同一竖面时，不同高度的水平度盘读数(　　)。

A. 相等　　B. 不相等

10. 采用盘左、盘右的水平角观测方法，可以消除(　　)误差。

A. 对中　　B. 十字丝的竖丝不铅垂

C. 视准轴　　D. 整平

11. 用回测法观测水平角，测完上半测回后，发现水准管气泡偏离 2 格多，在此情况下应(　　)。

A. 继续观测下半测回　　B. 整平后观测下半测回

C. 整平后全部重测　　D. 测完后取平均值

12. 在经纬仪照准部的水准管检校过程中，仪器按规律整平后，把照准部旋转 180°，气泡偏离零点，说明(　　)。

A. 水准管不平行于横轴　　B. 仪器竖轴不垂直于横轴

C. 水准管轴不垂直于仪器竖轴　　D. 竖轴不垂直与横丝

13. 地面上两相交直线的水平角是(　　)的夹角。

A. 这两条直线的实际　　B. 这两条直线在水平面的投影线

C. 这两条直线在同一竖直面上的投影　　D. 这两条直线的缩短

14. 经纬仪安置时，整平的目的是使仪器的(　　)。

A. 竖轴位于铅垂位置，水平度盘水平　　B. 水准管气泡居中

C. 竖盘指标处于正确位置　　D. 圆水准器气泡居中

15. 经纬仪的竖盘按顺时针方向注记，当视线水平时，盘左竖盘读数为 90°。用该仪器观测一高处目标，盘左读数为 75°10′24″，则此目标的竖角为(　　)。

A. 57°10′24″　　B. −14°49′36″　　C. 14°49′36″

16. 经纬仪在盘左位置时将望远镜大致置平，使其竖盘读数在 0°左右，望远镜物镜端抬高时读数减少，其盘左的竖直角公式为(　　)。

A. $90°-L$　　B. $0°-L$　　C. $360°-L$　　D. $L-90°$

17. 竖直指标水准管气泡居中的目的是(　　)。

A. 使度盘指标处于正确位置　　B. 使竖盘处于铅垂位置

C. 使竖盘指标指向 90°　　D. 使竖盘指标指向 0°

18. 若经纬仪的视准轴与横轴不垂直，在观测水平角时，其盘左盘右的误差影响是(　　)。

A. 大小相等　　B. 大小相等，符号相同

C. 大小不等，符号相同

19. 光学经纬仪应满足(　　)项几何条件。

A. 3　　B. 4　　C. 5　　D. 6

20. 用测回法观测水平角，可以消除(　　)误差。

A. $2c$　　B. 指标差

C. 横轴误差大气折光误差　　D. 对中误差

二、思考题

1. 什么叫水平角？经纬仪为什么能测出水平角？

2. 经纬仪上有几对制动与微动螺旋？它们各起什么作用？

3. 光学经纬仪有何优点？试述 DJ_6 级光学经纬仪分微尺读数的方法。

4. 测量水平角时为什么要对中？如图 3-34 所示，测量∠ABC(90°)，设对中时在∠ABC的分角线上偏离了 5mm，已知 AB 的距离为 100m，BC 的距离为 80m。试问，因对中误差而引起的角度误差是多少？

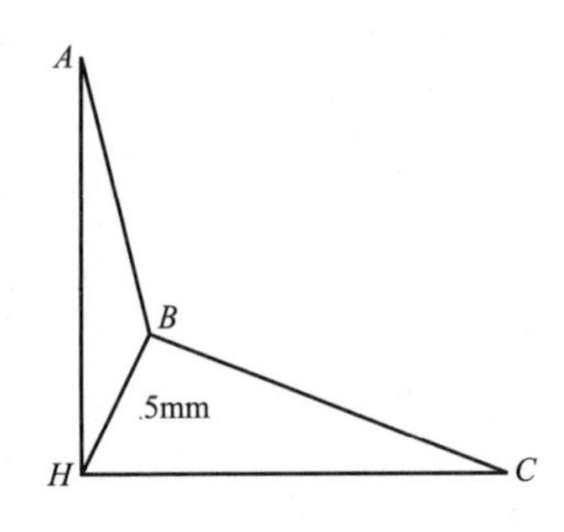

图 3-34　水平角测量对中误差

5. 测量水平角时，为什么要整平？ 试述经纬仪整平的步骤。

6. 观测水平角时，水平度盘的起始读数要为 0°00′00″，应该怎样操作？

7. 怎样正确瞄准目标？

8. 什么叫竖直角？测量水平角与测量竖直角有何不同？为什么在读取竖直度盘读数时要求竖盘指标水准管气泡居中？

9. 怎样确定垂直角的计算公式？

10. 经纬仪应满足的几何条件是什么？

11. 观测水平角时，为什么要求用盘左、盘右观测？盘左、盘右观测取平均值能否消除水平度盘不水平造成的误差？

12. 在检验视准轴垂直于横轴时，为什么目标要选择与仪器同高？在检验横轴垂直于竖轴时，为什么目标要选择得较高？上述两项检校的顺序可否颠倒？

13. 电子经纬仪有哪些功能？与光学经纬仪的主要区别是什么？

三、计算题

1. 整理下列用测回法观测水平角的记录(表 3-6)。

表 3-6　测回法观测水平角记录

测站	竖盘位置	目标	水平度盘读数			半测回角值			一测回角值			各测回平均角值		
			°	′	″	°	′	″	°	′	″	°	′	″
第一测回 O	左	1	0	0	00									
		2	78	48	54									
		1	180	00	03									
	右	2	258	49	0									
第二测回 O	左	1	90	00	00									
		2	168	48	56									
		1	270	00	04									
	右	2	348	49	01									

2. 整理下列垂直角观测记录(表 3-7)，并分析有无竖盘指标差。

表 3-7 垂直角观测记录

测站	目标	竖盘位置	水平度盘读数			半测回角值			指标			一测回角值		
			°	′	″	°	′	″	°	′	″	°	′	″
O	1	左	72	18	12									
		右	287	42	00									
O	2	左	96	32	48									
		右	263	27	30									

能力评价体系

知识要点	能力要求	所占分值(100 分)	自评分数
水平角、竖直角测量原理	明确水平角、竖直角测量原理	8	
经纬仪构造和使用	(1) 熟练掌握经纬仪的构造和各部件的作用	10	
	(2) 熟练掌握经纬仪的安置	10	
水平角观测	(1) 熟练掌握测回法测量水平角的方法、记录格式和计算	12	
	(2) 了解全圆方向法测量水平角的方法、记录格式和计算	6	
竖直角观测	熟练掌握竖直角测量的方法、记录格式和计算	12	
水平角测量误差产生的原因及注意事项	(1)了解水平角测量误差产生的原因	5	
	(2) 提高角度测量的方法	8	
经纬仪的检验与校正	(1) 了解经纬仪各轴线应满足的条件	8	
	(2) 掌握经纬仪各项检验的步骤和校正方法	8	
电子经纬仪	(1) 了解电子经纬仪的测角原理	5	
	(2) 掌握电子经纬仪的使用	8	
合计		100	

项目 4

距离测量与直线定向

学习目标

通过本项目学习，要在明确距离测量基本概念和基本原理的基础上，掌握钢尺测距、视距测量和光电测距的操作方法和计算过程；明确直线定向和坐标象限角、方位角的基本概念，会推算坐标方位角。

能力目标

知识要点	能力要求	相关知识
概述	明确距离测量与直线定向的任务	直线测量的方法
钢尺量距	(1) 掌握端点尺与刻线尺的区别	量距的工具(钢尺：端点尺与刻线尺的区别)、直线定线的定义、量距方法(平坦地区、倾斜地区)
	(2) 理解直线定线的方法	
	(3) 掌握平坦地区量距的方法	
	(4) 了解钢尺量距的误差来源	
视距测量	(1) 理解视距测量的原理	视距测量的原理、观测、计算、误差来源及注意事项
	(2) 了解误差来源及注意事项	
	(3) 掌握视距测量的观测、计算	
光电测距	了解光电测距仪测距原理、D_{3000} 系列红外测距仪	测距原理、D_{3000} 系列红外测距仪简介
直线定向	(1) 掌握标准方向的种类(真子午线、磁子午线、坐标纵轴方向)	标准方向的种类、表示直线的方法、正反坐标方位角、坐标方位角的推算
	(2) 掌握表示直线的方法(直线的方位角)	
	(3) 学会正反坐标方位角的关系、坐标方位角的推算	

学习重点

钢尺量距的方法与计算、直线定向概念及直线定向的方法、坐标方位角的推算。

最新标准

《工程测量规范》(GB 50026—2007)。

引例

在现实生活中，我们用钢尺丈量两点之间的距离其实并非水平距离，而在施工工程中的距离都是水平距离，在丈量时不仅要求用检定过的钢尺，还要注意丈量时的温度、倾斜情况和拉力。在现实中要确定某直线的具体方向，除了利用测量仪器外，还应了解坐标方位角、象限角的含义。至于如何丈量水平距离和直线定向，本项目将会详细介绍。

4.1 概 述

距离测量是测量的基本工作之一，所谓距离指的是两点间的水平长度。如果测得的是倾斜距离还必须换算成水平距离。

常用的距离测量方法有钢尺量距、视距测量和光电测距。钢尺量距的方法和原理都很简单，如果采用精密方法，即考虑钢尺实际长度和名义长度的差别、钢尺本身的长度随温度和两端所受拉力的变化而变化等因素，能达到相当高的精度；但在测量超过钢尺长度的距离时需要定线，如果定线不准，则会在一定程度上影响量距精度，而且钢尺量距对地形的要求比较高，一般要求地面平坦、开阔、通视条件好。视距测量采用水准仪、经纬仪望远镜中的十字丝分划板上的视距丝配合水准尺或特制的视距尺根据光学原理来完成，可以与水准测量、角度测量同时进行，方便而迅速，虽然精度较低，却是经纬仪极坐标测绘法来测绘地形图碎部点的基本组成部分。光电测距是以光和电子技术来测量距离，采用能发射电磁波的测距仪或全站仪，通过直接或间接测定电磁波的传播时间来进行的，操作简单、精度高，通过数据线，其观测成果可直接导入计算机。随着测距仪和全站仪价格的下降，其已成为目前测距的主要手段。

由于确定地面点位需要的是水平距离，而直接测得的往往是倾斜距离，需要将其换算成水平距离。

至于某直线的方向，是通过该直线与过直线起点的标准方向之间的水平角来确定的，这项工作叫做直线定向。一般采用坐标纵轴方向作为标准方向，用坐标方位角来进行直线定向。

特别提示

测量中，距离测量的一般方法：当距离较远而且路面高低不平，且对精度要求较高时，一般采用光电测量；当要求不高时，一般采用视距测量。当距离较近时，可采用钢尺量距或光电测量的方法。

4.2 钢尺量距

4.2.1 直线定线

当两个地面点之间的距离较长或地势起伏较大时，为能沿着直线方向进行距离丈量工作，需在直线方向上标定若干个点，作为分段丈量的依据。在直线方向上做一些标记表明直线走向的工作称为直线定线。直线定线可以采用目测法也可以采用经纬仪法来进行。

1. 目测定线

目测定线按不同地形条件有二点法、趋近法。

1) 二点法

在平地二点法目测定线，两端为准，概量定点。*A*、*B* 是平坦地面上的两点，如图 4-1 所示，具体定线方法如下。

(1) 在 *A*、*B* 端点上树立标杆(也称花杆)。

(2) 一指挥者立 *B* 点标杆后瞄 *A* 点的标杆。

(3) 两位定点人员按整尺段长 l_0 从 *A* 概量至 1 号点，根据指挥确定 1 号点位置立在 *AB* 视线上。

(4) 按步骤(3)的做法依次把 2，3，4，…分段点定在 *A* 线上。

2) 趋近法

在山头用趋近法目测定线，概略定中，依次拉直。

如图 4-2 所示，*A*、*B* 是山脚下的两点，在不通视的 *AB* 线上定线确定 *C*、*D* 点，定线方法如下。

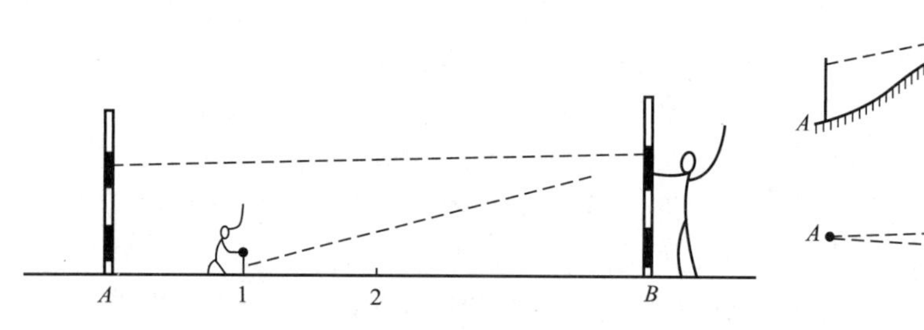

图 4-1 目测定线

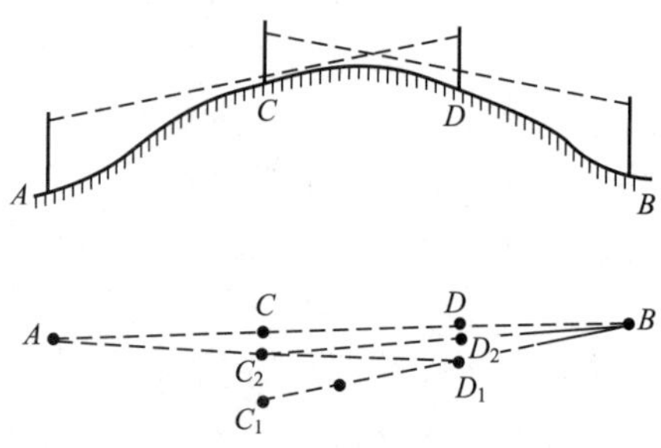

图 4-2 趋近法目测定线

(1) 可在靠近 *A* 点又能看到 *B* 点的位置上初定 *C* 点(即 C_1)，同时立标杆。

(2) 按二点法在 *CB* 线上定 *D* 点(即 D_1)，*D* 点立标杆并能看到 *A* 点。

(3) 按二点法在 *DA* 线上重新定 *C* 点，移动原来的标杆到新定的 *C* 点上(即 C_2)。

(4) 按二点法在 *CB* 线上重新定 *D* 点，移动原来的标杆到新定的 *D* 点上(即 D_2)。

(5) 按步骤(2)、(3)重复定点，逐渐趋近，最后使 *C*、*D* 点落在 *AB* 线上。

2. 经纬仪定线

用经纬仪定线比目测定线精确，具体有纵丝法和分中法。

1) 纵丝法

以经纬仪望远镜十字丝纵丝为准，概量定点，如图4-3所示。具体方法如下。

(1) 在丈量直线的一端 A 安置经纬仪，经纬仪望远镜精确瞄准另一端 B 树立的目标，此时照准部在水平方向上不得转动。

(2) 沿 BA 方向按尺段长 l_0 概量1。

(3) 纵转望远镜瞄到1处，指挥1号分段点测钎(图4-4)定在十字丝的纵丝影像上。

(4) 仿步骤(2)、(3)，依次将分段点2，3，4，…定在 AB 线上。

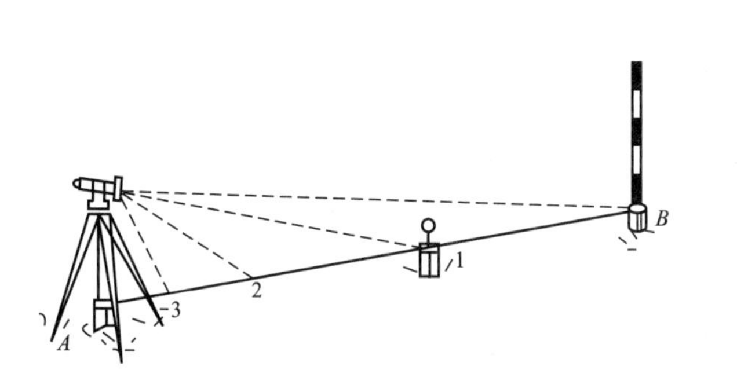

图4-3 经纬仪纵丝法定线

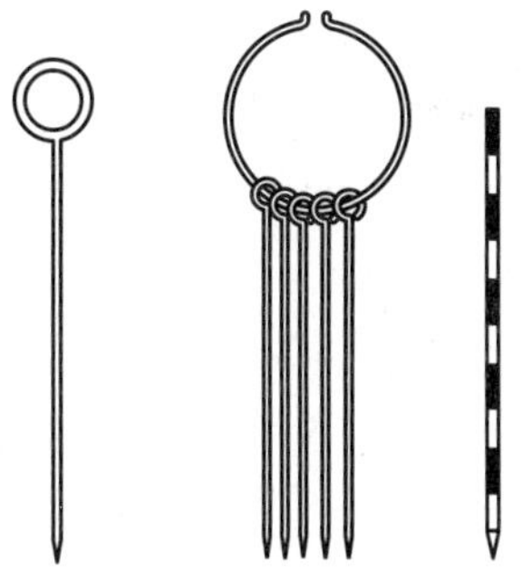

图4-4 测钎与测杆

2) 分中法

即以经纬仪望远镜盘左、盘右平均取中。如图4-5所示，A、B、C 在同一直线上，要求把 D 点定在 BC 线上，方法如下。

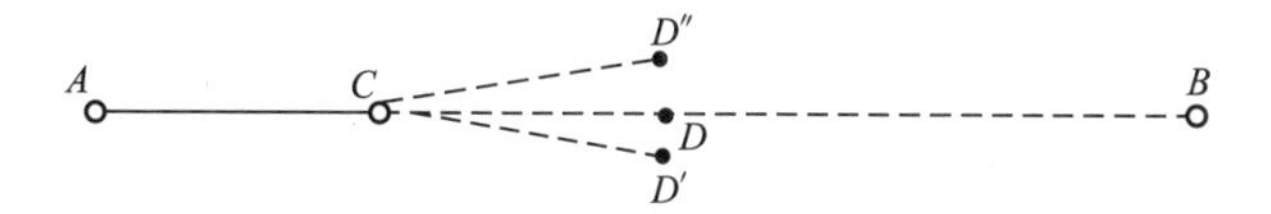

图4-5 经纬仪分中法定线

(1) 在 C 点安置经纬仪，盘左瞄准 A 目标。

(2) 纵转望远镜，在概量位置 D 的附近设定线点 D'。

(3) 盘右瞄准 A 目标，纵转望远镜，在概量位置 D 的附近设定线点 D''。

(4) 取 D'、D''的平均位置 D 作为最后定线点。

特别提示

注意直线定线与直线定向的区别，直线定线是保证测量时的点在两个端点之间的连线上，利用经纬仪在调平后，视准轴竖向平面垂直于大地水准面方法确定。

4.2.2 钢尺量距的一般方法

在坡度不均匀而且比较平缓的地方，可以先进行定线，然后直接量平距。具体步骤如下。

1. 准备工作

1) 主要工具

钢尺(图4-6)、垂球、测钎、测杆(图4-4)等。使用前应该检查钢尺是否完好，刻划是否清楚，并注意其零点位置。

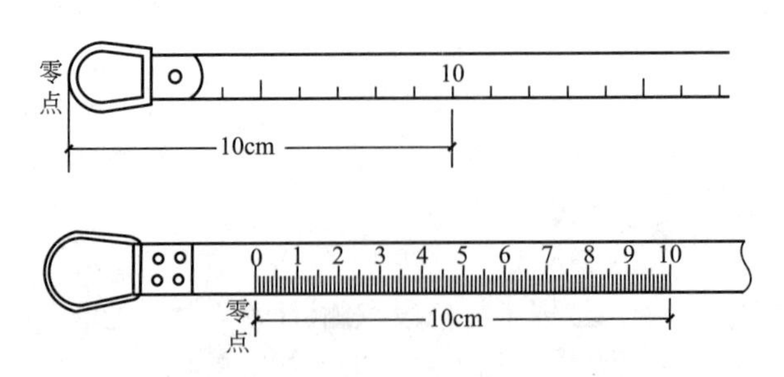

图 4-6 不同零点位置的钢尺

2) 工作人员组成

主要工作人员是拉尺、读数、记录人，共 2～3 人。

3) 场地

一般比较平坦，各分段点已定线在直线上，并插有测钎，如图 4-7 所示。

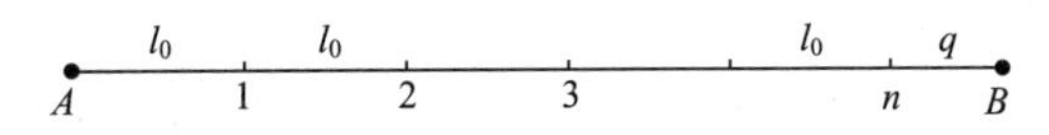

图 4-7 已完成定线的直线

2. 丈量工作

1) 逐段丈量整尺段

尺段长为 l_0，最后丈量零尺段长 q。

2) 返测全长

步骤 1)丈量工作从 A 丈量至 B，称为往测，往测长度记为 $D_{往}$；在此基础上再按步骤 1)的丈量工作从 B 丈量至 A，称为返测，返测长度记为 $D_{返}$。

3. 计算与检核

1) 计算往测、返测全长

$$D_{往}=nl_0+q_{往} \tag{4-1}$$

$$D_{返}=nl_0+q_{返} \tag{4-2}$$

2) 检核

为了防止错误和提高丈量精度，把往返丈量所得距离的差除以往返距离的算术平均值，并化为分子为 1 的分数 K，该分数称为相对较差。一般丈量要求相对较差 K 不大于 1/2000，即

$$\Delta D=|D_{往}-D_{返}| \tag{4-3}$$

$$K=\frac{\Delta D}{\dfrac{D_{往}+D_{返}}{2}}=\frac{1}{\dfrac{D_{往}+D_{返}}{2\Delta D}} \tag{4-4}$$

3) 计算往返平均值

在往返相对较差 K 满足要求时，按下式计算往返平均值作为 AB 全长的观测值，即

$$D=\frac{D_{往}+D_{返}}{2} \tag{4-5}$$

在比较陡峭的地方，如果坡度不均匀，可分段量得斜距，并测得各分段两端点间的高差，求出各分段的平距，再求和得到全长；也可采用垂球投点分段直接量平距(图 4-8)，如

果坡度均匀，则可以测得斜距全长，再根据两端点之间的高差求得平距全长(图 4-9)。

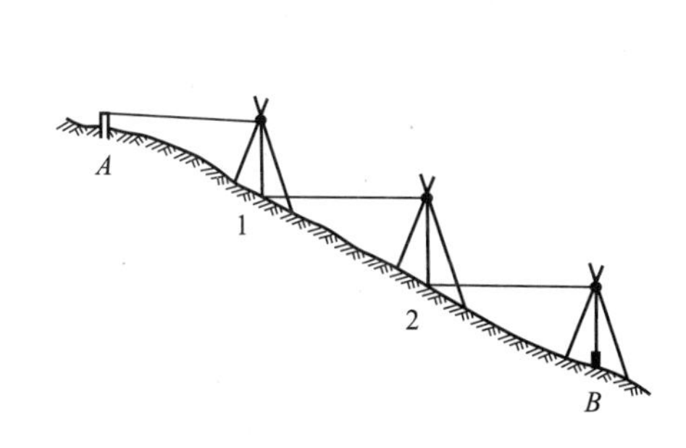

图 4-8　垂球投点分段直接量平距

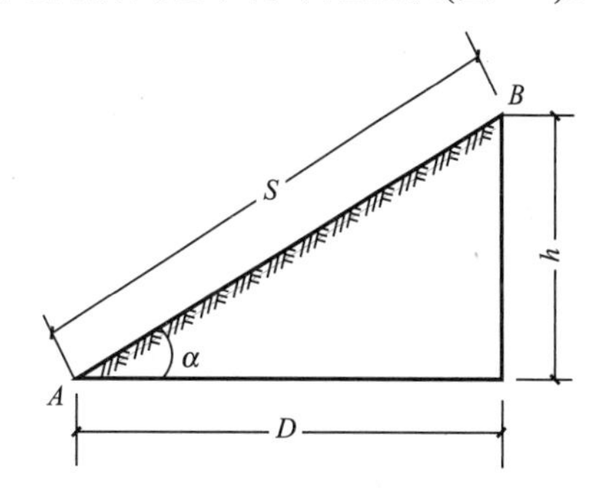

图 4-9　测得斜距全长后根据高差求平距

距离测量时相对精度和绝对精度的区别，绝对精度相同，但是由于测量的距离不同，得出的相对精度不同，而衡量测量结果时，一般使用相对精度。

4.2.3　钢尺量距的精密方法

1. 准备工作

1) 主要丈量工具

钢尺、弹簧秤、温度计等。用于精密丈量的钢尺必须经过检定，而且有其尺长方程式。

2) 工作人员组成

通常主要工作人员有 5 人，其中拉尺员 2 人、读数员 2 人、记录员 1 人，他们的分工安排如图 4-10 所示。

3) 场地

(1) 经整理便于丈量。

(2) 定线后的分段点设有精确的标志，如图 4-11 所示，分段点设有木桩顶面的定线方向有“十”字标志(或小钉)。

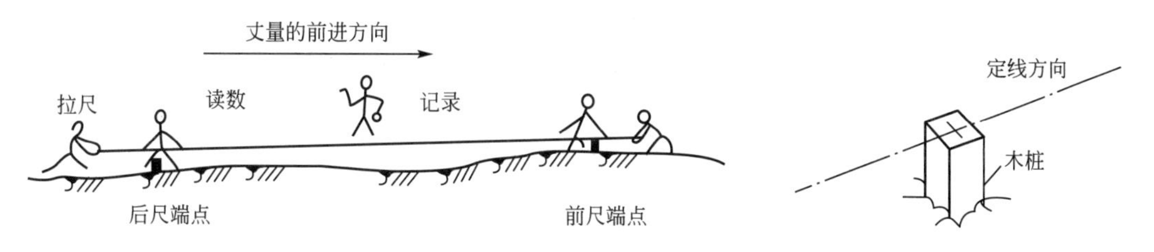

图 4-10　钢尺量距精密方法的人员组成与分工

图 4-11　精确的丈量标志

(3) 测量各分段点顶面尺段高差 h_i。

2. 精密量距

丈量必须有统一的口令，如采用“预备”“好”的口令来协调全体人员的工作步调。现以一尺段丈量为例介绍其丈量方法。

1) 拉尺

拉尺员在尺段两个分段点上拉着弹簧秤摆好钢尺，其中钢尺零端在后分段点，整尺端在前分段点。前方拉尺员发出“预备”，同时进行拉尺准备，后方拉尺员在拉尺准备就绪回声“好”的口令，两拉尺员同时用力拉弹簧秤，使弹簧秤拉力指示为检定时拉力(如 100N)，钢尺面刻划与分段点标志纵线对齐。

2) 读数

两位读数员两手轻扶钢尺，在钢尺刻划与分段点标志相对稳定时，前方读数员使钢尺厘米刻划与分段点标志横线对齐，同时发出“预备”口令。后方读数员预备就绪(即看准钢尺刻划面与分段点标志横线对齐的读数)发出“好”的口令。就在口令之后的瞬间，两位读数员依次读取分段点标志横线所对的钢尺刻划值，前端读数员读前端读数 $l_{前}$，后端读数员读后端读数 $l_{后}$。

3) 记录

记录 $l_{前}$、$l_{后}$，计算尺段丈量值 $l'=l_{前}-l_{后}$。

4) 重复丈量

按步骤 1)、2)、3)重复丈量和记录，计算获得 l''、l'''。

5) 检核

比较 l'、l''、l'''，观察各尺段丈量值之差Δl，如果$\Delta l \leqslant \Delta l_{容}$，则检核合格，计算尺段丈量平均值 l_i，即

$$l_i=\frac{l'+l''+l'''}{3} \tag{4-6}$$

把计算的尺段丈量平均值 l_i 填写到表格中。

6) 记录温度 t_i，抄录尺段高差 h_i

4.2.4 尺长方程式

由于刻划误差等原因，钢尺的实际长度与名义长度会有所差别，而且钢尺的长度会随温度的变化而变化，从而给所量距离带来系统误差，不能通过往返测量取平均值而减小或消除。因此，用于精密量距的钢尺出厂时需经检定，其长度用尺长方程式表示为

$$l_t=l+\Delta l_0+\alpha l(t-t_0) \tag{4-7}$$

式中 l_t——钢尺在温度 t 时的实际长度；

l——钢尺上所标注的长度，即名义长度；

Δl_0——尺长改正数，即钢尺检定时读出的实际长度减去钢尺名义长度；

α——钢尺的线膨胀系数，一般取 1.25×10^{-5}m/(m·℃)；

t——钢尺使用时的温度；

t_0——钢尺检定时的温度。

每根钢尺都应有尺长方程式，根据量距时测得的温度，才能得出其实际长度。根据钢尺的实际长度就可求出所量距离的实际长度。

例 4-1 某钢尺名义长度为 30m，其尺长方程式为

$$l_t=30+0.007+30\times12.5\times10^{-6}\times(t-20)$$

用这根钢尺在温度为 16℃时，丈量一段水平距离为 209.62m，试求改正后的实际距离。

解：钢尺丈量时实际长度为

$$l_t=30+0.007+30\times12.5\times10^{-6}\times(t-20)=30.006(\text{m})$$

实际水平距离为

$$L=209.62\times\frac{30.006}{30}=209.62\times1.0002=209.66(\text{m})$$

4.2.5 钢尺量距误差来源

在平坦地区进行钢尺量距，若考虑了温差改正和尺长改正，并用弹簧秤衡量拉力，在外界条件良好的情况下，丈量精度可达 1/5000 以上。若地面有起伏，必然分段较多，丈量精度也能达到 1/3000。当地面崎岖不平，坡陡多变化的困难条件下，只要仔细丈量，其精度也不会低于 1/1000。

通常往返两次丈量结果，一般不会绝对相同，这说明丈量中不可避免有误差存在。钢尺量距中的误差来源主要有下列几种。

1. 尺长误差

如果钢尺未经检定或未按尺长方程式进行改算，仅用钢尺名义长度计算丈量的距离，则其中就包含了尺长误差。

2. 温度误差

由于钢尺量距时的温度和钢尺检定标准温度不一致而导致温度误差，因此，对于较精确的丈量，无论在检定钢尺和使用钢尺时都以测定钢尺温度为好，可用点温计测定尺温。

3. 拉力误差

钢尺具有弹性，拉力的大小会影响钢尺的长度。一般量距时应保持拉力均衡，精密量距时应使用弹簧秤，使拉力等于钢尺检定时的拉力。

4. 丈量误差

如钢尺端点对准误差、插测钎误差、钢尺读数目估误差等都属于丈量误差。所有这些误差是在工作中，由于人的感官能力限制而产生的，其性质可正可负，或大或小，所以在丈量时尽可能认真操作，以减小丈量误差。

5. 垂曲误差

垂曲，就是钢尺悬空丈量时中间下垂而产生的误差，所以在量距时应尽可能使钢尺处于水平状态，以减小垂曲误差。

6. 钢尺倾斜误差

直接丈量水平距离时钢尺应尽量水平，否则会产生倾斜误差。对于一根 30m 长的钢尺，若尺的两端高差达 0.4m，则使 30m 距离增长约 2.67mm，其相对误差约为 1/11200。因此只要丈量时旁边有人仔细目估水平，这项误差就会很小。

7. 定线误差

钢尺丈量时应伸直紧靠所量直线，如果偏离定线方向，就形成一条折线，把实际距离量长了。当距离较长或精度要求较高时，可借用测量仪器进行。

特别提示

钢尺量距的精确方法中，注意钢尺刻划、温度、拉力等方面对结果的影响。

4.3 视距测量

视距测量是一种根据几何光学原理简便而迅速地测出两点间距离的方法。

视线水平时，视距测量能直接测出水平距离，如果视线是倾斜的，为求得水平距离，还应测出竖直角。根据竖直角也可以求得测站至目标的高差。所以视距测量也是一种能同时测得两点之间距离和高差的测量方法。

4.3.1 视准轴水平时视距法测距原理

经纬仪、水准仪等光学仪器的望远镜中都有与横丝平行、上下等距对称的两根短横丝，称为视距丝。利用视距丝配合标尺就可以进行视距测量。

如图 4-12 所示，设望远镜的视准轴水平，物镜 L_1 和调焦透镜 L_2 的焦点和焦距分别为 L_1、f_1、L_2、f_2。

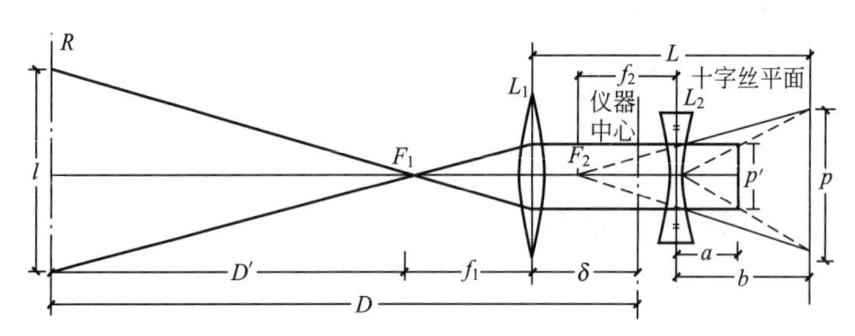

图 4-12 视准轴水平时视距法测距原理

由图 4-12 可知，立尺点与仪器中心之间的水平距离为

$$D=D'+f_1+\delta \tag{4-8}$$

根据成像原理，设 $K=\dfrac{f_1}{p'}$，$C=f_1+\delta$，则 $\dfrac{D'}{f_1}=\dfrac{l}{p'}$，代入上式中，可得

$$D=Kl+C \tag{4-9}$$

式中 l——物的视距尺上的上、下丝读数差，称为尺间隔；

p'——l 经透镜之后的像。

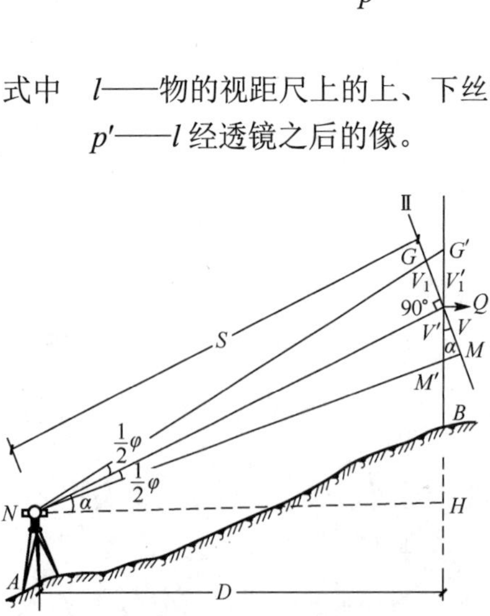

通常设计望远镜时，适当选择参数后，可使 K=100，C=0，从而有

$$D=Kl=100l$$

图 4-13 视准轴倾斜时视距法测距原理

4.3.2 视准轴倾斜时视距法测距原理

如图 4-13 所示，B 点高出 A 点较多，必须把望远镜视准轴放在倾斜位置，如尺子仍竖直立着，则视准轴与尺面不垂直，上面推导的公式就不适用了。如果将尺间隔 l 转化成与视准轴垂直的尺间隔 l_0，就可按式(4-9)计算倾斜距离 S，根据 S 和竖直角 α 可推算出水平距离 D。

由图 4-13 可知，由于 φ 角很小，可近似认为

$\angle QMM'$和$\angle QGG'$是直角，设竖直角为α，$l=V'+V'_1$，$l_0=V+V_1$，则

$$l_0=V+V_1=V'\cos\alpha+V'_1\cos\alpha=l\cos\alpha \tag{4-10}$$

倾斜视线 NQ 的长度为

$$S=Kl_0=Kl\cos\alpha \tag{4-11}$$

AB 的水平距离为

$$D=Kl\cos^2\alpha \tag{4-12}$$

在图 4-13 中，在 A 点安置经纬仪，量得 A 点到经纬仪横轴中心的距离为 i，称为仪器高；在 B 点竖立水准尺，读得中丝读数为 $l_{中}$，h'为通过经纬仪横轴中心的水准面与中丝读数之间的高差，称为高差主值。由图中可以看出：

$$h_{AB}+l_{中}=i+h'=i+S\sin\alpha=i+Kl\cos\alpha\sin\alpha=i+\frac{1}{2}Kl\sin2\alpha \tag{4-13}$$

从而

$$h_{AB}=\frac{1}{2}KL\sin2\alpha+i-l_{中} \tag{4-14}$$

当视准轴水平时，$\alpha=0$，则测站点到立尺点的高差为

$$h_{AB}=i-l_{中} \tag{4-15}$$

视距法测量水平距离的精度较低，从实验资料的分析来看，在比较良好的外界条件下普通视距的精度约为距离的 1/300～1/200。当外界条件较差或尺子竖立不直时，甚至只有 1/100 或更低。但是，视距测量可以在测水平角的同时进行水平距离和高差的测量，快捷方便，所以广泛应用于碎部测量。

特别提示

视距测量只有在对距离要求不很精确时使用，在测量过程中容易产生较大误差，一般使用在地形图测绘的碎部测量。

4.4 光电测距

4.4.1 概述

电磁波测距按测程来分，有短程(<3km)、中程(3～15km)和远程(>15km)之分。按测量精度来分，有Ⅰ级(5mm)、Ⅱ级(5～10mm)和Ⅲ级(>10mm)。按载波来分，采用微波段电磁波为载波的称为微波测距仪；采用光波为载波的称为光电测距仪。光电测距仪所使用的光源有激光光源和红外光源，采用红外线波段作为载波的称为红外测距仪，由于红外测距仪是以砷化镓(GaAs)发光二极管所发的荧光作为载波源，发出的红外线的强度能随着注入电信号的强度而变化，因此它兼有载波源和调制器的双重功能。GaAs 发光二极管体积小，亮度高，能耗小，寿命长，且能连续发光，所以红外测距仪得到了迅速的发展。本节讨论的就是红外光电测距仪。

4.4.2 光电测距原理

光电测距的基本原理：欲测定 A、B 之间的距离 D，安置仪器于 A 点，安置反射镜于 B 点。仪器发射的光束由 A 到 B，经反射镜反射后又由 B 到 A，测得光束在 A、B 间的往返

时间 t，则

$$D=\frac{1}{2}ct \tag{4-16}$$

$$C=C_0/n$$

式中　C——光在空气中的传播速度；

C_0——光在真空中的传播速度，为常数；

n——大气折射率，其值受光的波长，测量时的温度、气压和湿度的影响。

测定距离的精度，主要取决于测定时间的精度，距离的精度要达到±10mm，时间的测量精度就要达到，这是很难达到的。因此，光电测距仪采用间接测定法测定时间。常采用的有相位法和脉冲法等技术。红外测距仪大多采用相位法，因此下面主要介绍相位法测距原理。

1. 相位法测距

相位法光电测距是通过测量调制光波在测线上往返传播所产生的相位移，测定调制波长的相对值来求出距离 S。仪器的基本工作原理可用框图 4-14 来说明。

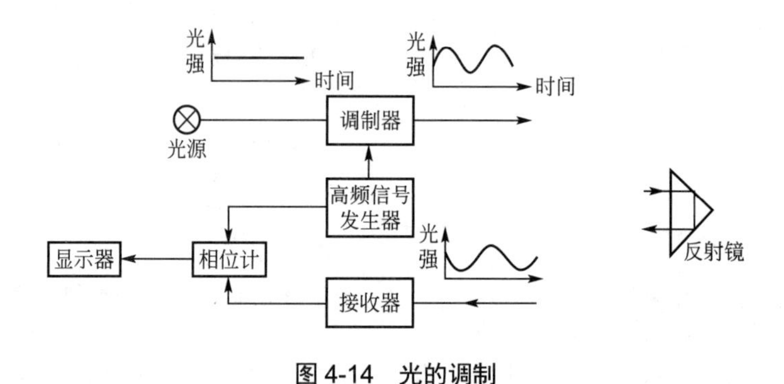

图 4-14　光的调制

由光源发出的光通过调制器后成为调制光波，射向测线另一端的反射镜。经反射镜反射后被接收器所接收，然后由相位计将发射信号(又称参考信号)与接收信(又称测距信号)进行相位比较，并由显示器显示出调制光在被测距离上往返传播所引起的相位移 φ，根据 φ 可推算出时间 t，从而计算距离。如果将调制光波的往程和返程摊平，则有如图 4-15 所示的波形。

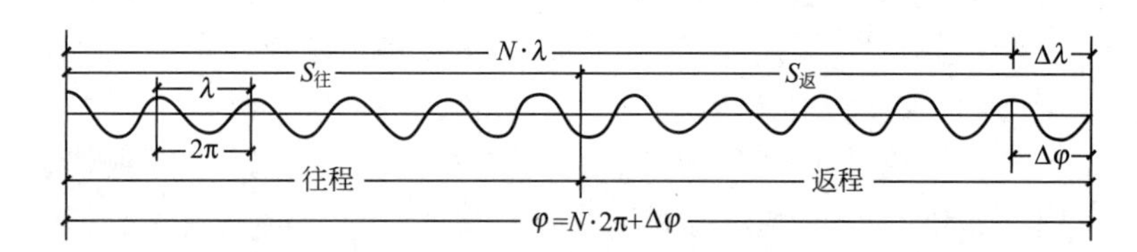

图 4-15　相位法光电测距仪的基本工作原理

由图 4-15 可见，调制光全程的相位变化值为

$$\varphi=N\cdot 2\pi+\Delta\varphi=2\pi\left(N+\frac{\Delta\varphi}{2\pi}\right) \tag{4-17}$$

对应的距离值为

$$S=\frac{1}{2}(N\lambda+\Delta\lambda)=\frac{\lambda}{2}\left(N+\frac{\Delta\lambda}{\lambda}\right) \tag{4-18}$$

实际上，相位式光电测距仪中的相位计只能测定全程相位移尾数$\Delta\varphi$，而无法测定整周期数 N。如果 N=0，则

$$S=\frac{\Delta\lambda}{2}=\frac{\lambda}{2}\frac{\Delta\varphi}{2\pi} \tag{4-19}$$

令

$$u=\frac{c}{2f}=\frac{\lambda}{2} \tag{4-20}$$

则

$$S=u\cdot\frac{\Delta\varphi}{2\pi} \tag{4-21}$$

实际上，u 为$\lambda/2$(即“光尺”长的一半)，常称为测尺长度。

式(4-17)、式(4-18)中，N 为相位移的整周期数和调制光波整波长的个数，其值可为零或正整数；$\Delta\varphi$为不足一个整周期的相位移尾数；λ为调制光波的波长；$\Delta\lambda$为不足一个波长的调制光波的长度。

可见，要 N=0，则必须选用较长的测尺，即较低的调制频率(或称测尺频率)。由于仪器的测相系统存在误差，其值一般达 10^{-3}，可见它对测距精度的影响将随测尺的增长而增大。如表 4-1 所示，取 $c=3\times10^5$km/s，可求出与测尺长度相应的测尺频率。因此，为了解决扩大测程与提高精度的矛盾，可以采用一组测尺配合测距，以短测尺(又称精测尺)保证精度，用长测尺(又称粗测尺)保证测程。

表 4-1　测尺频率、测尺长度与测距精度

测尺频率	15MHz	1.5MHz	150kHz	15kHz	1.5kHz
测尺长度	10m	100m	1km	10km	100km
测距精度	1cm	10cm	1m	10m	100m

某些短程相位式测距仪就是采用这种办法，其测程最大为 2km。因为测尺 u_1、u_2 只能测得 1km 以内的值，所以在距离大于 1km 时，可用目估求得。

例如，由 u_1 测得ΔN_1=0.698，即以 10m 为单位的 0.698，实际为 6.98m。由 u_2 测得ΔN_2=0.387，即以 1000m 为单位的 0.387，实际为 387m。另由目估可知所测距离 S 在 1～2km 之间，则 S 由如下关系求得：u_1=6.98m，u_2=387m，距离概值为 1km，所测距离 S=1386.98m。

2. 脉冲法测距

由测距仪发射系统发出光脉冲，经被测目标反射后，再由测距仪的接受系统接受，测出这一光脉冲往返时间内的脉冲个数以求得距离 D。由于计数器的频率一般为 300MHz，测量的精度为 0.5m，精度较低。

4.4.3 距离计算

由光电测距仪或全站仪测定的距离，需进行仪器系统误差改正、气象改正、倾斜改正。

1. 仪器系统误差改正

仪器系统误差改正一般包括加常数改正、乘常数改正。

将测距仪进行检定，可以得到测距仪的乘常数和加常数。

由于种种原因使得仪器的调制频率产生漂移，由此而引起的距离误差与距离成正比，这个比例系数便是乘常数，其改正数称为乘常数改正ΔS_f，也称为频率改正。乘常数改正的计算公式为

$$\Delta S_f = S' \times \frac{f_1 - f_1'}{f_1} \tag{4-23}$$

式中 ΔS_f——乘常数改正；

S'——光电测距的观测值；

f_1——测尺的调制频率设计值；

f'_1——测尺的调制频率实际值。

2. 气象改正ΔS_{tp}

仪器设计时其测尺长度是在一定温度和气压下计算得到的，而决定测尺长度的光速受气温和气压的影响而变化，因此实际操作时需对测距值进行气象改正。气象改正公式为

$$\Delta S_{tp} = \left(278 - \frac{0.386p}{1 + 0.0037t}\right) S' \tag{4-24}$$

式中，温度 t 以摄氏度为单位，p 以毫米汞柱为单位，S'以千米为单位，ΔS_{tp} 以毫米为单位。

3. 倾斜改正ΔS_h

当测线两端不等高时，对观测结果加入仪器系统误差改正和气象改正后，还只能求出实际的倾斜距离；要再加入倾斜改正，才能得到水平距离。若用经纬仪测定了测线竖直角α，则平距 D 为

$$D = S\cos\alpha \tag{4-25}$$

式中 S——经过常数改正和气象改正后的斜距。

光电测量精度较高，但单独的光电测距仪很少，多数使用全站仪上的光电测距功能。

4.5 直线定向

4.5.1 标准方向的种类

在测量工作中常常需要确定两点间平面位置的相对关系。要确定这种关系，仅仅量得两点间的距离是不够的，还需要知道这条直线的方向。测量工作中，一条直线的方向是根据某一标准方向来确定的。确定一条直线与标准方向的关系称为直线定向。

测量工作中常用的标准方向有：真子午线方向、磁子午线方向和坐标纵轴方向。

(1) 真子午线方向(真北方向)：椭球的子午线称为真子午线，通过地球表面某点的真子午线的切线方向称为真子午线方向，又称真北方向，指北为正。真子午线方向可用天文测量方法或用陀螺经纬仪测定。

(2) 磁子午线方向(磁北方向)：磁子午线方向是磁针在地球磁场的作用下，磁针自由静止时其轴线所指的方向。磁北为正。磁子午线方向可用罗盘仪测定。

(3) 坐标纵轴方向(坐标北)：我国采用高斯平面直角坐标系 6° 带或 3° 带都以该带的中央子午线为坐标纵轴，因此取坐标纵轴方向作为标准方向，称为坐标纵轴方向，又称坐标北方向。指北为正。

由于地面各点的真子午线和磁子午线都收敛于地球的地理北极和磁北极，所以各点的真子午线方向并不相互平行，磁子午线方向也不平行。但是在同一高斯投影带内，各点的坐标纵轴方向是相互平行。

4.5.2 表示直线方向的方法

直线的方向一般用方位角表示。从直线起点标准方向的北端起，顺时针方向量至直线的水平角，称为该直线的方位角；其角值范围为 0°～360°。

图 4-16 中，设 NS 为通过 O 点的标准方向线，OP_1、OP_2、OP_3、OP_4 为通过 O 点的四条方向线，则水平角 A_1、A_2、A_3、A_4 即为四条直线的方位角。

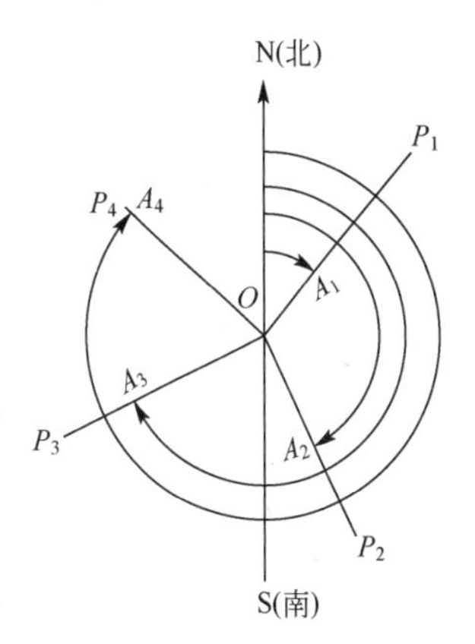

图 4-16　方位角

对应于三类标准方向有三类方位角。由真子午线北端起算的方位角，称为真方位角，用 $A_{真}$ 表示；由磁子午线北端起算的方位角，称为磁方位角，用 $A_{磁}$ 表示；由坐标纵轴北端起算的方位角，称为坐标方位角，用 α 表示。

由于同一个高斯投影带内，各点的坐标纵轴方向相互平行，不同直线之间坐标方位角的推算比较方便，因此坐标方位角最常用，如果不特别指出，本书中的方位角一般是指坐标方位角。

4.5.3 几种方位角之间的关系

1. 子午线收敛角 γ

地面上某点的真子午线方向和坐标纵线轴方向之间的夹角，用“γ”表示。凡坐标纵线偏在真子午线以东者 γ 为正，反之为负。如图 4-17 所示为分别处于真子午线东、西两侧的情况。

2. 磁偏角 δ

地面上某点的真子午线方向与磁子午线方向之间的夹角，用“δ”表示。凡磁子午线偏于真子午线以东者称东偏，其角值为正；偏西者称西偏，其角值为负。

如果有当地磁偏角的资料，真方位角与磁方位角可以相互换算。图 4-18 中，设 $A_{真}$ 为 OP_1 方向的真方位角，$A_{磁}$ 为 OP_1 方向的磁方位角，δ 为磁偏角。

根据图 4-18，有

$$A_{真}=A_{磁}+\delta \tag{4-26}$$

类似地，如果能计算出子午线收敛角的大小，也能写出真方位角与坐标方位角之间的关系式为

$$A_{真}=\alpha+\gamma \tag{4-27}$$

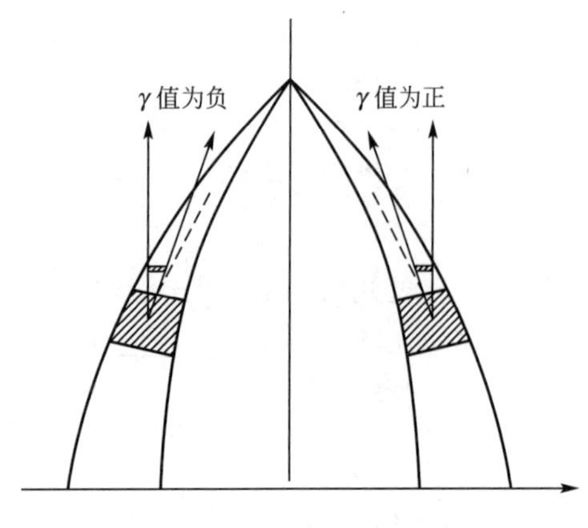

图 4-17　子午线收敛角

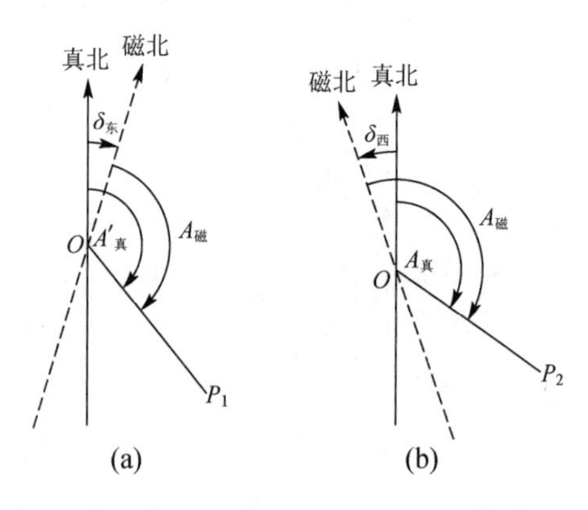

图 4-18　真方位角与磁方位角的换算

4.5.4　正反坐标方位角

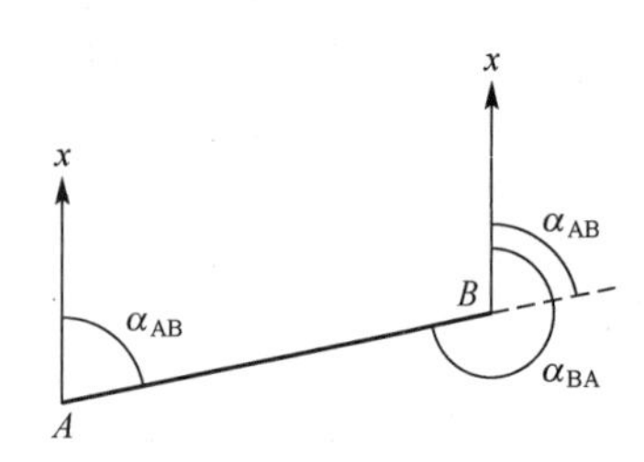

图 4-19　正反坐标方位角

由两点连成的直线是有方向的，而直线的方向是相对的。如 A、B 两点间的直线，若将 AB 作为正方向，则 BA 就是反方向；也可将 BA 作为正方向，那么 AB 就是反方向。

一条直线可按正反两个方向来定向。按正方向定向的方位角称为正方位角；否则称为反方位角。

如图 4-19 所示，一般来说，一条直线的两个端点在同一个高斯投影带内，通过这两点的坐标纵轴方向相互平行，所以正反坐标方位角之间相差 180°，即

$$\alpha_{正}=\alpha_{反}\pm 180° \tag{4-28}$$

4.5.5　坐标方位角的推算

方位角一般不能实测，可以由两个已知点的坐标来反算其连线的坐标方位角，再通过已知坐标方位角和未知边的水平角来推算未知边的坐标方位角。如图 4-20 所示，假设按 $\alpha_{12}\rightarrow\alpha_{23}$ 的方向由后往前推算，推算路线右边的水平角称为右角，推算路线左边的水平角称为左角。

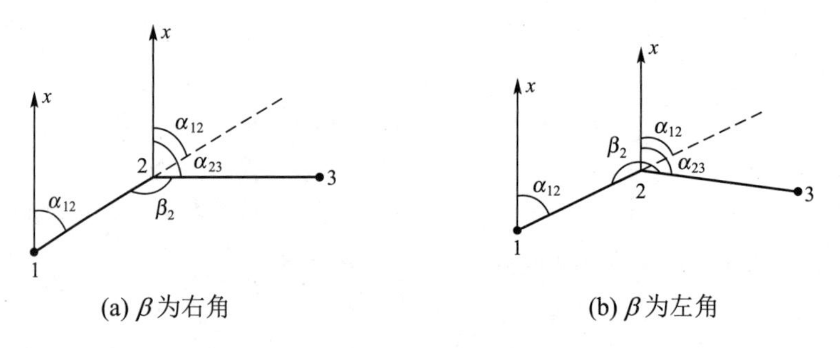

图 4-20　坐标方位角的推算

当 β 为右角时

$$\alpha_{23}=\alpha_{12}+180°-\beta_2 \tag{4-29}$$

当β为左角时

$$\alpha_{23}=\alpha_{12}-180^\circ+\beta_2 \tag{4-30}$$

推算坐标方位角的通用公式为

$$\alpha_{前}=\alpha_{后}\mp180^\circ\pm\beta_{右}^{左}$$

当β角为左角时，取“+”；若为右角时取“−”。

对于用式(4-29)和式(4-30)推算出的方位角，如果大于 360°，则应减去 360°；如果小于 0°，则应加上 360°，以保证坐标方位角在 0°～360°的范围内。

在坐标轴中有按地理北极、磁北极及中央子午线定出的三个不同的坐标轴，同样就有三种不同的直线定向的依据，得到了真方位角、磁方位角及坐标方位角三种。平常使用的是坐标方位角，但用罗盘仪测量的是磁方位角的角度，由于误差很小，通常使用磁方位角代替坐标方位角。

4.5.6 象限角

1. 象限角

由坐标纵轴的北端或南端起，沿顺时针或者逆时针方向量至直线的水平锐角，称为该直线的象限角。用“R”表示，其角值为 0°～90°。如图 4-21 所示，直线 $O1$、$O2$、$O3$ 和 $O4$ 的象限角分别为北东 R_{O1}、南东 R_{O2}、南西 R_{O3} 和北西 R_{O4}。

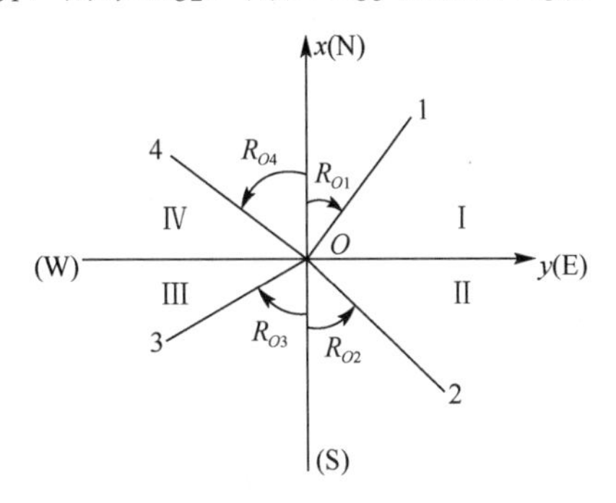

图 4-21　象限角

2. 坐标方位角与象限角的换算关系

由图 4-22 可以看出坐标方位角与象限角的换算关系如下。

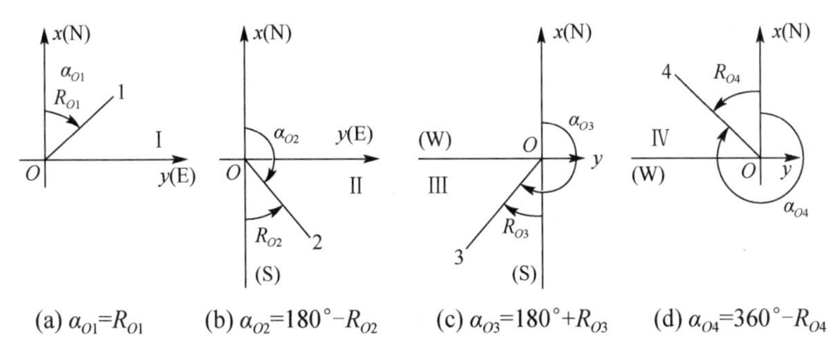

(a) $\alpha_{O1}=R_{O1}$　(b) $\alpha_{O2}=180^\circ-R_{O2}$　(c) $\alpha_{O3}=180^\circ+R_{O3}$　(d) $\alpha_{O4}=360^\circ-R_{O4}$

图 4-22　坐标方位角与象限角的换算关系

(1) 第Ⅰ象限$\alpha=R$。

(2) 第Ⅱ象限$\alpha=180°-R$。

(3) 第Ⅲ象限$\alpha=180°+R$。

(4) 第Ⅳ象限$\alpha=360°-R$。

特别提示

当知道某直线方向的象限角度时，可以根据方位角与象限角的换算关系，计算出直线的方位角，从而计算点位相对关系。

本项目小结

测定地面上两点间的距离是指水平距离。如果地面上两点不在同一水平面上，它们之间的水平距离就是通过这两点的铅垂线投影到水平面的距离。

用钢尺丈量水平距离的方法分为一般方法和精密方法。量距的一般方法可用目估定向，并进行往返观测，精度一般可达到 1/2000。量距的精密方法要求经纬仪定向，使用与钢尺检定时相同的拉力测距离 3 次，测钢尺温度，测两点之间的高差，并经过尺长改正、温度改正和倾斜改正计算。精度可达到 1/40000～1/10000。

视距测量是利用仪器的视距丝和竖盘及视距尺，同时测定两点间的水平距离和高差的一种方法。这种方法精度不高，但速度较快。

直线定向是确定直线与标准方向的夹角。标准方向有真子午线、磁子午线和坐标纵轴，以方位角表示直线的方向。在普通测量中，常以坐标纵轴作为直线定向的标准方向。由于各处坐标纵轴相互平行，所以一条直线的正、反坐标方位角相差 180°。在实际工作中，有时用锐角计算比较方便，因而常将坐标方位角换算成象限角。

习题

一、填空题

1. 距离丈量的相对误差的公式为______________。

2. 距离丈量是用__________误差来衡量其精度的，该误差是用分子为__________的形式来表示。

3. 丈量地面两点间的距离，指的是两点间的______________距离。

4. 尺长方程的表达式为______________。

5. 视距测量的距离和高差的计算公式为________________。

6. 上下丝读数之差称为______________，也叫______________。

二、单选题

1. 某段距离的平均值为 100m，其往返较差为+20mm，则相对误差为(　　)。

A. 0.02/100　　B. 0.002　　C. 1/5000

2. 在距离丈量中衡量精度的方法是用(　　)。

A. 往返较差　　B. 相对误差　　C. 闭合差

3. 距离丈量的结果是求得两点间的(　　)。

A. 斜线距离　　B. 水平距离　　C. 折线距离

4. 往返丈量直线 AB 的长度为：D_{AB}=126.72m　D_{BA}=126.76m，其相对误差为(　　)。

A. K=1/3100　　B. K=1/3300　　C. K=0.000315

5. 钢尺量距的基本工作是(　　)。

A. 拉尺，丈量读数，记温度　　B. 定线，丈量读数，检核

C. 定线，丈量，计算与检核

6. 当视线倾斜进行视距测量时，水平距离的计算公式是(　　)。

A. $D=K\cos 2\alpha$　　B. $D=K_l\cos\alpha$

C. $D=K_l\cos 2\alpha$

7. 视距测量时用望远镜内视距丝装置，根据几何光学原理同时测定两点间的(　　)的方法。

A. 倾斜距离和高差　　B. 水平距离和高差

C. 距离和高程

三、多选题

1. 用钢尺进行直线丈量，应(　　)。

A. 尺身放平　　B. 确定好直线的坐标方位角

C. 丈量水平距离　　D. 目估或用经纬仪定线

E. 进行往返丈量

2. 视距测量可同时测定两点间的(　　)。

A. 高差　　B. 高程　　C. 水平距离

D. 高差与平距　　E. 水平角

四、思考题

1. 距离丈量有哪些主要误差来源？

2. 钢尺的名义长度与实际长度有何区别？

3. 什么是水平距离？为什么测量距离的最后结果都要化为水平距离？

4. 在进行一距离改正时，当钢卷尺实长大于名义长，量距时的温度高于检定时的温度，此时尺长改正、温度改正和倾斜改正数为正还是为负？为什么？

5. 一钢卷尺经检定后，其尺长方程式为 l_t=30m+0.004m+1.2×10−5×(1−20)×30m，式中 30m 表示什么？+0.004m 表示什么？1.2×10−5×(t−20)×30m 又表示什么？

6. 视距测量时，测得高差的正、负号是否一定取决于竖直角的正、负号？为什么？

7. 练习用 CASIOfx-4800p 计算器编制视距测量程序。

8. 为什么要进行直线定向？　确定直线方向的方法有哪几种？

9. 什么叫方位角、象限角？坐标方位角与象限之间有何关系？正、反坐标方位角之间有何关系？

10. 何谓直线定线？目估定线通常是如何进行的？

11. 用钢尺丈量倾斜地面距离有哪些方法？各使用于什么情况？

12. 试比较钢尺量距的一般方法与精密方法有哪些区别？

五、计算题

1. 名义长为 30m 的钢卷尺，其实际长为 29.996m，这把钢卷尺的尺长改正数为多少？若用该尺丈量一段距离得 98.326m，则该段距离的实际长度是多少？

2. 已知 *A* 点的磁偏角为西偏 21′，过 *A* 点真子午线与中央子中线的收敛角为+3′，直线 *AB* 的坐标方位角 d=60° 20′，求直线 *AB* 的真方位角与磁方位角，并绘图说明之。

能力评价体系

知识要点	能力要求	所占分值(100 分)	
概述	明确距离测量与直线定向的任务	5	
钢尺量距	(1) 掌握端点尺与刻线尺的区别	5	
	(2) 理解直线定线的方法	10	
	(3) 掌握平坦地区量距的方法	10	
	(4) 了解钢尺量距的误差来源	5	
视距测量	(1) 理解视距测量的原理	10	
	(2) 了解误差的来源及注意事项	10	
	(3) 掌握视距测量的观测、计算	10	
光电测距	了解光电测距仪测距原理、D_{3000}系列红外测距仪	5	
直线定向	(1) 掌握标准方向的种类(真子午线、磁子午线、坐标纵轴方向)	10	
	(2) 掌握表示直线的方法(直线的方位角)	10	
	(3) 学会正反坐标方位角的关系、坐标方位角的推算	10	
总分		100	

项目5

全站仪及其应用

学习目标

本项目讲述全站仪的有关知识，以南方 NTS-360 系列全站仪为例介绍了全站仪的构成和分类，重点讲授了该系列全站仪的使用，包括测量前的准备工作，以及利用全站仪进行常规测量、放样测量的方法。

通过本项目的学习，掌握全站仪的基本概念；掌握全站仪的日常检验内容；掌握 NTS-360 系列全站仪常用功能键的作用。掌握利用全站仪进行测量的工作应用。

能力目标

知识要点	能力要求	相关知识
概述	(1) 掌握全站仪的概念	全站仪的定义、分类、应用及构成
	(2) 了解全站仪的基本构成和应用	
全站仪的结构与功能	(1) 熟悉全站仪的构造	全站仪的构造、功能键用途及技术指标
	(2) 掌握全站仪常用功能键的用途	
	(3) 了解全站仪的主要技术参数指标	
全站仪的测量方法	(1) 了解全站仪测量前的准备工作	全站仪的日常检验、安置及主要参数设置、水平角观测、距离测量和坐标测量的操作、放样测量操作、交会测量的操作过程、对边测量的操作、面积量算和悬高测量的操作过程
	(2) 掌握全站仪的常规测量和放样测量模式	
	(3) 熟悉利用全站仪进行交会测量、对边测量、面积计算和悬高测量	

学习重点

全站仪的概念、全站仪的安置、利用全站仪进行常规测量和放样测量。

最新标准

《工程测量规范》(GB 50026—2007)；《1∶5000、1∶10000 地形图航空摄影测量数字化测图规范》(CH/T 3008—2011)。

引 例

你知道吗？随着社会经济和科学技术的不断发展，测绘技术水平也相应地得到了迅速地提高。测绘作业手段也有了一个质的飞越，测绘仪器设备由过去的光学经纬仪，逐渐过渡到了全站仪。

全站仪是一种可以同时进行角度(水平角、竖直角)测量、距离(斜距、平距、高差)测量和数据处理的仪器。在测量中只需一次安置，便可以完成测站上所有的测量工作，既操作方便，又精度高，现在在工程中被广泛采用，所以领会全站仪的构造原理和使用方法是掌握现代测量技术水平的关键之一。

本项目将详细阐述全站仪的结构与功能以及测量方法，系统学习后你一定会感觉到你又掌握了一项现代测量新技术，并在实际工程中将会大显身手。

5.1 概　　述

全站仪又称为全站型电子速测仪(Electronic Total Station)，在测站上安置好仪器后，除照准需人工操作外，其余可以自动完成，而且几乎在同一时间得到平距、高差和点的坐标。全站仪由电子测距仪、电子经纬仪和电子记录装置三部分组成。

全站仪的电子记录装置是由存储器、微处理器、输入和输出部分组成。由微处理器对获取的斜距、水平角、竖直角、视准轴误差、指标差、棱镜常数、气温、气压等信息进行处理，可以获得各种改正后的数据。在只读存储器中固化了一些常用的测量程序，如坐标测量、导线测量、放样测量、后方交会等，只要进入相应的测量程序模式，输入已知数据，便可依据程序进行测量过程，获取观测数据，并解算出相应的测量结果。

从结构上分，全站仪可分为组合式和整体式两种。组合式全站仪是用一些连接器将测距部分、电子经纬仪部分和电子记录装置部分连接成的一个组合体。它的优点是能通过不同的构件进行灵活多样的组合，当个别构件损坏时，可以用其他的构件代替。整体式全站仪是在一个仪器内装配测距部分、测角部分和电子记录部分。测距和测角共用一个光学望远镜，方向和距离测量只需一次照准，使用十分方便。

全站仪的应用可归纳为以下 4 个方面。

(1) 在地形测量中，可将控制测量和碎步测量同时进行。

(2) 可进行施工放样测量，将设计好的管线、道路、建筑物、构筑物等的位置按图纸数据测设到地面上。

(3) 可用全站仪进行导线测量、前方交会、后方交会等，不但操作简便且速度快、精度高。

(4) 通过数据输入/输出接口设备，将全站仪与计算机、绘图仪连接在一起，形成一套完整的测绘系统，大大提高了测绘工作的质量和效率。

全站仪是由电子测角、电子测距、电子计算和数据存储系统等组成，它本身就是一个带有特殊功能的计算机控制系统。从总体上看，全站仪由两大部分组成。

(1) 为采集数据而设置的专用设备：主要有电子测角系统、电子测距系统、数据存储系统，还有自动补偿设备等。

(2) 过程控制机：主要用于有序地实现上述每一专用设备的功能。过程控制机包括与测量数据相连接的外围设备及进行计算、产生指令的微处理机。

全站仪是集水准仪、经纬仪、测距仪于一体的测绘仪器，是目前测量工作中最常用的仪器设备。

5.2 全站仪的结构与功能

5.2.1 仪器结构

全站仪的种类很多，各种型号仪器的基本机构大致相同。在此以南方测绘公司生产的NTS-360系列全站仪为例进行介绍。图5-1为NTS-360的结构图。

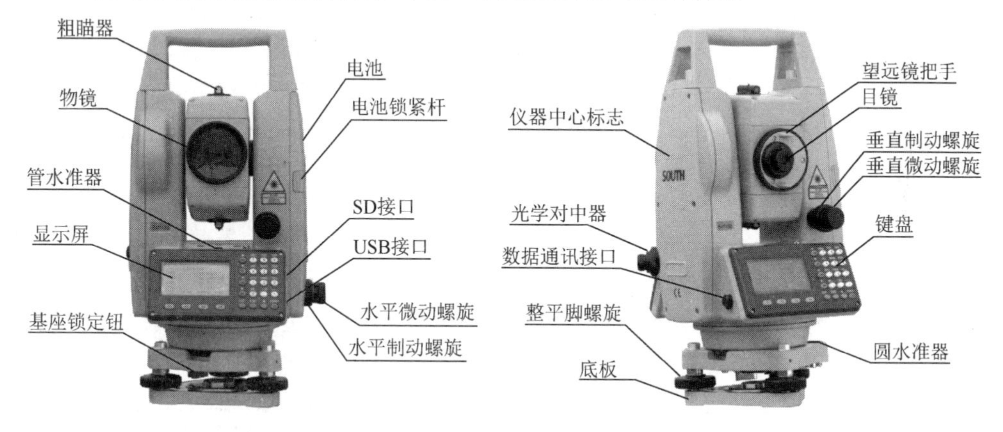

图5-1 NTS-360系列全站仪构造

全站仪的对中、整平、目镜对光、物镜对光、照准目标的方法和电子经纬仪相同。

5.2.2 键盘的功能

1. 仪器各部件的名称

仪器各部件的名称如图5-1所示。

2. 仪器操作面板及显示屏

仪器的操作面板及显示屏如图5-2所示。

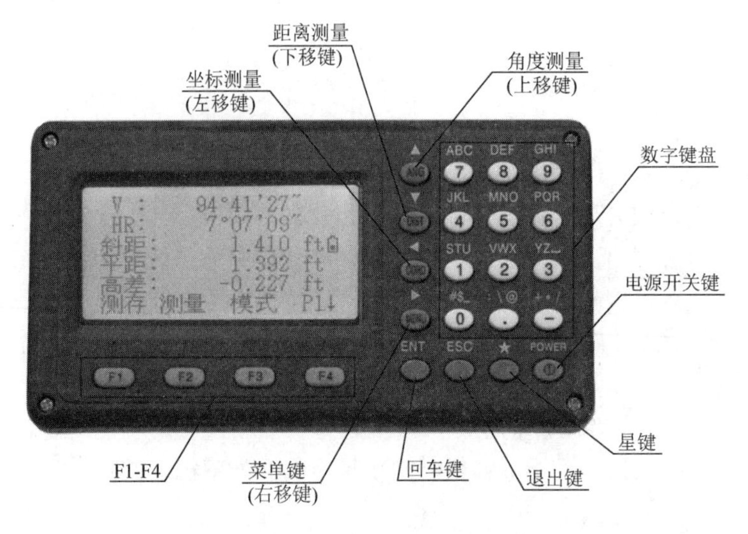

图 5-2 NTS-360 系列全站仪显示及键盘构造

NTS-360 系列全站仪的操作面板按键功能介绍见表 5-1。

NTS-360 系列全站仪显示屏显示符号所表示的内容见表 5-2。

表 5-1 按键功能介绍

按键	名称	功能
ANG	角度测量键	进入角度测量模式(光标上移或向上选取选择项)
DIST	距离测量键	进入距离测量模式(光标下移或向下选取选择项)
CORD	坐标测量键	进入坐标测量模式(光标左移)
MENU	菜单键	进入菜单模式(光标右移)
ENT	回车键	确认数据输入或存入该行数据并换行
ESC	退出键	取消前一操作，返回到前一个显示屏或前一个模式
POWER	电源键	控制电源的开/关
F1～F4	软键	功能参见所显示的信息
0～9	数字键	输入数字和字母或选取菜单项
• ～-	符号键	输入符号、小数点、正负号
★	星键	用于仪器若干常用功能的操作

表 5-2 显示屏显示符号所表示的内容

显示符号	内容
V%	垂直角(坡度显示)
HR	水平角(右角)
HL	水平角(左角)
HD	水平距离
VD	高差
SD	斜距
N	北向坐标
E	东向坐标

续表

显示符号	内容
Z	高程
*	EDM(电子测距)正在进行
m	以米为单位
ft	以英尺为单位
fi	英寸为单位

5.3 全站仪的测量方法

5.3.1 测量前的准备工作

无论何种类型的全站仪，在开始测量前，都应进行一些必要的准备工作，如全站仪的日常检校，参数的设置和使用单位的设置，棱镜常数改正值和气象改正值的设置等。准备工作完成以后，方可进行测量。下面以 NTS-360 系列全站仪为例介绍其设置方法。

1. 全站仪的日常检校

全站仪是数字测图工作的主要设备，必须经过省级以上技术监督部门授权的测绘计量鉴定机构鉴定合格，鉴定周期为 1 年。除进行法定鉴定外，测绘单位还要进行日常的检验校正工作，全站仪的日常检校包括以下内容。

(1) 照准部水准器的检验与校正。

(2) 圆水准器的检验与校正。

(3) 十字丝位置的检验与校正。

(4) 视准轴的检验与校正。

(5) 光学对点器的检验与校正。

(6) 测距轴与视准轴同轴的检查。

(7) 距离加常数的测定。

其中，上述(1)～(5)项与普通经纬仪的检验与校正基本相同。

特别提示

在所有测绘工作进行前，都需要进行仪器的检验与校正，以减弱在测量工作过程中由于仪器造成的测量误差问题。

2. 安置全站仪(利用光学对点器对中)

1) 架设三角架

将三角架伸到适当高度，确保三腿等长、打开，并使三角架顶面近似水平，且位于测站点的正上方。将三角架腿支撑在地面上，使其中一条腿固定。

2) 安置仪器和对点

将仪器小心地安置到三角架上，拧紧中心连接螺旋，调整光学对点器，使十字丝成像清晰。双手握住另外两条未固定的架腿，通过对光学对点器的观察调节该两条腿的位置。当光学对点器大致对准测站点时，使三角架三条腿均固定在地面上。调节全站仪的三个脚螺旋，使光学对点器精确对准测站点。

3) 利用圆水准器粗平仪器

调整三角架三条腿的长度，使全站仪圆水准气泡居中。

4) 利用管水准器精平仪器

(1) 如图 5-3 所示，松开水平制动螺旋，转动仪器，使管水准器平行于某一对脚螺旋 A、B 的连线。通过旋转脚螺旋 A、B，使管水准器气泡居中。

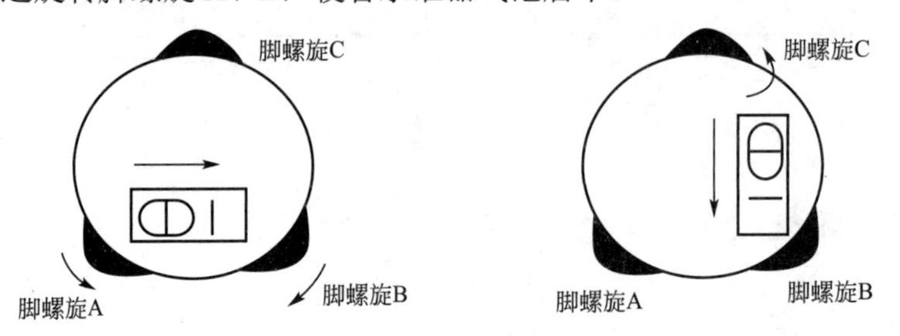

图 5-3 利用管水准器精平仪器

(2) 将仪器旋转 90℃，使其垂直于脚螺旋 A、B 的连线。旋转脚螺旋 C，使管水准器泡居中。

5) 精确对中与整平

通过对光学对点器的观察，轻微松开中心连接螺旋，平移仪器(不可旋转仪器)，使仪器精确对准测站点。再拧紧中心连接螺旋，再次精平仪器。

此项操作重复至仪器精确对准测站点为止。

特别提示

全站仪的安置与经纬仪的安置过程相同，提高仪器安置的速度和精度是顺利完成测量工作任务的第一步。

5.3.2 常规测量

常规测量模式在该系列全站仪中对应了三个模式转换键：ANG、DIST、CORD 键，这三个键分别是角度测量模式、距离测量模式和坐标测量模式。这三种常规测量模式下的菜单显示及功能说明见图 5-4～图 5-6 及表 5-3～表 5-5。

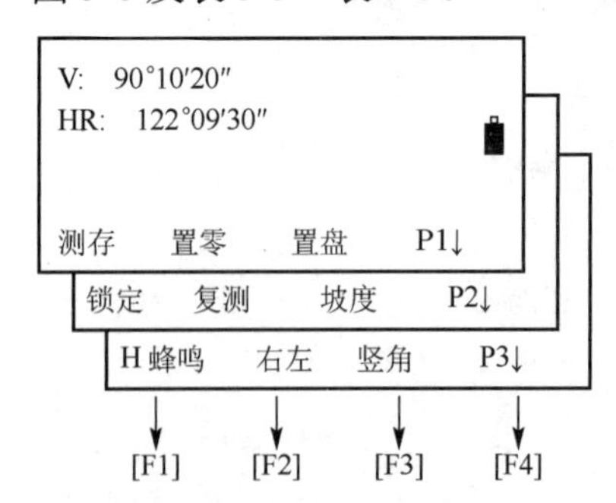

图 5-4 角度测量模式下的菜单显示

表 5-3　角度测量模式下的功能说明

页数	软键	显示符号	功能
第 1 页(P1)	F1	测存	启动角度测量，将测量数据记录到相对应的文件中(测量文件和坐标文件在数据采集功能中选定)
	F2	置零	水平角置零
	F3	置盘	通过键盘输入设置一个水平角
	F4	P1↓	显示第 2 页软键功能
第 2 页(P2)	F1	锁定	水平角读数锁定
	F2	复测	水平角重复测量
	F3	坡度	垂直角/百分比坡度的切换
	F4	P2↓	显示第 3 页软键功能
第 3 页(P3)	F1	H 蜂鸣	仪器转动至水平角 0°、90°、180°、270°是否蜂鸣的设置
	F2	右左	水平角右角/左角的转换
	F3	竖角	垂直角显示格式(高度角/天顶距)的切换
	F4	P3↓	显示第 1 页软键功能

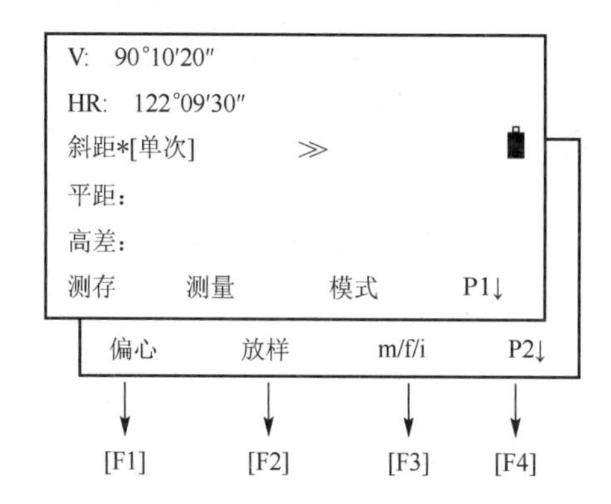

图 5-5　距离测量模式下的菜单显示

表 5-4　距离测量模式下的功能说明

页数	软键	显示符号	功能
第 1 页(P1)	F1	测存	启动距离测量，将测量数据记录到相对应的文件中(测量文件和坐标文件在数据采集功能中选定)
	F2	测量	启动距离测量
	F3	模式	设置测距模式单次精测/*N* 次精测/重复精测/跟踪的转换
	F4	P1↓	显示第 2 页软键功能
第 2 页(P2)	F1	偏心	偏心测量模式
	F2	放样	距离放样模式
	F3	m/f/i	设置距离单位米/英尺/英寸
	F4	P2↓	显示第 1 页软键功能

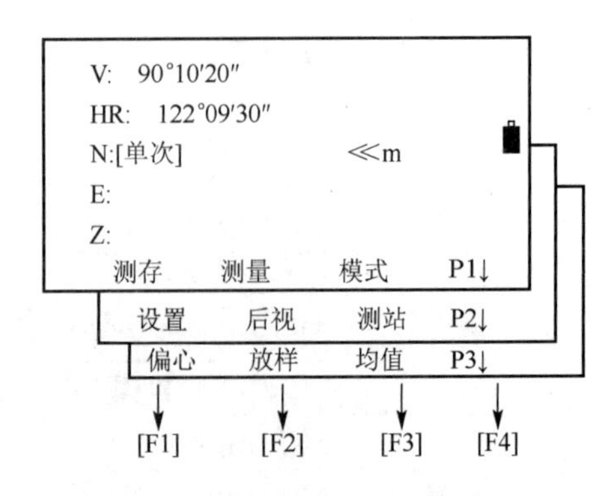

图 5-6 坐标测量模式下的菜单显示

表 5-5 坐标测量模式下的功能说明

页数	软键	显示符号	功能
第 1 页(P1)	F1	测存	启动坐标测量，将测量数据记录到相对应的文件中(测量文件和坐标文件在数据采集功能中选定)
	F2	测量	启动坐标测量
	F3	模式	设置测量模式单次精测/*N* 次精测/重复精测/跟踪的转换
	F4	P1↓	显示第 2 页软键功能
第 2 页(P2)	F1	设置	设置目标高和仪器高
	F2	后视	设置后视点的坐标
	F3	测站	设置测站点的坐标
	F4	P2↓	显示第 3 页软键功能
第 3 页(P3)	F1	偏心	偏心测量模式
	F2	放样	坐标放样模式
	F3	均值	设置 *N* 次精测的次数
	F4	P3↓	显示第 1 页软键功能

参数设置[星(★)键设置]

按下星(★)键后，屏幕显示如下。

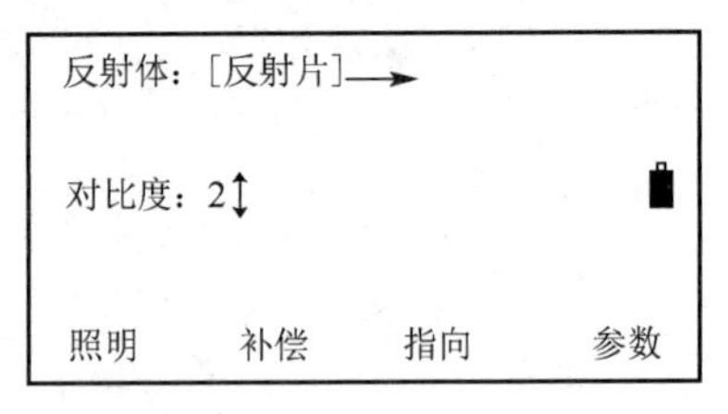

由星(★)键可做如下仪器设置。

(1) 对比度调节：通过按[ANG]或[DIS]键，可以调节液晶显示对比度。

(2) 背景光照明：

按[F1]：打开背景关。

再按[F1]：关闭背景光。

(3) 补偿：按[F2]键进入“补偿”设置功能，按[F1]或[F3]键设置倾斜补偿的打开或者关。

(4) 反射体：按[MENU]键可设置反射目标的类型。按下[MENU]键一次，反射目标便在棱镜/免棱镜/反射片之间转换。

(5) 指向：按[F3]键出现可见激光束。

(6) 参数：按[F4]键选择“参数”，可以对棱镜常数、PPM 值和温度气压进行设置，并且可以查看回光信号的强弱。

5.3.3 水平角观测

按 ANG 模式转换键切换到角度测量模式。

操作步骤	操作键	显示
(1) 照准第一个目标 A。	照准 A	V: 82°09′30″ HR: 90°09′30″ 测存 置零 置盘 P1↓
(2) 按[F2](置零)键和[F4](是)键，将设置目标 A 的水平角为 0° 0'00"。	[F2]	水平角置零吗？ [否] [是]
	[F4]	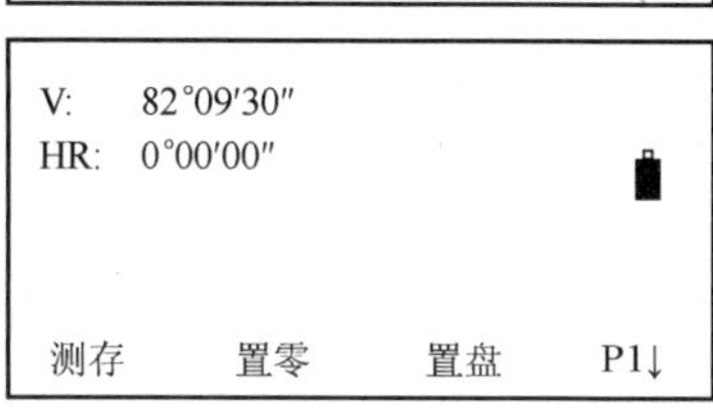 V: 82°09′30″ HR: 0°00′00″ 测存 置零 置盘 P1↓
(3) 照准第二个目标 B，显示目标 B 的 V/H。	照准目标 B	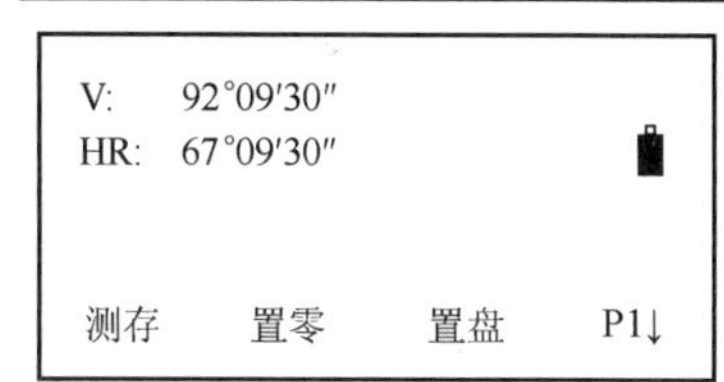 V: 92°09′30″ HR: 67°09′30″ 测存 置零 置盘 P1↓

(4) 完成半测回观测后，按测回法完成下半测绘观测。

特别提示

起始目标的方向值可以通过【锁定】和【置盘】的模式来完成。

1.【锁定】设置

操作步骤	操作键	显示
(1) 用水平微动螺旋转到所要设置的水平角。按[F4]键，转到第 2 页功能。	显示角度 [F4]	V: 122°09′30″ HR: 90°09′30″ 测存 置零 置盘 P1↓

操作步骤	操作键	显示
(2) [F1](锁定)键。	[F1]	V: 122°09′30″ HR: 90°09′30″ 锁定 复测 坡度 P2↓
(3) 准目标点 B。	照准 B	V: 122°09′30″ HR: 90°09′30″ 锁定 复测 坡度 P2↓
(4) 按[F4](是)键完成水平角设置，屏幕返回到测角模式，显示如右图所示。	[F4]	水平角锁定 HR: 90°09′30″ ＞设置？ [否] [是]

2.【置盘】设置

操作步骤	操作键	显示
(1) 照准目标点 A，按[F3](置盘)键。	照准 A [F3]	V: 122°09′30″ HR: 90°09′30″ 测存 置零 置盘 P1↓
(2) 通过键盘输入所需的水平角读数，并按[F4]确认键。例如，150°0′20″。	[F4]	设置水平角 HR: 150°10′20″ 回退 确认
(3) 水平角度被设置，随后即可从所要求的水平角进行正常的测量。		V: 122°09′30″ HR: 150°10′20″ 置零 锁定 置盘 P1↓

5.3.4 距离测量

按 DIST 模式转换键切换到距离测量模式。在距离测量模式下可以测量两点之间的斜距、平距及高差(在已知仪器高度和目标高度的情况下)。

操作步骤	操作键	显示
(1) 按[DIST]键，进入测距界面，距离测量开始。显示测量的距离。	[DIST]	V: 90°10′20″ HR: 170°09′30″ 斜距*[单次] ≪ 平距： 高差： 测存 测量 模式 P1↓

(2) 按[F1](测存)键或[F2](测量)键启动测量，并记录测得的数据，测量完毕。 [F1]或[F2]

(3) 按[F4](是)键，屏幕返回到距离测量模式。一个点的测量工作结束后，重复刚才的步骤即可重新开始测量。 [F4]

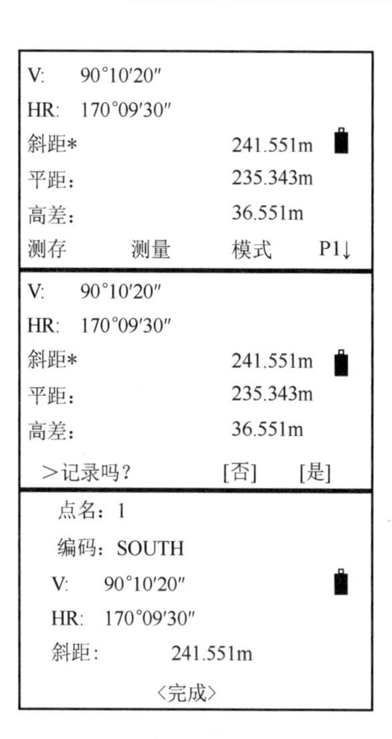

特别提示

(1) 当需要改变测量模式时，可按[F3](模式)键，测量模式便在单次精测/*N* 次精测/重复精测/跟踪测量模式之间切换。

V: 90°10′20″
HR: 170°09′30″
斜距*[3次] ≪
平距:
高差:
测存 测量 模式 P1↓

V: 90°10′20″
HR: 170°09′30″
斜距* 241.551m
平距: 235.343m
高差: 36.551m
测存 测量 模式 P1↓

(2) 也可以通过软键改变距离单位。

操作过程	操作键	显示
① [F4](P1↓)键转到第 2 页功能。	[F4]	V: 99°55′36″ HR: 144°29′34″ 斜距* 2.344m 平距: 2.309m 高差: -0.404m 测存 测量 模式 P1↓ 偏心 放样 m/f/i P2↓

② 按[F3](m/f/i)键，显示单位就可以改变。每次按[F3](m/f/i)键，单位模式依次切换。

[F3]

V:	99°55′36″		
HR:	144°29′34″		
斜距*		7.691ft	
平距:		7.576ft	
高差:		−1.326ft	
偏心	放样	m/f/i	P2↓

(3) 距离测量模式其他说明。

① NTS-360R 系列全站仪在测量过程中，应该避免在红外测距模式及激光测距条件下，对准强反射目标(如交通灯)进行距离测量。因为其所测量的距离要么错误，要么不准确。

② 当测距进行时，如有行人、汽车、动物、摆动的树枝等通过测距光路，会有部分光束反射回仪器，从而导致距离结果的不准确。

③ 在无反射器测量模式及配合反射片测量模式下，测量时要避免光束被遮挡干扰。

④ 在进行无棱镜测距时，要注意:

a. 确保激光束不被靠近光路的任何高反射率的物体反射。

b. 当启动距离测量时，EDM 会对光路上的物体进行测距。如果此时在光路上有临时障碍物(如通过的汽车，或下大雨、雪或是弥漫着雾)，EDM 所测量的距离是到最近障碍物的距离。

c. 当进行较长距离测量时，激光束偏离视准线会影响测量精度。这是因为发散的激光束的反射点可能不与十字丝照准的点重合。因此建议用户精确调整以确保激光束与视准线一致。

d. 不要用两台仪器对准同一个目标同时测量。

⑤ 精密测距应采用标准模式(棱镜模式)。

⑥ 红色激光配合反射片测距。激光也可用于对反射片测距。同样，为保证测量精度，要求激光束垂直于反射片，且需经过精确调整。

⑦ 确保不同反射棱镜的正确附加常数。

5.3.5 坐标测量

按 CORD 模式转换键切换到坐标测量模式。通过输入仪器高和目标高后测量坐标时，可直接测定未知点的三维坐标。坐标测量模式的步骤分为以下三步。

(1) 要设置测站点坐标值。

(2) 要设置仪器高和目标高(如果不需要待测点的高程，可以不用输入)。

(3) 要设置后视，并通过测量来确定后视方位角，方可测量坐标。

具体操作步骤如下。

1. 设置测站点

操作步骤	操作键	显示
(1) 在坐标测量模式下，按[F4](P1↓)键，转到第 2 页功能。	[F4]	V: 90°06′30″ HR: 86°01′59″ N: 0.168 m E: 2.430 m Z: 1.782 m 测存 测量 模式 P1↓ 设置 后视 测站 P2↓

操作步骤	操作键	显示
(2) 按[F3](测站)键。	[F3]	设置测站点 NO _ 0.000 m EO: 0.000 m ZO: 0.000 m 回退 确认
(3) 输入 N 坐标，并按[F4]确认键。	输入数据 [F4]	设置测站点 NO _ 36.976 m EO: 0.000 m ZO: 0.000 m 回退 确认
(4) 按同样方法输入 E 和 Z 坐标，输入完毕，屏幕返回到坐标测量模式。		V: 90°06′30″ HR: 86°01′59″ N: 36.976m E: 30.008 m Z: 47.112 m 设置 后视 测站 P2↓

2. 仪器高和目标高设置

操作步骤	操作键	显示
(1) 坐标测量模式下，按[F4](P1↓)键，转到第2页功能。	[F4]	V: 95°06′30″ HR: 86°01′59″ N: 0.168m E: 2.430m Z: 1.782m 测存 测量 模式 P1↓ 设置 后视 测站 P2↓
(2) [F1](设置)键，显示当前的仪器高和目标高。	[F1]	输入仪器高和目标高 仪器高: _ 0.000m 目标高: 0.000m 回退 确认
(3) 输入仪器高和目标高，并按[F4](确认)键。	输入仪器 目标高 [F4]	输入仪器高和目标高 仪器高: 2.000m 目标高: 1.500m 回退 确认

3. 设置后视方向

操作步骤	操作键	显示
(1) 在坐标测量模式下，按[F4](P1↓)键，转到第2页功能。	[F4]	V: 95°06′30″ HR: 86°01′59″ N: 0.168m E: 2.430m Z: 1.782m 测存 测量 模式 P1↓ 设置 后视 测站 P2↓

操作步骤	操作键	显示
(2) 按[F2](后视)键。	[F3]	设置后视点 NBS: 3.000m EBS: 3.000m ZBS: 1.26m 回退 确认
(3) 照准后视点，点击确定。		请照准后视 HR: 45°00′00″ [否] [是]

4. 点位坐标测量

照准需要观测的目标点，按[F2]测量键，进行点位坐标测量。

显示
V: 63°34′09″ HR: 90°00′00″ N: 0.000m E: 1.000 m Z: 1.26 m 测存 测量 模式 P1↓

5.3.6 放样

按 MENU 模式转换键，切换到 NTS-360 的菜单模式下，可以完成全站仪的一些其他功能，例如，数字测图中的数据采集等内容。根据建筑工程中的应用广泛程度，这里主要介绍点位的放样。放样操作和点位测量操作基本相同，在放样的过程中，分为以下几步。

(1) 选择放样文件，可进行测站坐标数据、后视坐标数据和放样点数据的调用。

(2) 设置测站点。

(3) 设置后视点，确定方位角。

(4) 输入所需的放样坐标，开始放样。

具体操作步骤如下。

1. 放样文件的选择

操作步骤	操作键	显示
(1) 主菜单 1/2，按数字键[2](放样)。	[2]	菜单 1/2 1. 数据采集 2. 放样 3. 存储管理 4. 程序 5. 参数设置 P↓
(2) [F2](调用)键。	[F2]	选择放样坐标文件 文件名： SOUTH 回退 调用 数字 确认

特别提示

该步操作也可直接输入文件名，按[F4](确认)键，屏幕提示文件名“不存在”，按[ESC]键，完成文件夹新建。

(3) 屏幕显示磁盘列表,选择需作业的文件所在的磁盘,按[F4](确认)键或[ENT]键进入。

[F4]

(4) 显示坐标数据文件列表。

SOUTH.SCD [坐标]
SOUTH3.SCD [坐标]
SOUTH5 [DIR]
属性 查找 退出 P1↓

(5) 按[▲]或[▼]键可使文件表向上或向下滚动，[▲]或[▼] 选择一个工作文件。按[ANG]、[DIS]键上下翻页。

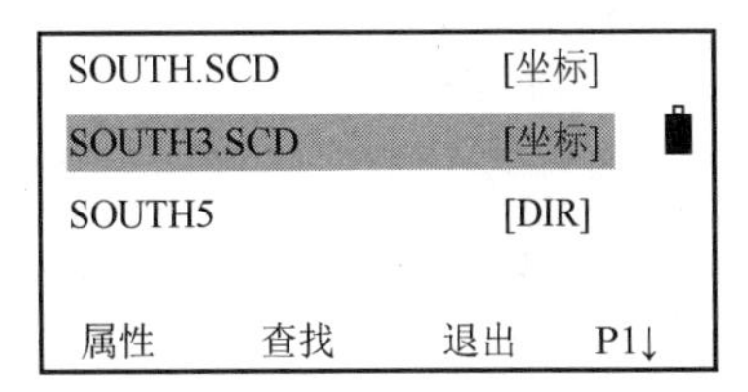

(6) 按[ENT](回车)键，文件即被选择，屏幕返回放样菜单。

[ENT]

放样 1/2
1. 设置测站点
2. 设置后视点
3. 设置放样点
P↓

2. 设置测站点

操作步骤	操作键	显示
(1) 放样菜单 1/2 按数字键[1](设置测站点)，按[F3](坐标)键调用直接输入坐标功能。	[1] [F3]	放样 设置测站点 点名：PT-1 输入 调用 坐标 确认
(2) 输入坐标值，按[F4](确认)键。	输入坐标 [F4]	设置测站点 EO: 0.000 m NO: 0.000 m ZO: 0.000 m 回退 点名 确认

(3) 输入完毕，按[F4](确认)键。	[F4]	设置测站点 NO: 10.000 m EO: 25.000 m ZO: 63.000_ m 回退 点名 确认
(4) 同样方法输入仪器高，按[F4](确认)键。输入仪器高。	[F4]	输入仪器高 仪器高： _ 1.000 m 回退 确认
(5) 返回放样菜单。		放样 1/2 1. 设置测站点 2. 设置后视点 3. 设置放样点 P↓

也可以利用内存中的坐标数据文件设置测站点。

3. 设置后视点

操作步骤	操作键	显示
(1) 放样菜单 1/2 按数字键[2](设置后视点)，进入后视设置功能。按[F3](NE/AZ)键。	[2] [F3]	放样 设置后视点 点名：5 输入 调用 NE/AZ 确认
(2) 输入坐标值，按[F4](确认)键。	输入坐标 [F4]	设置后视点 NBS: _ 0.000 m EBS: _ 0.000 m ZBS: _ 0.000 m 回退 角度 确认
(3) 系统根据测站点和后视点的坐标计算出后视方位角，如右图所示。		请照准后视 HR: 225°00′00″ [否] [是]
(4) 照准后视点。	照准后视点	
(5) 按[F4](是)键。显示屏返回到放样菜单 1/2。	[F4]	放样 1/2 1. 设置测站点 2. 设置后视点 3. 设置放样点 P↓

后视点的设置还可以有以下两种输入方式。

(1)利用内存中的坐标数据设置后视点。

(2)直接键入后视方位角。

4. 实施放样

操作步骤	操作键	显示
(1) 放样菜单1/2，按数字键[3](设置放样点)。	[3]	放样 1/2 1. 设置测站点 2. 设置后视点 3. 设置放样点 P↓
(2) 按[F1](输入)键。	[F1]	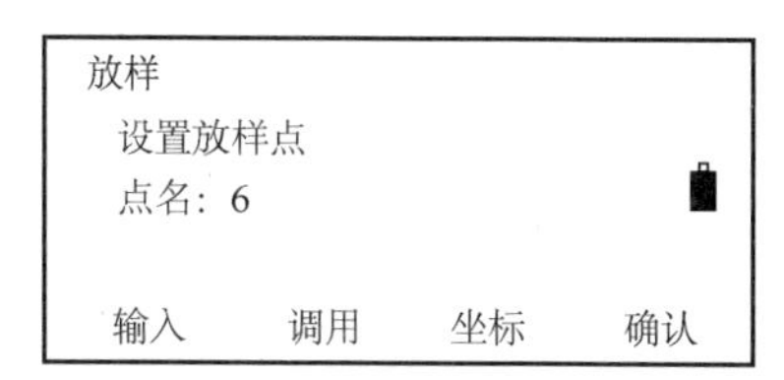 放样 设置放样点 点名：6 输入 调用 坐标 确认
(3) 输入点号，按[F4](确认)键。	输入点号 [F4]	放样 设置放样点 点名：1 回退 调用 数字 确认
(4) 系统查找该点名，并在屏幕显示该点坐标，确认按[F4](确认)键。	[F4]	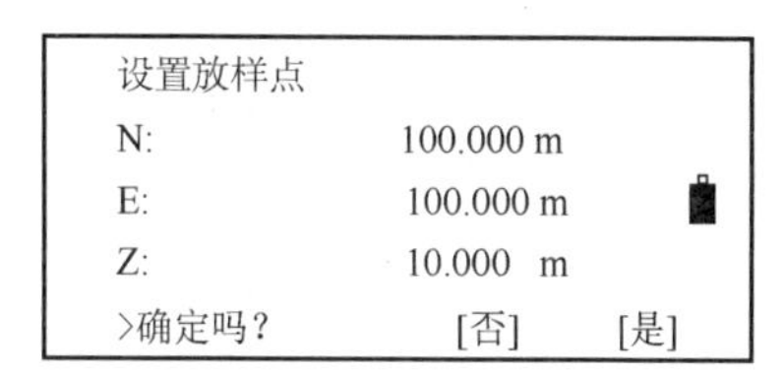 设置放样点 N: 100.000 m E: 100.000 m Z: 10.000 m >确定吗？ [否] [是]
(5) 输入目标高度。	输入标高 [F4]	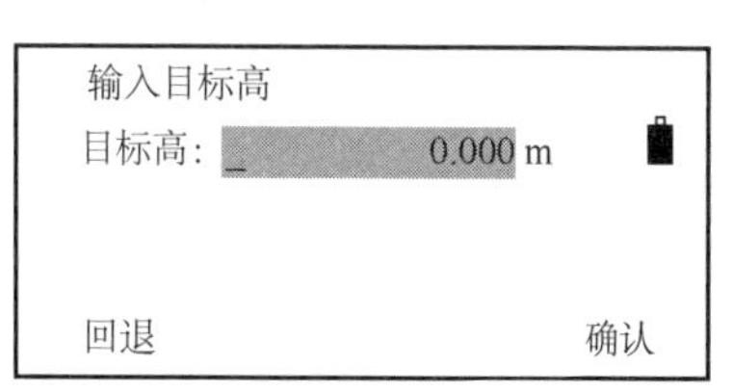 输入目标高 目标高：_ 0.000 m 回退 确认
(6) 放样点设定后，仪器就进行放样元素的计算。照准。 HR：放样点的水平角计算值。 HD：仪器到放样点的水平距离计算值。 照准棱镜中心，按[F1](距离)键。	[F1]	放样 计算值 HR=45°00′00″ HD=113.286 m 距离 坐标

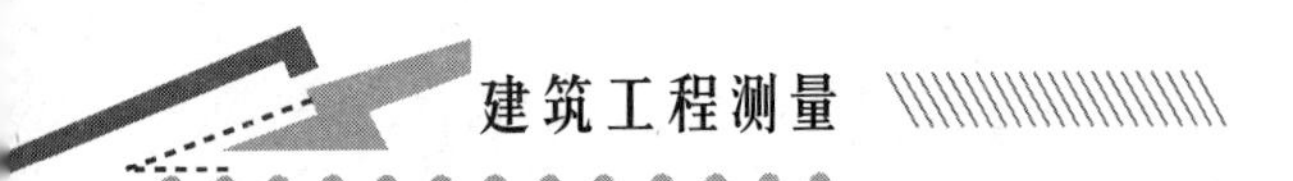

(7) 统计算出仪器照准部应转动的角度。

HR：实际测量的水平角。

dHR：对准放样点仪器应转动的水平角=实际水平角-计算的水平角。

当 dHR=0° 00'00"时，即表明找到了放样点的方向。

HR: 2°09′30″
dHR= 22°39′30″
平距：
dHD：
dZ：
测量　模式　标高　下点

(8) 按[F1](测量)键。

平距：实测的水平距离。

dHD：对准放样点尚差的水平距离。

dZ=实测高差-计算高差。

HR: 2°09′30″
dHR= 22°39′30″
平距*[单次]　-< m
dHD：
dZ：
测量　模式　标高　下点

[F1]

HR: 2°09′30″
dHR= 22°39′30″
平距：　25.777 m
dHD：　-5.321 m
dZ：　1.278 m
测量　模式　标高　下点

(9) 按[F2](模式)键进行精测。

HR: 2°09′30″
dHR= 22°39′30″
平距*[重复]　-< m
dHD：　-5.321 m
dZ：　1.278 m
测量　模式　标高　下点

[F2]

HR: 2°09′30″
dHR= 22°39′30″
平距：　25.777 m
dHD：　-5.321 m
dZ：　1.278 m
测量　模式　标高　下点

(10) 显示值 dHR、dHD 和 dZ 均为 0 时，则放样点的测设已经完成。

HR: 2°09′30″
dHR= 0°00′00″
平距：　25.777 m
dHD：　0.000 m
dZ：　0.000 m
测量　模式　标高　下点

(11) 按[ESC]键，返回放样计算值界面，按[F2](坐标)键，即显示坐标的差值。

[F2]

放样
计算值
HR=45°00′00″
HD=113.286 m
距离　坐标

(12) 按[F4](下点)键，进入下一个放样点的测设。

[F4]

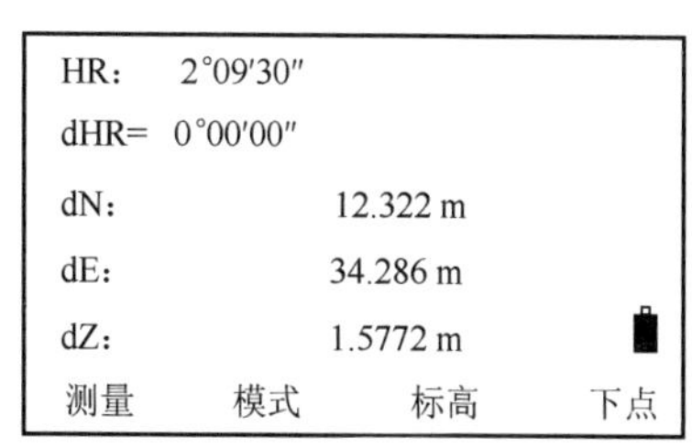

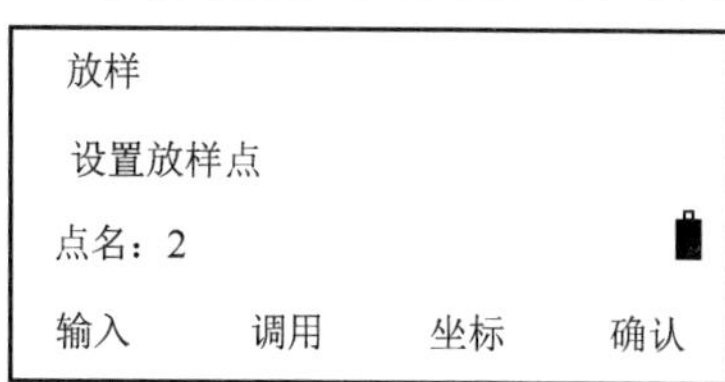

特别提示

放样点的坐标值也可以直接键入。
全站仪的其他功能参照实训教材完成。

本项目小结

全站仪又称全站型电子速测仪(Electronic Total Station)，它在一个测站上可同一时间得到平距、高差和点的坐标。

随着测绘工作的全面发展，全站仪越来越多地应用在地形测量、施工测量、导线测量、交会测量、数字化测图工作中，大大提高测绘工作的质量和效率。

本项目主要从全站仪的基本概念、构造以及全站仪的基本应用进行了简单介绍。

着重以 NTS-360 系列全站仪为例，详细介绍了全站仪的使用过程，包括了以下几部分内容。

(1) 测量前的准备工作：仪器的检验与校正、仪器的安置和参数的设置。
(2) 常规测量工作：角度测量、距离测量、坐标测量。
(3) 放样测量工作：包括工作建立、测站设置、定向和放样四步。
(4) 其他常用功能：交会定点、对边测量、面积计算、悬高测量。

习题

一、选择题

1. 从结构上分，全站仪可分为(　　)两种。

A. 组合式　　B. 一体式
C. 整体式　　D. 以上答案都正确

2. 全站仪是由(　　)三部分组成。

A. 电子测距仪　　B. 电子水准仪
C. 电子经纬仪　　D. 电子记录装置

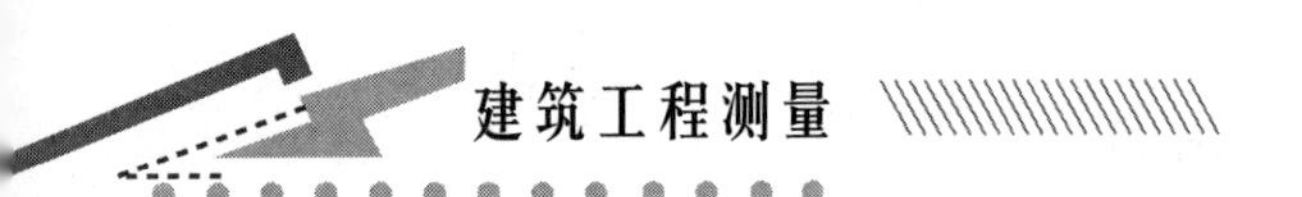

二、思考题

1. 什么是全站仪？
2. 全站仪主要应用于哪些工作中？
3. 全站仪日常检验的项目有哪些？
4. 在全站仪的应用中，放样测量需要进行哪些步骤的操作？

能力评价体系

知识要点	能 力 要 求	所占分值(100 分)	自评分数
概述	(1) 掌握全站仪的概念	5	
	(2) 了解全站仪的基本构成和应用	5	
全站仪的结构与功能	(1) 熟悉全站仪的构造	6	
	(2) 掌握全站仪常用功能键的用途	6	
	(3) 了解全站仪的主要技术参数指标	8	
全站仪的测量方法	(1) 了解全站仪测量前的准备工作	20	
	(2) 掌握全站仪的常规测量和放样测量模式	30	
	(3) 熟悉利用全站仪进行交会测量、对边测量、面积计算和悬高测量	20	
总计		100	

项目 6

小区域控制测量

学习目标

本项目讲述控制测量的有关理论，导线测量的内外业工作，高程控制测量方法和 GPS 在控制测量中的应用；重点内容包括导线测量的外业工作，导线测量的内业计算，以及高程控制测量中三、四等水准测量的技术指标，外业观测和内业计算方法；难点为导线测量内业计算和三、四等水准测量的内业计算方法，以及 GPS 的测量原理。

能力目标

通过本项目的学习，掌握平面控制测量和高程控制测量的基本原理和方法，明确导线测量外业工作的内容和施测要求；掌握导线测量内业计算的方法；掌握三角高程测量原理和方法。

知识要点	能力要求	相关知识
控制测量概述	了解控制测量的基本知识概念	控制测量的概念、控制测量的分类
导线测量	(1) 掌握导线的布设形式 (2) 掌握导线测量的外业工作内容 (3) 掌握导线测量的内业计算	导线的布设形式、外业工作内容、闭合和附合导线的内业计算、闭合差的分配原则
交会定点	熟悉常用的四种交会定点方式	四种交会定点的定义
高程控制测量	(1) 理解三角高程测量的基本原理 (2) 掌握三角高程测量的观测和计算	三角高程测量的高差和视距计算公式、三角高程的观测过程
GPS 测量的施测	了解有关 GPS 的相关知识	GPS 的定义、GPS 的组成、GPS 的基本原理、GPS 的坐标系统、GPS 网型的构成、GPS 的外业施测和内业处理

学习重点

导线的布设形式、导线测量外业观测、闭合和附合导线的内业计算、三角高程测量方法。

最新标准

《工程测量规范》(GB 50026—2007)；《国家三、四等水准测量规范》(GB/T 12898—2009)；《全球定位系统(GPS)测量规范》(GB/T 18314—2009)。

引 例

小区域控制测量包括平面控制测量和高程控制测量，随着社会的进步和经济的快速发展，高楼大厦拔地而起，城市规划加快步伐，移山填海不再是神话，工程建设越来越快，要求越来越精确。GPS 测量技术在众多工程建设中运用更为广泛。其全天候、高精度、自动化、高效率的特点，一跃成为目前最重要的测量仪器。

GPS 的产生背景还有一段鲜为人知的小典故。1983 年，韩国的 KAL-007 航班因为迷航误入苏联领空，被苏联战斗机击落，机上乘客和机组人员无一生还。那会儿 GPS 还没有投入民用，民用航班的导航主要靠无线电信标，万一地面信标站或机上系统有故障，那麻烦就大了。于是美国前总统里根于 1984 年正式宣布：开放 GPS 信号的民间使用，无偿提供服务。从 1989 年 2 月开始，真正用于实用的 BLOCK II 卫星开始发射升空。到 1993 年 12 月，美国国防部宣布 GPS 系统初步完成，由 24 颗 BLOCK I 和 BLOCK II 卫星组成。1995 年 7 月，美国国防部宣布 GPS 系统完全完成，由 24 颗 BLOCK II 卫星组成。

全球定位系统(Global Positioning System，GPS)是美国从 20 世纪 70 年代开始研制，历时 20 年，耗资 300 亿美元，于 1994 年全面建成。它是一种定时和测距的空间交会定点的导航系统，可以向全球用户提供连续、实时、高精度的三维位置、三维速度和时间信息，为海、陆、空三军提供精密导航，还可以用于情报收集、核爆监测、应急通信和卫星定位等一些军事目的和民用生活中。目前 GPS 被广泛应用于大地控制测量中。

你知道 GPS 在小区域控制测量中如何运用吗？其构造原理是什么？如何进行控制测量？请在本项目内容中寻找答案吧。

6.1 控制测量概述

6.1.1 控制的概念

控制测量是研究精确测定地面点空间位置的学科，其任务是作为较低等级测量工作的依据，在精度上起控制作用。

测量成果的质量高低，其核心指标是精度。保证地面点的测定精度可选用的措施有：提高观测元素(角度、距离、高差等)的观测精度；限制“逐点递推”的点数，从而对误差的逐点积累加以控制；采用“多余观测”，构成检核条件，由此可提高观测结果的精度，并能发现粗差是否存在。

精度要求越高，经济成本就越高，作业时间也就越长。以最高的精度测定所有的地面点的位置，这不符合经济原则和效率原则，也不符合社会的实际需要。为了使精度水平、经济成本、作业时间、社会需要达到统一，必须对点位的测定精度进行分级，采用分级观测、逐级控制的方法。所以测绘工作应遵守如下原则：在精度上“由高级到低级”，逐级控制；在测点的布局上，“由整体到局部”；在施测程序上，“先控制，后碎部”，即先建立控制网，然后根据控制网进行碎部测量。

“先控制后碎部，由整体到局部，由高级到低级”是测量工作最根本的原则，无论是测定还是测设都严格遵守。

所谓控制，就是先在测区范围内的适当位置选择一些点，并埋设标桩，然后用较精密的测量仪器精确测得细部点的测量方法，确定出它们的平面位置和高程，再以这些点为基础，测定其他碎部点的位置。这些高精度的点称为控制点；测定它们相对位置的工作称为控制测量。控制测量按测定内容不同分为平面控制测量和高程控制测量。测定控制点的平面位置(x，y)的工作称为平面控制测量，测定控制点的高程(H)的工作称为高程控制测量。控制测量是进行其他细部测量工作的基础，又具有全局控制性的作用，可以限制测量误差的传播和积累，因此对待控制测量工作一定要认真细致，否则会严重影响整个测量结果。

1. 平面控制测量

平面控制测量可分为导线测量、三角测量、三边测量和 GPS 测量等形式。

1) 导线测量

导线测量是把地面上选定的控制点连接成折线或多边形，如图 6-1 所示，丈量出边长、测出相邻边的夹角，即可确定这些控制点的平面位置。这些控制点称为导线点，这种控制形式称导线控制。

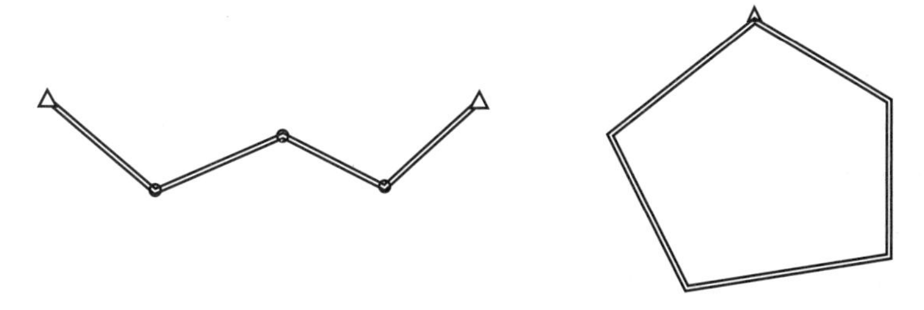

图 6-1 导线测量

2) 三角测量

三角测量是把控制点组成一系列的三角形，测量出其中一条边的长度(称基线)，如图 6-2 中的起始边；再量出三角形的各个内角，然后即可推算出其余边的长度，从而确定出各控制点的平面位置。这些控制点称为三角点，这种控制形式称为三角网。

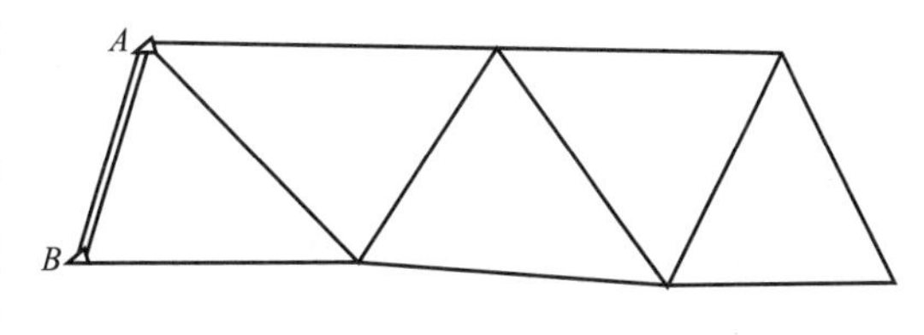

图 6-2 三角测量

3) 三边测量

由于全站仪的广泛使用，使量边工作可不受地形条件的限制，因而可以将三角网中各边都直接测量出来。确定控制点的平面位置称为三边测量，这种形式称为三边网；若既量边又测角，则称为边角网。

2. 高程控制测量

高程控制测量的任务是在测区内建立若干高程控制点，精确地测出它们的高程。高程测量路线可以布设为单独的路线，也可布设成环状闭合路线，如图 6-2 所示。

高程控制测量方法主要是采用水准测量，在困难地区或精度要求不太高的地区，也可采用三角高程测量。

6.1.2 国家控制测量概念

在全国范围内建立的平面控制网和高程控制网，总称为国家基本控制网。由于我国幅员辽阔，不可能用最高的精度和较大的密度一次布满全国，必须采用“从整体到局部”和“由高级到低级”的逐级控制原则。

在全站仪和 GPS 接收机普及以前，国家平面控制网，主要是采用三角测量的方法建立的，称为国家三角网。按其精度可分四个等级，一等精度最高；二、三、四等逐级降低。一等三角网基本是沿着经线和纬线的方向布设，而二、三、四等则是各在高一级网的控制下加密得到，其各级网的精度及技术指标见表 6-1。有些地区若不利于三角网的布设，可以用精密导线来代替。

表 6-1 三角测量的等级

等级	平均边长(km)	测角中误差(″)	测边相对中误差	最弱边边长相对中误差	测回数			三角形最大闭合差(″)
					1″级仪器	2″级仪器	6″级仪器	
二等	9	1	≤1/250000	≤1/120000	12	—	—	3.5
三等	4.5	1.8	≤1/150000	≤1/70000	6	9	—	7
四等	2	2.5	≤1/100000	≤1/40000	4	6	—	9
一级	1	5	≤1/40000	≤1/20000	—	2	4	15
二级	0.5	10	≤1/20000	≤1/10000	—	1	2	30

由于三角测量对控制点之间的通视条件要求高，在选点、外业观测方面有较大的局限性；近年来随着高精度 GPS 接收机的普及，使得 GPS 测量成为进行大区域国家平面控制测量的主要方法。

国家高程控制网也分成四个等级，它主要用水准测量的方法建立。一等水准网是布设成周长约为 1500km 的环形路线；二等水准网布设在一等水准环内，形成周长为 500～750km 的闭合环线；三等和四等均是与高一级水准点相连而形成附合路线。

国家控制网是全国各种比例尺测图和工程建设的基本控制，并为研究地球形状和大小、地震预报等提供重要依据。

小地区控制网是为小区域的大比例尺测图或工程测量所建立的控制网，它可以以国家控制点作为高级点来进一步加密，也可在测区内形成独立的控制网。在平面控制中采用直角坐标系，在高程控制中采用黄海高程系统。

6.2 导 线 测 量

导线测量由于其布设灵活、计算简单，因而是小区域平面控制的主要方法，尤其是近年来全站仪的普及，使这种控制方法得到越来越广泛的应用。导线既可以用于国家控制网的进一步加密，也常用于小地区的独立控制网。

6.2.1 导线的布设形式

1. 闭合导线

如图 6-3 所示，导线从一已知高级控制点 *A* 开始，经过一系列的导线点 2，3，…，最后又回到 *A* 点上，形成一个闭合多边形。在无高级控制点的地区，*A* 点也可作为同级导线点，进行独立布设，闭合导线多用于范围较为宽阔地区的控制。

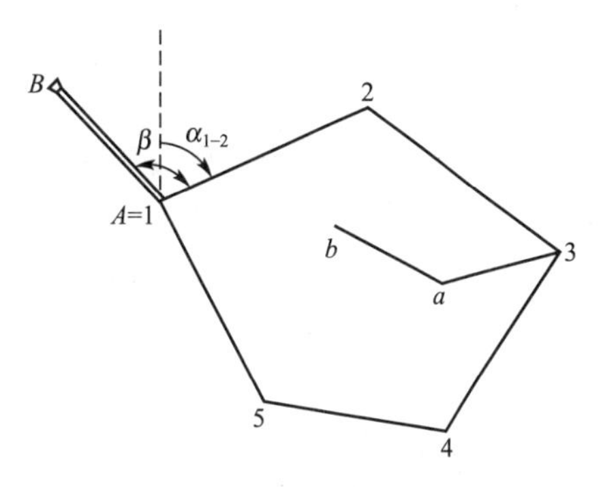

图 6-3 闭合导线和支导线

2. 附合导线

布设在两个高级控制点之间的导线称为附合导线。如图 6-4 所示，导线从已知高级控制点 *A* 开始，经过 2，3，…导线点，最后附合到另一高级控制点 *C* 上。附合导线主要用于带状地区的控制，如铁路、公路和河道的测图控制。

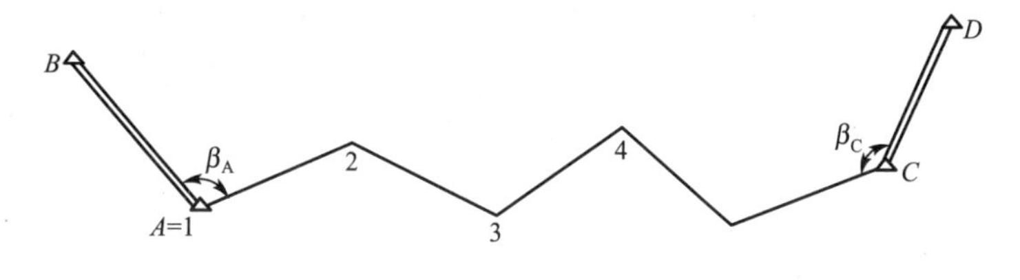

图 6-4 附合导线

3. 支导线

从一个已知控制点出发，支出 1～2 个点，既不附合至另一控制点，也不回到原来的起始点，这种形式称支导线，如图 6-3 所示中的 3—*a*—*b*。由于支导线缺乏检核条件，故测量规范规定支导线一般不超过两个点。它主要用于当主控导线点不能满足局部测图需要时，而采用的辅助控制。

导线的布设形式要注意与水准测量中的三种水准路线形式进行区分。

6.2.2 导线测量的外业工作

导线测量的外业工作包括：选点、埋设标志桩、量边、测角以及导线的联测。

1. 选点及埋标

在选点之前，应尽可能地收集测区范围及其周围的已有地形图、高级平面控制点和水准点等资料。若测区内已有地形图，应先在图上研究，初步拟订导线点位，然后再到现场实地踏勘，根据具体情况最后确定下来，并埋设标桩。现场选点时，应根据不同的需要，掌握以下几点原则。

(1) 相邻导线点间应通视良好，以便于测角。

(2) 采用不同的工具(如钢尺或全站仪)量边时，导线边通过的地方应考虑到它们各自不同的要求。如用钢尺，则尽量使导线边通过较平坦的地方，若用全站仪，则应使导线避开强磁场及折光等因素的影响。

(3) 导线点应选在视野开阔的位置，以便测图时控制的范围大，减少设测站次数。

(4) 导线各边长应大致相等，一般不宜超过500m，亦不短于50m。

(5) 导线点应选在点位牢固、便于观测且不易被破坏的地方；有条件的地方，应使导线点靠近线路位置，以便于定测放线多次利用。

导线点位置确定之后，应打下桩顶面边长为4～5cm、桩长30～35cm的方木桩，顶面应打一小钉以标志导线点位，桩顶应高出地面2cm左右；对于少数永久性的导线点，也可埋设混凝土标石。为便于以后使用时寻找，应作“点之记”，即将导线桩与其附近的地物关系量出绘记在草图上，如图6-5所示；同时在导线点方桩旁应钉设标志桩(板桩)，上面写明导线点的编号及里程。

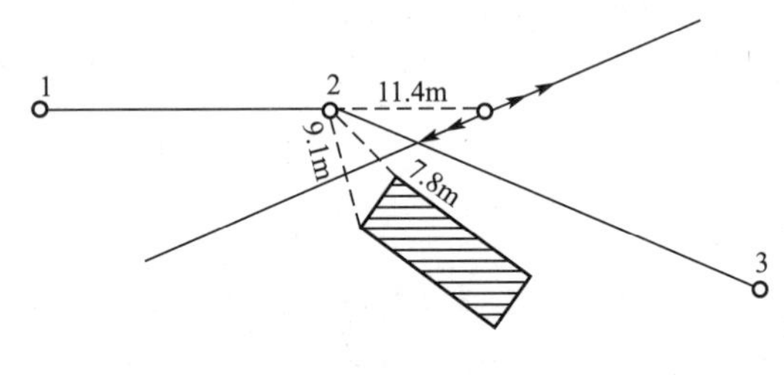

图6-5 点之记

“点之记”是导线测量外业工作中的一项重要内容，不可省略，它是保存导线点点位，方便施测人员寻找导线点位的重要依据。

2. 量边

导线边长可以用全站仪、钢卷尺等工具来丈量。

用全站仪测边时，应往返观测取平均值。对于图根导线仅进行气象改正和倾斜改正；对于精度要求较高的一、二级导线，应进行仪器加常数和乘常数的改正。

用钢尺丈量导线边长时，需往返丈量，当两者较差不大于边长的1/2000时，取平均值作为边长采用值。所用钢尺应经过检定或与已检定过的。

3. 测角

导线的转折角可测量左角或右角，按照导线前进的方向，在导线左侧的角称为左角，导线右侧的角称为右角，一般规定闭合导线测内角，附合导线在铁路系统习惯测右角，其他系统多测左角。但若采用电子经纬仪或全站型速测仪，则测左角要比测右角具有较多的优点，它可直接显示出角值、方位角等。

导线角一般用 DJ_6 或 DJ_2 级经纬仪用测回法测一个测回，其上、下半测回角值较差要求，DJ_6 仪器不大于 30″；DJ_2 级仪器不大于 20″。各级导线的主要技术要求见表 6-2。

4. 导线的定向与联测

为了计算导线点的坐标，必须知道导线各边的坐标方位角，因此应确定导线始边的方位角。若导线起始点附近有国家控制点时，则应与控制点联测连接角，再来推算导线各边的方位角。如果附近无高级控制点，则利用罗盘仪施测导线起始边的磁方位角，并假定起始点的坐标作为起算数据。如图 6-4 所示的 β_A、β_C，再来推算导线各边的方位角。

表 6-2 各级导线的主要技术要求(1)

等级	导线长度(km)	平均边长(km)	测角中误差(″)	测边中误差(mm)	测距相对中误差	测回数			方位角闭合差(″)	导线全长相对闭合差
						1″级仪器	2″级仪器	6″级仪器		
三等	14	3	1.8	20	1/150000	6	10	—	$3.6\sqrt{n}$	≤1/150000
四等	9	1.5	2.5	18	1/80000	4	6	—	$5\sqrt{n}$	≤1/35000
一级	4	0.5	5	15	1/30000	—	2	4	$10\sqrt{n}$	≤1/15000
二级	24	0.28	8	15	1/14000	—	1	3	$16\sqrt{n}$	≤1/10000
三级	1.2	0.1	12	15	1/7000	—	1	2	$24\sqrt{n}$	≤1/5000

表 6-2 图根导线测量的主要技术要求(2)

导线长度(m)	相对闭合差	测角中误差(″)		方位角闭合差(″)	
		一般	首级控制	一般	首级控制
$\leqslant \alpha \times M$	$\leqslant 1/(2000 \times \alpha)$	30	20	$60\sqrt{n}$	$40\sqrt{n}$

6.2.3 导线测量的内业工作

导线测量的内业工作，是计算出各导线点的坐标(x, y)。在进行计算之前，首先应对外业观测记录和计算的资料检查核对，同时亦应对抄录的起算数据进一步复核，当资料没有错误和遗漏，而且精度符合要求时，方可进行导线的计算工作。

下面分别介绍闭合导线和附合导线的计算方法与过程，但对于附合导线，仅介绍其与闭合导线计算中的不同之处。

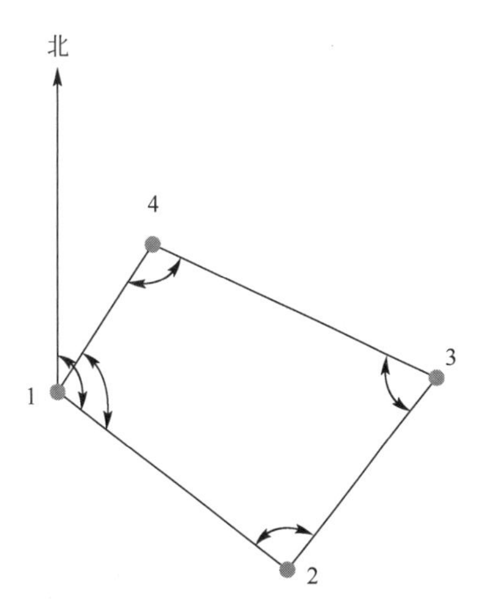

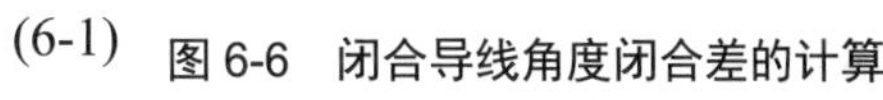
图 6-6 闭合导线角度闭合差的计算

1. 闭合导线的计算

1) 角度闭合差的计算与调整

闭合导线规定测内角，而多边形内角总和的理论值为

$$\sum \beta_{理} = (n-2) \times 180^\circ \tag{6-1}$$

式中 n——内角的个数，如图 6-6 中，$n=4$。

测量过程中，误差是不可避免的，实际测量的闭合导线内角之和 $\sum \beta_{测}$ 与其理论值

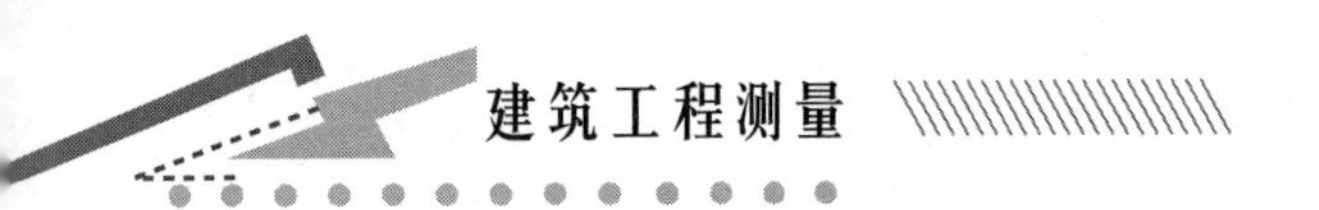

$\sum\beta_{理}$ 会有一定的差别，两者之间的不符值称为角度闭合差f_β，即

$$f_\beta=\sum\beta_{测}-\sum\beta_{理}=\sum\beta_{测}-(n-2)\times180° \tag{6-2}$$

不同等级的导线规定有相应的角度闭合差容许值，见表 6-2。

若f_β≤$f_{\beta允}$，因各角都是在同精度条件下观测的，故可将闭合差按相反符号平均分配到各角上，即改正数为

$$V_i=f_\beta/n \tag{6-3}$$

当f_β不能被n整除时，余数应分配到含有短边的夹角上。经改正后的角值总和应等于理论值，以此来校核计算是否有误。可检核：$\sum V_i=-f_\beta$。

若f_β>$f_{\beta允}$，即角度闭合差超出规定的容许值时，则应查找原因，必要时应进行返工重测。

2) 导线各边坐标方位角的计算

当已知一条导线边的方位角后，其余导线边的坐标方位角，是根据已经经过角度闭合差配赋后的各个内角依次推算出来的，其计算公式为

$$\alpha_{前}=\alpha_{后}+180°\pm\beta_{右}^{左} \tag{6-4}$$

图 6-7 中，假设已知 12 边的坐标方位角为$\alpha_{1\text{-}2}$，则 23 边的坐标方位角$\alpha_{2\text{-}3}$可根据上式计算出来。

坐标方位角值应在 0°～360°之间，它不应该为负值或大于 360°的角值。当计算出的坐标方位角出现负值时，则应加上 360°；当出现大于 360°之值时，则应减去 360°。最后检算出起始边 12 的坐标方位角，若与原来已知值相符合，则说明计算正确无误。

特别提示

在导线测量内业的计算过程中，角度闭合差的处理是为了消除测角过程中存在的测角误差。

3) 坐标增量的计算

在平面直角坐标系中，两导线点的坐标之差称为坐标增量。它们分别表示为导线边长在纵横坐标轴上的投影，如图 6-8 所示Δx_{12}、Δy_{12}。

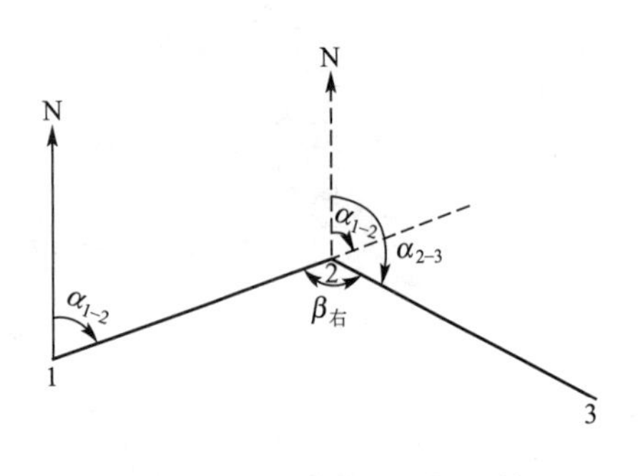

图 6-7 导线边方位角的推算

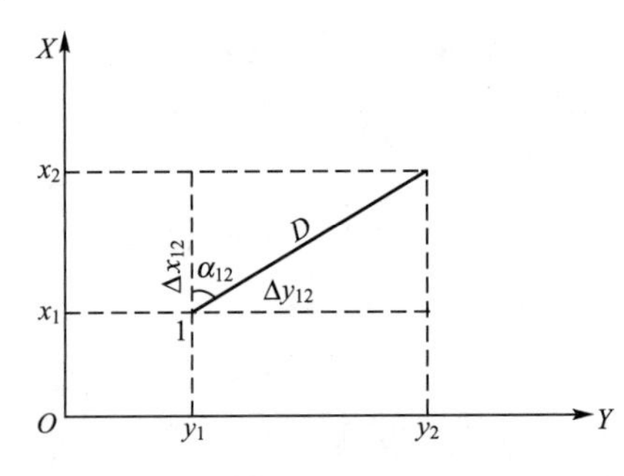

图 6-8 坐标增量

当知道了导线边长D及坐标方位角，就可以计算出两导线点之间的坐标增量。坐标增量可按下式计算：

$$\begin{aligned}\Delta X_i&=D_i\cos\alpha_i\\ \Delta Y_i&=D_i\sin\alpha_i\end{aligned} \tag{6-5}$$

坐标增量有正、负之分：Δx_i 向北为正、向南为负，Δy_i 向东为正、向西为负。

4) 坐标增量闭合差的计算与调整

闭合导线的纵、横坐标增量代数和，在理论上应该等于零，即

$$\begin{aligned}\sum \Delta x_{理}=0\\ \sum \Delta y_{理}=0\end{aligned} \tag{6-6}$$

量边和测角中都会含有误差，在推算各导线边的方位角时，是用改正后的角度来进行的，因此可以认为第 3 步计算的坐标增量基本不含有角度误差；但是用到的边长观测值是带有误差的，故计算出的纵横坐标增量其代数和往往不等于零，其数值 f_x、f_y 分别为纵横坐标增量的闭合差，即

$$\begin{aligned}f_x=\sum \Delta x_{测}\\ f_y=\sum \Delta y_{测}\end{aligned} \tag{6-7}$$

由图 6-9 中看出，由于坐标增量闭合差的存在，使闭合导线在起点 1 处不能闭合，而产生闭合差。f_D 称为导线全长闭合差，即

$$f_D=\sqrt{f_x^2+f_y^2} \tag{6-8}$$

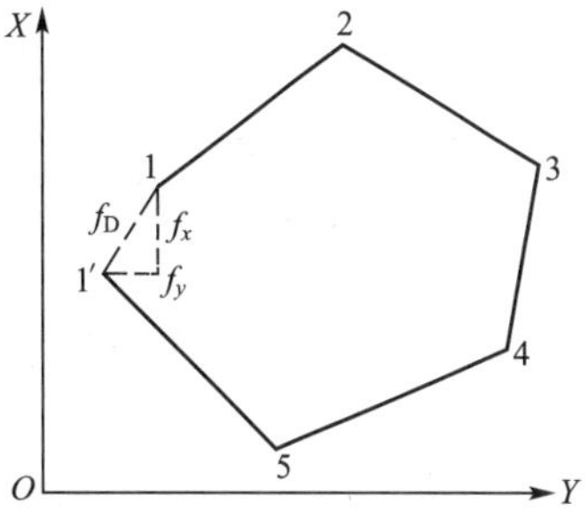

图 6-9　导线全长闭合差

导线全长闭合差可以认为是由量边误差的影响而产生的，导线越长则闭合差的累积越大，故衡量导线的测量精度应以导线全长与闭合差之比 K 来表示：

$$K=\frac{f_D}{\sum D}=\frac{1}{\frac{\sum D}{f_D}} \tag{6-9}$$

式中　K——通常化为用分子为 1 的形式表示，称为导线全长相对闭合差；

$\sum D$——导线总长，即一条导线所有导线边长之和。

各级导线的相对精度应满足表 6-2 中的要求，否则应查找超限原因，必要时进行重测。若导线相对闭合差在容许范围内，则可进行坐标增量的调整。调整的方法是：一般钢尺量边的导线，可将闭合差反号，以边长按比例分配；若为光电测距导线，其测量结果已进行了加常数、乘常数和气象改正后，则坐标增量闭合差也可按边长成正比反号平均分配，即

$$\begin{aligned}v_{xi}=\frac{f_x}{\sum D}\times D_i\\ v_{yi}=\frac{f_y}{\sum D}\times D_I\end{aligned} \tag{6-10}$$

式中　v_{xi}、v_{yi}——第 i 条边的纵、横坐标增量的改正数；

D_i——第 i 条边的边长；

$\sum D$——导线全长。

坐标增量改正数的总和应满足下列条件：

$$\begin{aligned}\sum v_x=-f_x\\ \sum v_y=-f_y\end{aligned} \tag{6-11}$$

改正后的坐标增量总代数和应该等于零，这可作为对计算正确与否的检验。

特别提示

通过坐标增量改正的计算，来消除在外业观测中量边存在的误差。

5) 坐标的计算

根据调整后的各个坐标增量，从一个已知坐标的导线点开始，可以依次推算出其余导线点的坐标。在图 6-8 中，若已知 1 点的坐标 x_1、y_1，则 2 点的坐标计算过程为

$$
\begin{aligned}
x_2 &= x_1 + \Delta x_{12} \\
y_2 &= y_1 + \Delta y_{12}
\end{aligned}
\tag{6-12}
$$

已知点的坐标，既可以是高级控制点的，也可以是独立测区中的假定坐标。

最后推算出起点 1 坐标，两者与已知坐标完全相等，以此作为坐标计算的校核。

例 6-1 表 6-3 为一个五边形闭合导线计算过程。

表 6-3 闭合导线计算表

点号	观测点(右角) ° ′ ″	改正数 ″	改正角 ° ′ ″	坐标方位角 α	距离 D m	增量计算值 Δx m	增量计算值 Δy m	改正后增量 Δx m	改正后增量 Δy m	坐标值 x m	坐标值 y m	点号
1										500.00	500.00	1
				12 53 00	105.22	−0.02	+0.02 +85.66	−61.12	+85.68			
2	107 48 30	+13	107 48 43							438.88	585.68	2
				53 18 43	80.18	−61.10	+0.02 +64.30	+47.88	+64.22			
3	73 00 20	+12	73 00 32							486.76	650.00	3
				306 19 15	129.34	−0.02	−0.03 +76.61	+76.58	−104.19			
4	89 33 50	+12	89 34 02							563.34	545.81	4
				215 53 17	78.16	+47.90	−0.02 −63.32	−63.34	−45.81			
1	89 36 30	+13	89 36 43							500.00	500.00	1
				125 30 00								
2												2
Σ	359 59 10	+50	360 00 00			392.90	+0.09	−0.07	0.00	0.00		
辅助计算	$f_\beta=\sum\beta_{测}-(n-2)\cdot180°=-50''$　$f_x=\sum\Delta x_{测}+0.09$　$K=\frac{0.11}{392.90}\approx\frac{1}{3500}$ $f_y=\sum\Delta y_{测}-0.07$ $f_{\beta容}=\pm60''\sqrt{4}=\pm120''$　$f=\sqrt{f_x^2-f_y^2}=\pm0.11$　$K_{容}=\frac{1}{2000}$											

(1) 角度闭合差的计算与调整。观测内角之和与理论角值之差 $f_\beta=+52''$，按图根导线容许角度闭合差 $f_{\beta允}=\pm30\sqrt{5}=\pm67''$，$f_\beta<f_{\beta允}$，说明角度观测质量合格。将闭合差按相反符号平均分配到各角上后，余下的 2″则分配到最短边 2～3 两端的角上各 1″。

(2) 坐标增量闭合的计算与导线精度的评定。坐标增量初算值用改正后的角值推算各边方位角后按式(6-4)计算，最后得到坐标增量闭合差 $f_x=-0.32$，$f_y=+0.24$，则导线全长闭合差 $f_D=0.40\text{m}$，用此计算导线全长的相对闭合精度 $K=1/2840<1/2000$，故导线测量精度合格。

(3) 坐标计算。在角度闭合差、导线全长相对闭合差合格的条件下，方可按式(6-10)计算坐标增量改正数，得到改正后的坐标增量，最后按式(6-12)推算各点坐标。

2. 附合导线的计算

附合导线的计算过程与闭合导线的计算过程基本相同，它们都必须满足角度闭合条件和纵横坐标闭合条件。但附合导线是从一已知边的坐标方位角 α_{AB} 闭合到另一条已知边的坐标方位角 α_{CD} 上的，同时还应满足从已知点 B 的坐标推算出 C 点坐标时，与 C 点的已知坐标相吻合，如图 6-10 所示。因而在角度闭合差和坐标增量闭合差的计算与调整方法上与闭合导线稍有不同，以下仅指出两类导线计算中的区别。

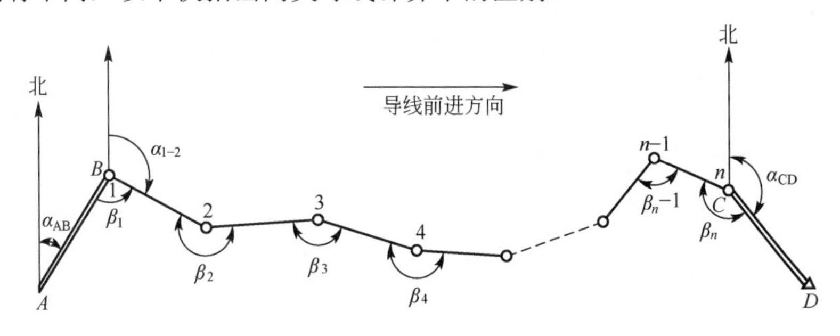

图 6-10 附合导线的计算

1) 角度闭合差的计算

图 6-10 中，A、B、C、D 是高级平面控制点，因而 4 个点的坐标是已知的，AB 及 CD 的坐标方位角也是已知的。β 是导线观测的右角，故可依下式推算出各边的坐标方位角：

$$\alpha_{12}=\alpha_{AB}+180°-\beta_1$$

$$\alpha_{23}=\alpha_{12}+180°-\beta_2$$

$$\vdots$$

$$\alpha'_{CD}=a_{(n-1),n}+180°-\beta_n$$

将以上各式等号两边相加，消去两边相同项可得

$$\alpha'_{CD}=a_{AB}+n\cdot 180°-\sum_{i-1}^{n}\beta_i \tag{6-13}$$

由此可以得出推导终边坐标方位角的一般公式为

若观测右角，则

$$\alpha_{终}=\alpha_{始}+n\cdot 180°-\sum_{i-1}^{n}\beta_i \tag{6-14}$$

若观测左角，则

$$\alpha_{终}=\alpha_{始}+n\cdot 180°+\sum_{i-1}^{n}\beta_i \tag{6-15}$$

由于测量角度误差所致，推算值 $\alpha'_{终}$ 与已知值 $\alpha_{终}$ 不相等，产生了附合导线的角度闭合

差，即

$$f_\beta = \alpha'_{终} - \alpha_{终} \tag{6-16}$$

角度闭合差的调整原则上与闭合导线相同，但需注意：当用右角计算时，闭合差应以相同符号平均分配在各角上；当用左角计算时，闭合差则以相反符号分配。

2) 坐标增量闭合差的计算

附合导线各边坐标增量的代数和，理论上应该等于终点与始点已知坐标之差值，即

$$\begin{aligned}\sum \Delta x_{理} &= x_{终} - x_{始}\\ \sum \Delta y_{理} &= y_{终} - y_{始}\end{aligned} \tag{6-17}$$

由于测量误差的不可避免性，使两者之间产生不符值，这种差值即称为附合导线坐标增量的闭合差，即

$$\begin{aligned}f_x &= \sum \Delta x_{测} - (x_{终} - x_{始})\\ f_y &= \sum \Delta y_{测} - (y_{终} - y_{始})\end{aligned} \tag{6-18}$$

坐标增量闭合差的分配办法同闭合导线。

例 6-2 表 6-4 中为一附合导线计算例题。

表 6-4 附合导线计算表

点号	观测点(右角) ° ′ ″	改正数 ″	改正角 ° ′ ″	坐标方位角 α	距离 D m	增量计算值 Δx m	增量计算值 Δy m	改正后增量 Δx m	改正后增量 Δy m	坐标值 x m	坐标值 y m	点号
A												A
				236 44 28								
B	205 36 48	−13	205 36 35							1536.86	837.54	B
				211 07 53	125.36	+0.04 −107.31	−0.02 −64.81	−107.27	−64.83			
1	290 40 54	−12	290 40 42							1429.59	772.71	1
				100 27 11	98.71	+0.03 −17.92	−0.02 +97.12	−17.89	+97.10			
2	202 47 08	−13	202 46 55							1411.70	869.81	2
				77 40 16	114.63	+0.04 +30.88	−0.02 +141.29	+30.92	+141.27			
3	167 21 56	−13	167 21 43							1442.62	1011.08	3
				90 18 33	116.44	+0.03 −0.63	−0.02 +116.44	−0.60	+116.42			
4	175 31 25	−13	175 31 12							1442.02	1127.50	4
				94 47 21	156.25	+0.05 −13.05	−0.03 +155.70	−13.00	+155.67			
C	214 09 33	−13	214 09 20							1429.02	1283.17	C
				60 38 01								
D												D
	1256 07 44	−77	1256 06 25		641.44	−108.03	+445.74	−107.84	+445.63			

辅助计算：

$f_\beta = \sum \beta_{测} - \alpha始 + \alpha x终 - n \cdot 180° = +1'17''$　　$f_x = -0.19$　　$K = \frac{0.22}{641.44} \approx \frac{1}{2900}$

$f_y = +0.11$

$f_{\beta容} = \pm 60''\sqrt{6} = \pm 140''$　　$f = \sqrt{f_x^2 - f_y^2} = \pm 0.22$　　$K_{容} = \frac{1}{2000}$

附合导线和闭合导线是导线测量中常用的导线形式，尤其是附合导线。特别要注意两种导线形式的区别与联系。

6.3 交会定点

当测区内用导线或小三角布设的控制点，还不能满足测图或施工放样的要求时，可采用交会定点的方法来加密。常用的方法有前方交会、侧方交会、后方交会和距离交会等。

6.3.1 前方交会

图 6-11 中，*A*、*B* 为已知坐标的控制点，*P* 为待求点。用经纬仪或全站仪测得 α、β 角，则根据 *A*、*B* 点的坐标，即可求得 *P* 点的坐标，这种方法称测角前方交会。

6.3.2 侧方交会

图 6-12 为一侧方交会，它是在一个已知点 *A* 和待求点 *P* 上安置仪器，测出 α、γ 角，并由此推算出 *P* 角，求出 *P* 点坐标。侧方交会主要用于有一个已知点不便安置仪器的情况。为了检核，它也需要测出第三个已知点 *C* 的 ε 角。

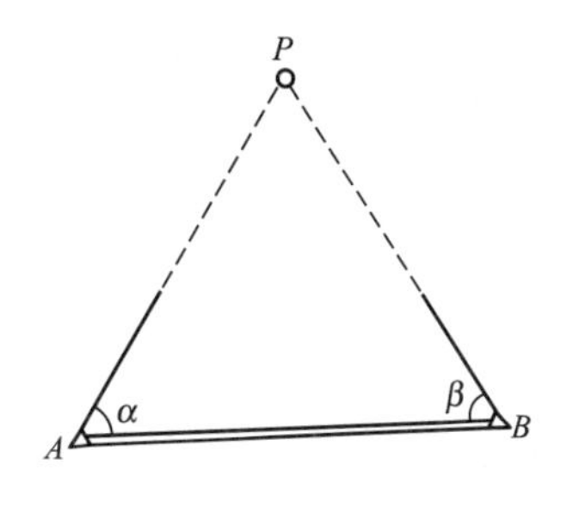

图 6-11 前方交会

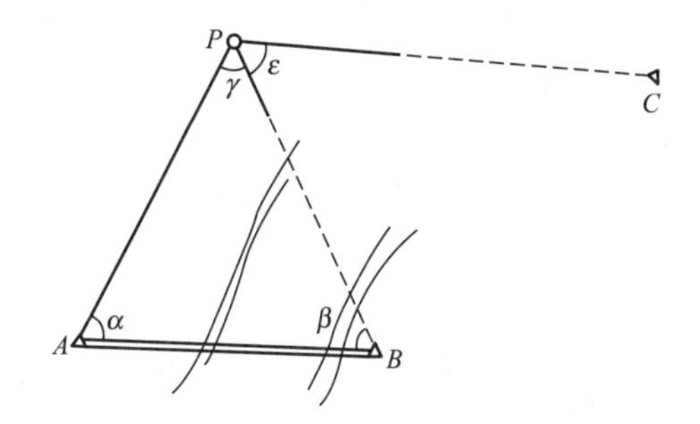

图 6-12 侧方交会

侧方交会的测角原理与前方交会相同，因此，两种交会方式的点位计算方法完全相同。

6.3.3 后方交会

如图 6-13 所示，后方交会是在待求点 *P* 上安置仪器，观测三个已知点 *A*、*B*、*C* 之间的夹角 α、β，然后根据已知点的坐标和 α、β 计算 *P* 点的坐标。

为了检核，在实际工作中往往要求观测 4 个已知点，组成两个后方交会图形。

由于后方交会只需在待求点上设站，因而较前方交会、侧方交会的外业工作量少。它不仅用于控制点加密，也多用于导线点与高级控制点的联测。

后方交会法中，若 *P*、*A*、*B*、*C* 位于同一个圆周上，则 *P* 点虽然在圆周上移动，而由于 α、β 值不变，故使 x_{p}、y_{p} 值不变，因而 *P* 点坐标产生错误，这一个圆称为危险圆(图 6-14)。*P* 点应该离开危险圆附近，一般要求 α、β 和 *B* 点内角之和不应为 160°～200°。

6.3.4 距离(测边)交会

由于光电测距仪和全站仪的普及，现在也常采用距离交会的方法来加密控制点。图 6-15 中，已知 A、B 点的坐标及 AP、BP 的边长如 D_b、D_a，求待定点 P 的坐标。

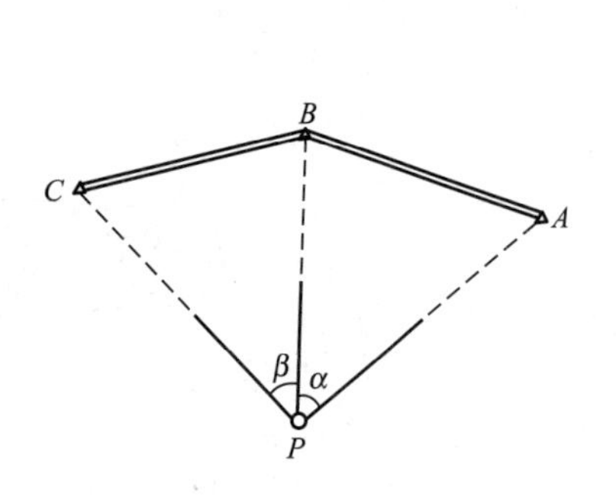

图 6-13 后方交会

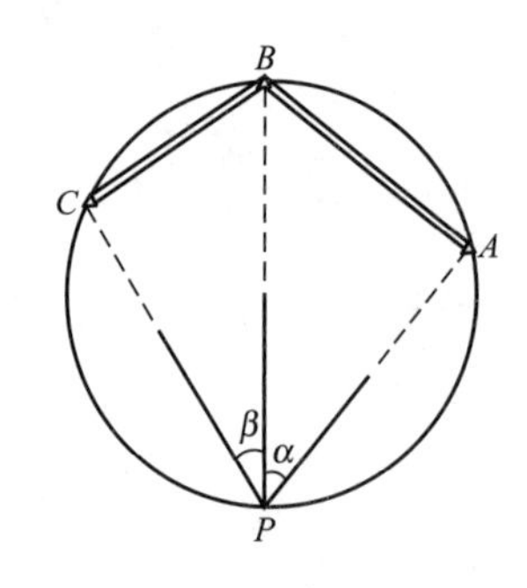

图 6-14 后方交会的危险圆

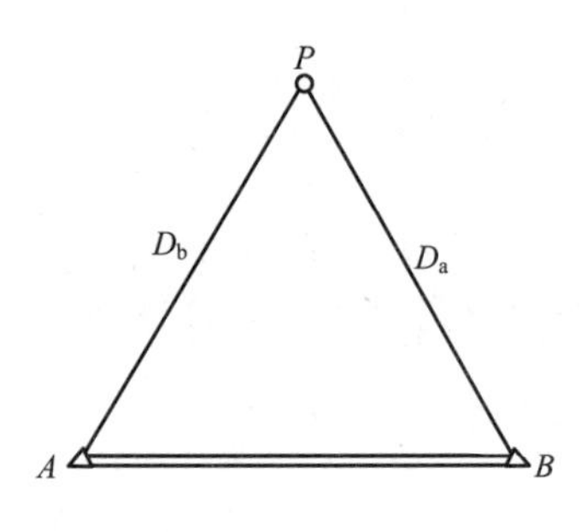

图 6-15 距离交会

6.4 高程控制测量

小地区高程控制测量包括三、四等水准测量和三角高程测量。

6.4.1 三、四等水准测量

三、四等水准测量一般应与国家一、二等水准网进行联测，除用于国家高程控制网加密外，还用于建立小地区首级高程控制网，以及建筑施工区内工程测量及变形观测的基本控制。独立测区可采用闭合水准路线。

三、四等水准测量的观测应在通视良好、成像清晰稳定的条件下进行。常用的有双面尺法和变仪器高法。

6.4.2 三角高程测量

在山地测定控制点的高程，若采用水准测量，则速度慢，困难大，故可采用三角高程测量的方法。但必须用水准测量的方法在测区内引测一定数量的水准点，作为三角高程测量高程起算的依据。常见三角高程测量为：电磁波测距三角高程测量和视距三角高程测量。电磁波测距三角高程测量适用于三、四等和图根高程网。视距三角高程测量一般适用于图根高程网。

1. 三角高程测量原理

三角高程测量是根据已知点高程及两点间的竖直角和距离，通过应用三角公式计算两点间的高差，求出未知的高程。

如图 6-16 所示，A、B 两点间的高差为

$$h_{AB}=D\tan\alpha+i-v$$

若用测距仪测得斜距 D'，则

$$h_{AB}=D'\tan\alpha+i-v$$

B 点的高程为

$$H_B=H_A+h_{AB}$$

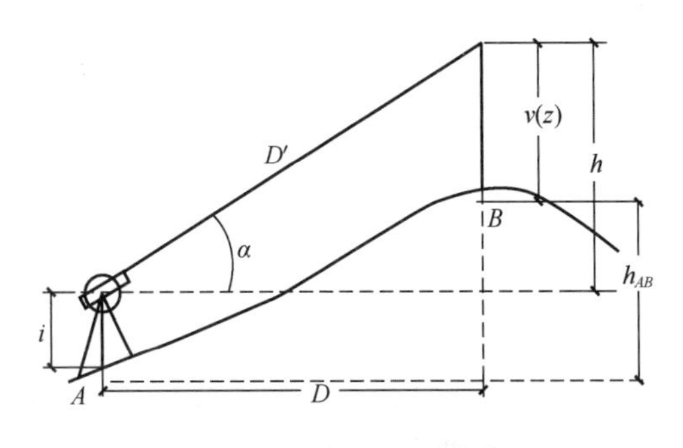

图 6-16　三角高程测量

三角高程测量一般应进行往返观测，即由 A 向 B 观测(称为直觇)，再由 B 向 A 观测(称为反觇)，这种观测称为对向观测(或双向观测)。

2. 三角高程测量的观测与计算

(1) 测站上安置仪器，测量仪器高 i 和标杆或棱镜高度 v，读到毫米。

(2) 用经纬仪或测距仪采用测回法观测竖直角 1～3 个测回。

(3) 采用对向观测法且对向观测高差附合要求，取其平均值作为高差结果。

(4) 进行高差闭合差的调整计算，推算出各点的高程。

特别提示

在山区或是地势起伏较大的地方，三角高程测量是高差观测的重要方法，集视距测量和高差观测于一体。

6.5　GPS 测量的实施

6.5.1　GPS 概述

1. GPS 简介

全球定位系统(GPS)是导航卫星测时和测距全球定位系统(Navigation Satellite Timing and Ranging Global Positioning System)的简称。它是美国 1973 年开始研制的全球性卫星定位和导航系统。GPS 导航定位系统不但可以用于军事上各种兵种和武器的导航定位，而且在民用上也发挥了重大作用。特别是在大地测量、城市和矿山控制测量、建筑物变形测量、水下地形测量等方面得到了广泛的应用。

GPS 全球定位系统能独立、迅速和精确地确定地面点的位置，与常规控制测量技术相比，具有许多优点。

(1) 不要求测站间的通视，因而可以按需要来布点，并可以不用建造测站标志。

(2) 控制网的几何图形已不是决定精度的重要因素，点与点之间的距离长短可以自由布设。

(3) 可以在较短时间内以较少的人力消耗来完成外业观测工作，观测(卫星信号接收)的全天候优势更为显著。

(4) 接收仪器高度自动化，内外业紧密结合，软件系统日益完善，可以迅速提交测量成果。

(5) 精度高。

(6) 节省经费和工作效率高。

2. GPS 的组成

GPS 主要由空间卫星部分、地面监控部分和用户设备部分组成，如图 6-17 所示。

1) 空间卫星部分

空间卫星部分由 24 颗 GPS 卫星组成 GPS 卫星星座，其中有 21 颗工作卫星，3 颗备用卫星，其作用是向用户接收机发射天线信号。GPS 卫星(24 颗)已全部发射完成，24 颗卫星均匀分布在 6 个倾角为 55° 的轨道平面内，各轨道之间相距 60°，卫星高度为 20×200km(地面高度)，结合其空间分布和运行速度，使地面观测者在地球上任何地方的接收机，都能至少同时观测到 4 颗卫星(接收电波)，最多可达 11 颗。GPS 卫星的主体呈圆柱形，直径约为 1.5m，两侧设有两块双叶太阳能板，能自动对日定向，以保证卫星正常工作的用电。每颗卫星装有 4 台高精度原子钟，为 GPS 测量提供高精度的时间标准。空间卫星部分如图 6-18 所示。

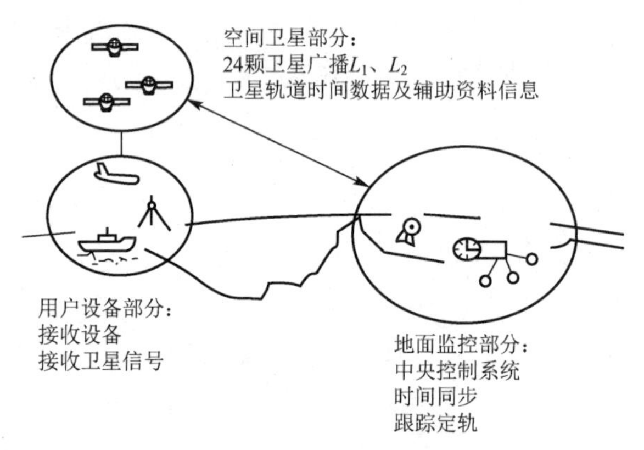

图 6-17　GPS 的组成部分

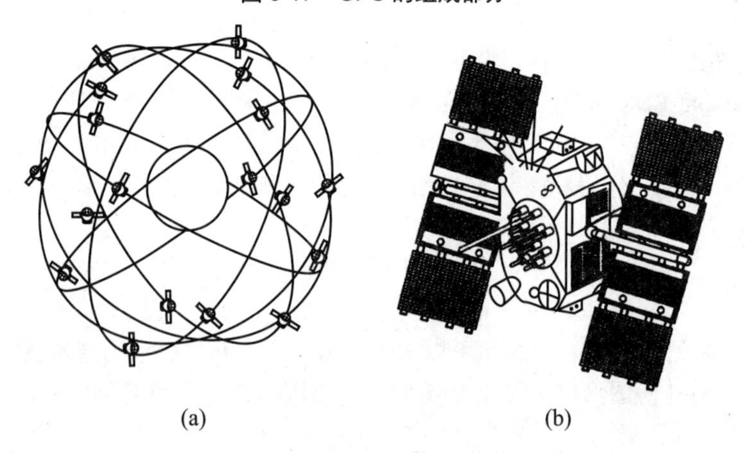

图 6-18　GPS 卫星星座

2) 地面监控部分

地面监控部分由主控站、信息注入站和监测站组成。

主控站一个，设在美国的科罗拉多空间中心。其主要功能是协调和管理所有地面监控系统的工作，主要任务如下。

(1) 根据本站和其他监测站的所有观测资料推算编制各卫星的星历、卫星钟差和大气层的修正参数等，并把这些数据传送到注入站。

(2) 提供全球定位系统的时间基准。各监测站和 GPS 卫星的原子钟均应与主控站的原子钟同步或测出其间的钟差，并把这些钟差信息编入导航电文送到注入站。

(3) 调整偏离轨道的卫星，使之沿预定的轨道运行。

(4) 启用备用卫星以代替失效的工作卫星。

注入站现有 3 个，分别设在印度洋的迭戈加西亚、南大西洋的阿松森群岛和南太平洋的卡瓦加兰。注入站有天线、发射机和微处理机，其主要任务是在主控站的控制下，将主控站推算和编制的卫星星历、钟差、导航电文和其他控制指令注入到相应卫星的存储系统，并监测注入信息的正确性。

监测站共有 5 个，除上述 4 个地面站具有监测站功能外，还在夏威夷设有一个监测站。监测站的主要任务是连续观测和接收所有 GPS 卫星发出的信号并监测卫星的工作状况，将采集到的数据连同当地气象观测资料和时间信息经初步处理后传送到主控站。

图 6-19 是 GPS 地面监控站分布示意图，整个系统除主控站外，不需人工操作，各站间用现代化的通信系统联系起来，实现高度的自动化和标准化。

图 6-19 GPS 地面监控站

3) 用户设备部分

用户设备部分包括 GPS 接收机硬件、数据处理软件和微处理机及其终端设备等。GPS 接收机的主要功能是捕获卫星信号，跟踪并锁定卫星信号，对接收的卫星信号进行处理，测量出 GPS 信号从卫星到接收机天线间的传播时间，译出 GPS 卫星发射的导航电文，实时计算接收机天线的三维坐标、速度和时间。GPS 接收机从结构来讲，主要由五个单元组成：天线和前置放大器；信号处理单元，它是接收机的核心；控制和显示单元；存储单元；电源单元。GPS 接收机的种类很多，按用途不同可分为测地型、导航型和授时型三种；按工作原理可分为有码接收机和无码接收机，前者动态、静态定位都可以，而后者只能用于静态定位；按使用载波频率的多少可分为用一个载波频率(L_1)的单频接收机和用两个载波频率(L_1，L_2)的双频接收机，单频接收机便宜，而双频接收机能消除某些大气延迟的影响，对于边长大于 10km 的精密测量，最好采用双频接收机，而一般的控制测量，单频接收机就行了，以双频接收机为今后精密定位的主要用机；按型号分种类就更多了，目前已有 100 多个厂家生产不同型号的接收机。不管哪种接收机，其主要结构都相似，都包括接收机天线、接收机主机和电源三个部分。

3. GPS 的坐标系统

任何一项测量工作都需要一个特定的坐标系统(基准)。由于 GPS 是全球性的定位导航系统，其坐标系统也必须是全球性的，根据国际协议确定，称为协议地球坐标系(Coventional Terrestrial System，CTS)。目前，GPS 测量中使用的协议地球坐标系称为 1984 年世界大地坐标系(WGS—84)。

WGS—84 是 GPS 卫星广播星历和精密星历的参考系，它是由美国国防部制图局所建立并公布的。从理论上讲它是以地球质心为坐标原点的大地坐标系，其坐标系的定向与 BIH1984.0 所定义的方向一致，它是目前最高水平的全球大地测量参考系统之一。

现在，我国已建立了 1980 年国家大地坐标系(简称 C80)，它与 WGS—84 世界大地坐标系之间可以互相转换。

4. GPS 定位的基本原理

GPS 定位是利用空间测距交会定点原理。GPS 测量有伪距与载波相位两种基本的观测量。

伪距测量是 GPS 接收机测量了卫星信号(测距码)由卫星传播至接收机的时间，再乘上电磁波传播的速度，即得到由卫星到接收机的伪距。但由于传播时间含有卫星时钟与接收机时钟不同步误差，以及测距码在大气中传播的延迟误差等，所以求得的伪距并不等于卫星与测站的几何距离。载波相位测量是把接收到的卫星信号和接收机本身的信号混频，再进行相位测量。伪距测量的精度约为一个测距码的码元长度的 1/100，对 P 码而言约为 30cm，对 C/A 码而言为 3m 左右。而载波的波长则短得多(分别为 19cm 和 24cm)，所以载波相位测量精度一般为 1～2mm。由于相位测量只能测定载波波长不足一个波长的部分，因此所测的相位可看成是波长整倍数未知的伪距。

GPS 定位时，把卫星看成是动态的已知控制点，利用所测的距离进行空间后方交会，便可得到接收机的位置。GPS 定位包括单点定位和相对定位。

独立确定待定点在 WGS—84 世界大地坐标系中的绝对位置的方法，称为单点定位或绝对定位。该方法在船舶、飞机的导航以及低精度测量等领域中有着广泛的应用前景。

相对定位是确定同步跟踪相同的 GPS 卫星信号的若干台接收机之间的相对位置(三维坐标差)的一种定位方法。相对定位测量时，许多误差对同步观测的测站有相同的或大致相同的影响。因此，计算时，这些误差可以抵消或大幅度削弱，从而获得很高精度的相对位置，一般精度为几毫米至几厘米。

特别提示

相对定位与单点定位相比，外业观测的组织与实施以及数据处理就复杂一些。相对定位广泛用于大地测量、工程测量、地壳形变监测等精密定位领域。

6.5.2 GPS的测量施测

与常规测量相类似，GPS测量按其工作性质可分为外业工作和内业工作两大部分。外业工作主要包括选点、建立标志、野外观测作业等；内业工作主要包括GPS控制网技术设计、数据处理和技术总结等。

1. GPS控制网的技术设计

GPS控制网的技术设计是进行GPS定位的基础，它依据国家有关规范(规程)、GPS网的用途和用户的要求来进行，其主要内容包括精度指标的确定和网形设计等。

1) GPS测量精度指标

GPS测量的精度指标通常是以网中相邻点之间的距离中误差来表示，其形式为

$$m_R = \delta_D + pp \times D$$

式中 m_R——网中相邻点的距离中误差(mm)；

δ_D——固定误差(mm)；

pp——比例误差(ppm)；

D——相邻点间距离(km)。

《全球定位系统(GPS)测量规范》(GB/T 18314—2009)将GPS控制网分为A、B、C、D、E五级。

由于精度指标的大小将直接影响GPS网的布设方案及GPS作业模式，因此，在实际设计中应根据用户的实际需要及设备条件慎重确定。控制网可以分级布设，也可以越级布设或布设同级全面网。

2) 网形设计

根据用途不同，GPS网的基本构网方式有点连式、边连式、网连式和边点混合连接四种。

(1) 点连式，是相邻的同步图形(即多台接收机同步观测卫星所获基线构成的闭合图形，又称同步环)之间仅用一个公共点连接，如图6-20(a)所示。这种方式所构成的图形几何强度很弱，一般不单独使用。

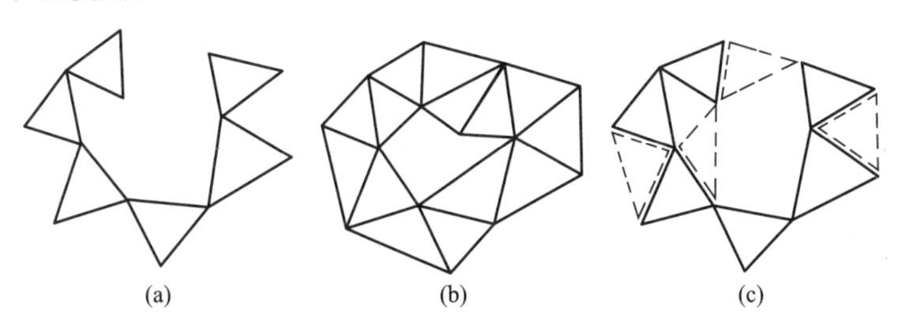

图6-20 GPS网的基本构网方式

(2) 边连式，是指相邻同步图形之间由一条公共基线连接。如图6-20(b)所示，这种布网方案中，复测的边数较多，网的几何强度较高。非同步图形的观测基线可以组成异步观测环(称为异步环)，异步环常用于检查观测成果的质量。边连式的可靠性优于点连式。

(3) 网连式，是指相邻同步图形之间由两个以上的公共点连接。这种方法要求4台以

上的接收机同步观测。它的几何强度和可靠性更高，但所需的经费和时间也更多，一般仅用于较高精度的控制测量。

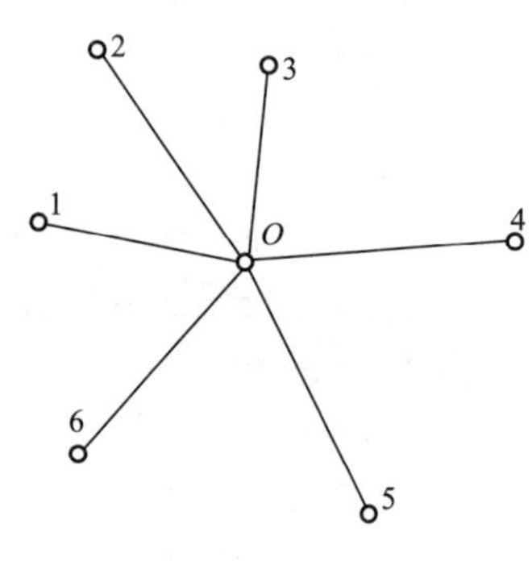

图 6-21 GPS 网的星形布设

(4) 边点混合连接式，是指将点连式与边连式有机地结合起来组成 GPS 网，如图 6-20(c)所示。它是在点连式基础上加测四个时段，把边连式与点连式结合起来得到的。这种方式既能保证网的几何强度，提高网的可靠性，又能减少外业工作量，降低成本，因而是一种较为理想的布网方法。

对于低等级的 GPS 测量或碎部测量，也可采用如图 6-21 所示的星形布设。这种图形的主要优点是观测中只需要两台 GPS 接收机，作业简单。但由于直接观测边之间不构成任何闭合图形，所以其检查和发现粗差的能力比点连式更差。这种方式常采用快速定位的作业模式。

(1) GPS 网一般应通过独立观测边构成闭合图形，以增加检核条件，提高网的可靠性。

(2) GPS 网点应尽量与原有地面控制网点相重合。重合点一般不应少于 3 个(不足时应连测)且在网中应分布均匀。

(3) GPS 网点虽然不需要通视，但是为了便于用常规方法连测和扩展，要求控制点至少与一个其他控制点通视，或者在控制点附近 300m 外布设一个通视良好的方位点，以便建立连测方向。

(4) 为了利用 GPS 进行高程测量，在测区内 GPS 网点应尽可能与水准点重合，而非重合点一般应根据要求以水准测量方法(或相当精度的方法)进行联测，或在网中设一定密度的水准连测点，进行同等级水准连测。

(5) GPS 网点尽量选在天空视野开阔、交通方便的地点，并要远离高压线、变电所及微波辐射干扰源。

2. 选点与建立标志

由于 GPS 测量测站之间不要求通视，而且网的图形结构比较灵活，故选点工作较常规测量简便。但 GPS 测量又有其自身的特点，因此选点时应满足以下要求。

(1) 观测站(即接收天线安置点)应远离大功率的无线电发射台和高压输电线，以避免其周围磁场对 GPS 卫星信号的干扰。接收机天线与其距离一般不得小于 200m。

(2) 观测站附近不应有大面积的水域或对电磁波反射(或吸收)强烈的物体，以减弱多路径效应的影响。

(3) 观测站应设在易于安置接收设备且视野开阔的地方。在视场内周围障碍物的高度角，一般应为 10°～15°，以减弱对流层折射的影响。

(4) 观测站应选在交通方便的地方，并且便于用其他测量手段连测和扩展。

(5) 对于基线较长的 GPS 网，还应考虑观测站附近具有良好的通信设施(电话与电报、邮电)和电力供应，以供观测站之间的联络和设备用电。

(6) 点位选定后(包括方位点)，均应按规定绘制点位注记，其主要内容应包括点位及点位略图，点位的交通情况以及选点情况等。

在 GPS 测量中，网点一般应设置在具有中心标志的标石上，以精确标志点位。埋石是指具体标石的设置，可参照有关规范，对于一般的控制网，只需要采用普通的标石，或在岩层、建筑物上做标志。

3. 外业观测

GPS 外业观测工作主要包括天线安置、观测作业和观测记录等，下面分别进行介绍。

1) 天线安置

天线的相位中心是 GPS 测量的基准点，所以妥善安置天线是实现精密定位的重要条件之一。天线安置的内容包括对中、整平、量测天线高。

进行静态相对定位时，天线应架设在三角架上，并安置在标志中心的上方直接对中，天线基座上的圆水准气泡必须居中(对中与整平方法与经纬仪安置相同)。天线高是指天线的相位中心至观测点标志中心的垂直距离，用钢尺在互为 120° 的方向量 3 次，要求互差小于 3mm，满足要求后取 3 次结果平均值记入测量手簿中。

2) 观测作业

观测作业的主要任务是捕获 GPS 卫星信号并对其进行跟踪、接收和处理，以获取所需的定位信息和观测数据。

天线安置完成后，将 GPS 接收机安置在距天线不远的安全处，接通接收机与电源、天线的连接电缆，经检查无误后，打开电源，启动接收机进行观测。

GPS 接收机具体的操作步骤和方法，随接收机的类型和作业模式不同而异，在随机的操作手册中都有详细的介绍。事实上，GPS 接收机的自动化程度很高，一般仅需按动若干功能键(有的甚至只需按一个电源开关键)，即能顺利地完成测量工作。观测数据由接收机自动形成，并以文件形式保存在接收机存储器中。作业人员只需定期查看接收机的工作状况并做好记录。观测过程中接收机不得关闭并重新启动；不得更改有关设置参数；不得碰动天线或阻挡信号；不准改变天线高。观测站的全部预定作业项目，经检查均已按规定完成，且记录与资料完整无误后方可迁站。

3) 观测记录

观测记录的形式一般有两种，一种是由接收机自动形成，并保存在接收机存储器中供随时调用和处理，这部分内容主要包括：GPS 卫星星历和卫星钟差参数；观测历元及伪距和载波相位观测值；实时绝对定位结果；测站控制信息及接收机工作状态信息。另一种是测量手簿，由观测人员填写，内容包括天线高、气象数据测量结果、观测人员、仪器及时间等，同时对于观测过程中发生的重要问题，问题出现的时间及处理方式也应记录。观测记录是 GPS 定位的原始数据，也是进行后续数据处理的唯一依据，必须要真实、准确，并妥善保管。

4. 成果检核与数据处理

观测成果应进行外业检核，这是确保外业观测质量和实现预期定位精度的重要环节。观测任务结束后，必须在测区及时对观测数据的质量进行检核，对于外业预处理成果，要按规范要求严格检查、分析，以便及时发现不合格成果，并根据情况采取重测或补测措施。

成果检核无误后，即可进行内业数据处理。内业数据处理过程大体可分为：预处理，平差计算，坐标系统的转换或与已有地面网的联合平差。GPS 接收机在观测时，一般为 15～

20s 自动记录一组数据，故其信息量大，数据多。同时，数据处理时采用的数学模型和算法形式多样，使数据处理的过程相当复杂。实际应用中，一般是借助电子计算机通过相关软件来完成数据处理工作。

本项目小结

测量工作的基本原则是先控制后碎步，因此，控制测量作为测量工作的先行工作，具有重要的意义。本项目主要通过以下内容介绍控制测量的有关知识。

1. 控制测量的基本概念

主要讲述了什么是控制测量，控制测量的意义以及国家控制网的布设。

2. 导线测量的外业观测和内业计算

这是本项目的重点和难点。导线由于它的布设方式灵活性，在小区域控制网的布设中广泛运用，因此针对导线网的特性，介绍了闭合导线、附合导线和支导线形式中点的选择、导线网的布设和导线外业观测，以及导线测量的内业计算过程。

3. 加密控制点的方法

在控制测量过程中，由于碎步测量的需要，往往需要在已有控制网中加密一定数量的控制点，加密控制点的常用方法主要有前方交会、侧方交会、后方交会和距离交会。

4. 高程控制测量

三、四等水准测量在小区域高程控制测量中是常用的方法，本项目从三、四等水准测量的技术要求、观测方法和内业计算系统地介绍了控制点高程的解算。三角高程测量常应用于山区的高程控制测量中，因此本项目从基本原理到观测计算过程介绍了高程控制测量方法。

5. GPS 的施测

GPS 具有全球性、全天候、高精度、快速实时的三维导航、定位、测速和授时功能，以及良好的保密性和抗干扰性。因此，GPS 在控制测量中也发挥了重要的作用。

习题

一、选择题

1. 导线的布设形式有(　　)。

A. 闭合导线　　B. 附合导线

C. 支导线　　D. 以上答案都正确

2. 常用的交会定点方式有(　　)。

A. 前方交会　　B. 侧方交会　　C. 距离交会　　D. 后方交会

3. 3S 技术指的是(　　)。

A. GIS　　B. GPS　　C. RS　　D. CAS

4. GPS 主要由(　　)组成。

A. 空间卫星部分　　B. 地面监控部分　　C. 用户设备　　D. 接收设备

5. GPS 的定位方式有(　　)。

A. 相对定位　　B. 单点定位

C. A 和 B　　D. 以上答案都不对

6. GPS 网的基本构网方式有(　　)。

A. 点连式　　B. 边连式　　C. 网连式　　D. 边点混合连接

二、思考题

1. 试绘图说明导线的布设形式。

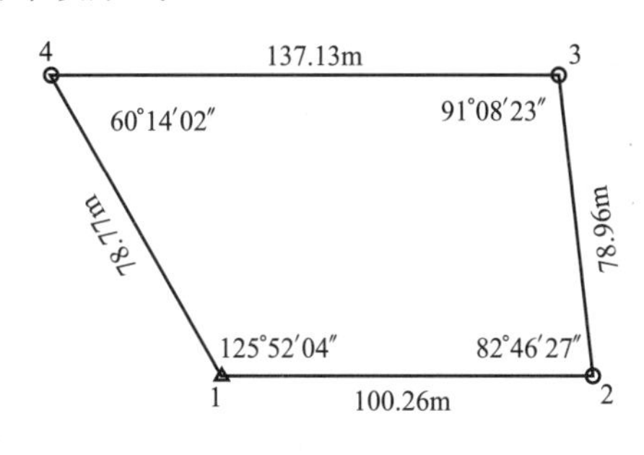

图 6-22　闭合导线

2. 导线外业工作包括哪些内容？

3. 闭合导线和附合导线内业计算有哪些不同？

4. 试述三角高程测量的原理。

5. GPS 技术具有哪些优点？

三、计算题

一闭合导线如图 6-22 所示，其中 x_1=5030.70，y_1=4553.66，α_{12}=97° 58′08″。各边边长与转折角角值均注于图中，求 2、3、4 点的坐标。

能力评价体系

知识要点	能力要求	所占分值(100 分)	自评分数
控制测量概述	了解控制测量的基本知识概念	10	
导线测量	(1) 掌握导线的布设形式	8	
	(2) 掌握导线测量的外业工作内容	10	
	(3) 掌握导线测量的内业计算	30	
交会定点	熟悉常用的四种交会定点方式	10	
高程控制测量	(1) 理解三角高程测量的基本原理	10	
	(2) 掌握三角高程测量的观测和计算	12	
GPS 测量的施测	了解有关 GPS 的相关知识	10	
总分		100	

项目 7

大比例尺地形图的测绘与应用

学习目标

大比例尺地形图的测绘是工程测量技术的主要任务之一，本项目主要介绍大比例尺地形图的测绘与应用。通过本项目的学习，了解识读地形图知识，掌握大比例尺地形图数字化测图的作业过程，掌握大比例尺地形图的分幅与编号，地物、地貌在地形图上的表示方法，地形图在工程建设中的应用。

能力目标

<table>
<tr><th>知识要点</th><th>能力要求</th><th>相关知识</th></tr>
<tr><td rowspan="4">大比例尺地形图的基本知识</td><td>(1) 熟悉图名、图号、接图表</td><td rowspan="4">(1) 地形图的整饰
(2) 比例尺与测图精度的关系
(3) 地物地貌表示方法</td></tr>
<tr><td>(2) 掌握比例尺与比例尺精度等基本概念</td></tr>
<tr><td>(3) 掌握地形图的分幅与编号</td></tr>
<tr><td>(4) 掌握地物、地貌符号</td></tr>
<tr><td rowspan="3">大比例尺数字化测图</td><td>(1) 熟悉全站仪的使用</td><td rowspan="3">(1) 地形图测图原理
(2) 数字化测图的外业作业过程
(3) 数字化测图的内业成图</td></tr>
<tr><td>(2) 掌握全站仪外业采集数据作业过程</td></tr>
<tr><td>(3) 掌握数字化成图软件的使用</td></tr>
<tr><td rowspan="3">地形图的基本应用</td><td>(1) 熟悉地形图识读</td><td rowspan="3">(1) 地形图的基本应用
(2) CASS 软件的基本应用</td></tr>
<tr><td>(2) 掌握利用地形图确定点的坐标、高程，确定直线的距离、方位角、坡度，面积量算</td></tr>
<tr><td>(3) 掌握用 CASS 软件量取地形图的基本要素</td></tr>
<tr><td rowspan="2">地形图的工程</td><td>(1) 掌握利用地形图绘制纵断面图、选择最短路线、确定汇水面积、土石方估算</td><td rowspan="2">(1) 地形图在工程建设中的应用
(2) CASS 软件对数字地形图的工程应用</td></tr>
<tr><td>(2) 掌握数字地形图纵、横断面绘制及方格网计算土方量</td></tr>
</table>

学习重点

地形图的基本知识；地物、地貌的表示方法；全站仪外业数据采集；南方CASS软件操作方法；地形图的基本应用及其在工程建设中的应用。

最新标准

《工程测量规范》(GB 50026—2007)；《城市测量规范》(CJJ8—2011)；《国家基本比例尺地图图式》(GB/T 20257.1—2007)；《国家基本比例尺地形图分幅和编号》(GB/T 13989—2012)。

引 例

2008年5月12日下午汶川大地震发生后，从当晚开始，测绘系统开通“绿色通道”，每天24小时不间断地为抗震救灾提供测绘成果。5月13日下午6点，国家测绘局得到灾后第一张雷达卫星影像，5月14日，这幅影像图在中央电视台播出，各级领导和公众从图中可以对灾区情况有大致了解。这种测绘速度在30多年前是不可想象的。1976年唐山地震发生后，为了掌握北京、天津、唐山、张家口地区地壳形变资料和震情趋势，国家测绘局组织数千名测绘工作者开展了近3个月的外业测量工作。两次大震，都是全力以赴、竭尽所能，然而测绘应急保障服务的科技手段、工作效率等却有极大差距。

科学技术的进步，信息化测量仪器——全站仪、GPS、卫星遥感技术等的广泛应用，以及微型计算机硬件和软件技术的迅猛发展，促进了地形测绘的自动化、数字化。地形测量从模拟测图变革为数字化测图，测量的成果不仅是绘制在图纸上的地形图(模拟地图)，更重要的是以计算机磁盘为载体，提交可供传输、处理、共享的数字地形图(数字地形信息)。数字化测图实质是一种全解析、机助测图的方法，与模拟测图相比，具有明显的优势和广阔的发展前景。

地形图作为测量工作的主要成果之一，具有丰富的信息量，它是如何生成的？在工程建设中，地形图有什么作用？现代测图方法与传统测图方法有什么不同？通过本项目详尽的学习，将会进一步识读地形图中的地物和地貌符号以及绘制方法，掌握地形图在工程中的实际应用和利用全站仪进行数字化测图的方法和程序。

大比例尺地形图的测绘是以一定的规则，将工程建设上所需要的基本信息在纸质图或者电子图上简洁明了地表现出来。地形图作为测绘工作的主要成果之一，它包含了丰富的地球表面自然信息和人文信息，在工程建设中有着广泛的应用。

通过本章学习，要求掌握大比例尺地形图的基本知识及其应用。重点掌握全站仪进行大比例尺数字化测图的数据采集过程及内业成图方法，并能用南方CASS成图软件对数字地形图进行一定的分析应用。

7.1 大比例尺地形图的基本知识

地球表面地势形态复杂，有高山、平原、河流、湖泊，还有高楼、道路等各种人工建筑物，有的是天然形成的，有的是人工构筑的。通常把它们分为地物和地貌两大类。地物是指地面上有明显轮廓的各种固定物体，如道路、桥梁、房屋、农田、河流和湖泊等。地貌是指地球表面高低起伏、凹凸不平的各种形态，它没有明确的分界线，如高山、盆地、丘陵、洼地、斜坡、峭壁、平原等。地物和地貌总称为地形。

通过实地测量，将地面上各种地物和地貌的平面位置和高程沿垂直方向投影到水平面上，并按一定的比例尺，用《国家基本比例尺地形图图式 第1部分：1∶500、1∶1000、1∶2000 地形图图式》(GB/T 20257.1—2007)统一规定的符号和注记，将其缩绘在图纸上，这种既表示出地物的平面位置，又表示出地貌形态的图，称为地形图。

简单地说，地形图就是地物和地貌位置、形状在平面图纸上的投影图。而只表示地物的平面位置，不表示地貌起伏形态的地形图称为平面图。传统概念上的地图是按照一定数学法则，用规定的图式符号和颜色，把地球表面的自然和社会现象，有选择地缩绘在平面图纸上的图，如普通地图、专题地图、各种比例尺地形图、影像地图、立体地图等。现代地图已出现有缩微地图、数字地图、电子地图、全息相片等新品种。

由于地形图能客观形象地反映地面的实际情况，所以城乡建设和各项工程建设都需要用到地形图，地形图特别是1∶500、1∶1000、1∶2000及1∶5000比例尺的地形图称为大比例尺地形图，是这些工程建设勘测、规划、设计、施工及建后管理的重要的基础资料。

地形图的主要内容包括数学要素、地理要素及整饰要素等，数学要素主要是指比例尺；地理要素主要包括地物符号、地貌符号和地形图注记；整饰要素主要包括图名、图号、接图表、图廓、北方向、图例等。

7.1.1 比例尺和比例尺精度

1. 比例尺

地形图上的任一线段长度 d 与地面上相应线段的水平距离 D 之比，称为地形图比例尺。

$$\frac{\text{图上线段长度}}{\text{地面水平距离}}=\frac{d}{D}=\frac{1}{D/d}=\frac{1}{M} \tag{7-1}$$

式中 M——比例尺分母。

例 7-1 一地形图上 1cm 的线段长度表示相应地面上水平距离 20m，则该地形图比例尺为

$$\frac{1\text{cm}}{20\text{m}}=\frac{1\text{cm}}{2000\text{cm}}=\frac{1}{2000}$$

知道了比例尺，就可将图上两点间的长度和实地相应两点的水平距离相互换算。

比例尺按表示方法的不同，一般可分为数字比例尺、图示比例尺和文字式比例尺三种。

1) 数字比例尺

如式(7-1)所示，用分数形式 $\frac{1}{M}$(或 1∶M)表示的比例尺称为数字比例尺。M 越小，分数值越大，比例尺也越大，它在图上表示的地物和地貌也越详细；M 越大，分数值越小，比例尺也越小，它在图上表示的地物和地貌也越粗略。数字比例尺一般注记在地形图图廓外下方的正中间位置。

按地形图的比例尺划分，通常称1∶500、1∶1000、1∶2000、1∶5000比例尺的地形图为大比例尺地形图，称1∶10000、1∶25000、1∶50000、1∶100000比例尺的地形图为中比例尺地形图，称1∶250000、1∶500000、1∶1000000比例尺的地形图为小比例尺地形图。在建筑、水利等工程测量中，通常使用的是大比例尺地形图。

2) 图示比例尺

除了数字比例尺外，一般的地图或者地形图也常用图解法把比例尺绘在图上，作为地形图的组成部分之一，称为图示比例尺。图示比例尺常绘制在地形图的下方，表示方法如图 7-1 所示。图中两条平行直线间距为 2mm，以 1cm 为单位分成若干大格，左边第一、二大格 10 等分，大小格分界处注以 0，右边其他大格分界处标记实际长度。图示比例尺绘制在数字比例尺正下方，可以减少图纸伸缩对用图的影响。

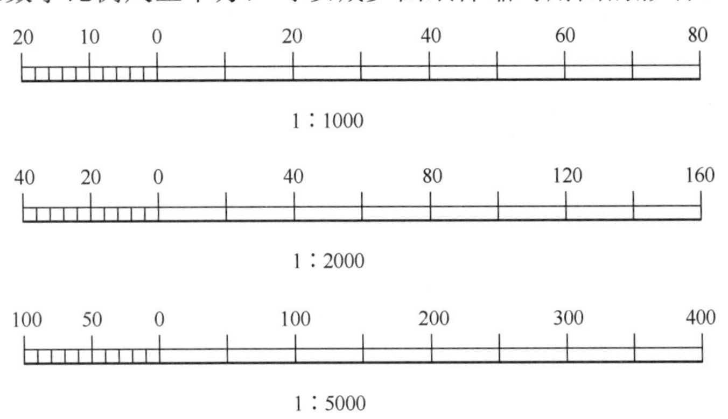

图 7-1 图示比例尺

使用图示比例尺时，先用分规在图上量取某线段的长度，然后用分规的右针尖对准右边的某个整分划，使分规的左针尖落在最左边的基本单位内。读取整分划的读数再加上左边 1/10 分划对应的读数，即为该直线的实地水平距离。如图 7-1 所示，如果是 1∶1000 的比例尺，则图上 10mm 表示实地长度为 10m。

3) 文字式比例尺

有些地形图、施工图，在图上直接写出 1cm 代表实地水平距离的长度，如图上 1cm 相当于地面距离 10m 即表示该图的比例尺为 1∶1000，这种比例尺的表示方法就是文字式比例尺。

综上所述，数字比例尺能清晰表现地图缩小的倍数，图示比例尺可以直接在地图上量算，受图纸变形的影响小，文字式比例尺能清楚表示比例尺的含义。

2. 地形图比例尺的选择

《工程测量规范》规定，地形图测图的比例尺，根据工程的设计阶段、规模大小和运营管理需要，可按表 7-1 选用。

表 7-1 地形图测图比例尺的选用

比例尺	用途
1∶5000	可行性研究、总体规划、厂址选择、初步设计等
1∶2000	可行性研究、初步设计、矿山总图管理、城镇详细规划等
1∶1000	初步设计、施工图设计；城镇、工矿总图管理；竣工验收等
1∶500	

3. 比例尺精度

一般认为，正常人的眼睛能分辨的最小距离为 0.1mm。如空气中大于 0.1mm 大小的颗粒，人的眼睛才能感觉得到它的存在。在测量上，将地形图上 0.1mm 的长度所代

表的实地水平距离，称为比例尺精度，一般用ε表示。显然，比例尺精度=0.1mm×比例尺分母，即

$$\varepsilon = 0.1 \times M(\text{mm}) \tag{7-2}$$

根据比例尺精度可用来确定测绘地形图量距的最短距离，也可用来确定测图比例尺。大比例尺地形图的比例尺精度见表 7-2。

表 7-2　大比例尺地形图的比例尺精度

比例尺	1∶500	1∶1000	1∶2000	1∶5000
比例尺的精度/m	0.05	0.1	0.2	0.5

例 7-2　如果测绘 1∶500 的地形图，地面丈量距离的精度为多大？

解：根据式(7-2)得

$$\varepsilon = 0.1 \times M = 0.1 \times 500 = 50(\text{mm}) = 0.05(\text{m})$$

地面丈量距离的精度为 0.05m。

例 7-3　欲使图上能量出的实地最短长度为 0.2m，请确定测图比例尺？

解：根据式(7-2)有

$$0.2\text{m} = 0.1 \times M(\text{mm})$$

$$M = 2000$$

所以，测图比例尺不得小于 1∶2000。

7.1.2　大比例尺地形图的分幅与编号

为了便于管理和使用地形图，需要将各种比例尺的地形图进行统一的分幅和编号。 大比例尺地形图大多采用 50cm×50cm 正方形分幅或 50cm×40cm 矩形分幅法，根据需要也可以采用其他规格分幅。

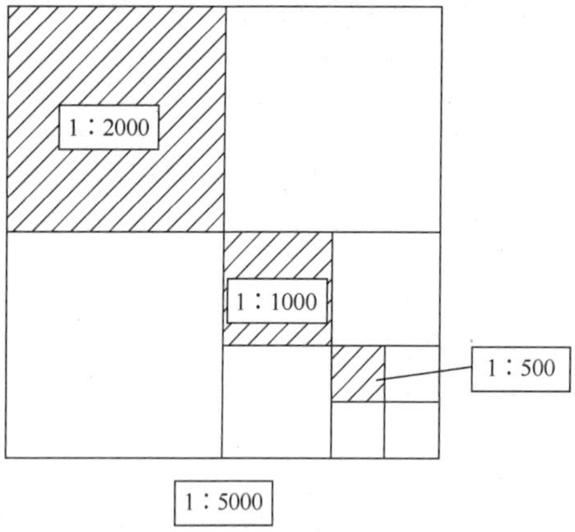

1. 分幅方法

1∶500 地形图的图幅一般为 50cm×50cm，一幅图所含实地面积为 0.0625km^2，1km^2 的测区至少要测 16 幅图纸。这样就需要将地形图分幅和编号，以便于测绘、使用和保管。大比例尺地形图常采用正方形分幅法，它是按照统一的直角坐标纵、横坐标格网线划分的。

如图 7-2 所示，是以 1∶5000 地形图为基础进行的正方形分幅。各种大比例尺地形图图幅大小如表 7-3 所示。

1∶2000
1∶1000
1∶500
1∶5000

图 7-2　大比例尺地形图正方形分幅

表 7-3　几种大比例尺地形图的分幅

比例尺	图幅大小/cm	实地面积/km^2	1∶5 000 图幅内的分幅数	每平方公里图幅数
1∶5000	40×40	4	1	0.25
1∶2000	50×50	1	4	1
1∶1000	50×50	0.25	16	4
1∶500	50×50	0.0625	64	16

2. 编号方法

(1) 坐标编号法。图号一般采用该图幅西南角坐标的公里数为编号，x 坐标在前，y 坐标在后，中间有短线连接。1∶5000 坐标取至 1km，1∶2000、1∶1000 取至 0.1km，1∶500 取至 0.01km。如图 7-3 所示，1∶5000 比例尺地形图，其西面角坐标为 x=6.0km，y=2.0km，因此，编号为"6-2"；格网 I 1∶2000 比例尺的地形图，其西面角坐标为 x=7.0km，y=2.0km，因此，编号为"7.0-2.0"；格网 II 1∶1000 比例尺的地形图，其西面角坐标为 x=6.5km，y=3.0km，因此，编号为"6.5-3.0"；格网 III 1∶500 比例尺的地形图，其西面角坐标为 x=6.25km，y=3.5km，因此，编号为"6.25-3.50"。

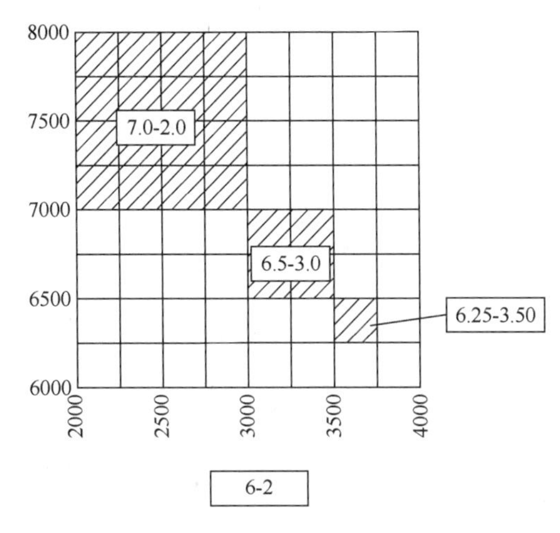

图 7-3 坐标编号法

(2) 数字顺序编号法。如果测区范围比较小，图幅数量少，可采用数字顺序编号法，如图 7-4 所示。

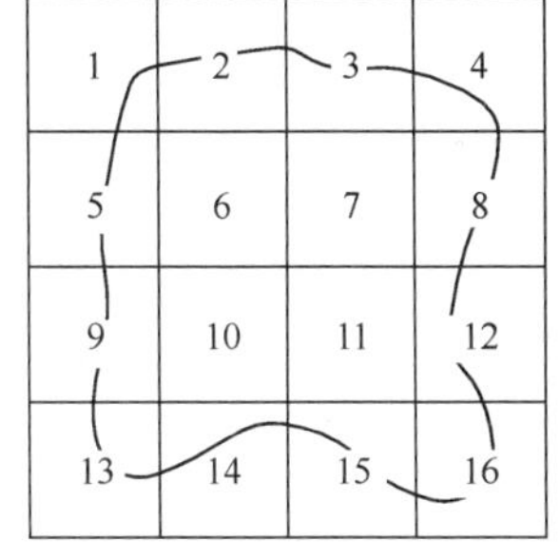

图 7-4 数字顺序编号法

(3) 基础分幅编号。在某较大区域，由于面积较大，而且测绘有几种不同比例尺的地形图，编号时可以是以 1∶5000 比例尺图为基础，并作为包括在本图幅中的较大比例尺图幅的基本图号。基础图幅编号为西南角坐标，其后加罗马数字 I、II、III。

例如，如图 7-5 所示，某 1∶5000 图幅西南角的坐标值 x=20km，y=30km，则其图幅编号为"20—30"。这个图号将作为该图幅中的较大比例尺所有图幅的基本图号。也就是在 1∶5000 图号的末尾分别加上罗马字 I、II、III、IV，就是 1∶2 千比例尺图幅的编号。同样，在 1∶2000 图幅编号的末尾分别再加上 I、II、III、IV，就是 1∶1000 图幅的编号，在 1∶1000 比例尺的图号末尾再加上 I、II、III、IV，就是 1∶500 图幅的编号。

7.1.3 图名、图号、接图表

1. 地形图的图名

每幅地形图都应标注图名，通常以图幅内最著名的地名、厂矿企业或村庄的名称作为图名。图名一般标注在地形图北图廓外上方中央。如图 7-6 所示，图名为"水口"。

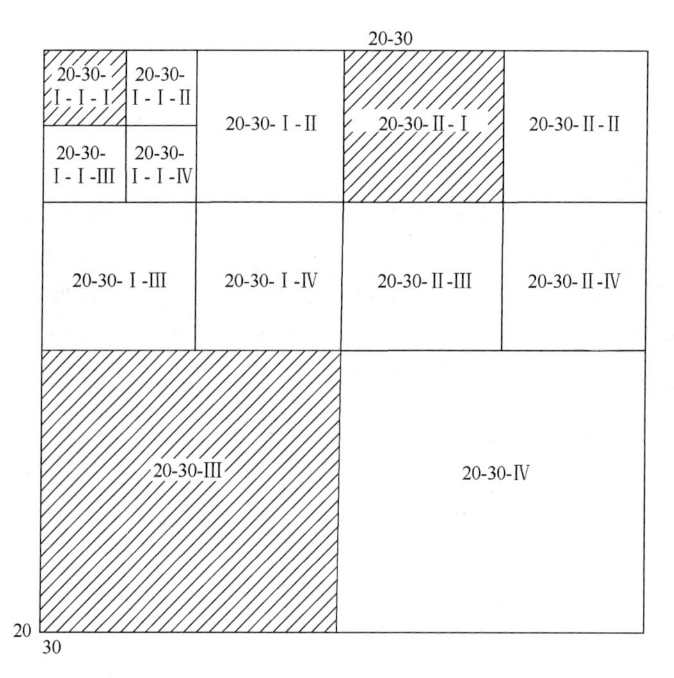

图 7-5 基础分幅

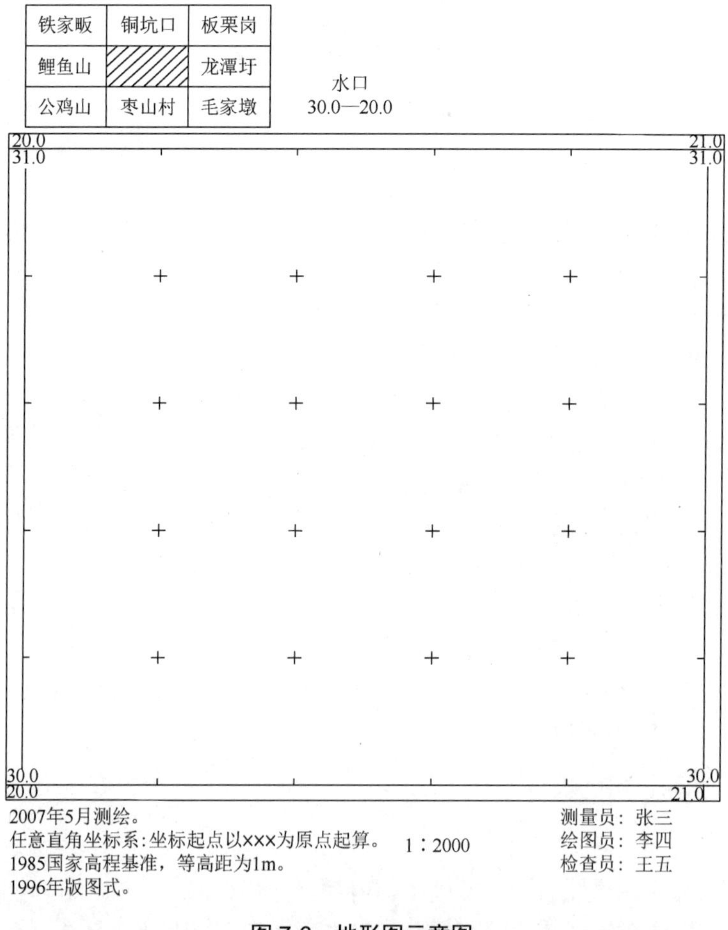

铁家畈	铜坑口	板栗岗
鲤鱼山		龙潭圩
公鸡山	枣山村	毛家墩

水口
30.0—20.0

20.0 31.0 21.0 31.0

30.0 20.0 30.0 21.0

2007年5月测绘。
任意直角坐标系:坐标起点以×××为原点起算。
1985国家高程基准，等高距为1m。
1996年版图式。

1∶2000

测量员：张三
绘图员：李四
检查员：王五

图 7-6 地形图示意图

2. 图号

图号就是该图幅相应分幅方法的编号。为了区别各幅地形图所在的位置，把地形图图号标注在本图廓上方的中央、图名的下方，如图 7-6 中的图号为“30.0—20.0”。

3. 图廓和接图表

1) 图廓

图廓是地形图的边界线，有内、外图廓线之分。内图廓就是坐标格网线，也是图幅的边界线，用 0.1mm 细线绘出。在内图廓线内侧，每隔 10cm，绘出 5mm 的短线，表示坐标格网线的位置。外图廓线为图幅的最外围边线，用 0.5mm 粗线绘出。内、外图廓线相距 12mm，在内外图廓线之间注记坐标格网线坐标值，如图 7-6 所示。

2) 接图表

为了说明本幅图与相邻图幅之间的关系，便于索取相邻图幅，在图幅左上角列出相邻图幅图名，斜线部分表示本图位置，如图 7-6 所示。

7.1.4 地物符号与地貌符号

地形图上的地物和地貌都采用符号表示。一个国家的地形图图式是统一的，属于国家标准。我国当前使用的大比例尺地形图图式为 2018 年 5 月 1 日开始实施的《国家基本比例尺地图图式　第 1 部分：1∶500、1∶1000、1∶2000 地形图图式》(GB/T 20257.1—2007)。地形图的图式中的符号按地图要素分为 9 类，即测量控制点、水系、居民地及设施、交通、管线、境界、地貌、植被与土质、注记；按类可分为 3 类，即地物符号、地貌符号和注记符号。

1. 地物符号

在地形图上表示各种地物的形状、大小和它们的位置的符号，称为地物符号，主要包括测量控制点、水系、居民地及设施、交通、管线、境界等。

根据地物特性、用途、形状大小和描绘方法的不同，地物符号分为比例符号、非比例符号、半比例符号和地物注记。

(1) 比例符号。地物依比例尺缩小后，其长度和宽度能依比例尺表示的地物符号。如房屋、花园、草地等，此类地物的形状和大小均按测图比例尺缩小，并用规定的符号绘在图纸上，用比例尺符号表示。比例尺符号能表示地物的位置、形状和大小。表 7-5 中的编号为 4.2.15,4.3.1,4.3.47,4.8.3,4.8.18 等的地物编号都是比例符号。

(2) 非比例尺符号。地物依比例尺缩小后，其长度和宽度不能用比例尺表示，在本部分中符号旁标注符号长、宽尺寸值，这样的地物符号称为非比例符号。如烟囱、窨井盖、测量控制点等，这些地物，轮廓较小，无法将其形状和大小按比例缩绘到图上，但地物又非常重要，因而采用非比例尺符号表示。非比例尺符号只表示地物的中心位置，而不能反映地物实际的大小。表 7-5 中的编号为 4.1.1,4.1.6,4.3.70,4.3.106,4.5.9 等都是非比例符号。

(3) 半比例尺符号。地物比例尺缩小后，其长度能按比例尺而宽度不能按比例尺表示的地物符号。在本部分中符号旁只标注宽度尺寸值。半比例尺符号一般用来表示线状地物，因此也常被称为线性符号。比如对一些带状狭长地物，如管线、公路、铁路、河流、围墙、通信线路等，长度可按比例尺缩绘，而宽度按规定尺寸绘出，常用半比例符号表示。半比例尺符号的中心线代表地物的中心线位置。表 7-5 中的编号为 4.2.9,4.3.88,4.3.91,4.7.21 等的地物编号都是半比例符号。

上述三种符号使用，并不是固定不变的，它由测图比例尺的大小决定。比如在大比例尺地形图中，铁路要用比例符号表示，而在小比例尺地形图中，铁路就用非比例符号表示。

(4) 地物注记。用文字、数字或特有符号对地物加以说明者，称为地物注记。如城镇、工厂、河流、道路的名称；桥梁的长宽及载重量；江河的流向、流速及深度；道路的去向及森林、果树的类别等，都以文字或特定符号加以说明，这些都是地物注记。表 7-4 中的编号 4.1.4 中埋石图根点图例中的“12”与“275.46”，编号 4.3.1 中简单房屋图例中“简”字等都是地物注记。

表 7-4　常用地物、地貌和注记符号

编号	符号名称	1：500	1：1000	1：2000	编号	符号名称	1：500	1：1000	1：2000
4.1	测量控制点								
4.1.1	三角点 a. 土堆上的张湾岭、黄土岗——点名 156.718、203.623——高程 5.0——比高	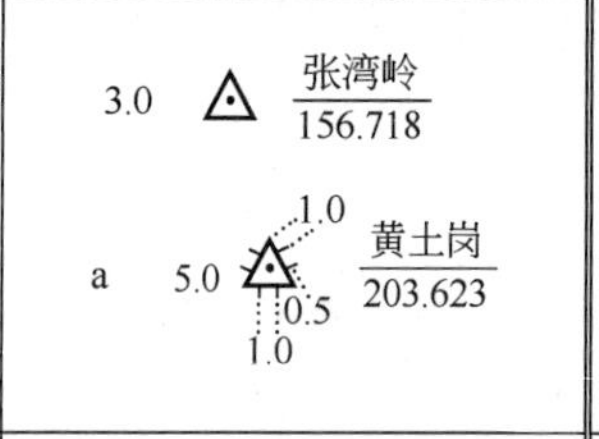 3.0 张湾岭/156.718 a 5.0 1.0 0.5 1.0 黄土岗/203.623			4.1.5	不埋石图根点 19——点号 84.47——高程	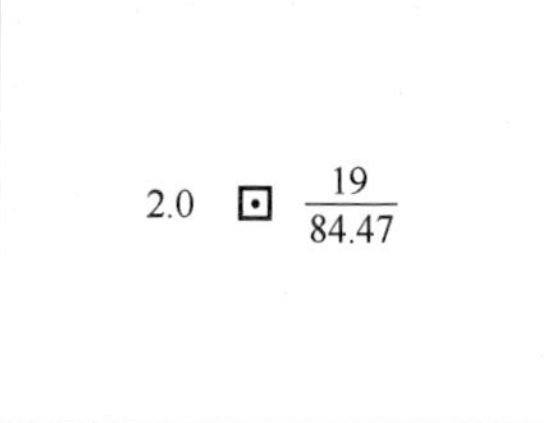 2.0 19/84.47		
4.1.3	导线点 a. 土堆上的 I16、I23——等级、点号 84.46、94.40——高程 2.4——比高	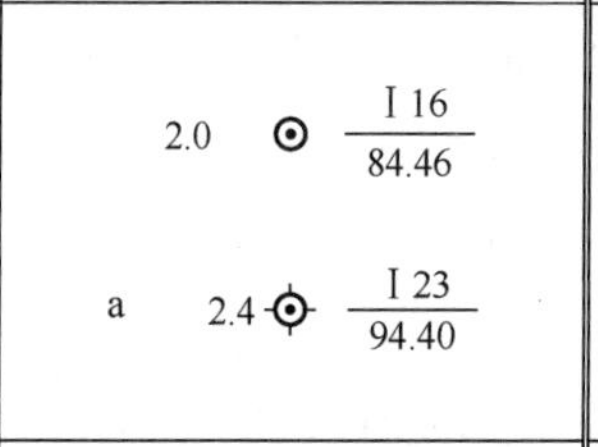 2.0 I 16/84.46 a 2.4 I 23/94.40			4.1.6	水准点 II——等级 京石 5——点名、点号 32.805——高程	 2.0 II京石5/32.805		
4.1.4	埋石图根点 a. 土堆上的 12、16——点号 275.46、175.64——高程 2.5——比高	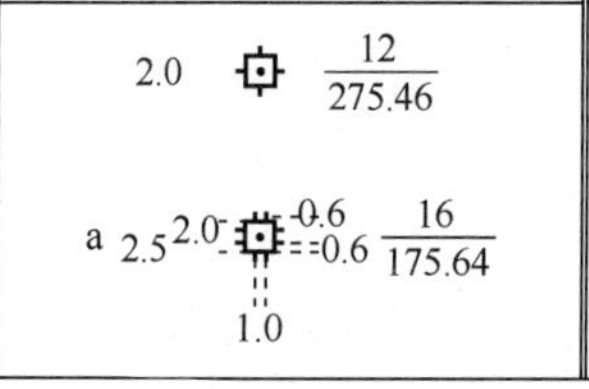 2.0 12/275.46 a 2.5 2.0 0.6 0.6 1.0 16/175.64			4.1.7	卫星定位等级点 B——等级 14——点号 495.263——高程	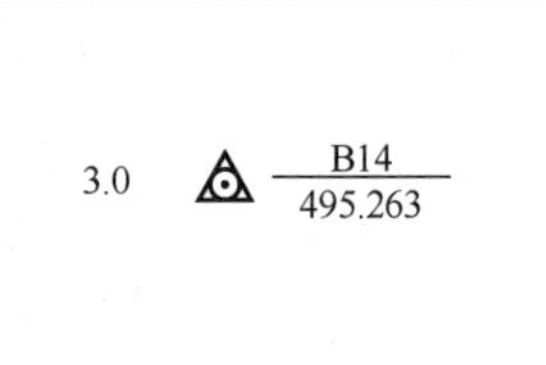 3.0 B14/495.263		
4.2	水系								
4.2.1	地面河流 a. 岸线 b. 高水位岸线 清江——河流名称	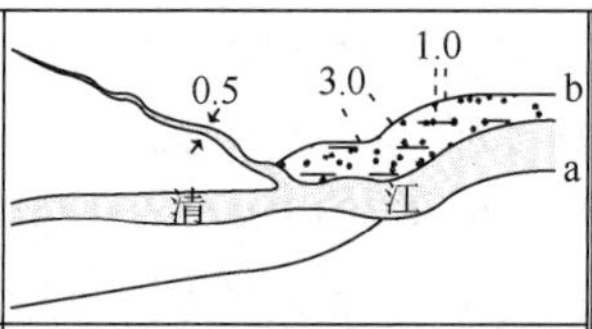 0.5 3.0 1.0 b a 清 江			4.2.15	湖泊 龙湖——湖泊名称 (咸)——水质	 龙湖(咸)		
4.2.7	沟堑 a. 已加固的 b. 未加固的 2.6——比高	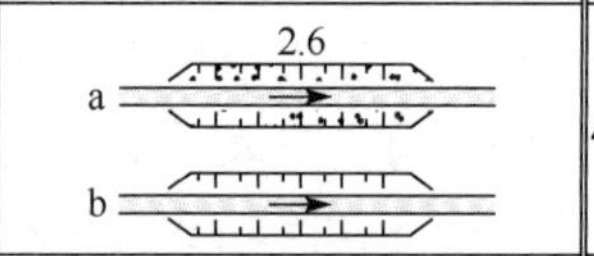 2.6 a b			4.2.16	池塘	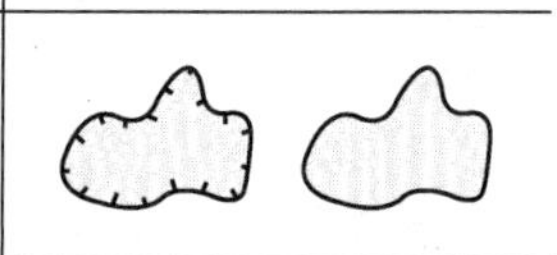		
4.2.9	地下渠道、暗渠 a. 出水口	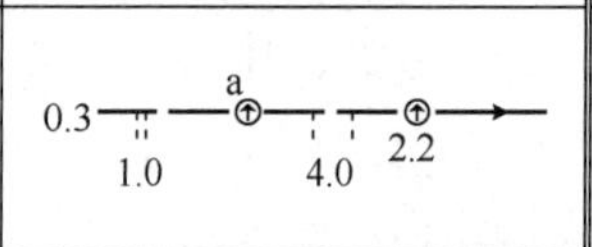 0.3 a 1.0 4.0 2.2			4.2.29	水井、机井 a. 依比例尺的 b. 不依比例尺的 51.2——进口高程 5.2——井口至水面深度 咸——水质	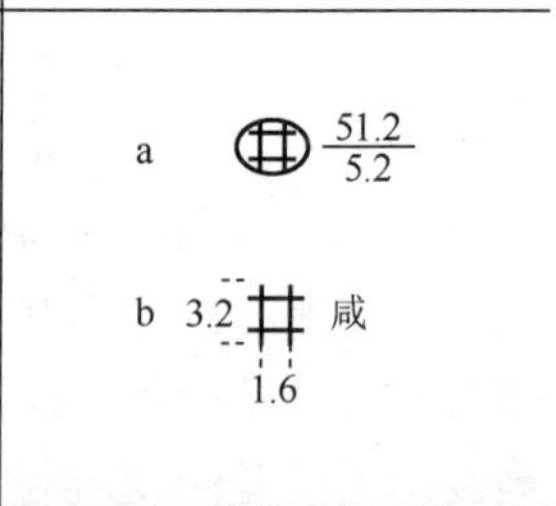 a 51.2/5.2 b 3.2 咸 1.6		
4.2.13	涵洞 a. 依比例的 b. 不依比例的	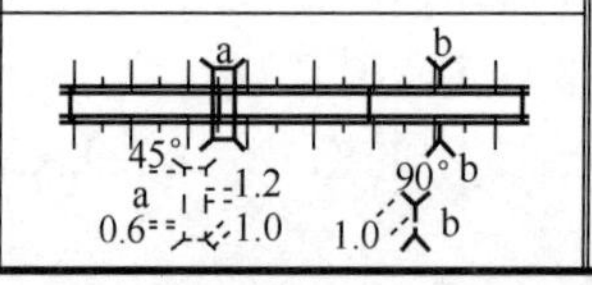 a b 45° a 1.2 0.6 1.0 90° b 1.0 b							

续表

编号	符号名称	1∶500	1∶1000	1∶2000
4.2.31	贮水池、水窖、地热池 a. 高于地面的 b. 低于地面的 净——净化池 c. 有盖的	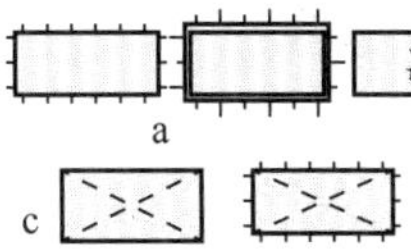 a 净 b c		
4.2.37	堤 a. 堤顶宽依比例尺 24.5——堤坝高程 b. 堤顶宽不依比例尺 2.5——比高	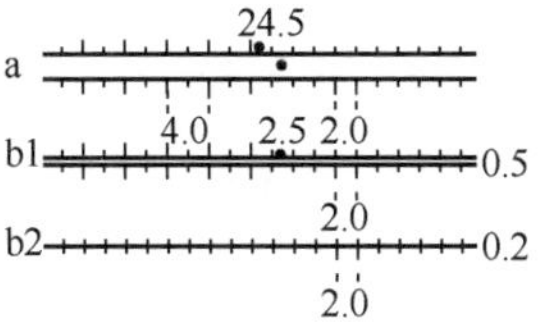 a 24.5 4.0 2.5 2.0 b1 0.5 b2 2.0 0.2 2.0		
4.3	居民地及设施			
4.3.1	单幢房屋 a. 一般房屋 b. 有地下室的房屋 c. 突出房屋 d. 简单房屋 混、钢——房屋结构 1、3、28——房屋层数 -2——地下房屋层数	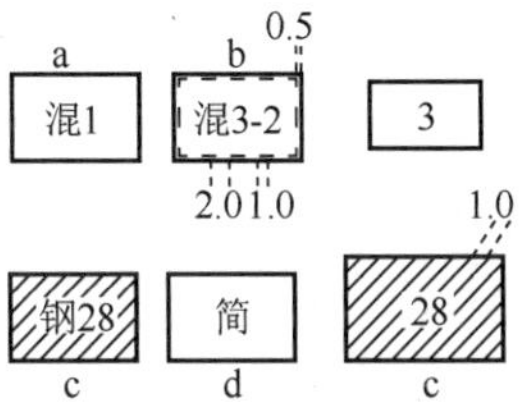 a 混1 b 混3-2 0.5 2.0 1.0 3 钢28 c 简 d 28 c 1.0		
4.3.2	建筑中房屋	 建		
4.3.3 4.3.4	棚房 a. 四边有墙的 b. 一边有墙的 c. 无墙的 破坏房屋	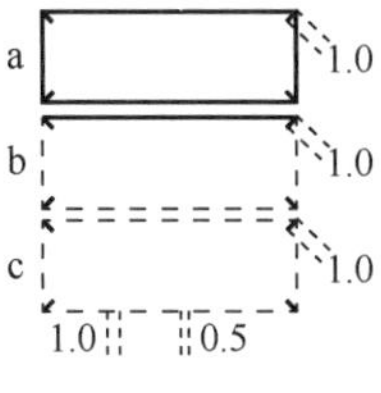 a 1.0 b 1.0 c 1.0 1.0 0.5		
4.3.5	架空房 3、4——层数 /1、/2——空层层数	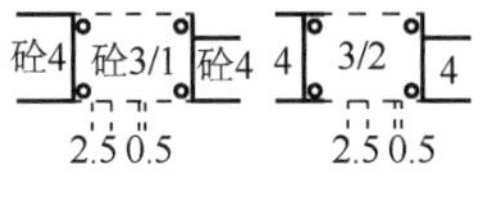 砼4 砼3/1 砼4 4 3/2 4 2.5 0.5 2.5 0.5		
4.3.6	廊房 a. 廊房 b. 飘楼	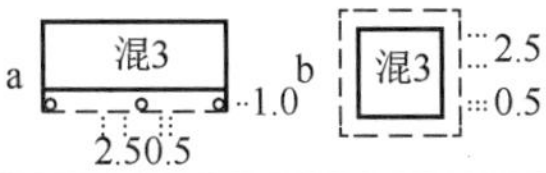 a 混3 1.0 2.5 0.5 b 混3 2.5 0.5		
4.3.10	露天采掘场、乱掘地 石、土——矿物品种	 石 土		

编号	符号名称	1∶500	1∶1000	1∶2000
4.2.43	加固岸 a. 一般加固岸 b. 有栅栏的 c. 有防洪墙体的 d. 防洪墙上有栏杆的	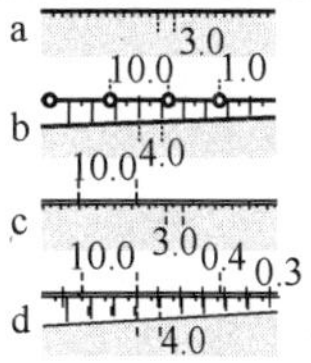 a 3.0 10.0 1.0 b 10.0 4.0 c 10.0 3.0 0.4 0.3 d 4.0		
4.2.44	陡岸 a. 有滩陡岸 a1. 土质的 a2. 石质的 2.2、3.8——比高 b. 无滩陡岸 b1. 土质的 b2. 石质的 2.7、3.1——比高	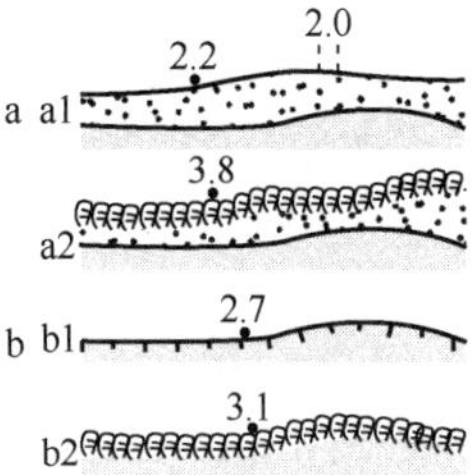 a a1 2.2 2.0 3.8 a2 b b1 2.7 b2 3.1		
4.3.19	水塔 a. 依比例尺的 b. 不依比例尺的	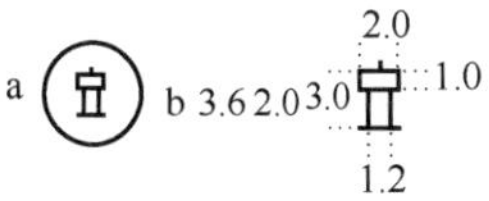 a b 3.6 2.0 3.0 2.0 1.0 1.2		
4.3.33	饲养场、打谷场、贮草场、贮煤场、水泥预制场 牲、谷、砼预——场地说明	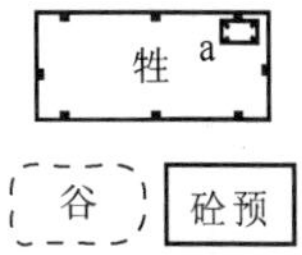 牲 a 谷 砼预		
4.3.44 4.3.45 4.3.46	宾馆、饭店 商场、超市 剧院、电影院	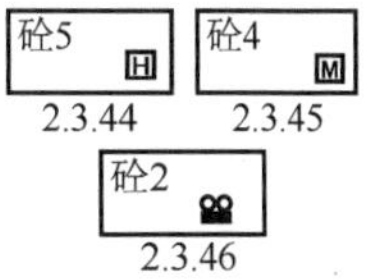 砼5 H 2.3.44 砼4 M 2.3.45 砼2 2.3.46		
4.3.47	露天体育场、网球场、运动场、球场 a. 有看台的 a1. 主席台 a2. 门洞 b. 无看台的	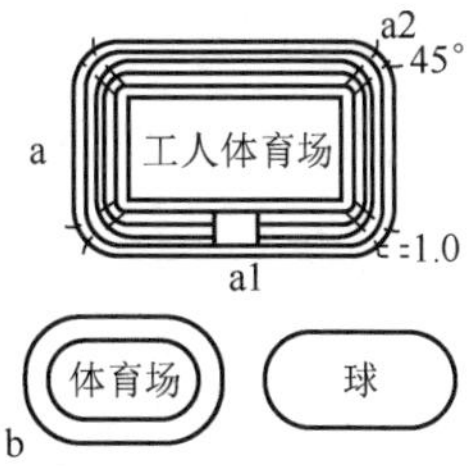 a2 45° a 工人体育场 1.0 a1 体育场 球 b		
4.3.49	游泳场(池)	 泳 泳		
4.3.54	移动通信塔、微波传送塔、无线电杆 a. 在建筑物上 b. 依比例尺的 c. 不依比例尺的	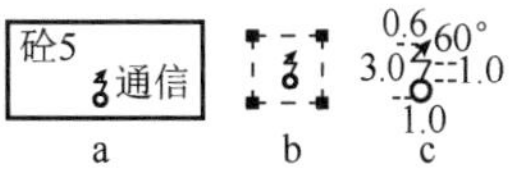 砼5 通信 a b 0.6 60° 3.0 1.0 1.0 c		

续表

编号	符号名称	1：500	1：1000	1：2000
4.3.55 4.3.56	电话亭 厕所	 0.5 3.0 1.8 4.3.55；厕 4.3.56		
4.3.70	旗杆	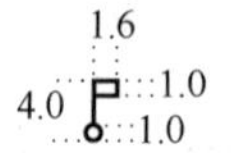 1.6 4.0 1.0 1.0		
4.3.71	塑像、雕像 a. 依比例尺的 b. 不依比例尺的	 a 3.1 b 1.9		
4.3.87	围墙 a. 依比例尺的 b. 不依比例尺的	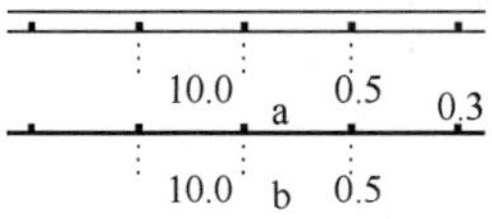 10.0 a 0.5 0.3 10.0 b 0.5		
4.3.88	栅栏、栏杆	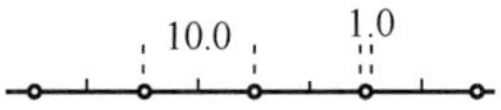 10.0 1.0		
4.3.89	篱笆	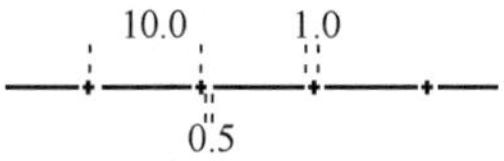 10.0 1.0 0.5		
4.3.90	活树篱笆	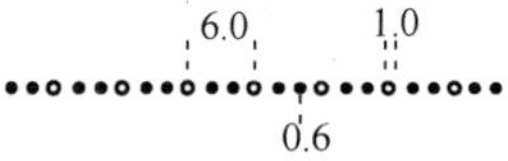 6.0 1.0 0.6		
4.3.91	铁丝网、电网	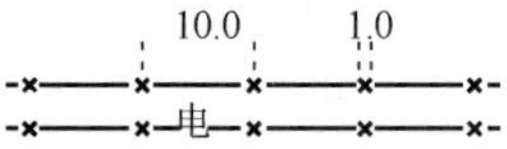 10.0 1.0 电		
4.3.92	地界类	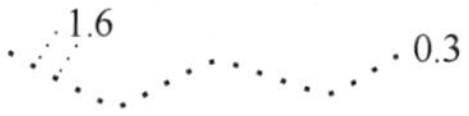 1.6 0.3		
4.3.97	阳台	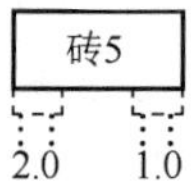 砖5 2.0 1.0		
4.3.98	檐廊、挑廊 a. 檐廊 b. 挑廊	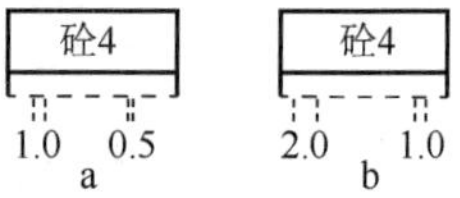 砼4 1.0 0.5 a；砼4 2.0 1.0 b		
4.3.99	悬空通廊	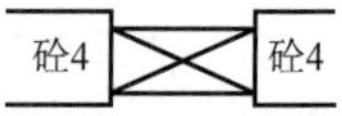 砼4 砼4		
4.3.101	台阶	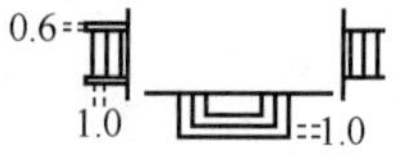 0.6 1.0 1.0		
4.3.102	室外楼梯 a. 上楼方向	 砼8 a		
4.3.103	院门 a. 围墙门 b. 有门房的	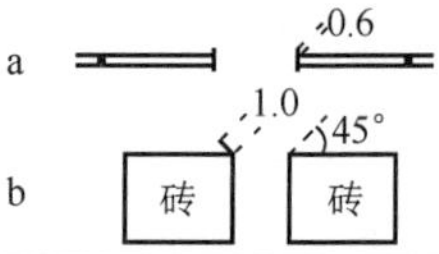 a 0.6；b 1.0 45° 砖 砖		
4.3.104	门墩 a. 依比例尺的 b. 不依比例尺的	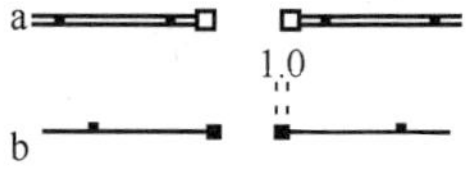 a 1.0 b		
4.3.106	路灯	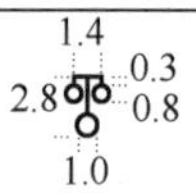 1.4 0.3 2.8 0.8 1.0		
4.3.109	宣传橱窗、广告牌 a. 双柱或多柱的 b. 单柱的	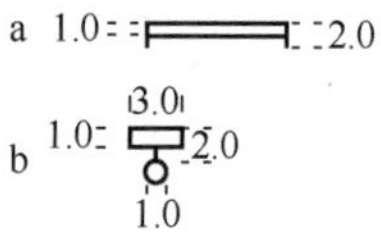 a 1.0 2.0；b 3.0 1.0 2.0 1.0		
4.3.110	喷水池	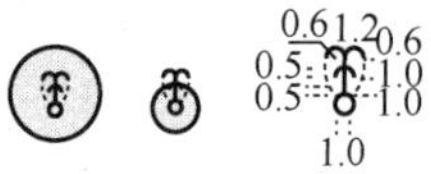 0.6 1.2 0.6 0.5 1.0 0.5 1.0 1.0		
4.3.111	假石山	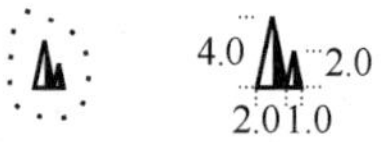 4.0 2.0 2.0 1.0		
4.4	交通			
4.4.14	街道 a. 主干路 b. 次干路 c. 支路	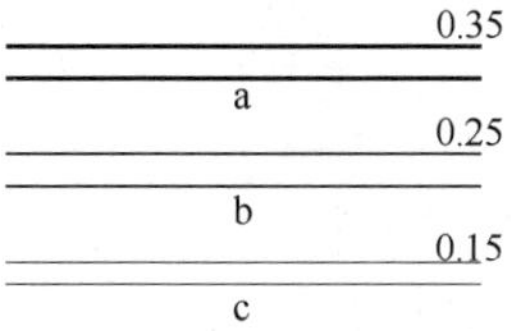 0.35 a 0.25 b 0.15 c		
4.4.15	内部道路	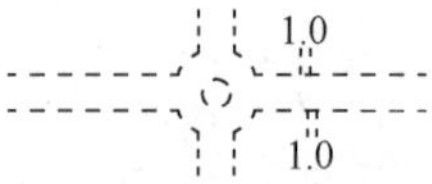 1.0 1.0		
4.4.17	机耕路(大路)	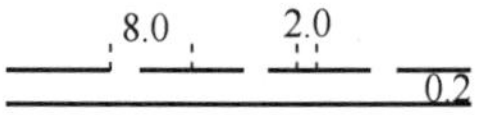 8.0 2.0 0.2		
4.4.18	乡村路 a. 依比例尺的 b. 不依比例尺的	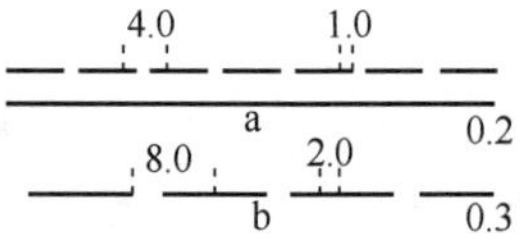 4.0 1.0 a 0.2；8.0 2.0 b 0.3		
4.4.19	小路、栈道	 4.0 1.0 0.3		

续表

编号	符号名称	1：500	1：1000	1：2000
4.5	管线			
4.5.1	架空的高压输电线 a. 电杆 35——电压(kV) 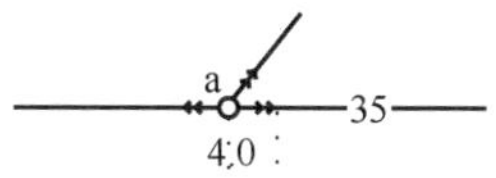 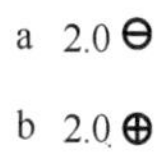	a 35 4.0		
4.5.2.1	架空的配电线 a. 电杆 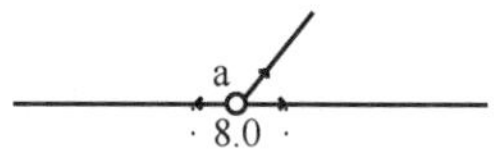 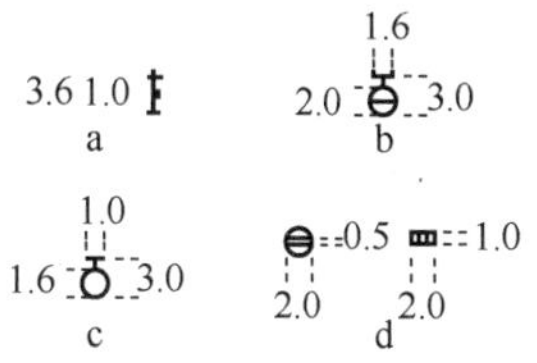	a 8.0		
4.5.6.1 4.5.6.5	地面上的通信线 a. 电杆 电信检修孔 a. 电信入孔 b. 电信手孔 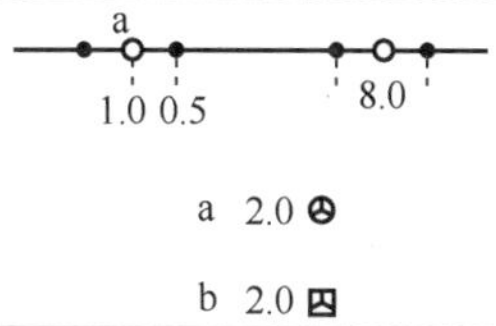	a 1.0 0.5 8.0 a 2.0 b 2.0		
4.5.8	管道检修机孔 a. 给水检修井孔 b. 排水(污水)检修机孔	a 2.0 b 2.0		
4.5.9	管道其他附属设施 a. 水龙头 b. 消防栓 c. 阀门 d. 污水、雨水箅子	3.6 1.0 a 1.6 2.0 3.0 b 1.0 1.6 3.0 c 0.5 1.0 2.0 2.0 d		
4.6	境界			
4.6.7	村界	0.2 1.0 2.0 4.0		
4.6.8	特殊地区界线	3.3 1.6 0.8 0.4		
4.7	地貌			
4.7.1	等高线及其注记 a. 首曲线 b. 计曲线 c. 间曲线 25——高程	a 0.15 b 25 0.3 c 0.15 1.0 6.0		
4.7.2	示坡线	0.8		
4.7.15	陡崖、陡坎 a. 土质的 b. 石质的 18.6、22.5——比高	a 18.6 300 b 22.5 700		
4.7.16	人工陡坎 a. 未加固的 b. 已加固的	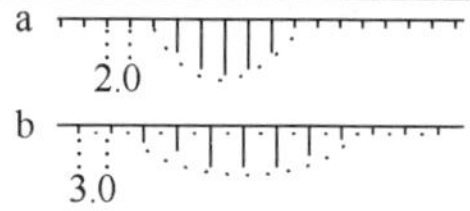 a 2.0 b 3.0		
 4.7.21	斜坡 a. 未加固的 b. 已加固的	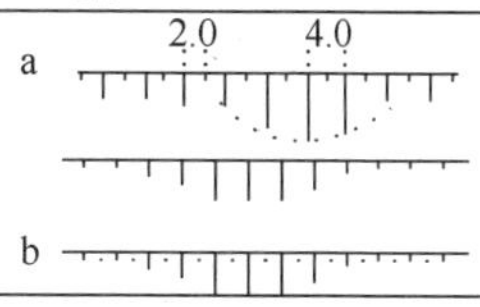 a 2.0 4.0 b		
4.8	植被与土质			
4.8.1	稻田 a. 田埂	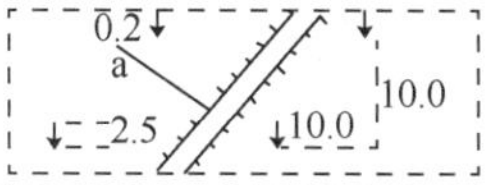 0.2 a 2.5 10.0 10.0 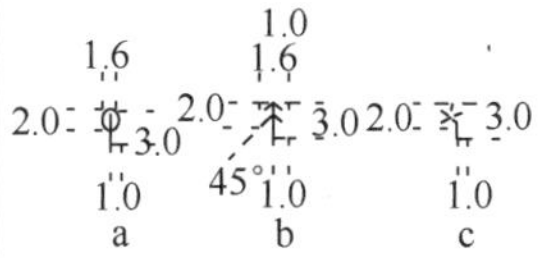		
4.8.2	旱地	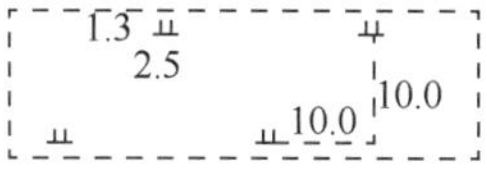 1.3 2.5 10.0 10.0		
4.8.3	菜地	2.0 0.1~0.3 1.0 2.0 1.0 10.0 10.0		
4.8.15	行树 a. 乔木行树 b. 灌木行树	a b		
4.8.16	独立树 a. 阔叶 b. 针叶 c. 棕榈、椰子、槟榔	1.6 2.0 3.0 1.0 a 1.0 1.6 2.0 3.0 45° 1.0 b 2.0 3.0 1.0 c		
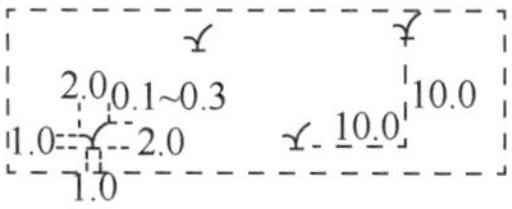 4.8.18	人工绿地	 1.6 0.8 5.0 10.0		
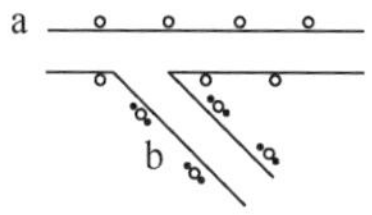 4.8.21	花圃、花坛	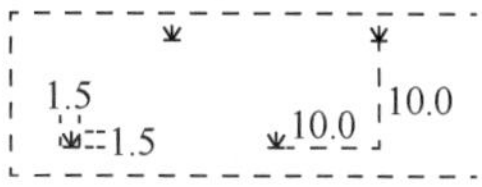 1.5 1.5 10.0 10.0		

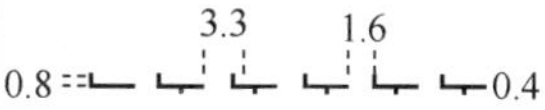

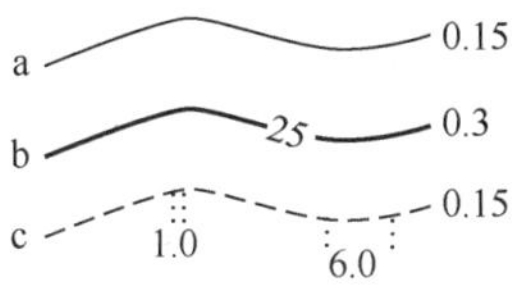

续表

编号	符号名称	1∶500	1∶1000	1∶2000	编号	符号名称	1∶500	1∶1000	1∶2000
4.9	注记								
4.9.1.3	乡镇级、国有农场、林场、牧场、盐场、养殖场	南坪镇 正等线体			4.9.2.1	居民地名称说明注记 a. 政府机关 b. 企业、事业、工矿、农场 c. 高层建筑、居住小区、公共设施	a 市民政局 宋体(3.5) b 日光岩幼儿园 兴隆农场 宋体(2.5　3.0) c 二七纪念塔　兴庆广场 宋体(2.5～3.5)		
4.9.1.4	村庄(外国村、镇) a. 行政村、主要集、场，街 b. 村庄	甘家寨 正等线体(3.0) a 李家村　张家庄 仿宋体(2.5　3.0) b							

2. 地貌符号

地形图上表示地貌常用等高线表示。

1) 等高线的定义与原理

等高线指的是地形图上高程相等的相邻各点所连成的闭合曲线。

设想用许多平行于水平面且间隔相等的平面去横截一山体，则山体的表面便现出一条一条弯曲的闭合截口线。同一条截口线位于同一水平面(等高面)上，同一截线上任何一点的高程是相等的，这种曲线就是等高线。将这些山体上的等高线垂直投影到水平面上，则水平面上便呈现出表示山体的一圈套一圈的等高线图形，将水平面上的等高线依地形图的比例尺缩绘到图纸上，则得到一圈套一圈的等高线图形，这是等高线表示地貌的基本原理。如图 7-7 所示，设想有一山体被高程为 45m、50m 和 55m 的水平面所截，相邻水平面间的高差相同，均为 5m，每个水平面与山体表面的交线就是与该水平面高程相同的等高线。将这些等高线沿铅垂方向投影到水平面上，并用规定的比例尺缩绘，即得等高线表示这个山体的图形。这些等高线的形状和高程，客观地显示了山体的空间形态。

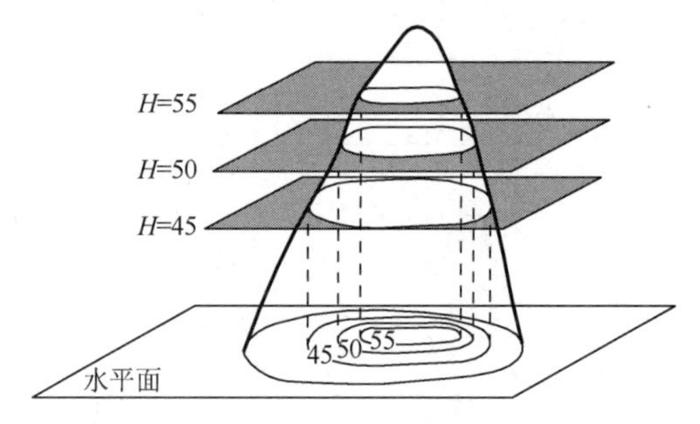

图 7-7　等高线原理图

2) 等高距和等高线平距

一般来说，等高线都是由高差相等的水平面截得的，相邻等高线之间的高差称为等高距也称为基本等高距，用 h 表示。在同一幅地形图上，除了一些特殊地形外，如太平坦或者太倾斜的地貌外，一般的地貌等高距应该是相同的，如图 7-7 所示地形图的基本等高距 h=5m。测图时选择等高距应依据测图比例尺的大小和测区地貌情况综合考虑而定，比例尺越大，选择的等高距越小，意味着地貌表示得更为详细，外业作业时也要采集更多的地貌特征点，加大了工作量。几种常用比例尺地形图的基本等高距可参见表 7-5。

表 7-5　常用比例尺地形图的基本等高距　　单位：m

地形类别	比　例　尺			
	1：500	1：1000	1：2000	1：5000
平地	0.5	0.5	1.0	2.0
丘陵地	0.5	0.5 或 1.0	2.0	5.0
山地	1.0	1.0	2.0	5.0
高山地	1.0	2.0	2.0	5.0

相邻等高线之间的水平距离称为等高线平距，用 d 表示。等高距 h 与等高线平距 d 对应实地距离的比值就是地面坡度 i，即

$$i=\frac{h}{d\times M} \tag{7-3}$$

由于一幅图 h 一般是固定不变的，由上式可知地面坡度 i 与等高线平距 d 成反比。说明地面坡度较缓的地方，等高线显得稀疏；而地面坡度较陡的区域，等高线显得密集，如图 7-8 所示。因此，根据等高线的疏密可判断地面坡度的缓与陡。

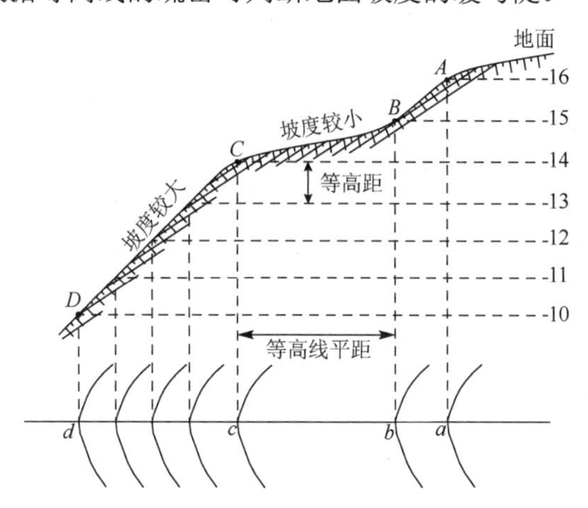

图 7-8　等高线平距与地面坡度的关系

3) 等高线的分类

为了更详尽地表示地貌的特征，地形图常用四种类型的等高线，如图 7-9 所示。

(1) 首曲线。在同一幅地形图上，按规定的基本等高距描绘的等高线称为首曲线，又称基本等高线，用 0.15mm 的细实线绘制。

(2) 计曲线。为了计算和读图的方便，凡是高程能被 5 倍基本等高距整除的等高线加粗描绘并注记高程，称为计曲线，用 0.3mm 的粗实线绘制。

(3) 间曲线。为了表示首曲线不能表示出的局部地貌，按 1/2 基本等高距描绘的等高线称为间曲线，也称半距等高线，用 0.15mm 宽的长虚线绘制。

(4) 助曲线。用间曲线还不能表示出的局部地貌，可按 1/4 基本等高距描绘等高线，称为助曲线，用 0.15mm 宽的短虚线绘制。

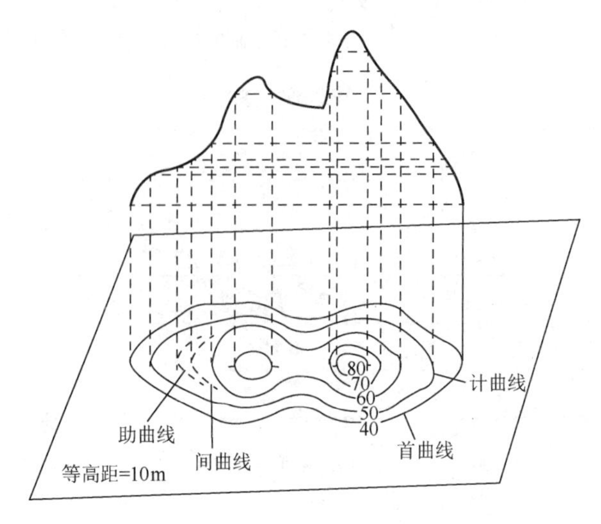

图 7-9　等高线的分类

4) 几种典型地貌的等高线

地貌虽然变化复杂，但分解开来看，都是由山丘、洼地、山脊、山谷、鞍部或陡崖和峭壁等几种典型地貌组成的，如图 7-10 所示。掌握这些典型地貌的等高线特点，有助于分析和判断地势的起伏状态，测绘、应用地形图。

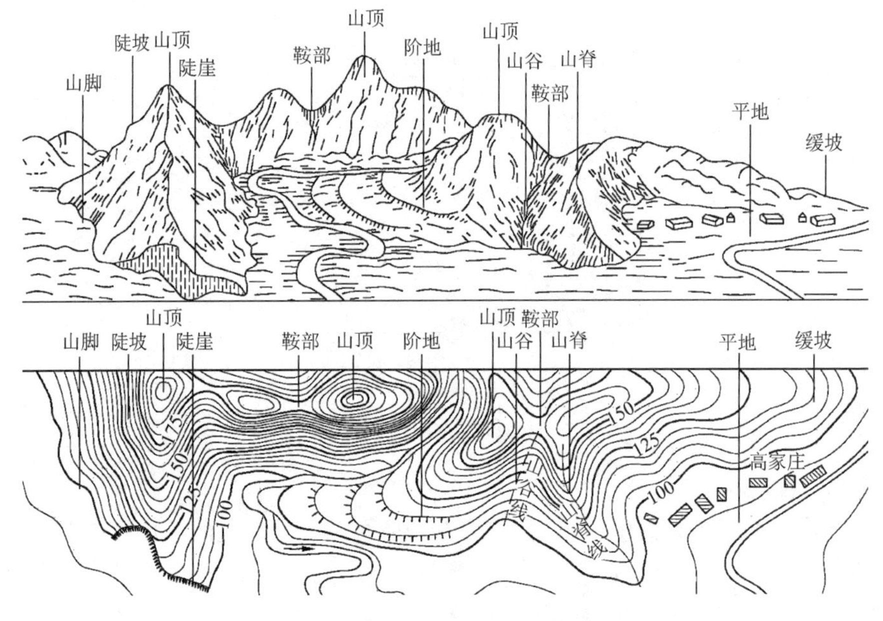

图 7-10　综合地貌及其等高线表示

(1) 山丘和洼地。

四周低下而中部隆起的地貌称为山，矮而小的山称为山丘；四周高而中间低的地貌称为盆地，面积小者称为洼地。山丘和洼地的等高线都是一组闭合曲线。如图 7-11(a)所示，山丘内圈等高线高程大于外圈等高线的高程；洼地则相反，如图 7-11(b)所示。

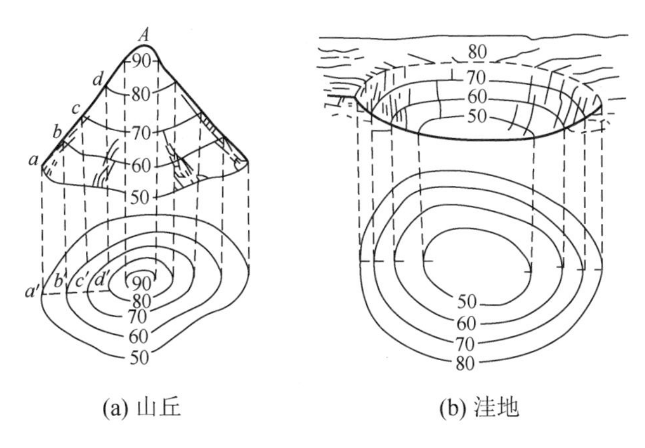

(a) 山丘　　(b) 洼地

图 7-11　山丘和洼地的等高线

(2) 山脊和山谷。

山脊是山体延伸的最高棱线，山脊上最高点的连线称山脊线，又称分水线。山谷是山体延伸的最低棱线，山谷内最低点的连线称山谷线，又称集水线。如图 7-12(a)所示，山脊等高线为一组凸向低处的曲线；如图 7-12(b)所示，山谷的等高线为一组凸向高处的曲线。

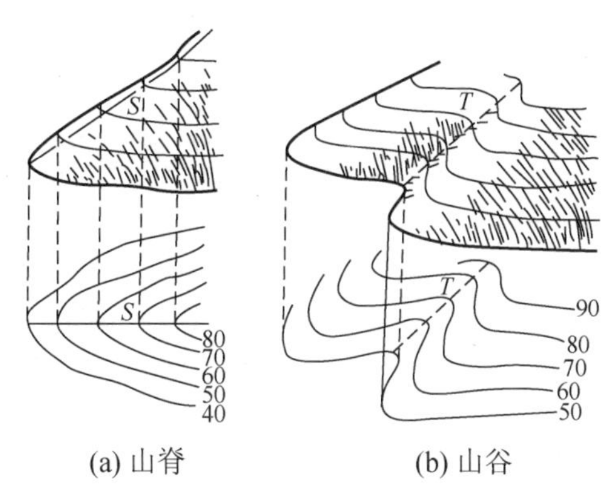

(a) 山脊　　(b) 山谷

图 7-12　山脊和山谷的等高线

山脊线与山谷线统称为地性线，与等高线正交。在工程规划、技术设计中，应考虑地面的水流方向、分水线、集水线等问题，因此山脊、山谷在地形图测绘及应用中具有重要的作用。

(3) 鞍部。

山脊上相邻两山顶间形如马鞍状的低凹部分称为鞍部。如图 7-13 所示，鞍部的等高线由两组相对的山脊和山谷的等高线组成，形如两组双曲线簇。

(4) 峭壁和悬崖。

峭壁是近于垂直的陡坡，此处不同高程的等高线投影后互相重合，如图 7-14(a)所示。如果峭壁的上部向前突出，中间凹进去，就形成悬崖；悬崖突出部位的等高线与凹进部位的等高线彼此相交，而凹进部位用虚线勾绘，如图 7-14(b)所示。

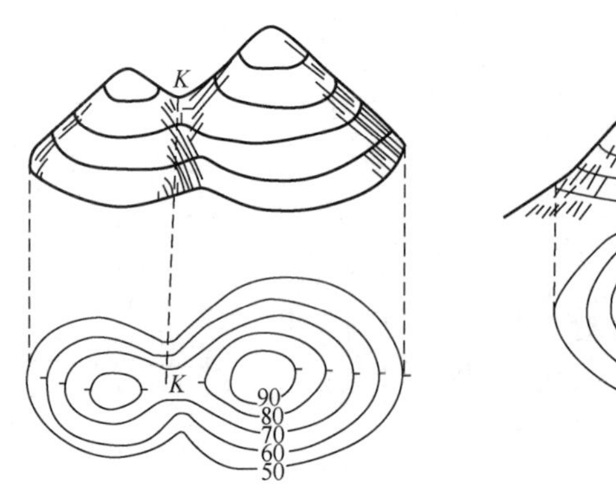

图 7-13 鞍部的等高线图

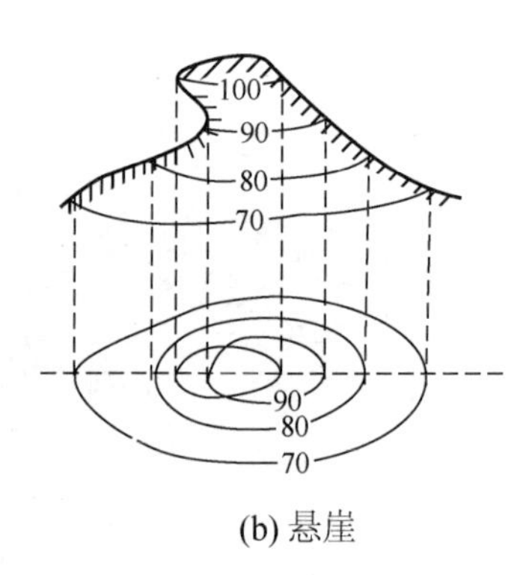

图 7-14 峭壁和悬崖的等高线

5) 等高线的特性

(1) 在同一等高线上，各点的高程相等。

(2) 等高线是自行闭合的曲线，如不在本图幅闭合，则必在相邻图幅内闭合。

(3) 除在悬崖、峭壁处外，不同高程的等高线不能相交。

(4) 各等高线间的平距越小则坡度越陡，平距越大则越平缓，各等高线间的平距相同则表示匀坡。

(5) 等高线通过山脊和山谷时改变方向，且在变向处与山脊线或山谷线垂直相交。

7.2 大比例尺数字化测图

7.2.1 数字化测图简介

传统地形图测图方式主要是手工作业，外业测量人工记录，人工绘制地形图，为用图人员提供晒蓝图纸。随着社会的发展，这种测图方式难以适应当前经济建设的需要。数字化测图是以计算机为核心，在输入、输出设备硬件和软件的支持下，对地形空间数据进行采集、处理、绘图和管理的测绘系统。不仅缩短了野外测图时间，减轻了野外劳动强度，还能将大部分作业内容安排到室内去完成，将大量手工作业转化为电子计算机控制下的机械操作，具有效率高、劳动强度小、点位精度高、所绘地形图精确美观、便于成果更新、能以各种形式输出成果等特点。

数字化测图的作业过程与使用的设备和软件、数据源及图形输出的目的有关。但不论是测绘地形图，还是制作种类繁多的专题图、行业管理用图，只要是测绘数字图，都必须包括数据采集、数据处理和图形输出三个基本阶段。

1. 数据采集

地形图、航空航天遥感相片、图形数据或影像数据、统计资料、野外测量数据或地理调查资料等，都可以作为数字化测图的信息源。数据资料可以通过键盘或转储的方法输入计算机；图形和图像资料一定要通过图数转换装置转换成计算机能够识别和处理的数据。

目前我国主要采用数字化仪法、航测法和大地测量仪器法采集数据。前两者主要是室内作业采集数据，大地测量仪器法是野外采集数据。

2. 数据处理

实际上，数字化测图的全过程都是在进行数据处理，但这里讲的数据处理阶段是指在数据采集以后到图形输出之前对图形数据的各种处理。数据处理主要包括数据传输、数据预处理、数据转换、数据计算、图形生成、图形编辑与整饰、图形信息的管理与应用等。

3. 成果输出

经过数据处理以后，即可得到数字地图，也就是形成一个图形文件，由磁盘或光盘做永久性保存。也可以将数字地图转换成地理信息系统所需要的图形格式，用于建立和更新GIS 图形数据库。输出图形是数字化测图的主要目的，通过对层的控制，可以编制和输出各种专题地图,包括平面图、地籍图、地形图、管网图、带状图、规划图等。

7.2.2 数字化测图原理

数字化测图的基本原理是采集地面上的地形、地物要素的三维坐标以及描述其性质与相互关系的信息，将其录入计算机，借助于计算机绘图系统处理、显示、输出地形图。它主要可以分为两个步骤：第一步是地形数据采集，第二步是计算机成图。地形数据采集一般采用仪器进行野外地面数字采集碎部点数据，获取地物、地貌的碎部特征点的坐标和图形信息。本部分重点是介绍利用全站仪进行数字化测图的原理。

全站仪野外数据采集是根据极坐标测量的方法，如图 7-15 所示，图中 *A*、*B* 为已知控制点，需要对房屋进行数据采集并绘图。将全站仪架设于方便观测地物的控制点 *A*(测站点)正上方并量取仪器高 *i*，将固定棱镜架设于相邻控制点 *B*(后视点)正上方，*A* 到 *B* 方向称为后视方向。将 *A*、*B* 两点的坐标输入全站仪，利用全站仪确定后视方向即 *A* 到 *B* 的坐标方位角(也可直接输入)，瞄准配备带有棱镜的移动杆对碎部点进行数据采集，其高度为目标高 *v*。根据已知控制点的数据、仪器高 *i* 和目标高 *v*，通过测定出已知点与地面上任一待定点之间的相对关系(方角度α、水平距离 *D*、竖直角 *V*)，利用全站仪内部自带的计算程序计算出待定点的三维坐标(*N*、*E*、*Z*)并存储，也可以通过对已知点的观测，用交会的方法求测站点的坐标，配合绘图软件即可绘制成图。

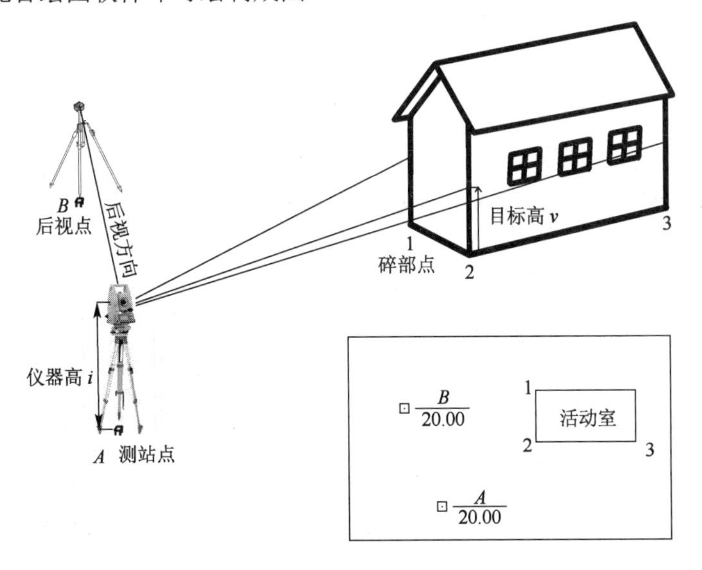

图 7-15 全站仪数字化测图原理

$$
\begin{aligned}
N_1 &= N_0 + D\cos\alpha \\
E_1 &= E_0 + D\sin\alpha \\
Z_1 &= Z_0 + D\tan V + i - v
\end{aligned}
\tag{7-4}
$$

式中 N_0，E_0，Z_0——测站点坐标；

D，α，V——测站点到棱镜中心的平距、方位角和竖直角；

i，v——仪器高和目标高；

N_1，E_1，Z_1——未知点的坐标。

说明：仪器高需量取地面点到全站仪竖直度盘十字丝中心的距离；棱镜高量至棱镜后座中心或者直接由棱镜读取，此时，棱镜一定要竖直(棱镜杆上的圆气泡居中)。

7.2.3 大比例尺数字化测图的野外数据采集

1. 全站仪图根控制测量

(1) 导线法：在利用导线法进行控制测量时，大比例尺数字化测图一般以闭合导线、附合导线和支导线三种形式布设。利用全站仪观测导线相邻边的水平夹角、水平距离平差计算出导线点(控制点)的平面坐标，导线点的高程可通过水准测量或者三角高程测量的方式获得。

(2) 辐射法：是在某一通视良好的等级控制上，用极坐标测量方法，按全圆方向观测方式，依次测定周围几个控制点。这种方法无须平差，直接测出坐标。为了保证图根点的可靠性，一般要进行两次观测(另选定向点)。

(3) 一步测量法：是在导线选点、埋桩以后，将导线测量与碎部测量同时进行，在测定导线后，提取各条导线测量数据，进行导线平差，而后可按新坐标对碎部点进行坐标重算。目前，许多测图软件都支持这种作业方法。

(4) 支站：测图时，应尽量利用各级控制点作为测站点，在地物、地貌极其复杂零碎时，要全部在各级控制点上测绘所有的碎部点往往比较困难，因此除了利用各级控制点外，还需增设测站点，但切忌用增设测站点做大面积测图。增设测站点是在控制点或图根点上采用极坐标法、交会法和支导线测定测站点的坐标和高程。

2. 准备工作

1) 测区划分

为了便于多个作业组作业，在野外数据采集之前，通常要对测区进行“作业区划分”。数字化测图不需要按图幅测绘，而是以道路、河流、沟渠、山脊线等明显线状地物为界，将测区划分为若干作业区，分块测绘。对于地籍测量来说，一般以街坊为单位划分作业区。分区的原则是各区之间的数据(地物)尽可能独立(不相关)，并各自测绘各边界的路边线和河边线。对于跨区的地物，如电力线等，应测定其方向线，供内业编绘，如图 7-16 所示。例如，有甲、乙两个作业小队，甲队负责路南区域，乙队负责路北区域(包括公路)。甲队再以山谷和河为界，乙队再以公路和河为界，分块分期测绘。

2) 准备工作

进行数据采集前，应根据作业单位的具体情况和相应的作业方法准备好仪器、器材、工作底图、控制成果和技术资料。使用全站仪进行数据采集，仪器器材包括：全站仪、三脚架、对中杆、棱镜、对讲机、充电器、计算机、备用电池、通信电缆、小钢尺、皮尺或测距仪等。数据采集时，要求绘制较详细的草图，可采用现场绘制，也可在工作底图上进行，底图可以用旧地形图、晒蓝图或航片放大影像图。

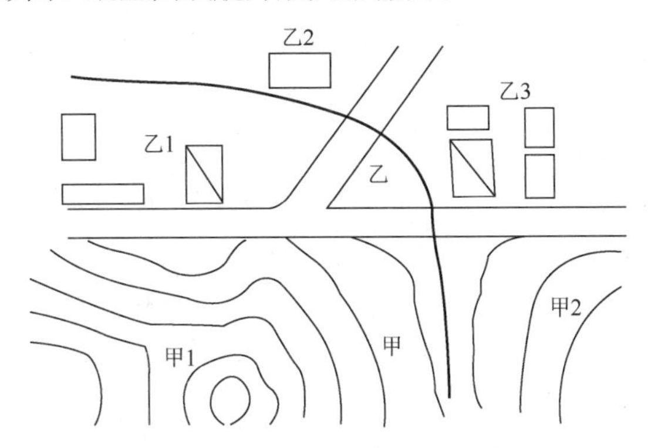

图7-16 数字化测图分块测绘

测图方法和测图工作量不同，人员配备也不一样。一个作业小组一般需配备：无码作业时，测站观测员(兼记录员)1人，镜站跑尺员1~3人，领尺(领镜、绘草图)员1人；简码作业时，观测员1人，镜站跑尺员1~2人。领尺(镜)员负责画草图或记录碎部点属性。实际测图时，每天要轮换内外业领尺(镜)员，以便及时进行内业成图编辑，及时发现外业数据采集时出现的问题。

3. 野外数据采集

以南方NTS-360系列全站仪为例，介绍极坐标法采集野外碎部点数据。

1) 仪器安置、建立数据文件

在测站点安置好仪器，并量取仪器高，启动全站仪，对仪器有关参数进行设置后，建立数据文件。

操作过程	操作键	显示
(1) 按下[MENU]键，仪器进入主菜单1/2，按数字键[1](数据采集)。	[MENU] [1]	菜单 1/2 1. 数据采集 2. 放样 3. 存储管理 4. 程序 5. 参数设置 P1↓
(2) “文件名”处输入碎部点文件名，建议采用“区域首字母+时间”(“长青11月02日” CQ1102)，按[F4](确认)或[ENT]键 如选已有文件按[F2](调用)键。	[F4] 或[ENT]	选择测量和坐标文件 文件名：CQ1102 回退 调用 字母 确认
(3) 屏幕返回数据采集菜单1/2。		数据采集 1/2 1. 设置测站点 2. 设置后视点 3. 测量点 P↓

特别提示

文件名命名尽量遵循一定的规则，以便今后查找调用。

2) 输入测站点数据

以直接输入测站点坐标为例加以说明。

操作过程	操作键	显示
(1) 由数据采集菜单 1/2，按数字键[1](设置测站点)，即显示原有数据。	[1]	数据采集 1/2 1．设置测站点 2．设置后视点 3．测量点 P↓
(2) 按[F4](测站)键。	[F4]	设置测站点 测站点→ 编　码: 仪器高:　2.000 m 输入　查找　记录　测站
(3) 按[F3](坐标)键直接输入测站点坐标。	[F3]	数据采集 设置测站点 点名: 输入　调用　坐标　确认
(4) 输入坐标值，按[F4](确认)键。	输入坐标 [F4]	设置测站点 E0:　0.000 m N0:　0.000 m Z0:　0.000 m 回退　点名　确认
(5) 输入完毕，按[F4](确认)键。	[F4]	设置测站点 N0:　100.000 m E0:　100.000 m Z0:　10.000 m 回退　点名　确认
(6) 测站点坐标数据显示在屏幕上，按[F4](是)键确认测站点坐标。	[F4]	设置测站点 N0:　100.000 m E0:　100.000 m Z0:　10.000 m >确定吗?　[否]　[是]
(7) 屏幕返回设置测站点界面。 按[F1](输入)键，输入测站点名1，按[F4](确认)键。	[F1] 输入测站点名 [F4]	设置测站点 测站点→1 编　码: 仪器高:　0.000 m 输入　查找　记录　测站
(8) 用[▼]键将→移到编码栏。 按[F1](输入)键，输入编码，并按[F4](确认)键。	[▼] [F1] 输入编码 [F4]	设置测站点 测站点:　1 编　码→KZD 仪器高:　0.000 m 回退　调用　字母　确认

操作过程	操作键	显示
(9) 用[▼]键将→移到仪器高一栏，输入仪器高，并按[F4](确认)键。	[▼] [F1] 输入仪器高 [F4]	设置测站点 测站点: 1 编　码: KZD 仪器高→ 1.518 m 回退　确认
		设置测站点 测站点: 1 编　码: KZD 仪器高→ 1.518 m 输入　查找　记录　测站
(10) 按[F3](记录)键，显示该测站点的坐标。	[F3]	设置测站点 NO: 100.000 m EO: 100.000 m ZO: 10.000 m >确定吗?　[否]　[是]
⑾按[F4](是)键，完成测站点的设置。显示屏返回数据采集菜单 1/2。	[F4]	数据采集　1/2 1. 设置测站点 2. 设置后视点 3. 测量点 P↓

特别提示

测站点为全站仪架设对应的点，数据可直接输入，也可从已有坐标数据中调用。

3) 输入后视点数据

以直接输入后视点坐标为例加以说明。

操作过程	操作键	显示
(1) 由数据采集菜单 1/2，按数字键[2](设置后视点)。	[2]	数据采集　1/2 1. 设置测站点 2. 设置后视点 3. 测量点 P↓
(2) 屏幕显示上次设置的数据，按[F4](后视)键。	[F4]	设置后视点 后视点→5 编　码 : 目标高: 0.000 m 输入　查找　测量　后视
(3) 进入后视设置功能，按[F3](NE/AZ)键。	[F3]	数据采集 设置后视点 点名: 5 输入　调用　NE/AZ　确认

操作过程	操作	显示
(4) 输入坐标值，按[F4](确认)键。	[F1] 输入坐标 [F4]	设置后视点 NBS： _ 0.000 m EBS： 0.000 m ZBS： 0.000 m 回退 角度 确认
(5) 输入后视点坐标，按[F4]键，确认后视点坐标。	[F4]	设置后视点 NBS： 20.000 m EBS： 20.000 m ZBS： 10.000 m >确定吗？ [否] [是]
(6) 系统根据测站点和后视点的坐标计算出后视方位角，如右图所示。		请照准后视 HR： 225° 00′ 00″ [否] [是]
(7) 照准后视点。	照准后视点	
(8) 按[F4](是)键。 屏幕返回设置后视点界面。 按同样方法，输入点编码、目标高。	[F4] 输入点编码 输入目标高	设置后视点 后视点：1 编　码：SOUTH 目标高→ 1.500 m 输入 置零 测量 后视
(9) 按[F3](测量)键。 再按[F3](坐标)键。	[F3] [F3]	设置后视点 后视点：1 编　码：SOUTH 目标高→ 1.500 m 角度 *平距 坐标
(10) 检查测量坐标和后视点已知坐标是否一致。 若一致，按[F3](否)键，返回数据采集菜单 1/2；若不一致，检查后视点是否瞄准、坐标是否有错，重新进行后视方向设置。	[F3]	HR： 225° 00′ 00″ N： 20.000 m E： 20.000 m Z： 10.000 m 记录吗？ [否] [是] 数据采集 1/2 1．设置测站点 2．设置后视点 3．测量点 P↓

特别提示

(1) 后视点为架设固定棱镜所对应点，数据输入可直接输入，也可从已有坐标数据中调用。由于仪器相关部件的位置不同，数据采集时，考虑到右手操作方便等原因，一般情况下南方 NTS-360 系列全站仪建议盘左测量，且在测量过程中，始终采用盘左。其他仪器视情况而定。

(2) 在进行此步骤时，应先瞄准后视点，然后再进行仪器操作，以免因为大意而出错。

(3) 后视点的设置有以下3种输入方式。

① 利用内存中的坐标数据设置后视点。

② 直接输入后视点坐标。

③ 直接键入后视方位角。

4) 进行待测点的测量

操作过程	操作	显示
(1) 由数据采集菜单1/2，按数字键[3]，进入待测点测量。	[3]	数据采集 1/2 1．设置测站点 2．设置后视点 3．测量点 P↓
(2) 按[F1](输入)键。	[F1]	测量点 点　名→ 编　码: 目标高:　0.000 m 输入　查找　测量　同前
(3) 输入点号后，按[F4]确认。	输入点号 [F4]	测量点 点　名→　1 编　码:　0 目标高:　0.000 m 回退　查找　字母　确认
(4) 按同样方法输入编码、目标高。	输入编码 [F4] 输入目标高 [F4]	测量点 点　名:　1 编　码:　SOUTH 目标高→　1.000 m 回退　确认
(5) 照准目标点，按[F3](测量)键。	照准 [F3]	测量点 点　名: 1 编　码: SOUTH 目标高→　1.000 m 输入　测量　同前
(6) 按[F3](坐标)键。	[F3]	测量点 点　名: 1 编　码: SOUTH 目标高→　1.000 m 角度　*平距　坐标　偏心
(7) 系统启动测量。		V :　90° 00′ 00″ HR:　225° 00′ 00″ N*　[3次]<<<　m E: Z: 正在测距…

(8) 测量结束后，按[F4](是)键，数据被存储。

[F4]

```
V :       90° 00′ 00″
HR:      225° 00′ 00″
N:              20.000 m
E:              20.000 m
Z:              10.000 m
>确定吗?          [否]  [是]
        〈 完成 〉
```

(9) 系统自动将点名+1，开始下一点的测量。输入目标点名，并照准该点。可按[F4](同前)键，按照上一个点的测量方式进行测量；也可按[F3](测量)键选择测量方式。

[F4]

```
测量点
点  名: 2
编  码: SOUTH
目标高→       1.000  m
输入              测量    同前
```

(10) 测量完毕，数据被存储。

按[ESC]键即可结束数据采集模式。

```
V :       90° 00′ 00″
HR:      225° 00′ 00″
N:              20.000 m
E:              20.000 m
Z:              10.000 m
>确定吗?          [否]  [是]
        〈 完成〉
测量点
点  名: 3
编  码: SOUTH
目标高→       1.000  m
输入              测量    同前
```

特别提示

(1) 整个测量过程用盘左测量。

(2) 碎部点棱镜高变动应及时输入。

(3) 当全站仪在更换电池后，应重新做“2)输入测站点数据”和“3)输入后视点数据”步骤，然后接着已测的最后一个碎部点往后测量。

4. 野外数据采集若干事项

1) 数据采集中草图的绘制

草图绘制主要内容有：地物相对位置、地貌的地性线、点名、丈量距离记录、地理名称和说明注记等。在随测站记录时，应注记测站点点名、后视点点名、一测站碎部点点号范围、北方向、绘图时间、绘图者姓名等，最好在每到一测站时整体观察一下周围地物，尽量保证一张草图把一测站所测地物表示完全，对地物密集处标上标记另起一页放大表示，如图 7-17 所示。

2) 地物地貌特征点的选择

在数字地形图测绘中，一般情况下，主要地物凹凸部分在图上大于 0.4mm 时均应表示出来，小于 0.4mm，可用直线连接。常见野外直接测定地物地貌特征点的位置选择见表 7-6。

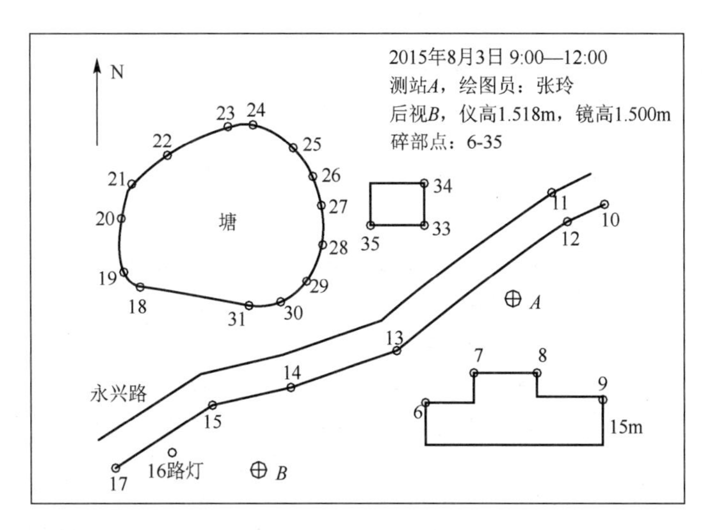

图 7-17　某测区草图

表 7-6　常见地物地貌特征点的选择

地形类别		平面点	高程点	其他要求
建(构)筑物	矩形	主要墙外角	主要墙角外地坪	注记房屋层次结构
	圆形	圆心或圆周上三点	地面	注记半径高度或深度
	其他	墙角主要拐点或圆弧特征点	墙角外主要特征点	
道路		路边线拐角点、切点、曲线加密点、干线交叉点、里程碑	变坡点、交叉点、直线段 30～40m 一个点	注记路面材料、路名
铁路		车档、岔心、进厂房处、直线部分每 50m 一个点	每个平面点测一个高程点，曲线内轨每 20m 一个点	注记铁路名称
桥梁、涵洞		桥梁四角点、涵洞进出口	四角点、桥面中心点、涵洞进出口底部	
架空管道		起、终、转、交点的支架中心	起、终、转、角点、变坡点或地面	注明通过铁路、公路的净空高度
地下管道		起、终、转、交点的管道中心	地面井盖、井台、井底、管顶、下水出入口的管底或沟底	注记管道类别
架空电力线、电信线路		铁塔四角、起、终、转、交点的支架中心	杆(塔)地面或基座面	注明通过铁路、公路的净空高度
独立地物		中心点		
山区地形		山顶、脚、谷、脊、鞍部、变坡点、均匀山坡散点、坡顶及坡脚拐点	山顶、脚、谷、脊、鞍部、变坡点、均匀山坡散点、坡顶及坡脚拐点	
坡、坎		坡(坎)顶及坡(坎)底的拐点	坡(坎)顶及坡(坎)底的拐点	注记比高，适当注记坡顶、坡脚高程
境界线		拐点	拐点	注记境界线等级及名称
植被土质		边界线拐点	范围内按规范密度的间距测量散点	注记植被种类、土地类型
其他注记		城市、工矿企业、单位、居民地、道路、水库、河流、山岭、植被等		

7.2.4 大比例尺数字化测图的内业成图

1. 数字化测图软件介绍

数字化测图需要数字化测图软件支持。数字化测图的软件有很多，各测绘公司(如南方公司的 CASS 软件)及全国很多大中专院校(如清华山维 EPSW)都有自己的数字化测图软件，不同的软件各有其不同的特点，但基本功能大同小异。本节主要介绍现在市场常用的南方 CASS 地形地籍成图软件 7.0 版本。CASS 地形地籍成图软件广泛应用于地形成图、地藉成图、工程测量应用、空间数据建库等领域，是基于 AutoCAD 平台开发的，界面上比 AutoCAD 多了一些菜单，CASS7.0 的主界面如图 7-18 所示。

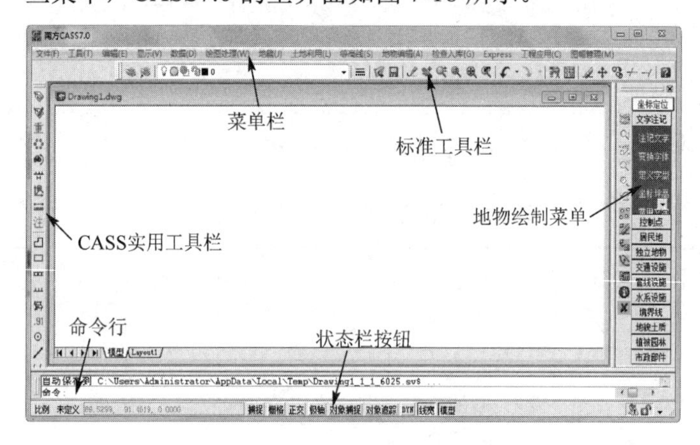

图 7-18 CASS7.0 主界面

2. 地形图的基本绘制

地形图的基本绘制流程主要包括数据输入、展点、绘制地物、绘制等高线、图幅整饰、绘图输出等流程，如图 7-19 所示。

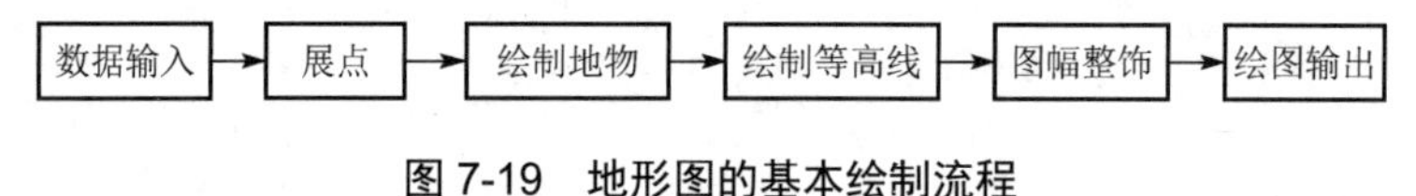

图 7-19 地形图的基本绘制流程

1) 数据输入

把野外采集的数据从电子手簿或全站仪的内存中导入 CASS。可以通过第三方软件，先把数据传输到计算机，也可以通过 CASS 进行数据传输。通过 CASS 进行数据传输，都要通过“数据”菜单。CASS 的“数据”菜单提供了“读取全站仪数据”“测图精灵格式转换”和手工输入“原始测量数据录入”三种数据输入方式，如图 7-20 所示。

其中常用的是“读取全站仪数据”方法，其操作方法如下。

(1) 将全站仪与电脑连接后，选择“读取全站仪数据”，选择正确的仪器类型，设置通信参数，如图 7-21 所示。

(2) 选择“CASS 坐标文件”的“选择文件”按钮，输入文件名，保存。

需要注意的是，传输完成后的数据后缀名必须为*.dat,否则南方 CASS 软件不能识别数据，此数据可以用 Windows 自带的记事本方式打开进行编辑，其数据格式为“点号，编码，*Y* 坐标，*X* 坐标，高程”，每一行为一个点的数据，数据格式中的逗号为半角逗号。

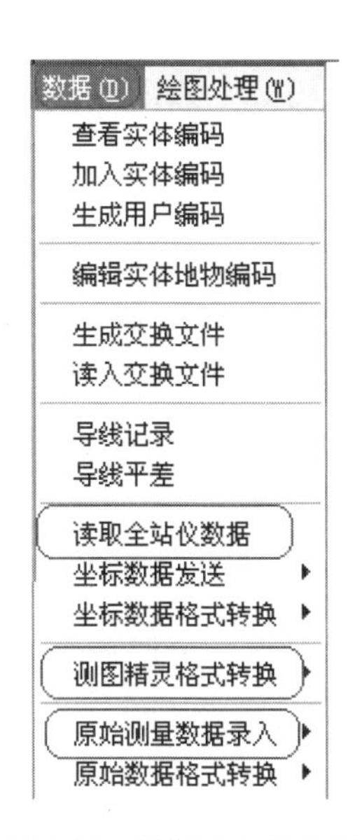

图 7-20 读取全站仪数据

图 7-21 全站仪内在数据转换

2) 展点

(1) 定显示区。

定显示区的作用是根据输入坐标数据文件的数据大小定义屏幕显示区域的大小，以保证所有点可见。

移鼠标指针至菜单栏“绘图处理”项，单击左键，出现如图 7-22 所示的下拉菜单。选择“定显示区”，单击左键，即出现“输入坐标数据文件名”对话框。输入 C:\CASS70\DEMO\STUDY.DAT，然后再移动鼠标指针至“打开(O)”处，单击左键，如图 7-23 所示。

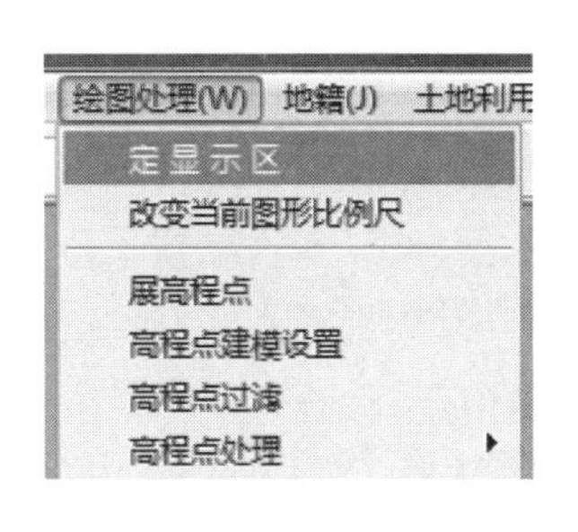

图 7-22 定显示区

图 7-23 “输入坐标数据文件名”对话框

命令行显示如下。

最小坐标(米):X=31036.221,Y=53077.691

最大坐标(米):X=31257.455,Y=53306.090

(2) 设置绘图比例尺。

首次进行绘图时，需设置绘图比例尺，CASS 默认为 1∶500，也可自定义比例尺。再次打开地形图可免去此步骤，如图 7-24 所示。

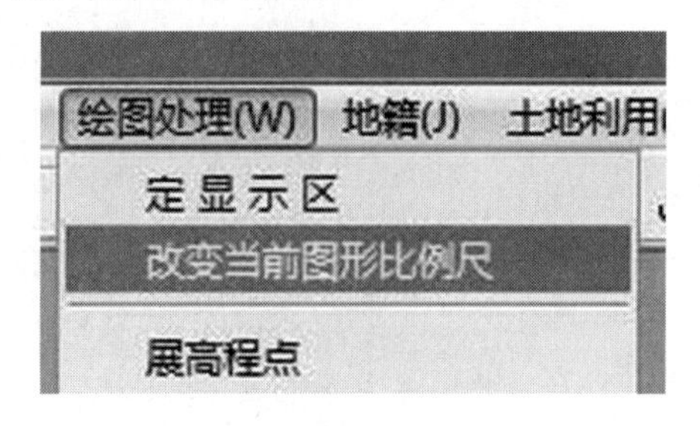

图 7-24　设置比例尺

移动鼠标指针至“绘图处理”项，单击左键，然后选择“改变当前图形比例尺”，单击左键。

命令行显示如下。

输入新比例尺<1∶500>　1:

“<1∶500>” 代表 CASS 默认 1∶500，可直接按 Enter 键，或输入新比例尺分母，再按 Enter 键。

(3) 选择测点点号定位成图法。

通过此步，可实现利用点号对应已有草图进行绘图。

移动鼠标指针至屏幕右侧菜单区之“坐标定位”项，单击左键，即出现如图 7-25 所示的对话框。选择“点号定位“，单击左键。

输入点号坐标数据文件名 C:\CASS7.0\DEMO\STUDY.DAT，然后后再移动鼠标指针至“打开(O)”处，单击左键。

命令行显示如下。

读点完成!　共读入 106 个点

(4) 展点。

移动鼠标指针至“绘图处理”项，单击左键，然后选择“展野外测点点号”项，单击左键，输入坐标数据文件名 C:\CASS7.0\DEMO\STUDY.DAT，然后再移动鼠标指针至“打开(O)”处，单击左键，如图 7-26 所示。图 7-27 所示为展点后的图。

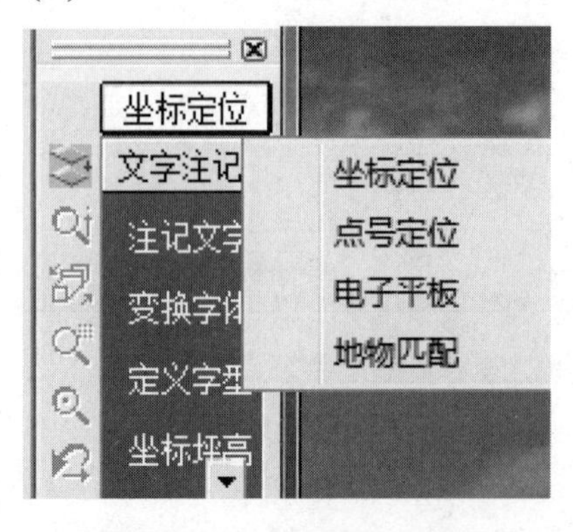

图 7-25　“坐标定位”选项

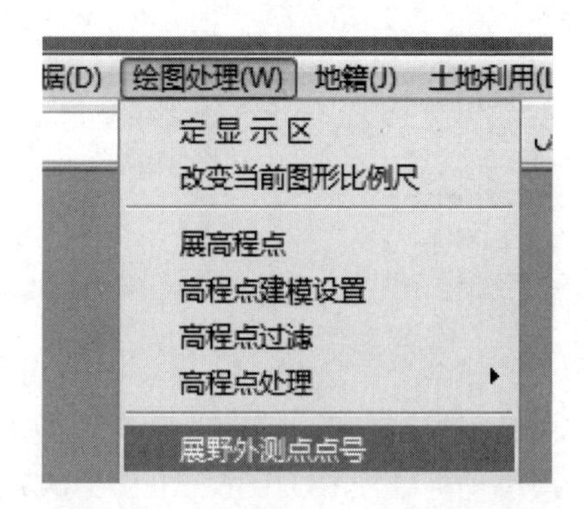

图 7-26　“展野外测点点号”选项

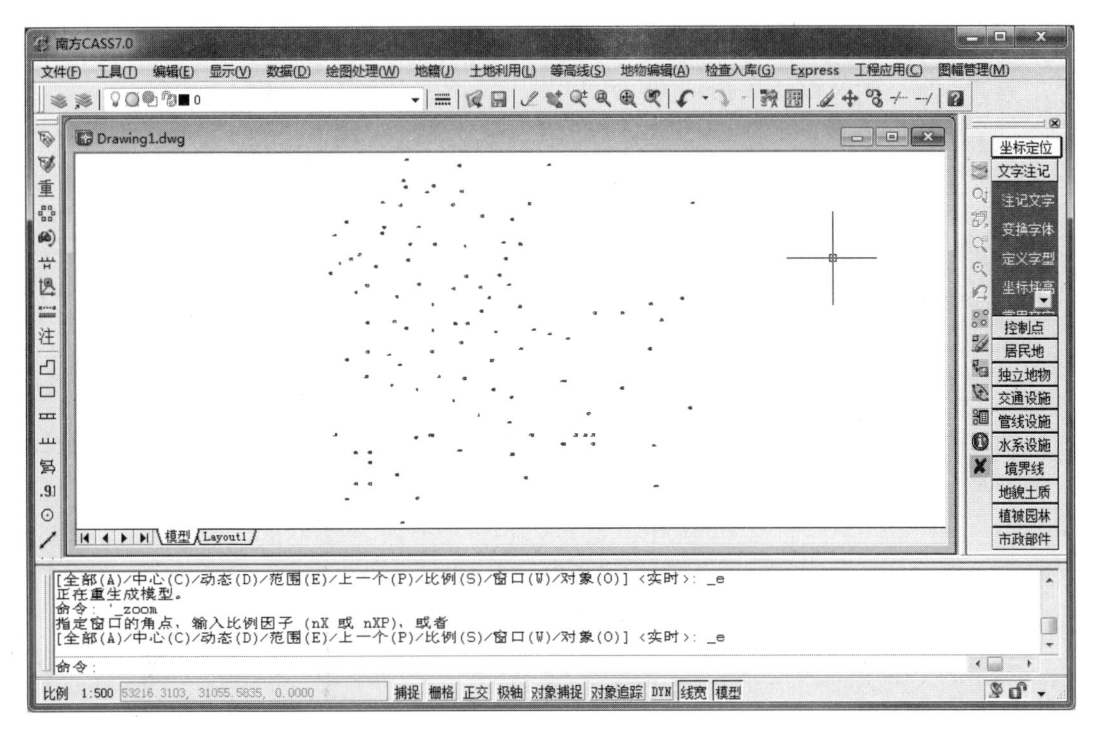

图 7-27 展点后的图

3)绘制地物

根据草图，选择右侧屏幕地物绘制菜单,选择地物名称，进行成图。

(1) 绘制公路。

右侧屏幕菜单，执行“交通设施”→“公路”→“平行等外公路”→“确定”命令，如图 7-28 所示。

图 7-28 “公路”选项对话框

命令行显示如下。

点 P/<点号>输入 92，按 Enter 键。

点 P/<点号>输入 45，按 Enter 键。

点 P/<点号>输入 46，按 Enter 键。

点 P/<点号>输入 13，按 Enter 键。

点 P/<点号>输入 47，按 Enter 键。

点 P/<点号>输入 48，按 Enter 键。

点 P/<点号>按 Enter 键。

拟合线<N>?输入 Y，按 Enter 键。

说明：输入 Y，将该边拟合成光滑曲线；输入 N(缺省为 N)，则不拟合该线。

1. 边点式/2.边宽式<1>:按 Enter 键(默认 1)

说明：选 1(缺省为 1)，将要求输入公路对边上的一个测点；选 2，要求输入公路宽度。

对面一点

点 P/<点号>输入 19，按 Enter 键。

图 7-29 为绘制好的“平行等外公路”。

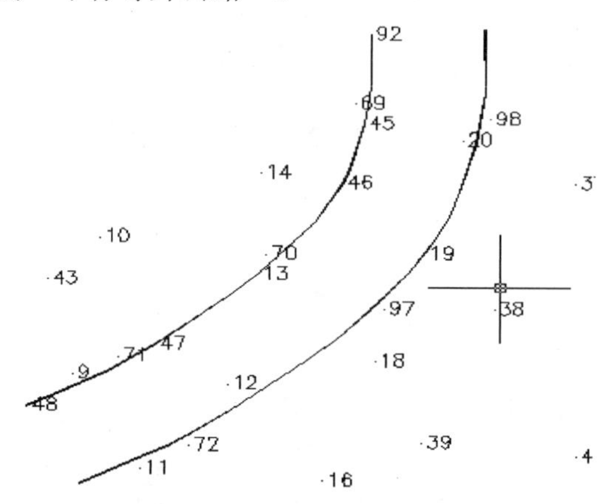

图 7-29　绘制好的平行等外公路图

(2) 绘制多点房屋。

右侧屏幕菜单，执行“居民地”→“一般房屋”→“多点砼房屋”→“确定”命令(图 7-30)。

命令行显示如下。

第一点:

点 P/<点号>输入 49，按 Enter 键。

指定点:

点 P/<点号>输入 50，按 Enter 键。

闭合 C/隔一闭合 G/隔一点 J/微导线 A/曲线 Q/边长交会 B/回退 U/点 P/<点号>输入 51，按 Enter 键。

闭合 C/隔一闭合 G/隔一点 J/微导线 A/曲线 Q/边长交会 B/回退 U/点 P/<点号>输入 J，按 Enter 键。

点 P/<点号>输入 52，按 Enter 键。

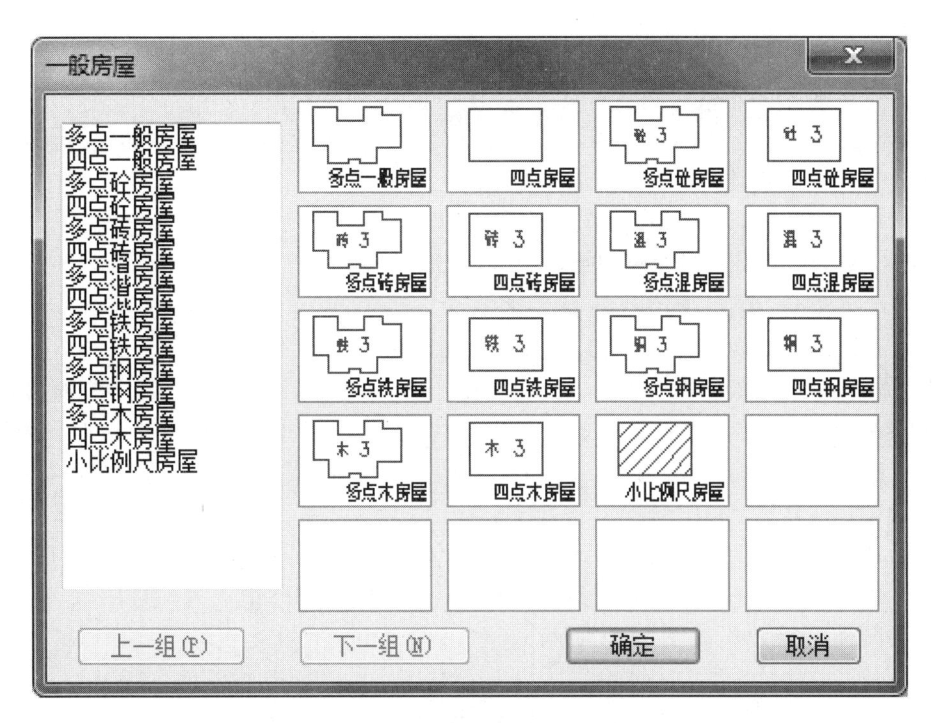

图 7-30　“一般房屋”选项对话框

闭合 C/隔一闭合 G/隔一点 J/微导线 A/曲线 Q/边长交会 B/回退 U/点 P/<点号>输入 53，按 Enter 键。

闭合 C/隔一闭合 G/隔一点 J/微导线 A/曲线 Q/边长交会 B/回退 U/点 P/<点号>输入 C，按 Enter 键。

输入层数:<1>按 Enter 键(默认输 1 层)。

说明：这里以“隔一点”功能为例，输入 J，再输入一点后系统自动根据前一点和此点算出中间一点，使该点与前一点及输入点的连线构成直角。输入 C 时，表示闭合。

图 7-31 为绘制好的“多点砼房屋”。

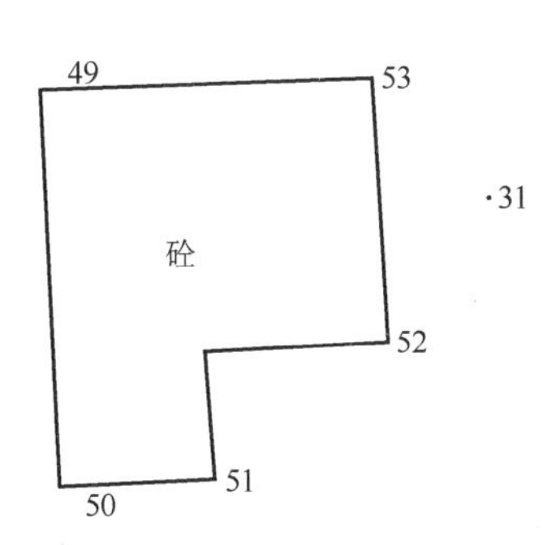

图 7-31　绘制好的“多点砼房屋”图

类似以上操作，分别利用右侧屏幕菜单绘制其他地物。

在“居民地”菜单中，用 3、39、16 三点完成利用三点绘制 2 层砖结构的四点房；用 68、67、66 绘制不拟合的依比例围墙；用 76、77、78 绘制四点棚房。

在“交通设施”菜单中，用 86、87、88、89、90、91 绘制拟合的小路；用 103、104、105、106 绘制拟合的不依比例乡村路。

在“地貌土质”菜单中，用 54、55、56、57 绘制拟合的坎高为 1m 的陡坎；用 93、94、95、96 绘制不拟合的坎高为 1m 的加固陡坎。

在“独立地物”菜单中，用 69、70、71、72、97、98 分别绘制路灯；用 73、74 绘制宣传橱窗；用 59 绘制不依比例肥气池。

在“水系设施”菜单中，用 79 绘制水井。

在“管线设施”菜单中，用 75、83、84、85 绘制地面上输电线。

在“植被园林”菜单中，用 99、100、101、102 分别绘制果树独立树；用 58、80、81、82 绘制菜地(第 82 号点之后仍要求输入点号时直接回车)，要求边界不拟合，并且保留边界。

在“控制点”菜单中，用 1、2、4 分别生成埋石图根点，在提问点名、等级时分别输入 D121、D123、D135。

最后选择“编辑”→“删除”→“删除实体所在图层”命令，鼠标符号变成了一个小方框，用左键点取任何一个点号的数字注记，所展点的注记点号将被删除。

平面图作好后效果如图 7-32 所示。

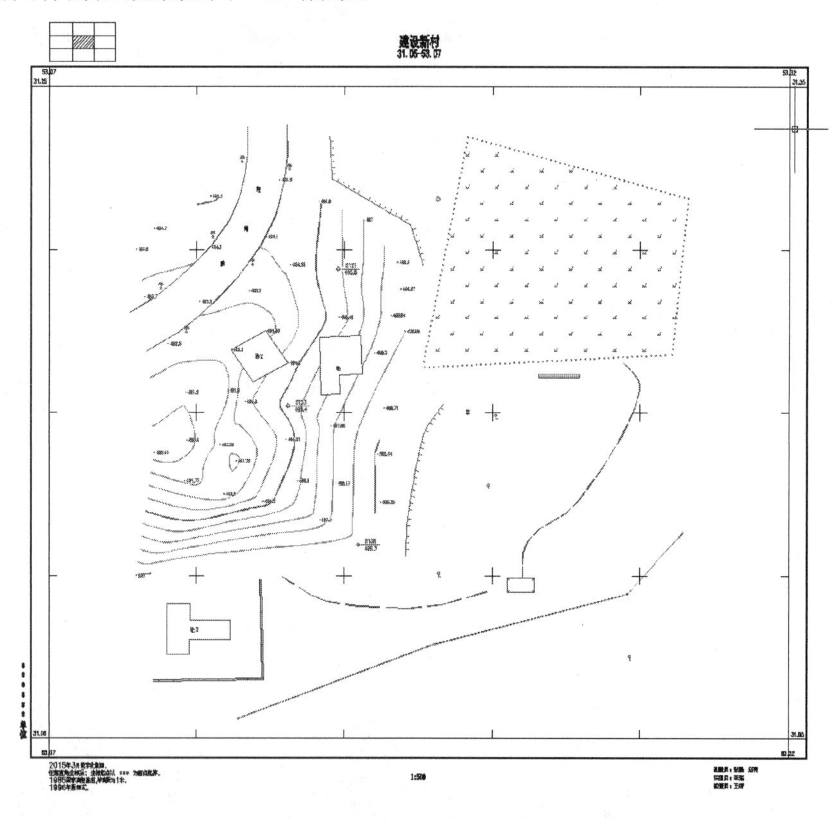

图 7-32　根据 STUDY 数据绘制的平面图

4) 绘制等高线

(1) 展高程点。

选择“绘图处理”菜单→“展高程点”命令(图 7-33)，弹出数据文件的对话框，找到

C:\CASS70\DEMO\STUDY.DAT，单击“确定”。

命令行显示如下。

注记高程点的距离(米):直接按 Enter 键，表示不对高程点注记进行取舍，全部展出来。

(2) 建立 DTM 模型。

选择“等高线”菜单→“建立 DTM”命令(图 7-34)，弹出“建立 DTM”对话框(图 7-35)。

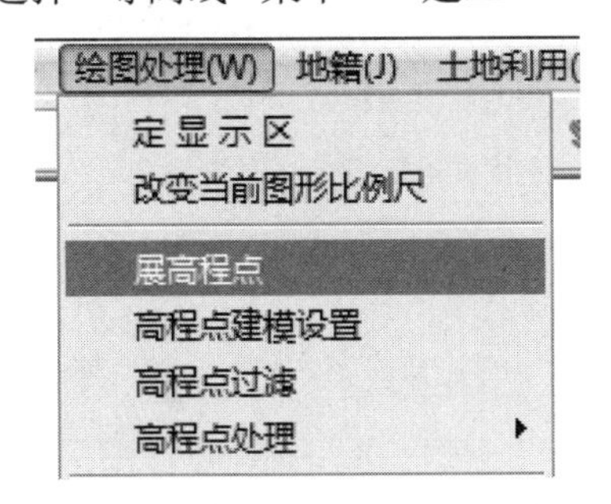

图 7-33 “展高程点”选项

图 7-34 “建立 DTM”选项

(3) 根据需要选择建立 DTM 的方式和坐标数据文件名，然后选择建模过程是否考虑陡坎和地性线，单击“确定”按钮，生成如图 7-36 所示的 DTM 模型。

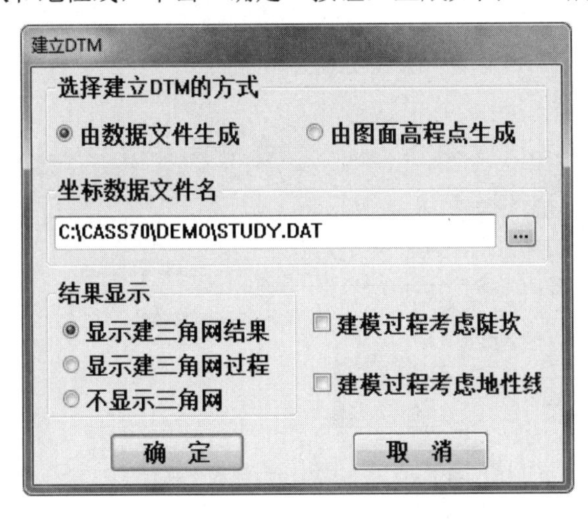

图 7-35 “建立 DTM”对话框

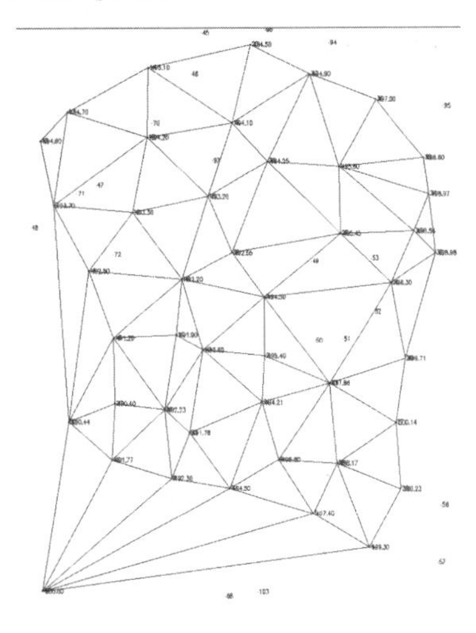

图 7-36 DTM 模型

(4) 绘制等高线。

选择“等高线”菜单→“绘制等高线”命令(图 7-37)，弹出 “绘制等值线”对话框，输入等高距，选择拟合方式后“确定”(图 7-38)。则系统马上绘制出等高线，如图 7-39 所示。再选择“等高线”菜单→“删三角网”命令，完成等高线绘制。

(5) 等高线的修剪。

选择“等高线”菜单→“等高线修剪”→用鼠标左键点取“批量修剪等高线”(图 7-40)，软件将根据需要搜寻穿过建筑物等的等高线并将其进行整饰。点取“切除指定二线间等高线”，依提示依次用鼠标左键选取左上角的道路两边，CASS7.0 将自动切除等高线穿过道路的部分。点取“切除穿高程注记等高线”，CASS7.0 将自动搜寻，把等高线穿过注记的部分切除。

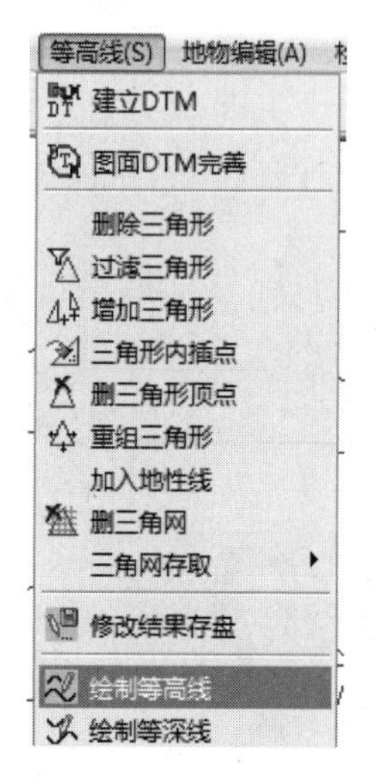

图 7-37 “绘制等高线”选项

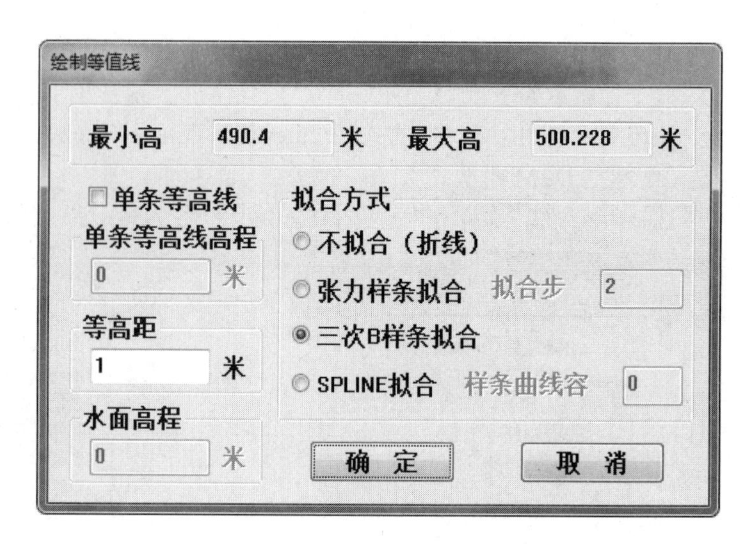

图 7-38 “绘制等值线”对话框

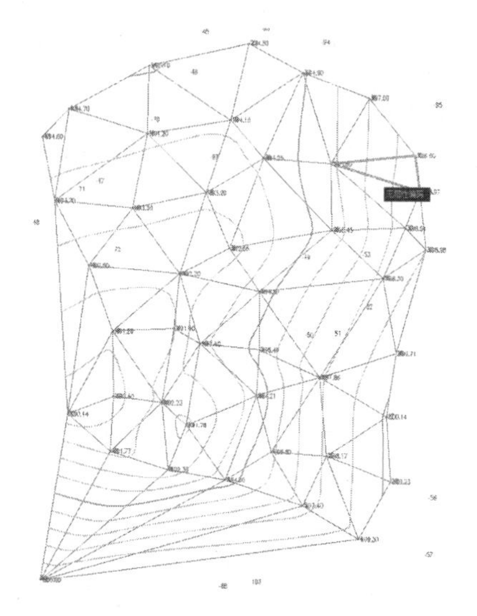

图 7-39 带 DTM 的等高线

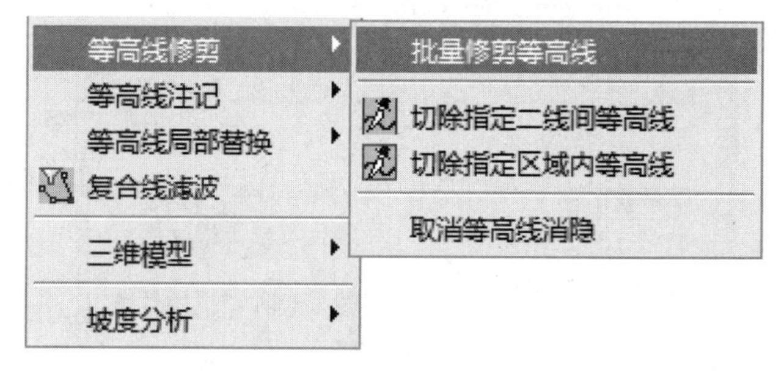

图 7-40 “等高线的修剪”选项

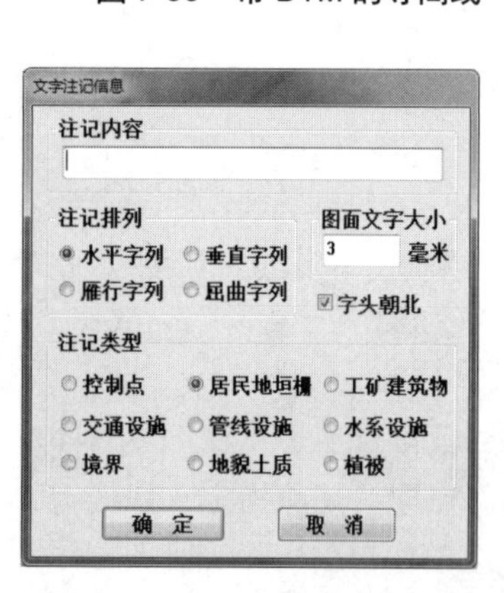

图 7-41 “文字注记信息”对话框

5) 图幅整饰

(1) 加注记。

如在平行等外公路上加“经纬路”三个字。

首先在需要添加文字注记的位置绘制一条拟合的多功能复合线，然后用鼠标左键点取右侧屏幕菜单的“文字注记”→“注记文字”，出现如图 7-41 所示的“文字注记信息”对话框，在“注记内容”中输入“经纬路”，并选择注记排列和注记类型，输入文字大小确定后选择绘制的拟合的多功能复合线即可完成注记，如图 7-42 所示。

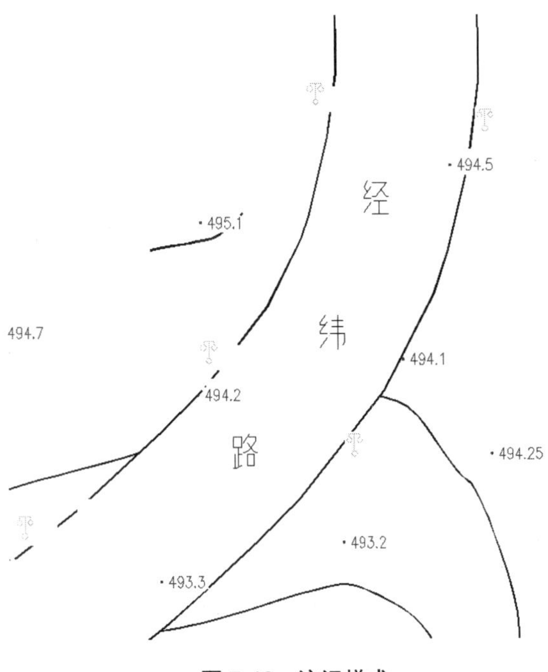

图 7-42　注记样式

(2) 加图框。

选择“绘图处理”菜单→“标准图幅(50×40cm)”命令(图 7-43)，出现“图幅整饰”对话框(图 7-44)，在“图名”栏里，输入“建设新村”；在“测量员”“绘图员”“检查员”各栏里分别输入“张腾”“赵亮”“李瑞”“王娇”；在“左下角坐标”的“东”“北”栏内分别输入“53073”“31050”；选“取整到十米”，在“删除图框外实体”栏前打勾，然后按确认。这样这幅图就作好了，如图 7-45 所示。

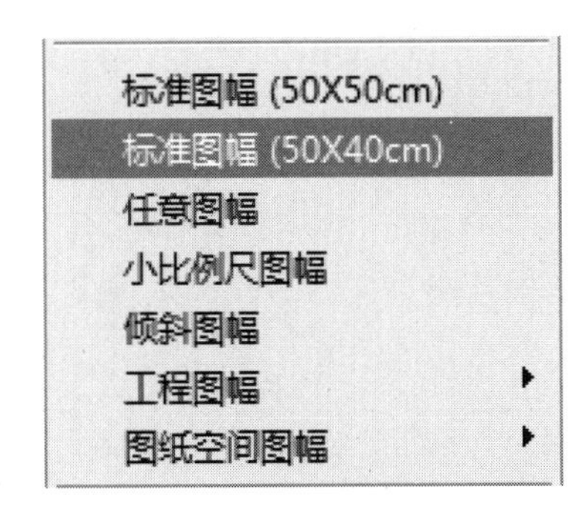

图 7-43　“标准图幅”选项

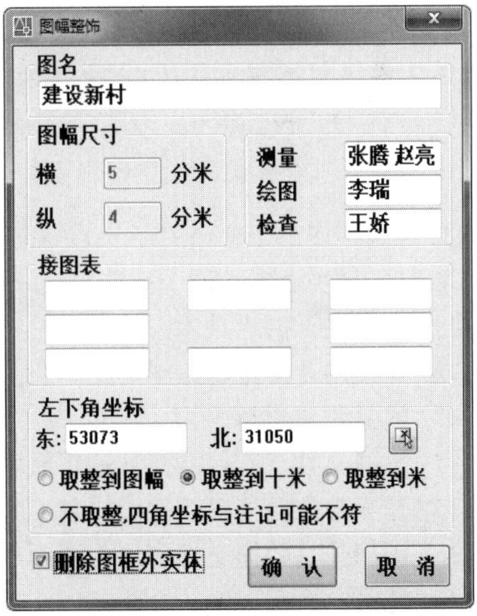

图幅整饰
图名
建设新村
图幅尺寸
横 5 分米
纵 4 分米
测量 张腾 赵亮
绘图 李瑞
检查 王娇
接图表
左下角坐标
东: 53073　北: 31050
取整到图幅　取整到十米　取整到米
不取整,四角坐标与注记可能不符
删除图框外实体　确 认　取 消

图 7-44　“图幅整饰”对话框

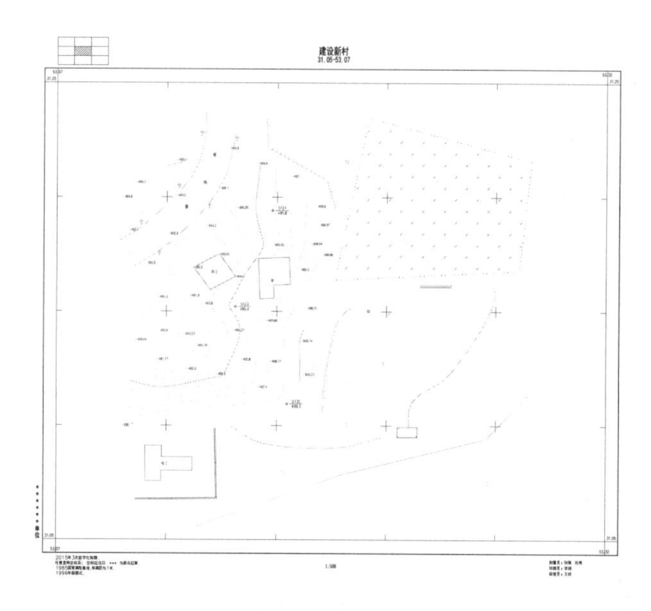

图 7-45　绘制好的地形图

3. 地形图的检查

地形图的检查需贯彻测图过程的始终。地形图的检查可分为室内检查和室外检查两部分。

(1) 室内检查的内容有图面上地物、地貌是否清晰易读，各种符号、注记是否正确，等高线与地貌特征点的高程是否相符，接边精度是否合乎要求等。如发现错误和疑点，不可随意修改，应加以记录，并到野外进行实地检查、修改。

(2) 室外检查是在室内检查的基础上进行重点抽查。检查方法分巡视检查和仪器检查两种。巡视检查时应携带地图，根据室内检查的重点，按预定的巡视检查路线，进行实地对照查看。主要查看地物、地貌各要素测绘是否正确、齐全，取舍是否恰当，等高线的勾绘是否逼真，图式符号运用是否正确等。仪器设站检查是在室内检查和野外巡视检查的基础上进行的。除对发现的问题进行补测和修正外，还要对本测站所测地形进行检查，看所测地形图是否符合要求，如果发现点位的误差超限，应按正确的观测结果修正。

4. 数字测图成果验收应提供的成果资料

数字测图项目结束后,一般应提交以下成果资料。

(1) 技术设计书、技术总结等。

(2) 文档簿、质量追踪卡等。

(3) 成果说明材料。

(4) 数据文件，应包括数据采集原始数据文件、图根点成果文件、碎部点成果文件等。

(5) 作为数据源使用的原图或复制的二底图。

(6) 图形信息数据文件和地形图图形文件。

(7) 地形图底图。

(8) 最终检查报告。

7.2.5 文件保存并绘图输出

1. 文件保存

选择菜单栏“文件”→“图形存盘”命令，选择需要的文件夹，输入文件名保存。

说明：CASS 在绘制地形图过程中，要养成经常单击“保存”的习惯，以免因误操作引起图形文件丢失。除首次保存外，在多次保存过程中同文件名会生成两个文件，后缀分别是*.bak，*.dwg。*.dwg 为已绘制的图形数据文件，可以执行编辑、打印输出。*.bak 文件是备份文件，记录的是相关文件或软件系统中的关键参数，必要时可以通过相关工具导入回原文件或原软件系统中去，如果*.dwg 数据损坏，则可以直接将*.bak 文件的后缀“bak”改为“dwg”，双击即可打开上次成功保存时的图形文件。

2. 绘图输出

(1) CASS 菜单栏选择“文件”→“绘图输出”→“打印”→进入“打印-模型”对话框(图 7-46)。

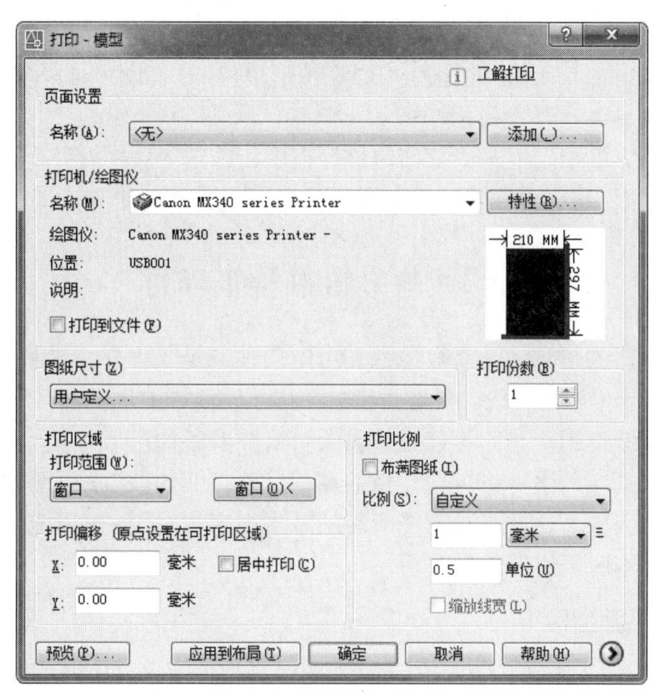

图 7-46 “打印-模型”对话框

(2) 设置“打印-模型”框→“名称(N)”。

首先，在“打印-模型”框中的“名称(N)”一栏中选择相应的打印机，然后单击“特性”按钮，进入“绘图仪配置编辑器”。

① 在“端口”选项卡中选取“打印到下列端口(P)”单选按钮并选择相应的端口。

② 在“设备和文档设置”选项卡中，选择“用户定义图纸尺寸与标准”分支选项卡的“自定义图纸尺寸”。在下方的“自定义图纸尺寸”框中单击“添加”按钮，弹出“自定义图纸尺寸—开始”对话框。

a. “自定义图纸尺寸—开始”对话框，点选“创建新图纸”单选框，单击“下一步”

按钮。

b. “自定义图纸尺寸—介质边界”对话框，设置单位和相应的图纸尺寸，单击“下一步”按钮。

c. “自定义图纸尺寸—可打印区域”对话框，设置相应的图纸边距，单击“下一步”按钮。

d. “自定义图纸尺寸—图纸尺寸名”对话框，输入图纸名，单击“下一步”按钮。

e. “自定义图纸尺寸—完成”对话框，单击“打印测试页”按钮，打印一张测试页，检查是否合格，然后单击“完成”按钮。再次单击“确定”，返回“打印-模型”对话框。

(3) 设置“打印-模型”框→“图纸尺寸”框中“图纸尺寸”下拉列表的值设置为先前创建的图纸尺寸设置。

(4) 设置“打印-模型”框→“打印区域”框中下拉列表的值为“窗口”，用鼠标圈定绘图范围，下拉框旁边会出现按钮“窗口”，单击此按钮，显示打印窗选区域。

(5) 设置“打印-模型”框→“打印比例”框中，取消“布满图纸”选项，“比例”右边由灰变黑，可以编辑，下拉列表选项设置为“自定义”，在“自定义”文本框中输入“1”毫米=“0.5”图形单位(1∶500 的图为“0.5”图形单位，1∶1000 的图为“1”图形单位，依次类推)。

(6) 设置“打印-模型”框→“打印偏移”框中，选定“居中打印”。

(7) 单击“预览”按钮，查看出图效果，满意后单击“确定”，即可出图。

7.3 地形图的基本应用

地形图包含丰富的信息，具有可量性和可定向性，是工程建设中重要的资料。各项工程建设在规划、设计和施工阶段，都需要获取工程建设区域的地形和环境条件等基础资料，正确地识读和应用地形图，是工程建设技术人员需要具备的基本技能。点的平面坐标、两点间的水平距离、直线的坐标方位角、点的高程、两点间的坡度、面积这些地形信息，可以直接从地形图上获取，这些是地形图应用的基本内容。对于一些比较复杂的地形信息，也可以通过这些基本应用进行总结分析。

7.3.1 确定点的平面坐标

如图 7-47 所示，欲求图上 A 点的坐标，首先要根据 A 点在图上的位置，确定 A 点所在的坐标方格 $abcd$，过 A 点作平行于 x 轴和 y 轴的两条直线 pq、fg，与坐标方格相交于 p、q、f、g 四点，再按地形图比例尺量出 af=60.8m，ap=48.7m，则 A 点的坐标为

$$\begin{cases} X_{\mathrm{A}} = X_a + af = 2100 + 60.8 = 2160.8(\mathrm{m}) \\ Y_{\mathrm{A}} = Y_a + ap = 1100 + 48.7 = 1148.7(\mathrm{m}) \end{cases} \tag{7-5}$$

如果考虑图纸伸缩的影响，此时还应量出 ab 和 ad 的长度。设图上坐标方格边长的理论值为 l(l=10cm)，则 A 点的坐标可按下式计算，即

$$\begin{cases} X_A = X_a + \dfrac{l}{ab} af \\ Y_A = Y_a + \dfrac{l}{ad} ap \end{cases} \tag{7-6}$$

铁家畈	铜坑口	板栗岗
鲤鱼山		龙潭圩
公鸡山	枣山村	毛家墩

水口
30.0—20.0

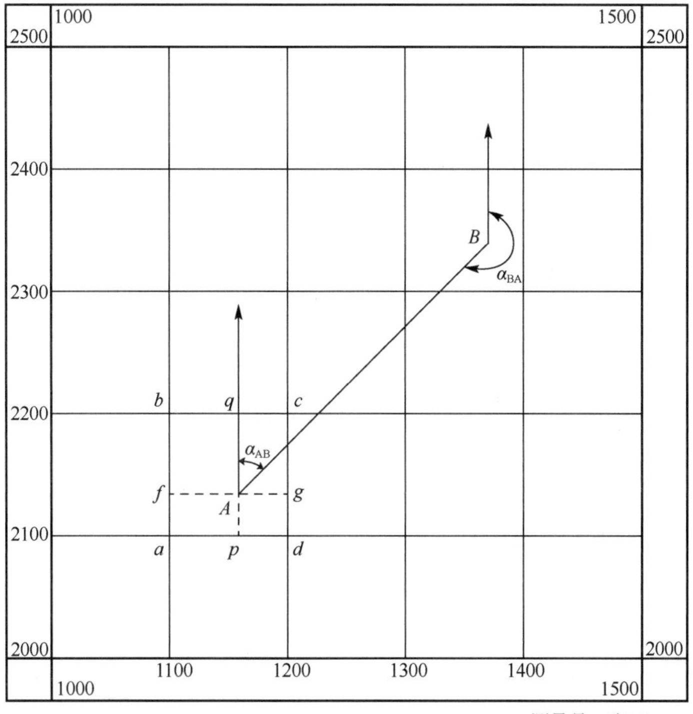

2007年5月测绘。
任意直角坐标系：坐标起点以xxx为原点起算。 1∶1000
1985国家高程基准，等高距为1m。
1996年版图式。

测量员：张三
绘图员：李四
检查员：王五

图 7-47 点的位置

按上例，分别量得 $ab=10.04\text{cm}$ 和 $ad=10.03\text{cm}$，则

$$X_A = X_a + \frac{l}{ab}af = 2100 + \frac{10}{10.04} \times 60.8 = 2160.6(\text{m})$$

$$Y_A = Y_a + \frac{l}{ad}ap = 1100 + \frac{10}{10.03} \times 48.7 = 1148.6(\text{m})$$

7.3.2 确定两点间的水平距离

1. 在图上直接量取

当精度不高时，可用比例尺直接在图上量取直线段两端点间的距离，即可得出两点间的水平距离；或者用三角板等量距离工具量取直线段两端点间的距离，然后乘以比例尺分母，如在 1∶500 比例尺的地形图上量出一线段长度为 5cm，那么该线段实地水平距离为 5cm×500=25m。

2. 解析法

当确定直线段的长度和方向精度要求较高时，需采用解析法。

如图 7-47 所示，欲求 *AB* 的长度，可按确定图上点的坐标的方法求出 *A*、*B* 两点的坐

标 X_A、Y_A 和 X_B、Y_B，然后可得 AB 的长度，即

$$D_{AB}=\sqrt{(X_A-X_B)^2+(Y_A-Y_B)^2} \tag{7-7}$$

7.3.3 确定直线的坐标方位角

欲求直线 AB 的坐标方位角，有以下两种方法。

1. 在图上直接量取

当精度不高时，方位角可用量角器直接量取，如图 7-49 所示，通过 A、B 分别作坐标纵轴的平行线，然后用量角器的中心分别对准 A、B 两点量出直线段 AB 的坐标方位角 α'_{AB} 和直线段 BA 的坐标方位角 α'_{BA}，则直线 AB 的坐标方位角为

$$\alpha_{AB}=\frac{1}{2}(\alpha'_{AB}+\alpha'_{BA}\pm 180^\circ) \tag{7-8}$$

2. 解析法

当确定直线段的长度和方向精度要求较高时，需采用解析法。

如图 7-49 所示，欲求 AB 的长度，可按确定图上点的坐标的方法求出 A、B 两点的坐标 X_A、Y_A 和 X_B、Y_B，然后可得 AB 的长度，即

$$D_{AB}=\sqrt{(X_A-X_B)^2+(Y_A-Y_B)^2} \tag{7-9}$$

直线 AB 的坐标方位角可按坐标反算公式计算，即

$$\alpha_{AB}=\tan^{-1}\frac{Y_B-Y_A}{X_B-X_A} \tag{7-10}$$

7.3.4 确定点的高程

地形图上点的高程可以根据等高线来确定。点位于等高线上，等高线的高程即为该点的高程。如图 7-48 所示，A 点位于 28m 等高线上，则 A 点的高程为 28m。

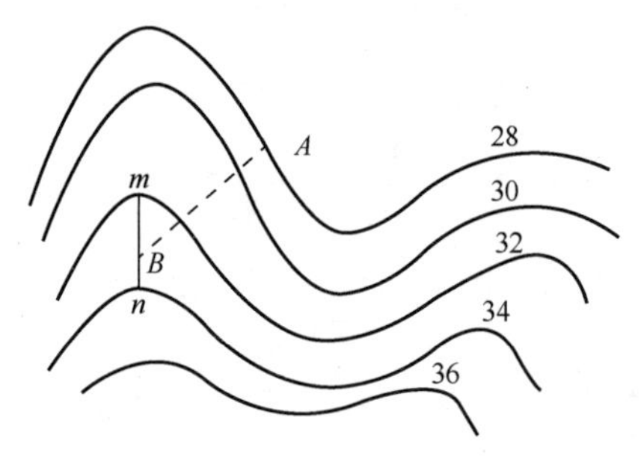

图 7-48　在图上确定点的高程

不在等高线上的点，其高程须根据等高线按内插法来确定。如图 7-48 所示，根据内插法原理，可知 n 点对于 B 点的高差 h_{Bn} 为

$$h_{Bn}=\frac{Bn}{nm}h$$

设 $\frac{Bn}{nm}=0.3$，则 B 点高程为

$$H_B=H_n-h_{Bn}=34-0.3\times 2=33.4(\text{m})$$

7.3.5 确定两点间的坡度

如图 7-48 所示，先按前述方法，分别求出直线段两端点 A、B 的坐标和高程，就可得到两端点间的水平距离 D 和高差 h，按下式计算该直线段的坡度

$$i = \frac{h}{D} \tag{7-11}$$

7.3.6 面积量算

1. 透明方格法

如图 7-49 所示，用透明方格纸覆盖在要量算的图形上，先数出图形内的完整方格数，再用目估法将图形边缘不足一整格的方格折合成完整的方格数，两者相加的方格总数 n 乘以每格所代表的面积 A，即为所算图形的面积 S，即

$$S = nA \tag{7-12}$$

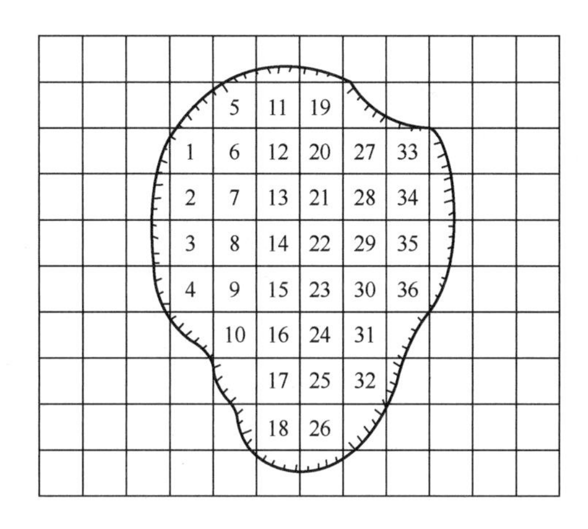

图 7-49 透明方格法

例如图 7-49 中，方格边长为 5mm，图的比例尺为 1∶2000，完整方格数为 36 个，不完整的方格凑整为 8 个。每个方格的实地面积为

$$A = (0.005)^2 \times 2000^2 = 100\left(\mathrm{m}^2\right)$$

总方格数 n=44 个，该图形范围的实地面积为

$$S = 44 \times 100 = 4400\left(\mathrm{m}^2\right)$$

2. 平行线法

方格法的量算受到方格凑整误差的影响，精度不高，为了减少因边缘目估产生的误差，可采用平行线法。

如图 7-50 所示，量算面积时，将绘有平行线组的透明纸覆盖在待计算面积的图形上，则整个图形被平行线切割成若干等高为 d 的近似梯形，上、下底的平均值以 l_i 表示，则图形在图上的总面积为

$$S = d\sum_{i=1}^{n} l_i$$

再根据图的比例尺 M 将其换算为实地面积为

$$S = d\sum_{i=1}^{n} l_i M^2 \tag{7-13}$$

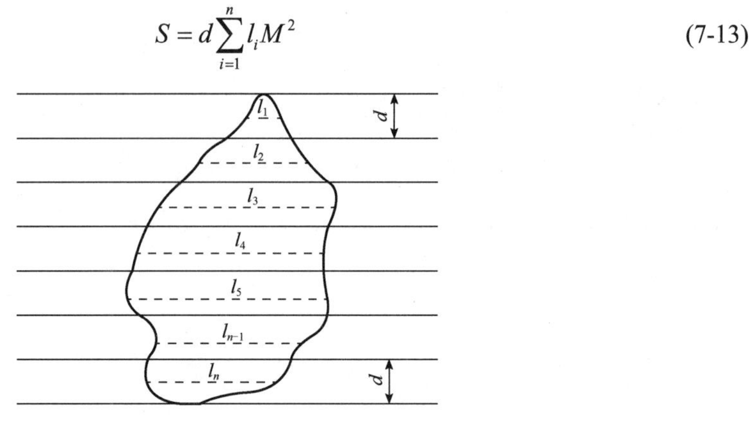

图 7-50 平行线法

3. 求积仪法

求积仪分为机械求积仪和电子求积仪两种，电子求积仪具有操作简便、功能全、精度高等特点。如图 7-51 所示为 KP-90N 滚动式求积仪正反面图，它由动极轴、微型计算机、描迹臂和描迹放大镜三部分组成。

量算时，将预测图形铺平固定在图板上，把描迹放大镜放在图形中央，并使动极轴与描迹臂成 90°，如图 7-51(a)所示。开机后，输入图的比例尺，确定量测的起始点，描迹放大镜中心准确地沿着图形的边界线顺时针移动一周后，回到起始点，其显示值即为图形的实地面积。为了提高精度，对同一面积要重复测量三次以上，取其均值。

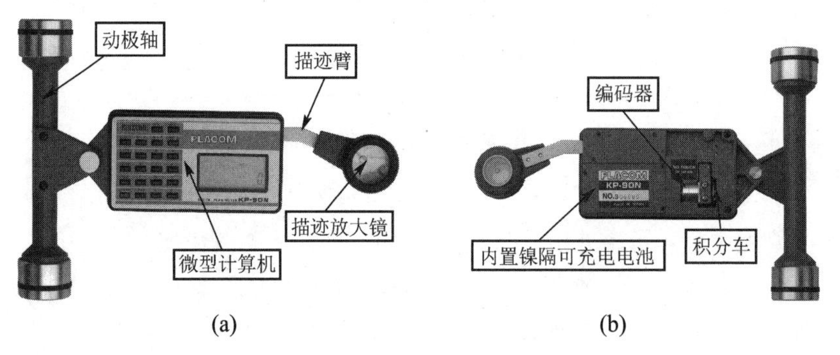

图 7-51 电子求积仪

7.3.7 数字地形图基本几何要素的查询

主要介绍如何利用 CASS 软件查询指定点坐标，查询两点距离及方位，查询线长，查询实体面积。基本要素的查询都集中在 CASS“工程应用”菜单项里(图 7-52)。

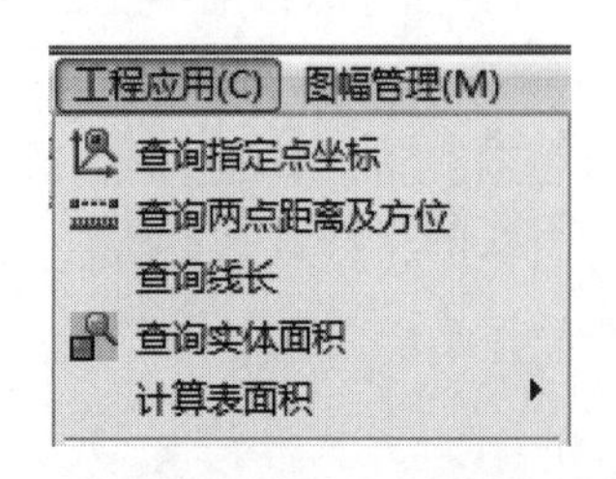

图 7-52 工程应用基本几何要素查询选项

1. 查询指定点坐标

用鼠标点取“工程应用”菜单→“查询指定点坐标”。

命令行提示如下。

指定查询点：用鼠标选择所要查询的点。

显示结果如下。

测量坐标: X=××××米，Y=××××米，H=××××米。

说明：系统左下角状态栏显示的坐标是笛卡儿坐标系中的坐标，与测量坐标系的 X 和 Y 的顺序相反。用此功能查询时，系统在命令行给出的 X、Y 是测量坐标系的值。

2. 查询两点距离及方位

用鼠标点取“工程应用”菜单→“查询两点距离及方位”。

命令行提示如下。

第一点: 用鼠标捕捉第一点。

第二点: 用鼠标捕捉第二点。

显示结果如下。

两点间实地距离=××××.×××米，图上距离=××××.×××毫米，方位角=××度××分××.××秒。

说明：CASS7.0 所显示的坐标为实地坐标，所以显示的两点间的距离为实地距离。

3. 查询线长

用鼠标点取“工程应用”菜单→“查询线长”。

命令行提示如下。

选择对象:用鼠标点取所要查询的线性地物。

实体总长度为 ××××.××× 米

4. 查询实体面积

用鼠标点取“工程应用”菜单→“查询实体面积”。

命令行提示如下。

(1)选取实体边线 (2)点取实体内部点 <1>如选 2，则提示如下。

输入区域内一点:

区域是否正确?(Y/N) <Y>

实体面积为 ××××.×××平方米

说明：如选(1)，则面必须是封闭的实体；如选(2)，则面可以是不封闭。

5. 计算表面积

对于不规则地貌，其表面积很难通过常规的方法来计算，在这里可以通过建模的方法来计算，系统通过 DTM 建模，在三维空间内将高程点连接为带坡度的三角形，再通过每个三角形面积累加得到整个范围内不规则地貌的面积。

例如：计算矩形范围内地貌的表面积。

首先通过 CASS 软件绘制出要查询面积的范围[图 7-53(a)]。然后，单击“工程应用”→“计算表面积”→“根据坐标文件”[图 7-53(b)]。

命令区提示如下。

请选择: (1)根据坐标数据文件(2)根据图上高程点：回车选 1。

选择土方边界线，用拾取框选择图上的复合线边界。

请输入边界插值间隔(米):<20> 5 输入在边界上插点的密度。

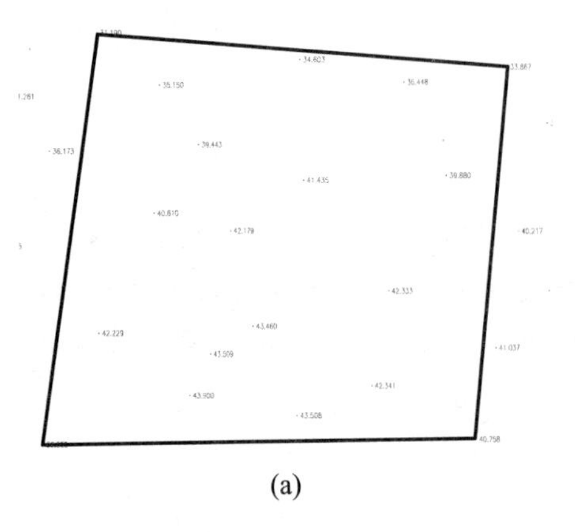

(a)

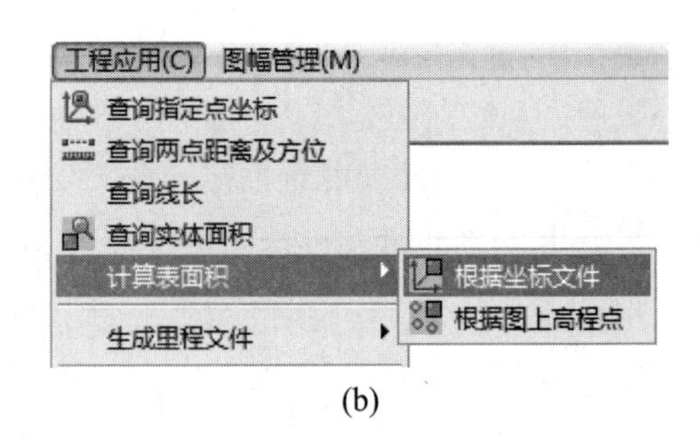

(b)

图 7-53 计算表面积示例

面积 = 6267.127 平方米，详见 surface.log 文件显示计算结果，surface.log 文件保存在 \CASS70\SYSTEM 目录下面。如图 7-54 所示为建模计算表面积的结果。

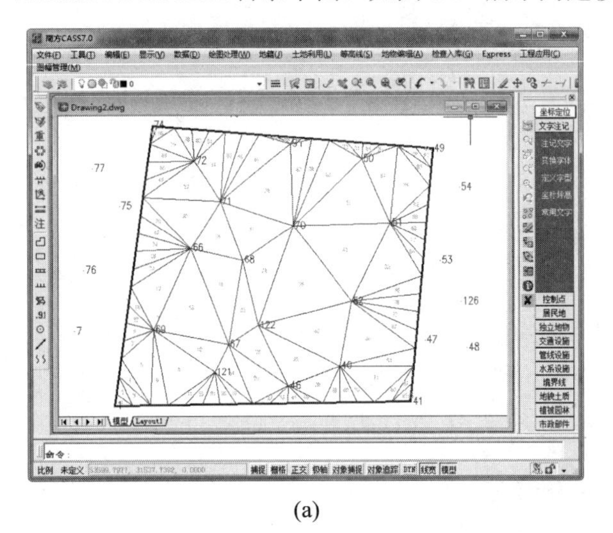

(a)

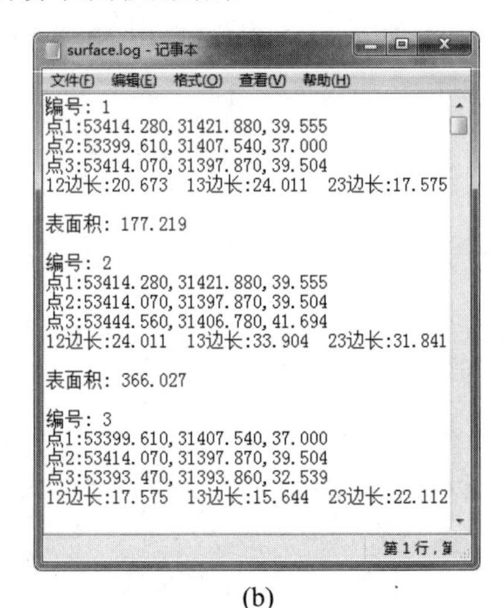

(b)

图 7-54 建模计算表面积结果

另外，表面积还可以根据图上高程点来计算，与根据坐标数据文件计算表面积相比，虽然其操作的步骤相同，但计算的结果会有差异。因为由坐标数据文件计算时，边界上内插点的高程由全部的高程点参与计算得到，而由图上高程点来计算时，边界上的内插点只与被选中的点有关，故边界上点的高程会影响到表面积的结果。到底选用哪种方法计算合理与边界线周边的地形变化条件有关，变化越大的，越趋向于由图面上来选择。

7.4 地形图的工程应用

利用地形图可以很容易地获取各种地形信息，方便工程设计人员使用，提高工作效率。因此，地形图在各种工程建设的规划与设计、交通工具的导航、环境监测和土地利用调查等方面都有广泛的应用。

7.4.1 绘制地形图断面图

在工程规划中，需了解某条路线或某个方向上的地面起伏状况，以便进行线路的选定和工程布置，这就需要绘制断面图。断面图在道路、渠道、建筑等工程规划设计中有重要的作用。

如图7-55(a)所示，欲绘制*AB*方向的断面图，其方法如下。

(1) 在图纸上先画一条直线*AH*作为横轴，表示平距，再在*A*点向上作*AH*的垂线*AZ*作为纵轴，表示高程。断面图的平距采用与地形图相同的比例尺；高程比例尺一般比平距大10～20倍，以便明显地反映地面起伏变化情况。比例尺确定后，在起点*A*标出*AB*方向最低等高线的高程，再依比例尺在纵轴上截取等高距，并依次标至最大高程。

(2) 在地形图上量取*AB*方向线与等高线的各交点之间的距离(可用两脚规截取)，然后从横轴*AH*上的*A*点开始，根据所量距离依次定出各交点在横轴上的位置。

(3) 通过横轴上所定各交点作横轴的垂线，按其交点高程分别在各垂线上定出相应交点的高度位置。

(4) 将垂线上各高度位置的交点用光滑曲线连接起来，即为断面图，如图7-55(b)所示。

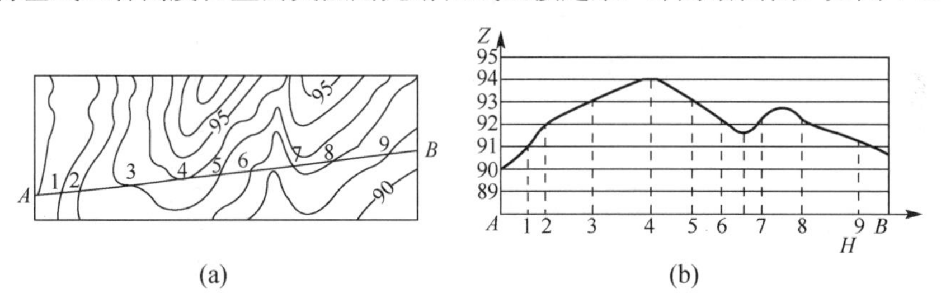

图7-55 绘制一定方向的断面图

7.4.2 按限制坡度线选择最短线路

在道路、管线、渠道等工程设计时，都要求线路在不超过某一限制坡度的条件下，选择一条最短路线或等坡度线。

$$i = \frac{h}{dM} \tag{7-14}$$

设从公路上的*A*点到高地*B*点要选择一条公路线，要求其坡度不大于5%(限制坡度)。设计用的地形图比例尺为1∶2000，等高距为1m。为了满足限制坡度，根据要求计算出该路线经过相邻等高线之间的最小水平距离*D*。于是，以*A*点为圆心，以*D*为半径画弧交等高线于点1，再以点1为圆心，以*D*为半径画弧，交等高线于点2，依此类推，直到*B*点附近为止。然后连接*A*，1，2，…，*B*，便在图上得到符合限制坡度的路线。这只是*A*到*B*的路线之一，为了便于选线比较，还需另选一条路线，同时考虑其他因素，如少占农田、建筑费用最少、避开塌方或崩裂地带等，以便确定最佳路线方案。

如遇等高线之间的平距大于1cm，以1cm为半径的圆弧将不会与等高线相交。这说明坡度小于限制坡度。在这种情况下，路线方向可按最短距离绘出。

7.4.3 确定汇水面积

汇水面积是指河道或河谷某断面以上分水线所围成的面积。确定汇水面积的目的是计算来水量的大小，是水利工程设计中一个重要的数据。汇水面积的边界线是由一系列分水线(山脊线)连接而成的，因此要确定汇水面积，首先要在地形图上勾绘出汇水面积边界线，方法如下。

(1) 边界线包括断面线(即坝轴线)本身，应从断面线一端开始经过一系列山顶、山脊和鞍部再回到另一端，形成闭合曲线。

(2) 边界线应通过山顶和鞍部的最高点，与山脊线一致。

(3) 边界线处处与等高线垂直，却只有在山顶处改变方向。

在图 7-56 中，虚线所包围的部分即为某坝址上游的汇水面积。当大坝端点在斜坡上时，则边界线应先沿最大坡度线上升到分水线，再按上述方法勾绘。

图 7-56 汇水面积和水库库容

7.4.4 土地整理及土石方估算

调整土地利用结构和土地关系，实现土地规划目标的实施过程称为土地整理，这是广义上的土地整理的概念。在工程建设中，常常要对原地貌进行改造，以便适用于布置各类建筑物，排除地面水，以及满足交通、铺设地下管线、景观设计等的需要，这种地貌改造称之为平整土地，也直接叫土地整理。

在平整土地工作中，常需要预算土石方的工程量，即填挖土石方量估算，或通过土石方量估算，使填挖土石方基本平衡。土石方量估算，常用方法有方格网法、断面法、等高线法等。平整土地可分为水平场地平整和倾斜地面平整。这里主要讲解方格网法计算水平场地平整的土石方计算。

1∶1000 比例尺的地形图，要求把原地貌按挖填土方量平衡的原则改造成平面，步骤如下。

1. 绘制方格网，求出各方格点所在的地面高程

方格网的大小取决于地形复杂程度、地形图比例尺及土石方估算要求的精度，一般方格的边长为 10m 或者 20m。图 7-57 中方格边长为 10m。方格的方向尽量与边界方向、主要建筑物方向或者坐标轴方向一致，再给各方格点编号，如图中的 A_1，A_2，A_3，…，E_3，E_4 等。根据地形图上的等高线，用内插法求出第一个方格点所在的地面高程，并标在图上。

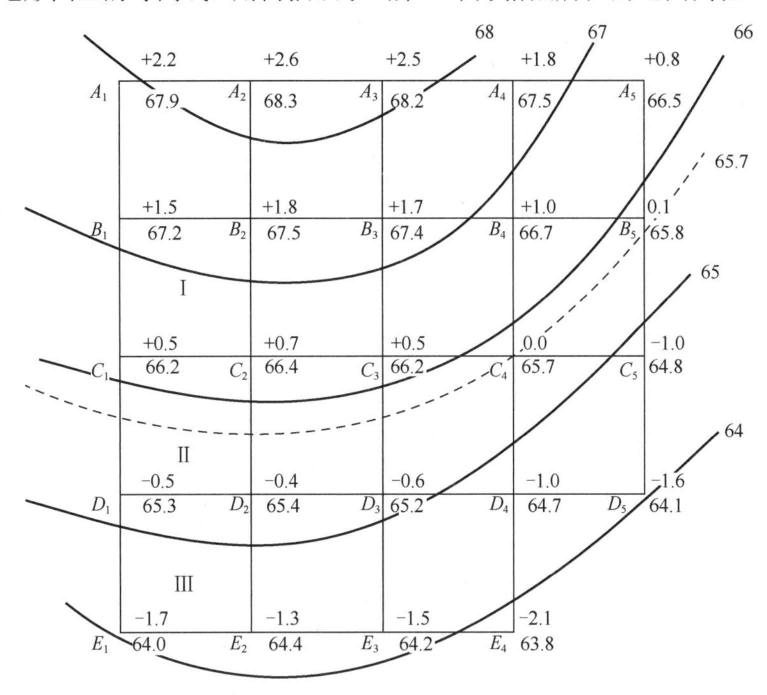

图 7-57 土石方估算

2. 计算设计高程

将每方格点的高程加起来除以 4，得到各方格的平均高程，再把每个方格的平均高程相加除以主格总数，就得到设计高程 $H_{设}$，即

$$H_{设}=\frac{1}{n}(H_1+H_2+H_3+H_4+\cdots+H_n) \tag{7-15}$$

把各方格点的高程代入，可得公式：

$$H_{设}=\frac{\sum H_{角}+2\sum H_{边}+3\sum H_{拐}+4\sum H_{中}}{4n} \tag{7-16}$$

式中 $H_{角}$——各转角点的高程，如图 7-59 中的 A_1，A_5，E_1，E_4；

$H_{边}$——各边点的高程，如图 7-59 中的 A_2，A_3，A_4，B_1，C_1，D_1 等；

$H_{拐}$——各拐点的高程，如图 7-59 中的 D_4；

$H_{中}$——各中心点的高程，如图 7-59 中的 B_2，B_3，B_4，C_2，C_3，C_4 等。

将图 7-59 中各方格点的高程代入，即可算出设计高程为 $H_{设}$=65.7m。标注在方格点上。

3. 计算挖、填表数值

根据设计高程和各方格点的高程，用方格点高程减去设计高程，计算出第一方格点的

挖、填表高度，即：挖、填高度=地面高程-设计高程，并将挖、填高度标在图上。

4. 绘制挖、填边界线

在地形图上根据等高线，用目估法内插出高程为设计高程的高程点，即填、挖边界点，叫零点。边接相邻零点的曲线，称为填挖边界线，一般以虚线表示。在填挖边界线一边为填方区域，另一边为挖方区域。零点和填挖边界线是计算土石方量和施工的依据。

5. 计算挖、填土石方量

计算填、挖土石方量有两种情况，一种是整个方格全填方或者全挖方；如一种填挖边界线经过的方格，既有填方，又有挖方。对于整个方格全填方(或者全挖方)的方格，用方格中 4 个方格点填(或挖)高度的平均值乘以该方格面积，即为该方格的填方量(或挖方量)；对于既有填方，又有挖方的方格，取填方(或挖方)部分各边界点的挖高度(或填高度)的平均值乘以该填方(或挖方)面积，即为该方格的填方量(或挖方量)部分。现以方格Ⅰ、Ⅱ、Ⅲ为例，说明计算方法。

方格Ⅰ为整个方格都全挖的方格，全为挖方，则

$$V_{1挖}=\frac{1}{4}(1.5+1.8+0.5+0.7)\times A_{1挖}=\frac{1}{4}\times 4.5\times 100=112.5(\mathrm{m}^3)$$

方格Ⅲ为整个方格都全填的方格，全为填方，则

$$V_{3填}=\frac{1}{4}(-0.5-0.4-1.7-1.3)\times A_{3填}=-\frac{1}{4}\times 3.9\times 100=-97.5(\mathrm{m}^3)$$

方格Ⅱ既有挖方，又有填方，则

$$V_{2挖}=\frac{1}{4}(0.5+0.7+0+0)\times A_{2挖}=\frac{1}{4}\times 1.2\times 25=7.5(\mathrm{m}^3)$$

$$V_{2填}=\frac{1}{4}(-0.5-0.4-0-0)\times A_{2填}=-\frac{1}{4}\times 0.9\times 75=-16.9(\mathrm{m}^3)$$

土石方量估算可列表分别计算出填、挖方量(表 7-7)。

本例中只给出了三个方格的土石方估算结果。全部算完，最后的结果，挖方量和填方量基本是相等的，满足“挖、填平衡”的要求。

表 7-7 填挖方量计算表

方格序号	挖填数据	所占面积/m^2	挖方量/m^3	填方量/m^3
Ⅰ$_{挖}$	+1.5 +1.8 +0.5 +0.7	100	112.5	
Ⅱ$_{挖}$	+0.5 +0.7 0 0	25	7.5	
Ⅱ$_{填}$	−0.5 −0.4 0 0	75		16.9
Ⅲ$_{填}$	−0.5 −0.4 −1.7 -1.3	100		97.5
			总和：120.0	总和：114.4

7.4.5 数字地形图的工程应用

1. 纵、横断面图的绘制

在开挖河道、修建渠道、堤防、排水管道或道路等工程建设中，为了解沿线地区的地形起伏变化情况，在地面上定出其中心位置，然后根据地区的地形起伏变化情况，进行纵

断面测量，而且在路线中心线的垂直方向上进行横断面测量，并绘制纵、横断面图，作为设计路线坡度和计算土石方量的依据。纵、横断面图绘制对于很长的路线或者复杂的地段来说是一项繁重而又大量重复的工作，因此如果利用测图软件自动生成断面图，将会使工作效率大大提高。本部分以 CASS 软件为例，介绍纵、横断面图绘制的操作方法。

1) 生成里程文件

制作里程文件有几种方式，如由断面线生成、由复合线生成、由等高线生成、由坐标文件生成等。这里介绍以由断面线生成里程文件步骤。

(1) 展高程点。

“绘图处理”菜单→“展高程点”[图 7-58(a)]→弹出数据文件的对话框，选择高程数据文件→“确定”。

命令行显示如下。

注记高程点的距离(米)：直接回车，表示不对高程点注记进行取舍，全部展出来。

(2) 绘制纵断面线。

“工具”菜单→“画复合线”→根据命令行提示绘制纵断面线，以后绘制的横断面与此纵断面线垂直相交。

(3) 生成里程文件。

“工程应用”菜单→“生成里程文件”→“由纵断面线生成”→“新建”[图 7-58(b)]。

命令行提示如下。

选择纵断面线：用鼠标点击已经绘制好的纵断面线，弹出如图 7-58(c)所示“由纵断面生成里程文件”对话框。

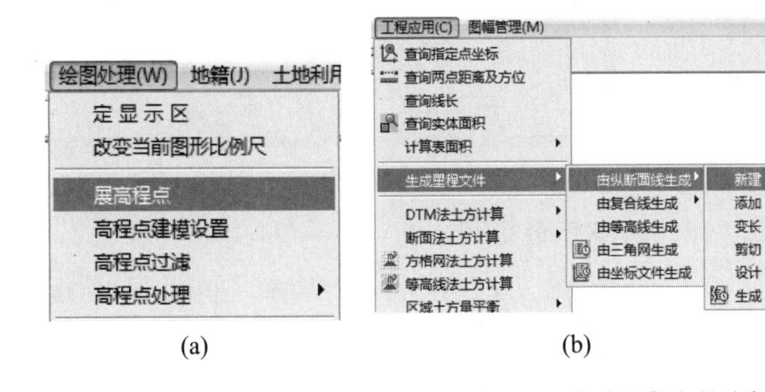

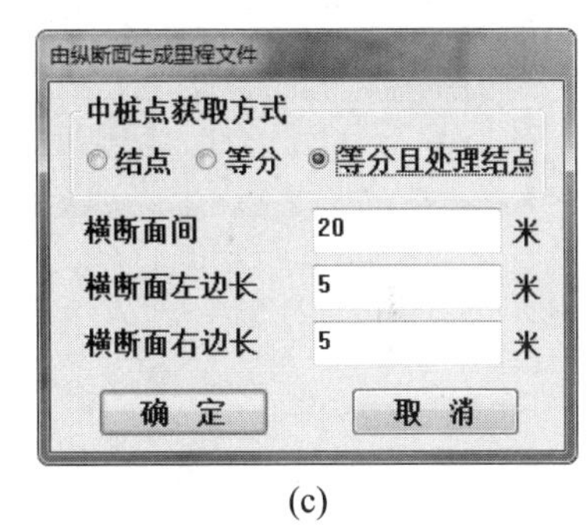

(a) (b) (c)

图 7-58 生成里程文件流程

“中桩点获取方式”选择“结点”(表示结点上要有断面通过)、“等分”(表示从起点开始用相同的间距)、“等分且处理结点”(表示相同的间距且要考虑不在整数间距上的结点)三个中的任意一个。

“横断面间距”：两个断面之间的间距，此处输入“20”。

“横断面左边长度”：输入大于 0 的任意值，此处输入 15。

“横断面右边长度”：输入大于 0 的任意值，此处输入 15。

设置完成后，单击“确定”，返回图形界面，自动沿纵断面线生成横断面线。

“工程应用”菜单→“生成里程文件”→“由纵断面线生成”→“生成”[图 7-58(b)]→指定保存生成的里程文件的文件名和路径，单击“保存”，软件即会在指定路径生成

“*.hdm”里程文件。

2) 绘制纵、横断面图

(1) 绘制横断面图。

常用的绘制断面图的方法有由数据文件生成和由里程文件生成两种。一个里程文件可以包含多个断面的信息，此时绘断面图就可以一次绘出多个断面。此处介绍根据里程文件生成横断面图步骤。

① “工程应用”菜单→“绘断面图”→“根据里程文件”→弹出“断面线上取值”对话框[图 7-59(a)]，选择上一步保存的里程文件名→单击“打开”→弹出“绘制纵断面图”对话框[图 7-59(b)]。

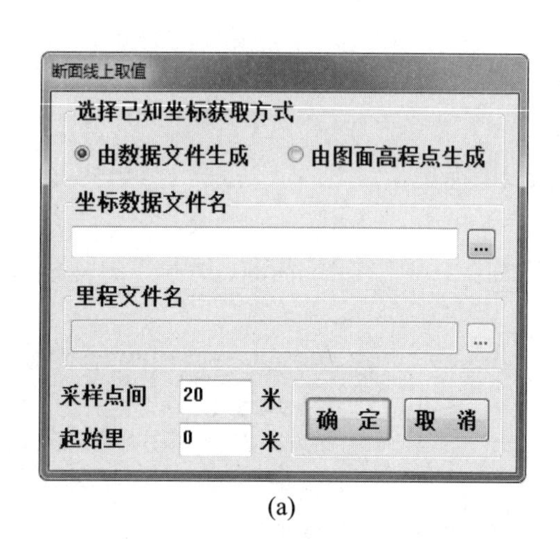

(a)

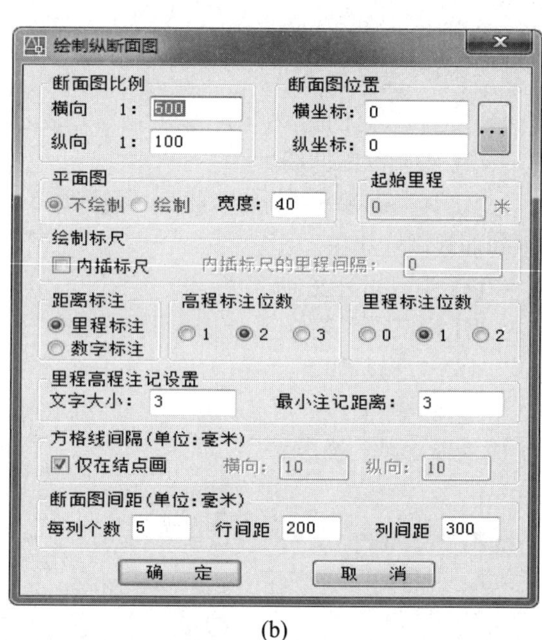

(b)

图 7-59 绘制横断面线流程

② 在“绘制纵断面图”对话框[图 7-59(b)]中输入相关参数。如“横向”比例为 1∶500；“纵向”比例为 1∶100；“断面图位置”可以手工输入也可以单击右侧[...]图标在图面拾取；同时可以设定“距离标注”“高程标注位数”等参数。设置完成后，单击“确定”按钮，屏幕上会出现所选断面线的横断面图。

(2) 绘制纵断面图。

此处介绍由坐标数据文件生成纵断面图的步骤。坐标文件为野外观测得到的包含高程点的文件。

① 展高程点。

“绘图处理”菜单→“展高程点”→弹出数据文件的对话框，选择高程数据文件→单击“确定”。

命令行显示如下。

注记高程点的距离(米):直接按 Enter 键，表示不对高程点注记进行取舍，全部展出来。

② 绘制纵断面线。

“工具”菜单→“画复合线”→根据命令行提示绘制纵断面线，以后绘制的横断面与此纵断面线垂直相交。

③ “工程应用”菜单→“绘断面图”→“根据已知坐标”→弹出“断面线上取值”的对话框[图 7-60(a)]，选择上一步保存的里程文件名→单击“打开”→弹出“绘制纵断面图”对话框[图 7-60(b)]。

④ 在“绘制纵断面图”[图 7-59(b)]对话框输入相关参数。如“横向”比例默认为 1∶500；“纵向”比例默认为 1∶100；“断面图位置”可以手工输入也可以单击右侧[...]图标在图面拾取；同时可以设定“距离标注”“高程标注位数”等参数。设置完成后，单击“确定”按钮，屏幕上会出现所选断面线的纵断面图。

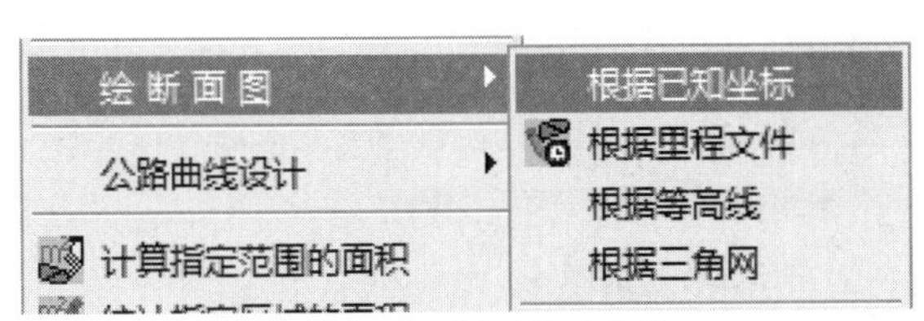

(a) 选择“根据已知坐标”

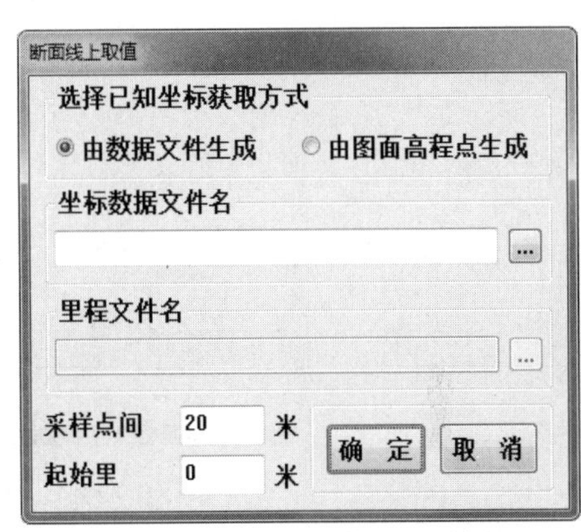

(b) “断面线上取值”对话框

图 7-60 绘制纵断面线过程

2. 土方量的计算

各种工程建设，常常设计应用地形图进行填挖土方量的计算，根据工程建设类型和地形复杂程度的不同，需要计算体积的形体不同，计算方法也各种各样。常用的计算土方量的方法有 DTM 法、断面法、方格网法、等高线法及区域土方量平衡等方法。根据实际应用的广泛性，本部分介绍方格网法土方计算和区域土方量平衡两种方法。

1) 方格网法土方计算

用方格网法算土方量，设计面可以是平面，也可以是斜面，还可以是三角网，如图 7-61 所示。

(1) 设计面是平面时的操作步骤如下。

① 绘制区域边界线。

选择“工具”菜单→“画复合线”→根据命令行提示画出所要计算土方的区域，一定要闭合，但是尽量不要拟合。因为拟合过的曲线在进行土方计算时会用折线迭代，影响计算结果的精度。

② 选择“工程应用”菜单→“方格网法土方计算”。

命令行提示如下。

“选择计算区域边界线”：选择土方计算区域的边界线(闭合复合线)，屏幕上会弹出“方格网土方计算”对话框(图 7-61)。

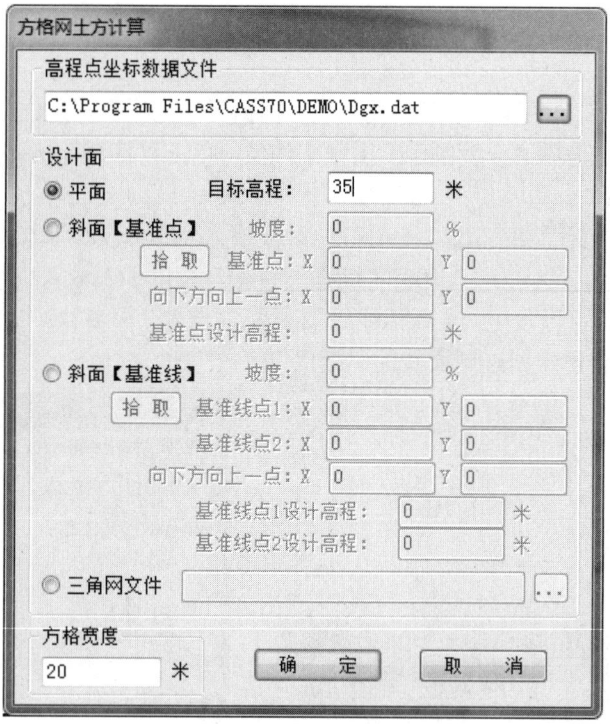

图 7-61 “方格网土方计算”对话框

③ 输入数据、设置参数。

在“方格网土方计算”对话框中选择所需的坐标文件；在“设计面”栏选择“平面”，并输入目标高程；在“方格宽度”栏，输入方格网的宽度，这是每个方格的边长，默认值为 20 米。由原理可知，方格的宽度越小，计算精度越高。但如果给的值太小，超过了野外采集的点的密度也是没有实际意义的。最后单击“确定”。

命令行提示如下。

最小高程=××.×××米，最大高程=××.×××米

总填方=××××.×立方米, 总挖方=×××.×立方米

同时图上绘出所分析的方格网，填挖方的分界线(绿色折线)，并给出每个方格的填挖方，每行的挖方和每列的填方。计算结果如图 7-62 所示。

(2) 设计面是斜面时的操作步骤如下。

设计面是斜面时，操作步骤与平面时基本相同，区别是在“方格网土方计算”对话框(图 7-61)中“设计面”栏中，选择“斜面【基准点】”或“斜面【基准线】”。

如果设计的面是“斜面【基准点】”，需要确定坡度、基准点和向下方向上一点的坐标，以及基准点的设计高程。

单击“拾取”。

命令行提示如下。

点取设计面基准点: 确定设计面的基准点。

指定斜坡设计面向下的方向: 点取斜坡设计面向下的方向。

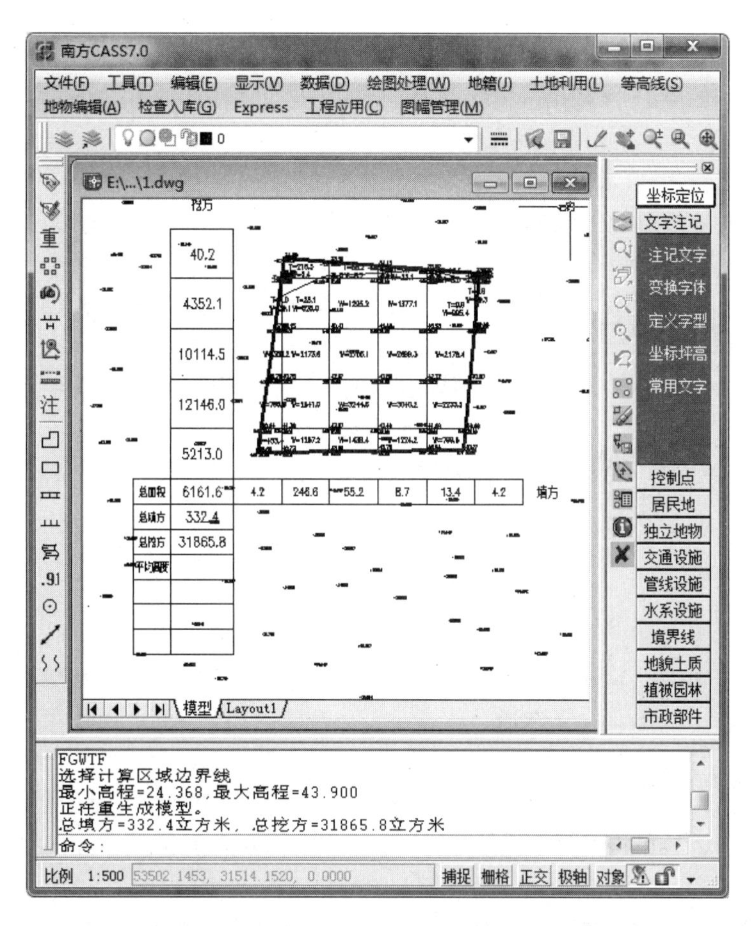

图 7-62 设计面是平面时方格网法土方量计算

如果设计的面是“斜面【基准线】”，需要输入坡度并点取基准线上的两个点以及基准线向下方向上的一点，最后输入基准线上两个点的设计高程即可进行计算。

单击“拾取”。

命令行提示如下。

点取基准线第一点：点取基准线的一点。

点取基准线第二点：点取基准线的另一点。

指定设计高程低于基准线方向上的一点：指定基准线方向两侧低的一边。

方格网计算的成果即可在屏幕上显现出来。

(3) 设计面是三角网文件时的操作步骤如下。

选择设计的三角网文件，单击“确定”按钮，即可进行方格网土方计算。

2) 区域土方量平衡

土方平衡的功能常在场地平整时使用。当一个场地的土方平衡时，挖掉的土石方刚好等于填方量。以填挖方边界线为界，从较高处挖得的土石方直接填到区域内较低的地方，就可完成场地平整。这样可以大幅度减少运输费用。

(1) 在图上展出点，用复合线绘出需要进行土方平衡计算的边界。

(2) 点取“工程应用\区域土方平衡”→“根据坐标数据文件”(根据图上高程点)。

(3) 如果要分析整个坐标数据文件，可直接按 Enter 键，如果没有坐标数据文件，而只

有图上的高程点，则选根据图上高程点。

命令行提示如下。

选择边界线 点取所画闭合复合线

输入边界插值间隔(米)：<20>

这个值将决定边界上的取样密度，如前面所说，如果密度太大，超过了高程点的密度，实际意义并不大。一般用默认值即可。

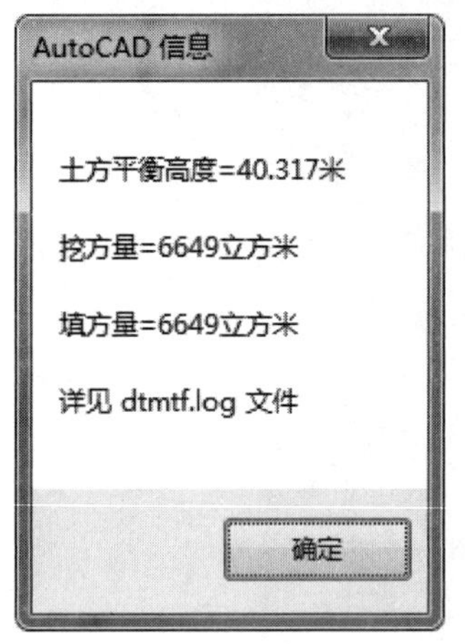

图 7-63　区域土方平衡信息

(4) 如果前面选择的是“根据坐标数据文件”，这里将弹出对话框，要求输入高程点坐标数据文件名。

(5) 如果前面选择的是“根据图上高程点”。

命令行将提示如下。

选择高程点或控制点：用鼠标选取参与计算的高程点或控制点。

按 Enter 键后弹出图 7-63 所示的对话框。

命令行出现提示如下。

平场面积= ×××× 平方米

土方平衡高度= ××× 米，挖方量= ×××立方米，填方量=×××立方米

单击对话框的“确定”按钮，命令行提示如下。

请指定表格左下角位置：<直接按 Enter 键不绘制表格>

在图上空白区域单击鼠标左键绘出计算结果表格。如图 7-64 所示为“区域平衡土方量”的计算结果。

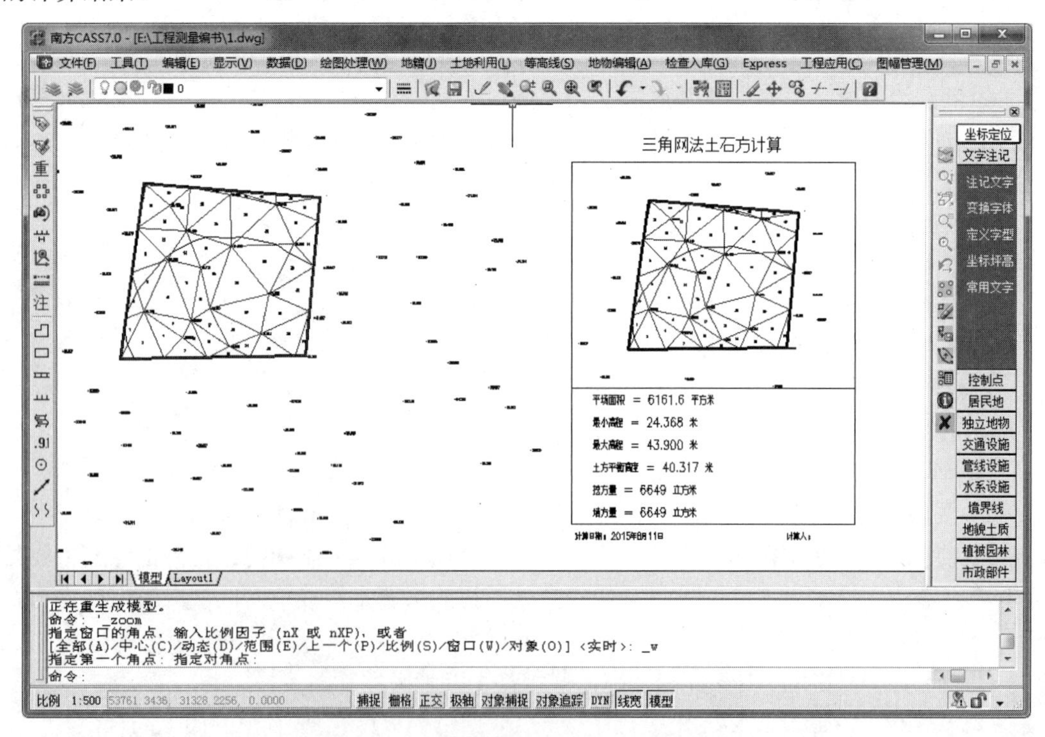

图 7-64　“区域平衡土方量”的计算结果

本项目小结

大比例尺地形图是各项工程建设的基础资料，在工程建设中具有重要的作用，大比例尺地形图的测绘是工程测量技术的主要任务之一。学习本项目的目的就是要认识地形图、测绘地形图，并在工程建设中应用地形图。

大比例尺地形图的基本知识主要掌握地形图的概念，比例尺和比例尺精度，图名、图号，地形图分幅与编号，地物、地貌等基础知识，为后面大比例尺数字化测图、地形图的应用打基础。

大比例尺数字化测图主要掌握数字化测图的野外数据采集、内业 CASS 绘图过程。通过本项目的学习，要掌握测绘大比例尺数字化测图的基本技能。

数字地形图的应用主要掌握地形图应用的基本内容和地形图在工程建设中的应用

习题

一、选择题

1. 在地形图上，量得 *A* 点高程为 21.17m，*B* 点高程为 16.84m，*AB* 距离为 279.50m，则直线 *AB* 的坡度为(　　)。

A. 6.8%　　B. 1.5%　　C. −1.5%　　D. −6.8%

2. 地形图的比例尺用分子为 1 的分数形式表示时，(　　)。

A. 分母大，比例尺大，表示地形详细　　B. 分母小，比例尺小，表示地形概略

C. 分母大，比例尺小，表示地形详细　　D. 分母小，比例尺大，表示地形详细

3. 道路纵断面图的高程比例尺通常比水平距离比例尺(　　)。

A. 小一倍　　B. 小 10 倍　　C. 大一倍　　D. 大 10 倍

4. 山脊线也称(　　)。

A. 示坡线　　B. 分水线　　C. 山谷线　　D. 集水线

5. 在一幅 1∶500 的地形图上基本等高距是 1m，则下列等高线中哪条属于计曲线？(　　)

A. 24m　　B. 25m　　C. 26m　　D. 26.5m

二、名词解释

1. 比例尺

2. 地物

3. 山谷线

三、填空题

1. 地形图的分幅方法基本上有两种：一种是按经纬线分幅的________________法，另一种是按坐标网格划分的____________________法。建筑工程测量所用的大比例尺地形图通常采用____________________法。

2. 等高线的分类有__________、__________、__________和__________四种。

3. 汇水面积的边界线是由一系列____________连接而成的。

4. 利用南方 CASS 软件将用全站仪测得的碎部点三维坐标进行绘图，数据文件后缀名必须为________，否则软件不识别。若 *A* 点坐标为(320，410，21)，编码为 KZD，按照南方 CASS 软件可识别的数据格式编写数据文件，应为____________________________。

四、思考题

1. 简述地形图应用的基本内容。

2. 什么是等高线平距、等高距和坡度？它们有什么关系？

3. 等高线的特性是什么？

4. 长、宽各为 80m、60m 的矩形房屋，在 1∶2000 的地形图上面积为多少？

五、计算题

图 7-65 为某地区地形图，比例尺为 1∶1000。请根据该地形图完成下面作业。

(1) 求 *A*、*B*、*C*、*D*、*E* 各点的坐标和高程。

(2) 作 *AE* 方向的断面图。

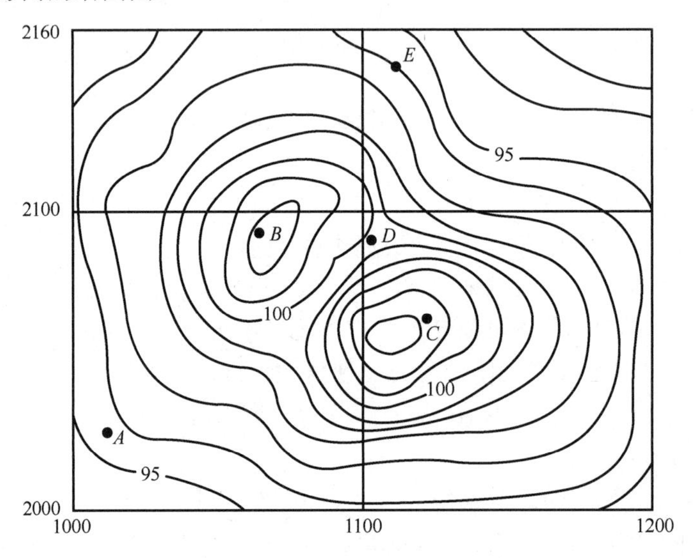

图 7-65　1∶1000 地形图

能力评价体系

知识要点	能力要求	所占分值	自评分数
大比例尺地形图的基本知识	(1) 熟悉图名、图号、结合图	5	
	(2) 掌握比例尺与比例尺精度等基本概念	6	
	(3) 掌握地形图的分幅与编号	8	
	(4) 掌握地物、地貌符号	10	
大比例尺数字化测图	(1) 熟悉全站仪的使用	5	
	(2) 掌握全站仪外业采集数据作业过程	10	
	(3) 掌握数字化成图软件的使用	10	

续表

知识要点	能力要求	所占分值	自评分数
地形图应用的基本内容	(1) 点的平面坐标、两点间的水平距离、直线的坐标方位角、点的高程、两点间的坡度、面积	10	
	(2) 能利用CASS软件对数字地形图进行基本查询	8	
地形图的工程应用	(1) 地形图断面图的绘制，以及按限制坡度线选择最短线路	8	
	(2) 掌握利用地形图土石方估算等	10	
	(3) 掌握CASS软件对数字地形图绘制横、纵断面图以及土石方量计算过程	10	
总分		100	

项目 8

施工测量的基本工作

学习目标

通过本项目的学习，应了解施工测量的主要内容、特点和基本要求；领会已知水平距离、水平角、高程及坡度直线测设的基本工作和方法；重点掌握利用直角坐标法、极坐标法、角度和距离交会法等方法进行点的平面位置测设方法；初步掌握曲线的测设数据整理和方法。

能力目标

知识要点	能力要求	相关知识
测设的基本工作	(1) 了解施工测量的主要内容、特点及要求 (2) 掌握测设已知水平距离的方法 (3) 掌握测设已知水平角的方法 (4) 掌握已知高程测设方法 (5) 理解已知坡度直线测设方法	(1) 钢尺一般测设法基本程序和要求 (2) 钢尺精密测设数据计算 (3) 光电测距仪构造原理 (4) 水平角一般测设方法和精密测设方法 (5) 地面上点的高程测设方法 (6) 高程向上或向下引测原理 (7) 水准仪倾斜视线测设法
点的平面位置测设方法	(1) 掌握直角坐标法测设程序 (2) 掌握极坐标法测设程序 (3) 领会角度交会法测设点位 (4) 掌握距离交会测设法	(1) 直角坐标法测设原理 (2) 极坐标法计算数据 (3) 角度和距离交会法适用条件
圆曲线测设	(1) 了解圆曲线特点 (2) 掌握圆曲线主点测设方法 (3) 掌握圆曲线细部点测设方法	(1) 圆曲线测设元素及其计算数据 (2) 偏角法测设细部点 (3) 切线支距法测设细部点 (4) 极坐标法测设细部点

学习重点

测设三项基本工作：已知水平距离、已知水平角和已知高程测设；利用直角坐标法和极坐标法测设点的平面位置；圆曲线主点测设方法以及切线支距法测设细部点。

最新标准

《工程测量规范》(GB 50026—2007)；《城市测量规范》(CJJ/T 8—2011)。

引 例

某校建筑总平面图给出了拟建的矩形教学楼外墙轴线点坐标，已知附近施工现场有一控制导线，控制点坐标和高程均可知，又知教学楼室内地坪绝对高程。要求测设拟建教学楼外墙轴线交点及其室内地坪 ±0.000 标高。测量技术人员根据已知工程条件如何合理选择测设方法？测设教学楼外墙轴线四点的程序是什么？如何根据已知水准点进行已知高程测设？

通过对本项目讲述的内容进行系统学习后，上述诸问题就不难解决。

8.1 概 述

8.1.1 施工测量的主要内容

施工测量是指建筑工程在施工阶段所进行的测量工作。其目的是根据施工的需要，用测量仪器把设计图纸上的建筑物和构筑物的平面位置和高程，按设计要求以一定精度测设(放样)在施工场地上，为后续施工提供依据，并在施工过程中通过系列测量控制工作，以保证工程施工质量。

施工测量的主要内容包括施工前建立施工控制网，施工过程中进行建(构)筑物定位、构件安装、高程控制，以及工程竣工验收质量控制等。因此，施工测量贯穿于整个工程施工过程中。

8.1.2 施工测量的特点和要求

(1) 施工测量与地形测量不同，它是将设计图纸上建(构)筑物特征点按设计要求，测设到相应地面上的工作过程。

(2) 施工测量的精度应满足规范要求。一般情况下，施工控制网的精度要高于测图控制网的精度，施工放样精度也应高于测图精度。复杂结构的建筑物其测设精度高，高层建筑放样精度要比低层高，总之，施工测量精度主要取决于建筑物的使用性质、规模、施工方法及材料等，施工测设时根据不同工程应合理选择不同的测量精度。

(3) 施工测量控制将直接影响建筑物的质量，所以应本着“先整体后局部，先控制后细部，从高精度到低精度”的原则进行施测，对每一个环节的施工测量都要认真进行记录、审核，确保数据的可靠性和准确性。

(4) 由于施工现场交通频繁、交叉作业面大，加上机械设备颇多，地面起伏较大，所以各种测量标志一定要注意埋设稳定，妥善保护并检查，若损坏或被毁，应按照要求及时恢复，确保工程质量。

8.2 测设的基本工作

在建筑场地上根据设计图纸所给定的条件和有关数据，为施工做出实地标志而进行的测量工作，称为测设(也叫放样)。测设主要是定出建(构)筑物特征点的平面和高程位置，而点的平面位置的测设是在测设已知水平长度的距离、已知水平角和已知高程三项基本工作的基础上完成的。

8.2.1 测设已知水平长度的距离

测设已知水平长度的距离是从一个已知点出发，沿指定的方向，量出给定的水平距离，定出这段距离的另一个端点。

1. 钢尺测设的一般方法

如图 8-1 所示，在平整的施工场地上，当测设精度要求不高时，根据给定的起始点 A 和直线 AB 的方向，用钢尺按一般丈量方法沿直线 AB 方向量出已知水平长度 $D_{设}$，定出直线端点 B 的位置。为了检查测设是否正确，应进行返测丈量其实长 $D_{返}$，其误差ΔD 为

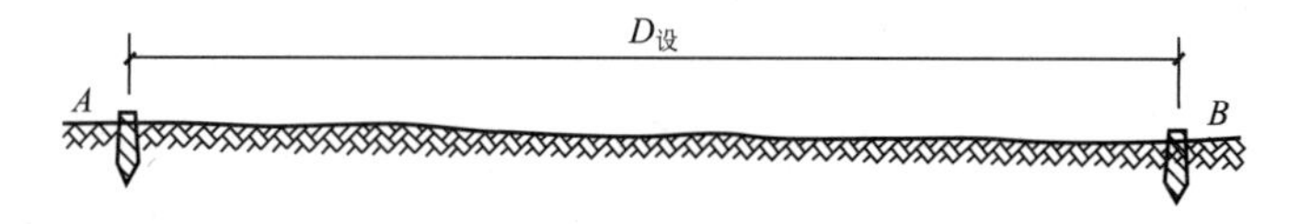

图 8-1　一般方法测设水平距离

$$\Delta D=D_{返}-D_{设} \tag{8-1}$$

相对误差为

$$K=\frac{\Delta D}{D_{设}}=\frac{1}{\frac{D_{设}}{\Delta D}} \tag{8-2}$$

相对误差 K 应小于 1/5000，它们的平均值作为最后结果。

当ΔD 为正时，应自 B 点向内改正；反之，则应向外改正。

2. 光电测距仪测设法

当精度要求较高时，可采用光电测距仪测设法，其方法如下。

(1) 如图 8-2 所示，在 A 点安置光电测距仪，反光棱镜在已知方向上前后移动，使仪器显示值略大于测设的距离，定出 B'点。

(2) 在 B'点安置反光棱镜，测出竖直角α及斜距 L(必要时加测气象改正)，计算水平距离 $D_{放}=L\cos\alpha$，从而求得$\Delta D=D_{放}-D_{设}$。

(3) 根据ΔD 数值在实地用检定过的钢尺沿测设方向将 B'点改正至 B 点，用木桩标定其点位。

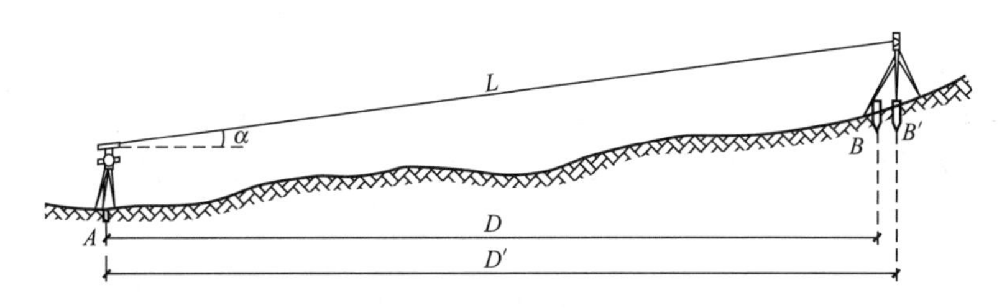

图 8-2　光电测距仪测设法

(4) 将反光镜安置在 B 点，重新实测 AB 距离，其误差应在限差内，否则应再次进行改正，直至符合限差为止。

3. 全站仪距离测设

随着科技的发展，全站仪已普遍使用，全站仪距离测量、距离放样精度高，可以满足各类施工要求。其测距方法如下。

(1) 安置全站仪于测站点上，对中、整平，将全站仪测量模式切换至距离测量模式；参见项目 5 中 5.3.4 节，输入放样平距，如 34.89m。

(2) 望远镜十字丝纵丝沿测设方向放样距离 DH=34.89m、当显示屏中的 d_{HD}=0.000m 时，定下放样点。

(3) 精度要求满足 1/10000。

8.2.2 测设已知水平角

测设已知水平角是根据给定的已知水平角和该角的一条起始边，按要求把该角的另一条边测设到地面上。根据精度要求不同，测设方法有如下两种。

1. 一般测设方法

当测设精度要求不高时，可采用盘左、盘右取中的方法，得到欲测设水平角的另一边。如图 8-3 所示，在 O 点安置经纬仪或全站仪，对中、整平，先以盘左位置瞄准 A 点，使水平度盘读数为零，松开制动螺旋，旋转照准部，使水平度盘读数为已知水平角 β 值，在此视线上定出 B' 点；然后盘右位置按上述步骤再测设一次，定出 B'' 点；最后取 $B'B''$ 的中点 B，则∠AOB 即为已知水平角 β。

2. 精密测设方法

当测设精度要求较高时，可按下列程序操作，如图 8-4 所示。

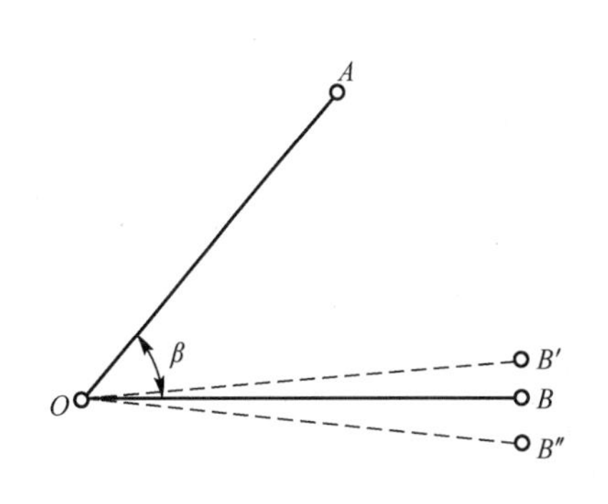

图 8-3　一般方法测设水平角

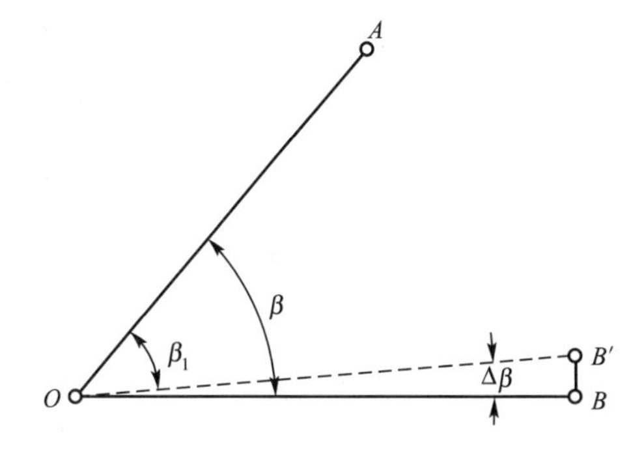

图 8-4　精密方法测设水平角

(1) 按一般测设方法定出点 B'。

(2) 用测回法观测 $\angle AOB$，测回数按精度要求确定，取各测回平均值 β_1 作为观测结果。

(3) 设 $\beta - \beta_1 = \Delta\beta$，则 OB' 的垂直线 BB' 的水平距离为

$$BB' = AB' \cdot \tan\Delta\beta = \frac{\Delta\beta}{\rho} \tag{8-3}$$

(4) 过 B' 点作 OB' 的垂直线，自 B' 点向外量取 BB' 即得到点 B，则 $\angle AOB$ 即为测设的已知水平角。

特别提示

量取改正距离时，若 $\Delta\beta$ 为正值，则沿 OB' 的垂直方向线向外量取；若 $\Delta\beta$ 为负值，则沿 OB' 的垂直方向线向内量取。

为了便于操作，在测设水平角 β 前，应使经纬仪水平度盘读数为零，这样可以直接测设水平角。

8.2.3 测设已知高程

测设已知高程是根据附近的水准点，将设计高程按照要求测设到现场作业面上。在建筑物设计、施工中，为了使设计高程与图纸上的竖向尺寸相配合，一般以建筑物底层室内地坪标高为±0.000，其他建筑物部位如基础、楼板标高都是以此为依据确定的。

1. 地面上点的高程测设

如图 8-5 所示，图纸上建筑物室内地坪设计高程为 $H_{设}$，利用附近水准点 A，高程为 H_A，在某处 B 待测设木桩上作出高程标志线，使其高程恰好为 $H_{设}$。其测设方法为：

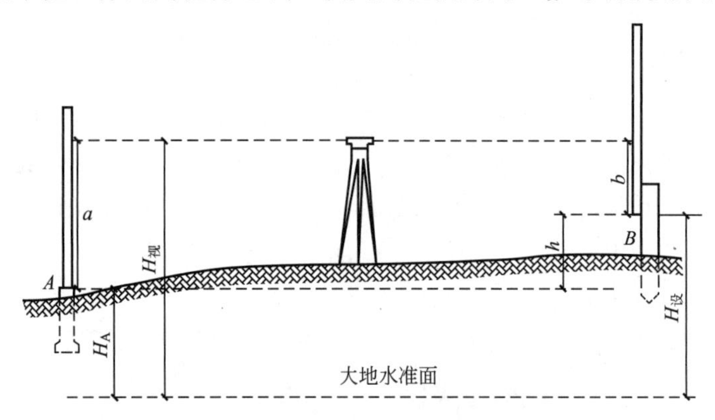

图 8-5 已知高程测设

(1) 在水准点 A 与待测点 B 中间安置水准仪，读取 A 点上水准尺读数 a，则水准仪视线高程为

$$H_{视} = H_A + a \tag{8-4}$$

(2) 计算应读前视度数 $b_{应}$。

按照水准测量原理有

$$H_A + a = H_{设} + b_{应} \tag{8-5}$$

$$b_{应} = (H_A + a) - H_{设} = H_{视} - H_{设} \tag{8-6}$$

(3) 将水准尺紧贴待测设点 B 木桩上下移动，直到水准尺度数恰好为 $b_{应}$，尺底即为测

设的高程位置，沿尺底在木桩上画线，然后用红蓝铅笔或红色油漆绘出标高线符号，并注明高程值。

2. 高程传递

当向深基坑或高层建筑上测设已知高程点时，可用悬挂钢尺代替水准尺的方法向下或向上引测。如图 8-6 所示，已知深基坑设计高程 H=74.14m，控制桩±0.000m 的绝对高程 H_A=79.14m，施工要求在深基坑内测设一比设计基坑深高 1m 的水平桩 B 点标志。

测设方法如下。

(1) 在基坑边架设一吊杆，杆上悬吊一根零点向下的钢尺，尺子的下端悬挂 10kg 的重物。

(2) 在基坑岸上安置水准尺，水准尺竖立在控制桩±0.000 标高线上，读取 a=1.52m，转动望远镜照准选调的钢尺，读取 b=5.75m。

(3) 在基坑底安置第二台水准仪读取钢尺读数 c =0.72m，转动望远镜照准贴靠在基坑壁上的水准尺读取 $d_{应}$读数，则

$$d_{应}=(H_A+a)-(b-c)-H_{设坑}-1.0\text{m}$$
$$=(79.14+1.52)-(5.75-0.72)-74.14-1.0=0.49(\text{m})$$

(4)将水准尺贴靠在基坑壁上做上下移动，直至观测人员读取 $d_{应}$读数 0.49m，沿尺底打下水平桩(可用钢筋头代替)。沿基坑壁每隔 1～2m 测设一个水平桩。

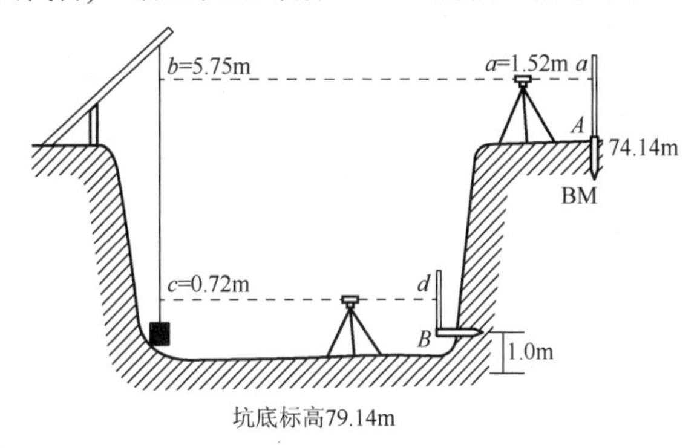

图 8-6 高程传递

8.2.4 测设已知坡度线

在道路、管道、地下工程及场地平整等工程施工中，常需要测设已知设计坡度的直线。已知坡度直线的测设工作，实际上就是根据附近水准点的高程、设计坡度和坡度线端点的设计高程，用高程测设的方法，将坡度线上各点的设计高程测设到地面上，使之构成已知坡度。

若给定的设计坡度 i=x%，要求在水平距离 D 处做出坡度线标志桩。其方法如下。

1. 计算一定距离 D 的坡升或坡降值

$$h=iD=D\times x\% \tag{8-7}$$

2. 实地测设

如图 8-7 所示，在 AB 中间安置水准仪，A 处立尺读数为 a，则 B 处水准尺上应读前视

读数为

$$b_{应}=a-h \tag{8-8}$$

应注意式(8-8)为代数差，若 h 为坡降值，为负值，则 $b_{应}>a$；若 h 为坡升值，为正值，则 $b_{应}<a$。

将水准尺紧贴待测设点 B 木桩上下移动，直到水准尺度数恰好为 $b_{应}$，尺底画标志线，B 处标志线与 A 点相连，其坡度就是所需测设的坡度。

3. 水准仪倾斜视线测设法

如果地面实际坡度与设计坡度比较接近，可采用水准仪倾斜视线测设法。

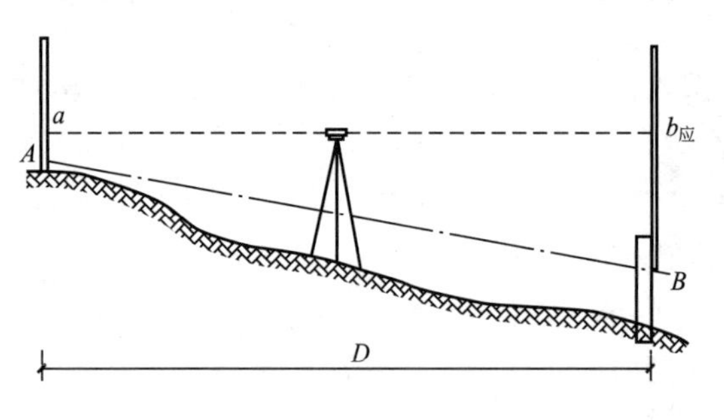

图 8-7 已知坡度线测设

如图 8-8 所示，在 A 点安置水准仪，注意一个脚螺旋在测设坡度方向线上，另两个脚螺旋与之垂直，量取仪器高 l。瞄准 B 点处的水准尺，旋转 AB 方向线上的脚螺旋，使视线在 B 标尺上的读数等于仪器高 l，此时倾斜视线与设计坡度平行。将水准尺移向各加密桩侧面，当尺上读数为 l 时，则尺底标志线的连线就是所需测设的设计坡度。

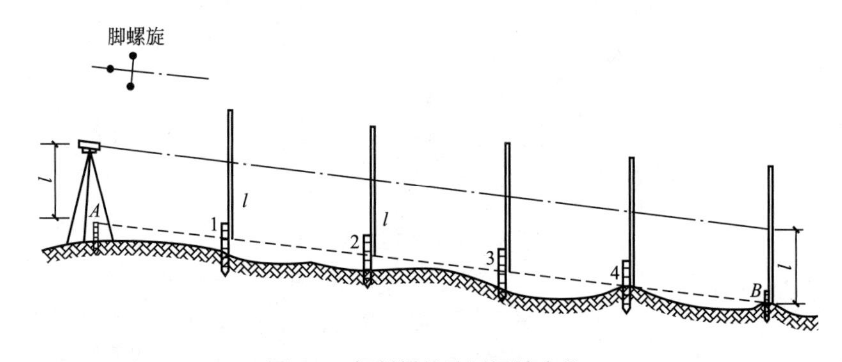

图 8-8 倾斜视线法测设坡度线

如果测设较大坡度，而水准仪纵向移动有限，可利用经纬仪进行测设。

8.3 点的平面位置测设方法

点的平面位置测设一般有直角坐标法、极坐标法、角度交会法和距离交会法四种测设方法。测设时，应根据现场施工情况、控制网形式、地面起伏状况、设计条件及精度要求合理选用。

8.3.1 直角坐标法

直角坐标法是根据直角坐标原理，利用纵横坐标之差，测设点的平面位置。此方法适合在地面平坦且现场已布设有连线相互垂直的控制点的情况下。点位测设时，先根据图纸上的坐标数据和几何关系计算测设数据，然后利用测量仪器按要求测设点位。如图 8-9 所示，*AB* 和 *AC* 为相互垂直的控制线，它们与建筑物定位轴线相互平行，根据图纸上给定的点位和 1、3 点坐标，用直角坐标法测设 1、2、3、4 点的位置。

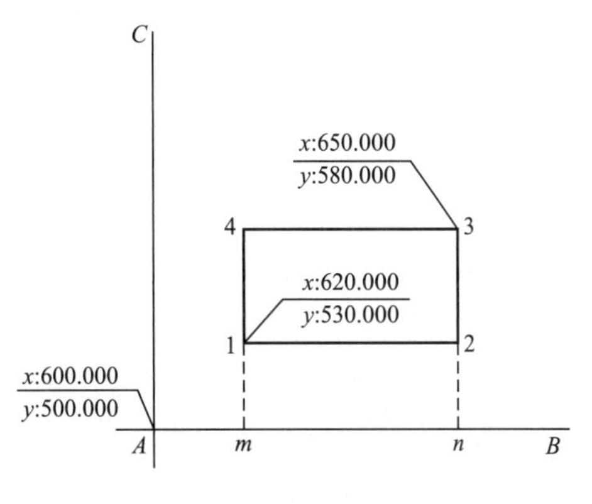

图 8-9 直角坐标法

1. 计算测设数据

图 8-9 中，建筑物的长度为 y_3-y_1=50.000m，宽度为 x_3-x_1=30.000m。过 1、2 点分别作 *AB* 的垂线得 *m*、*n* 两点，则 *Am*=30.000m，*An*=80.000m。

2. 实地测设

(1) 在 *A* 点安置经纬仪，对中、整平，瞄准 *B* 点，沿视线方向自 *A* 点分别测设 30m 和 80m，定出 *m* 点和 *n* 点，做出标记。

(2) 在 *m* 点安置经纬仪，对中、整平，瞄准 *B* 点，采取盘左盘右取中法逆时针方向测设 90°，由 *m* 点按视线方向分别测设 20m 和 50m，定出 1 点和 4 点，做出标记。

(3) 在 *n* 点安置经纬仪，同样方法定出 2 点和 4 点。

(4) 检查建筑物四角是否等于 90°，各边长是否等于设计长度，其误差均应在限差之内。

特别提示

(1) 在实际工程测设中，水平度盘置零，采用盘左盘右取中法，逆时针方向测设水平角为 90°；顺时针测设时水平角为 270°，但要以较长控制边为起始边。

(2) 为了确保精度要求，在条件允许下，尽可能利用钢尺从已知控制点开始测设。

8.3.2 极坐标法

极坐标法是根据一个水平角和一段水平距离，测设点的平面位置。此方法适用于施工现场只有一般的导线点且测设距离较近又便于丈量，测设精度要求较高的情况下。

如图 8-10 所示，$A(x_A, y_A)$、$B(x_B, y_B)$为已知平面控制点，欲测设建筑物的一个角点 *P*，其设计坐标为 $P(x_P, y_P)$。

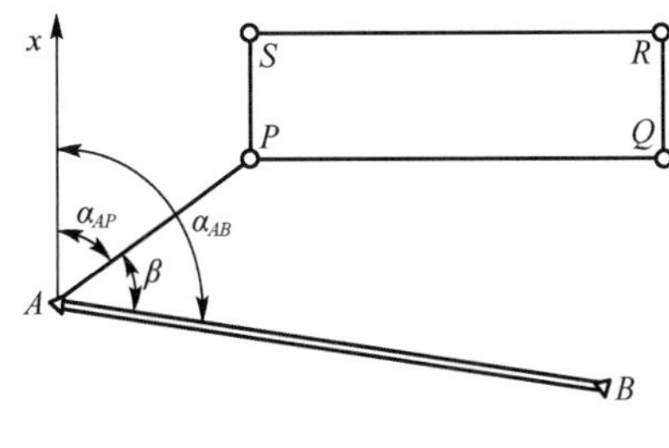

图 8-10 极坐标法

1. 坐标反算，计算测设水平角 β 和水平距离 D_{AP}

AB 边和 *AP* 边的坐标方位角 α_{AB} 和 α_{AP} 分别为

$$\alpha_{AB}=\arctan\frac{y_B-y_A}{x_B-x_A}=\arctan\frac{\Delta y_{AB}}{\Delta x_{AB}}$$

$$\alpha_{AP}=\arctan\frac{y_P-y_A}{x_P-x_A}=\arctan\frac{\Delta y_{AP}}{\Delta x_{AP}}$$

每条边在计算时，应根据Δx和Δy的正负情况，判断该边所属象限。

$$\beta=\alpha_{AB}-\alpha_{AP}$$

$$D_{AP}=\sqrt{(x_P-x_A)^2+(y_P-y_A)^2}=\sqrt{\Delta x_{AP}^2+\Delta y_{AP}^2}$$

2. 实地测设

(1) 在 A 点安置经纬仪，瞄准 B 点，按逆时针方向测设β角，定出 AP 方向线，沿方向线自 A 点测设水平距离 D_{AP}，定出 P 点，做出标记。

(2) 用同样方法测设 Q、R、S 点。检查建筑物四角是否等于 90°，各边长是否等于设计长度，其误差均应在限差之内。

8.3.3 角度交会法

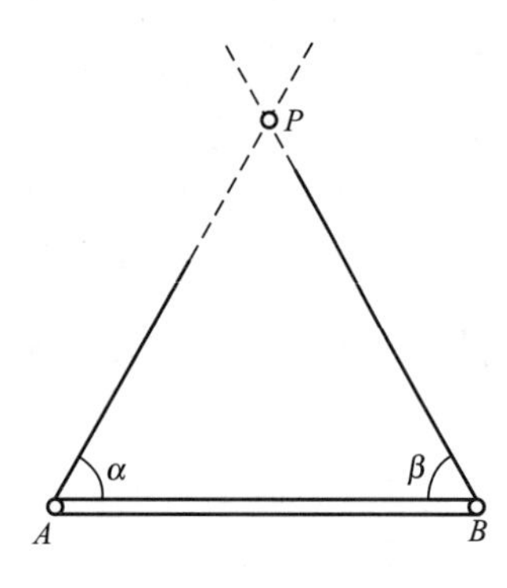

图 8-11 角度交会法

角度交会法是测设两个已知水平角，得到两条方向线，其交点是测设点的平面位置。它适用于地面有一般导线点且地面起伏较大、丈量不便、距离较远及精度要求不高的情况下采用。如图 8-11 所示，地面上有 A、B 两个导线控制点，P 为欲测设点位，已知 P 点坐标为 $P(x_P, y_P)$。测设之前，根据 A、B、P 坐标反算出水平角α和β。实地测设时，分别在 A、B 点上各安置一台经纬仪，同时测设α和β两个水平角，得到两条方向线 AP 和 BP，其交点就是所要测设的点位 P。由于测设时得到的方向线是视线，交点可能离控制点较远，故应在每条测设出的方向线上投测两个标志，然后拉两条小线，则可定出 P 点的位置。测设完毕后应进行检查，确保测设结果无误。

8.3.4 距离交会法

距离交会法是由两个控制点测设两段已知水平距离交会出点的平面位置的方法。该方法适宜在场地平坦，测设点离控制点不超过一个尺长又便于量距，精度要求不高的情况下采用。

如图 8-12 所示，现根据已知控制点 A、B 的坐标及待测点 P 的设计坐标，反算出测设距离 D_1 和 D_2。实测时，用两根检定过的钢尺同时自 A、B 两点起测设 D_1、D_2，其交点即为测设点 P 的位置。测设完毕后，应利用周围其他条件进行检查。

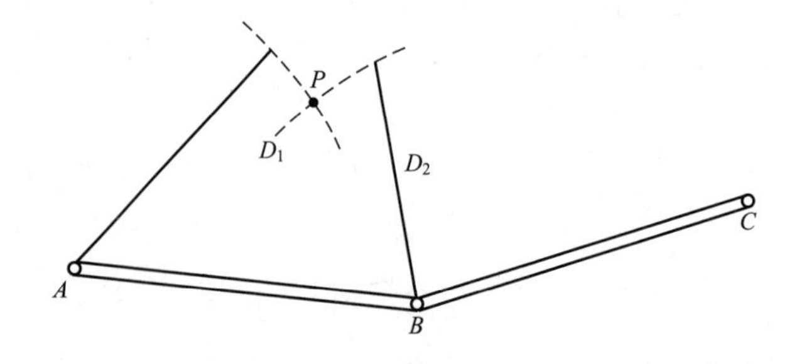

图 8-12 距离交会法

特别提示

距离交会法由于所有工具仅为两根钢尺，并且按照钢尺一般丈量方法进行测设，没有考虑其他影响因素。所以，该种方法多用于施工中距离较近的细部点放样。

8.4 圆曲线测设

道路工程中，为了行车的安全，线路改变方向时必须用曲线连接，其连接方式有圆曲线、缓和曲线、复曲线及回头曲线等多种形式。其中，圆曲线是最常见的形式之一；缓和曲线是一种曲率半径按一定规律变化的曲线，在等级工路中常用；其他曲线是圆曲线和缓和曲线的组合形式。近年来，随着建筑设计的不断深入，建筑平面造型也越来越多样化，圆曲线运用颇多，需要根据平面曲线的形状和规律测设一些特征点。

圆曲线是指由一定半径的圆弧所构成的曲线。测设时，首先根据圆曲线的测设元素，测设曲线主点，包括曲线的起点(*ZY*)、终点(*YZ*)和中心点(*QZ*)；然后进行细部加密测设，标定曲线形状和位置。

8.4.1 圆曲线主点测设

1. 圆曲线要素的计算

圆曲线主点的位置主要是根据曲线要素确定的。如图 8-13 所示，圆曲线有以下几个要素。

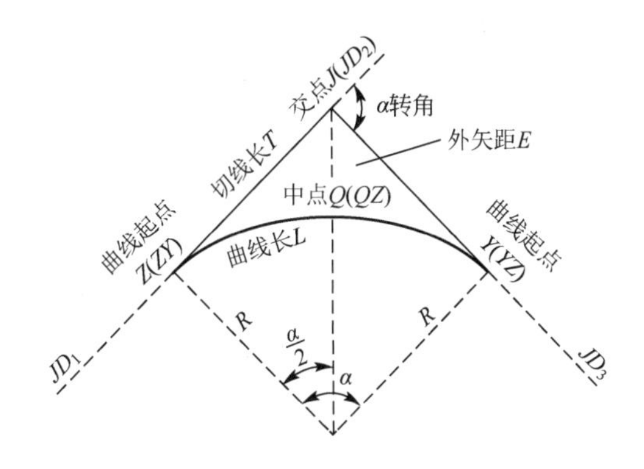

图 8-13 圆曲线要素

(1) 转折角α，由设计提供，或在线路定测时用经纬仪实测。

(2) 圆曲线半径 R，由设计提供。

(3) 切线长 T。

$$T=R\tan\frac{\alpha}{2} \tag{8-9}$$

(4) 曲线长 L。

$$L=R\alpha\frac{\pi}{180^\circ} \tag{8-10}$$

(5) 外矢距 E。

$$E=R\left(\sec\frac{\alpha}{2}-1\right) \tag{8-11}$$

(6) 切曲差 D。

$$D=2T-L \tag{8-12}$$

2. 圆曲线主点里程的计算

在线路测量中，线路上的点号是用里程桩表示的。起点的桩号为 0，记为 0+000，“+”前面的数字表示千米数，后面的数字表示米数，线路上各点均以离起点的位置表示桩号，例如 K3+360，表示该桩离起点桩的距离为 3360m。圆曲线主点的里程是根据交点里程求得的。

$$\left.\begin{aligned} &ZY\text{里程}=JD\text{里程}-T \\ &YZ\text{里程}=ZY\text{里程}+L \\ &QZ\text{里程}=YZ\text{里程}-\frac{L}{2} \\ &JD\text{里程}=QZ\text{里程}+\frac{D}{2} \end{aligned}\right\} \tag{8-13}$$

例 8-1　设交点 JD 里程为 K2+968.43(单位 m)，T=61.53m，L=119.38m，E=9.25m，D=3.68m，试求该曲线主点桩里程。

解：根据式(8-12)可得

$$ZY=JD-T=\text{K}2+906.90$$

$$YZ=ZY+L=\text{K}3+26.28$$

$$QZ=YZ-\frac{L}{2}=\text{K}2+966.59$$

$$JD=QZ+\frac{D}{2}=\text{K}2+968.43$$

与已知条件相符，计算正确。

3. 圆曲线主点测设

如图 8-13 所示，首先在交点 JD_2 处安置经纬仪，分别在瞄准 JD_1 和 JD_3 方向线上自交点起测设切线长 T，定出曲线起点桩 ZY 和 YZ。然后沿(180°−α)角的分角线方向测设 E 值，得到曲线中点 QZ。测设完成后进行检核，其误差在限差内。

8.4.2　圆曲线细部点测设

在地形变化不大且圆曲线较短时(L<40m)，只测设圆曲线主点即可。若地形变化较大，曲线较长，还应在曲线上每隔一定距离测设一个细部点。一般规定：R≥100m 时，曲线上每隔 20m 测设一个细部点；25m≤R<100m 时，每隔 10m 测设一个细部点；R≤25m 时，每隔 5m 测设一个细部点。圆曲线测设方法主要有偏角法、切线支距法和极坐标法等，在实际工程中，可视地形图情况、精度要求和仪器条件等因素合理选用。

1. 偏角法

偏角法测设圆曲线细部点就是根据已测设至地面的三主点，以相邻两曲线点的长度与经纬仪的视线方向进行交会。如图 8-14 所示，曲线三主点已测设地面，在 ZY 点置经纬仪，利用偏角(弦切角)δ_1和弦长 c_1 测设细部点 1；根据测设偏角δ_2得到 ZY—2 视线方向，与 1、2 点之间的整桩弦长 c_0 进行交会得到 2 点；以此类推，可测设出其他细部点。

根据几何学原理可知

$$\left.\begin{aligned}&\text{偏角：}\delta=\frac{l}{2R}\frac{180}{\pi}\\&\text{弦长：}c=2R\sin\frac{\phi}{2}=2R\sin\delta\end{aligned}\right\}\tag{8-14}$$

式中　l——弧长；

ϕ——弧长 l 所对应的圆心角。

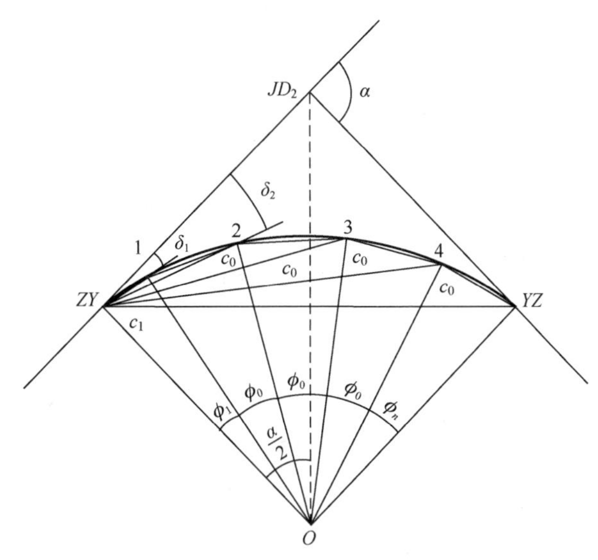

图 8-14　圆曲线主点测设

由于曲线上细部点的里程一般均为 5m 的整数倍，即细部点为整桩，而曲线起点 ZY 和终点 YZ 并非整桩。所以起点 ZY 至第一细部点的弧长 l_1 和最末细部点至终点 YZ 的弧长 l_n 均小于各相邻整桩间的弧长 l_0。l_1、l_n、l_0 相对应的弦长为 c_1、c_n、c_0。根据式(8-14)可知：

$$\delta_0=\frac{\varphi_0}{2}=\frac{l_0}{2R}\frac{180}{\pi}$$

$$\delta_1=\frac{\varphi_1}{2}=\frac{l_1}{2R}\frac{180}{\pi}$$

$$\delta_2=\delta_1+\delta_0$$

$$\delta_3=\delta_1+2\delta_0$$

$$\vdots$$

$$\delta_i=\delta_1+(i-1)\delta_0$$

$$\vdots$$

$$\delta_n=\delta_{n-1}+\frac{\varphi_n}{2}=\delta_{n-1}+\frac{l_n}{2R}\frac{180}{\pi}$$

各细部点测设步骤为：在 ZY 点安置经纬仪，瞄准交点 JD_2，转动照准部，测设偏角δ_1，自起点 ZY 测设弦长 c_1 定出 1 点；继续转动照准部，测设偏角δ_2，从 1 点测设 c_0 与视线交会，定出 2 点；以此类推，测设其他细部点。利用曲线中点 QZ 偏角 $\frac{\alpha}{4}$ 和终点 YZ 偏角 $\frac{\alpha}{2}$ 作为测设检核数据。曲线测设至终点 YZ 时，其半径方向闭合差一般不应超过±0.1m，切线方向不超过 $\pm\frac{L}{100}$(L 为曲线总长)。

特别提示

偏角法测设存在误差积累的缺点。为提高精度，可将经纬仪分别安置在曲线起点 ZY 和终点 YZ 上，分别测设曲线的一半。

2. 切线支距法(直角坐标法)

如图 8-15 所示，过 ZY 点的切线为 x 轴，切线上过 ZY 点的垂线为 y 轴，建立直角坐标系。设各细部点至曲线起点 ZY 的弧长为 l_i，所对圆心角为 α_i，则

$$\left.\begin{aligned} \alpha_i &= \frac{l_i}{R}\frac{180}{\pi} \\ x_i &= R\sin\alpha_i \\ y_i &= R(1-\cos\alpha_i) \end{aligned}\right\} \tag{8-16}$$

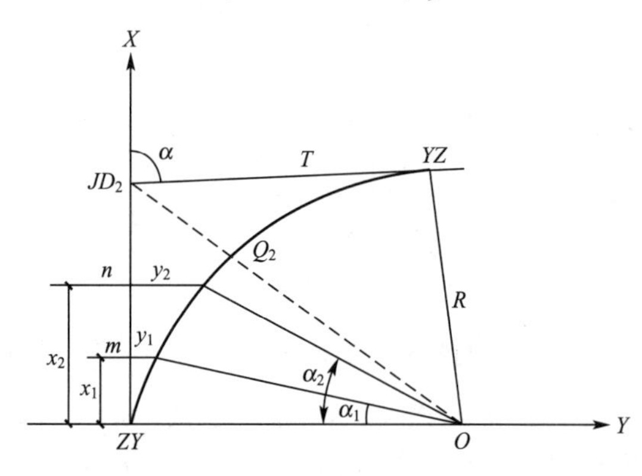

图 8-15 切线支距法

各细部点测设步骤如下。

(1) 在 ZY 点安置经纬仪，瞄准交点 JD_2，在其方向线上，自 ZY 点起分别测设 x_1 和 x_2，定出点 m 和 n。

(2) 分别在点 m 和 n 安置经纬仪定出直角方向，自 ZY 点起分别测设 y_1 和 y_2，定出细部点 1 和 2，以此类推，直到曲线中点 QZ。

(3) 同法从 YZ—JD_2 切线方向上测设圆曲线的另一半细部点。

用切线支距法测设曲线，由于各细部点是独立完成的，其测角与量边的误差都不积累，所以在支距不太大的情况下，具有精度较高、操作较简便的优点，因而应用较为广泛。但它不能自己闭合，不能自行检查，所以对已测设的细部点，要实量其相邻两点间的距离，并符合精度要求。

3. 极坐标法

极坐标法适用于曲线较短或采用光电测距仪测设的情况下。首先计算各细部点桩段偏

角和弦长，然后把仪器安置在曲线起点 ZY(或终点 YZ)，测设各桩段偏角，在视线方向上测设弦长，定出细部点。根据相邻细部点之间的距离进行检核，其误差应在限差内。

特别提示

按桩距在曲线上设置里程桩号，通常有以下两种方法。

(1) 整桩号法：将曲线靠近曲线起点 ZY 的第一个桩的桩号凑整成为 l_0 倍数的整桩号，然后按桩距 l_0 连续向曲线终点 YZ 设桩。

(2) 整桩距法：分别从圆曲线起点和终点出发，分别以 l_0 连续向曲线中点设桩。

本项目小结

本项目的内容是建筑施工测量的基础，在实际工程运用中具有重要作用。在学习时，要充分理解各种测设工作的主要内容和基本方法。

测设的基本工作包括已知水平距离、已知水平角和已知高程测设，又称测设三要素，是民用与工业建筑施工测量的重要基础。在学习时，既要明确它们之间的相互关系，又要注意与前面距离、角度和高程测量的本质不同。已知直线坡度测设在场地平整和道路施工中常用。其测设原理实质上就是多点高程测设，在实际工程中要合理选用测量仪器。

点的平面位置测设方法主要讲解了直角坐标法、极坐标法、角度交会法和距离交会法。首先要弄清测设已知条件，会合理选用测设方法，数据计算要准确无误，实地测设注意操作规程。

圆曲线测设重点介绍了偏角法、切线支距法和极坐标法三种测设方法。圆曲线测设分主点测设和细部点测设两步，圆曲线主点是曲线的控制点，所以在测设时务必准确。要认真领会细部点测设数据，并会进行计算，在实地测设细部点时根据所给条件合理选用测设方法。

一、 选择题

1. 测设的三项基本工作是(　　)。

A. 测设已知的高差，测设已知的水平角，测设已知的距离

B. 测设已知的角度，测设已知的距离，测设已知的高差

C. 测设已知的边长，测设已知的高程，测设已知的角度

D. 测设已知的高程，测设已知的水平角，测设已知的水平距离

2. 设 A、B 为平面控制点，已知：$\alpha_{AB}=26°37'$，$x_B=287.36$，$y_B=364.25$，待测点 P 的坐标 $x_P=303.62$，$y_P=338.28$，设在 B 点安置仪器用极坐标法测设 P 点，计算的测设数据 BP 的

距离为(　　)。

A. 39.64　　B. 30.64　　C. 31.64　　D. 32.64

3. 在一地面平坦、无经纬仪的建筑场地，放样点位应选用(　　)方法。

A. 直角坐标　　B. 极坐标　　C. 角度交会　　D. 距离交会

4. 用水准仪测设某已知高程点 A 时，水准尺读数为 1.0000m，若要用该站水准仪再测设比 A 点低 0.200m 的 B 点时，则水准尺应读数为(　　)m。

A. 0.08　　B. 1.2　　C. 1　　D. 0.2

5. 用一般方法测设水平角，应取(　　)作测设方向线。

A. 盘左方向线　　B. 盘右方向线

C. 盘左、盘右的 1/2 方向线　　D. 标准方向线

6. 用角度交会法测设点的平面位置所需的数据是(　　)。

A. 一个角度，一段距离　　B. 纵、横坐标差

C. 两个角度　　D. 两段距离

7. 采用偏角法测设圆曲线时，其偏角应等于相应弧长所对圆心角的(　　)。

A. 2 倍　　B. 1/2　　C. 2/3　　D. 1/4

二、 思考题

1. 测设的基本工作有哪三项？各项工作在什么条件下进行？

2. 测设已知水平角与测量水平角有何区别？

3. 场地附近有一水准点 A，H_A=126.320m，欲测设高程为 126.920m 的室内±0.000 标高，水准仪在 A 点立尺读数为 0.928m，试说明其测设方法。

4. 试述测设已知直线坡度的基本方法。

5. 测设点的平面位置有哪些方法？各适用于什么情况？

三、计算题

1. 欲在地面上测设一段长 49.000m 的水平距离，所用钢尺的名义长度为 50m，在标准温度 20℃时，其鉴定长度为 49.994m，测设时的温度为 13℃，所用拉力与鉴定时的拉力相同，钢尺的线膨胀系数为 $1.25\times10^{-5}℃^{-1}$，概量后测得两点间的高差为 $h=-0.58$m，试计算在地面上测设的长度。

2. 在平整后的建筑场地上，欲利用已知控制点 A 和 B，其坐标为 x_B=1142.860m，y_B=2506.10m，$\alpha_{BA}=86°18'24''$，用极坐标法测设某圆形构筑物的中心点 1。1 点设计坐标为 x_1=1065.000m，y_1=2482.000m。试计算测设所需数据，绘制测设图并简述测设方法。

3. 已知圆曲线的设计半径 R=300m，右转角 $\alpha=25°48'00''$，若交点里程为 K3+182.766，要求：

(1) 计算圆曲线的测设元素。

(2) 计算主点里程。

(3) 阐述圆曲线主点测设方法。

能力评价体系

知识要点	能力要求	所占分值(100 分)	自评分数
测设的基本工作	(1) 了解施工测量的主要内容、特点及要求	5	
	(2) 掌握测设已知水平距离的方法	10	
	(3) 掌握测设已知水平角的方法	10	
	(4) 掌握已知高程测设方法	10	
	(5) 理解已知坡度直线测设方法	8	
点的平面位置测设方法	(1) 掌握直角坐标法测设程序	10	
	(2) 掌握极坐标法测设程序	10	
	(3) 领会角度交会法测设点位	8	
	(4) 掌握距离交会测设法	8	
圆曲线测设	(1) 了解圆曲线特点	5	
	(2) 掌握圆曲线主点测设方法	8	
	(3) 掌握圆曲线细部点测设方法	8	
总分		100	

项目 9

施工场地的控制测量

学习目标

通过本项目的学习，要求了解施工坐标和测量坐标的换算方法；掌握施工控制测量中常用的平面控制网的布设形式；掌握建筑基线和建筑方格网的设计原则和测设方法；掌握施工场地的高程控制测量方法。

能力目标

知识要点	能力要求	相关知识
施工测量概述	(1) 掌握施工测量应遵循的程序和原则 (2) 了解施工控制网	施工测量应遵循的程序和原则、建筑基线、建筑方格网、水准网
坐标系统及坐标换算	(1) 了解施工坐标系统 (2) 巩固测量坐标系统 (3) 了解坐标系统的换算方法	施工坐标系统与测量坐标系统之间的区别、换算公式
建筑基线	(1) 掌握建筑基线的布设形式 (2) 掌握建筑基线的测设方法	建筑基线设计原则、布设形式和测设方法
建筑方格网	了解建筑方格网设计的原则	建筑方格网的设计原则
施工场地的高程控制测量	掌握施工场地高程控制的方法	四等水准测量的方法和技术要求、图根水准测量的方法

学习重点

建筑基线的设计原则、布设形式和测设方法。

最新标准

《工程测量规范》(GB 50026—2007)。

引 例

工程概况：北京某大学学生活动中心工程位于北京市海淀区某大学院内，建筑面积为4998m^2。其中南楼地下一层，地上3层，北楼地上3层，室内地坪±0.000标高，其绝对高程为50.100m，基底标高南楼为-6.060m、北楼为-2.700m。南楼为筏板基础满堂开挖，北楼为条形基础，地上采用框架结构，现浇楼板。

施工测量的基本要求：建立平面控制网或建筑基线，依据建筑物结构特点而布置。精度允许误差为：点位放样中误差±5mm；测角中误差±12″；边长相对中误差1/15000。建筑场区高程控制等级定为四等，即可满足施工要求，高差闭合差限差为$5\sqrt{n}$ (mm)(n为测站数)。

本工程由建设方委托测绘设计院在现场放出楼点，其坐标分别为1(312809.578，499165.200)；2(312811.158，499204.018)；3(312749.928，499209.472)；4(312748.538，499175.291)。

根据本工程建筑物特点，如何利用坐标系统和坐标换算进行控制网测设？根据施工需要，按引进的已知水准点，在施工现场附近如何测设两个高程控制点的高程以构成高程控制网？通过本项目的系统学习后，上述问题便可解决。

9.1 概　　述

工程建设在勘察阶段已建立了测图控制网，但是由于它是为测图而建立的，未考虑施工的要求，因而，其控制点的分布、密度、精度都难以满足施工测量的要求。另外，在场地平整时，大多数控制点被破坏。因此，在施工前，以测图控制点为依据，先在整个建筑场区建立专门的施工控制网，作为区建筑物定位放线的依据。

为建立施工控制网而进行的测量工作称为施工控制测量。施工控制测量在实施过程中同样要遵循“从整体到局部，先控制后碎部”的测量原则。

施工控制网分为平面控制网和高程控制网。

平面控制网根据施工场地不同的布设形式而不同。在道路和桥梁工程中，施工平面控制网往往布设成三角网、导线网或全站仪三维边角网。在大中型建筑施工场地上施工平面控制网多采用正方形或矩形网格组成，称为建筑方格网。在面积不大，又不十分复杂的建筑场地上，常常布设一条或几条基线，称为建筑基线。

高程控制网则需要根据场地大小和工程要求分级建立，常采用水准网。

与测图控制网相比，施工控制网具有控制范围小，控制点的密度大、精度高，控制点使用频繁且受施工干扰大等特点。因此，施工控制网的布设应考虑施工程序、方法及施工场地的布置情况。

特别提示

施工控制测量在设计、布设和施测时，应严格按照《工程测量规范》(GB 50026—2007)的要求进行。

9.2 坐标系统及坐标换算

9.2.1 施工坐标系统

在设计和施工部门，为了工作上的方便，常采用一种独立坐标系统，称为施工坐标系或建筑坐标系。如图 9-1 所示，施工坐标系的纵轴通常用 A 表示，横轴用 B 表示，施工坐标也称为 AB 坐标。施工坐标系的 A 轴和 B 轴，应与厂区主要建筑物或主要道路、管线方向平行。坐标原点设在总平面图的西南角，使所有建筑物和构筑物的设计坐标均为正值。

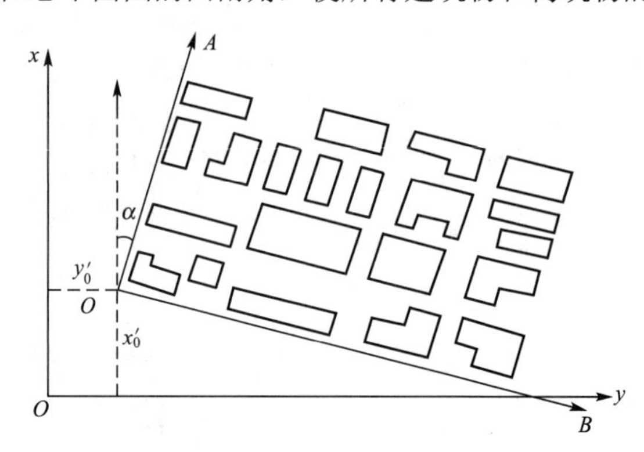

图 9-1　施工与测量坐标系

9.2.2 测量坐标系统

测量坐标系与施工场地地形图坐标系一致，目前，工程建设中，地形图坐标系有两种情况，一种是采用全国统一的高斯平面直角坐标系；另一种是采用测区独立平面直角坐标系。如图 9-1 所示，测量坐标系纵轴指向正北用 x 表示，横轴用 y 表示，测量坐标也叫 xy 坐标。

9.2.3 坐标换算

施工坐标系与测量坐标系往往不一致，在建立施工控制网时，常需要进行施工坐标系与测量坐标系的换算。施工坐标系与测量坐标系之间的关系，可用施工坐标系原点 O'的测量坐标系的坐标 x_0、y_0 及 $O'A$ 轴的坐标方位角α来确定。在进行施工测量时，上述数据由勘测设计单位给出。

如图 9-2 所示，设 xOy 为测量坐标系，$AO'B$ 为施工坐标系，(x_0，y_0)为施工坐标系的原点在测量坐标系中的坐标，α 为施工坐标系的纵轴在测量坐标系中的方位角。设已知 P 点的施工坐标为(A_P，B_P)，换算为测量坐标时，可按下列公式计算：

$$\left.\begin{aligned} x_P&=x_0+A_P\cos\alpha-B_P\sin\alpha \\ y_P&=y_0+A_P\sin\alpha+B_P\cos\alpha \end{aligned}\right\} \tag{9-1}$$

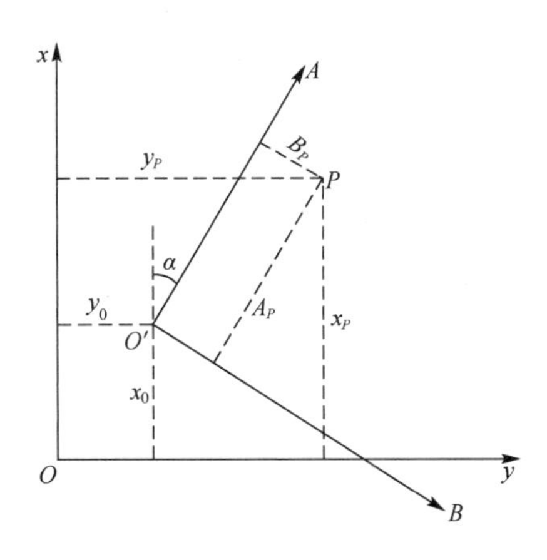

图9-2　坐标换算

如已知 P 点的测量坐标为(x_P，y_P)，则可将其换算为建筑坐标(A_P，B_P)：

$$\left.\begin{aligned}A_P&=(x_P-x_0)\cos\alpha+(y_P-y_0)\sin\alpha\\B_P&=-(x_P-x_0)\sin\alpha+(y_P-y_0)\cos\alpha\end{aligned}\right\}\qquad(9\text{-}2)$$

坐标的换算可以用坐标转换软件或在 AutoCAD 上进行，提高工作效率。

9.3 建筑基线

建筑基线是建筑场地的施工控制基准线，即在建筑场地布置一条或几条轴线。建筑基线适用于建筑设计总平面图布置比较简单的小型建筑场地。

9.3.1 建筑基线设计

建筑基线的布设形式，应根据建筑物的分布、施工场地的地形等因素确定。常用的布设形式有“一”字形、“L”形、“十”字形和“T”形，如图9-3所示。

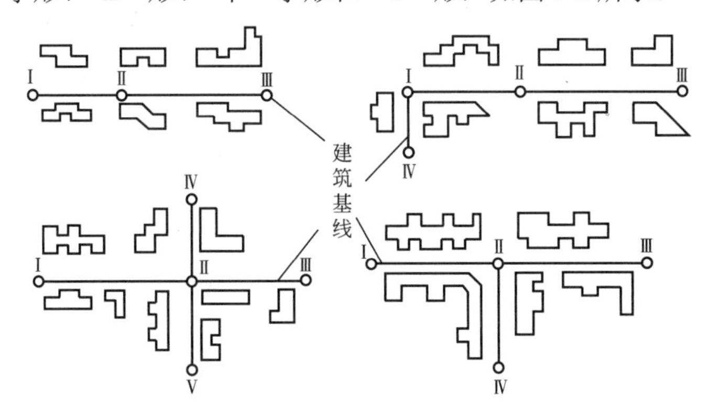

图9-3　建筑基线形式

建筑基线在布设时应满足以下要求。

(1) 建筑基线应尽可能靠近拟建的主要建筑物，并与其主要轴线平行，以便使用较简单的直角坐标法进行建筑物的定位。

(2) 建筑基线上的基线点应不少于三个，以便相互检核。

(3) 基线点应选在通视良好和不易损坏的地方，为能长期保存，要埋设永久性混凝土桩。

(4) 建筑基线应尽可能与施工场地的建筑红线相联系。

(5) 建筑基线的测设精度应该满足施工放样的要求。

9.3.2 建筑基线的测设

1. 根据建筑红线测设建筑基线

由城市测绘部门测定的建筑用地边界线，称为建筑红线。在城市建设区，建筑红线可用作建筑基线测设的依据，通常建筑基线和建筑红线平行或垂直。如图 9-4 所示，直线 *AB* 和 *AC* 就是城市测绘部门确定的建筑红线，点 1、2、3 为基线点。利用建筑红线测设建筑基线的方法如下。

(1) 以 *A* 点为起点，沿 *AB* 方向量取 12 点间距离，确定点 *P*，即 *AP*=12；沿 *CB* 方向量取 23 点间距离，确定点 *Q*，即 *CQ*=23。

(2) 过 *A* 点测设 *AB* 的垂线，沿线方向量取距离 d_1，确定基点 1，做出标志；过 *C* 点测设 *BC* 的垂线，沿垂线量取距离 d_2，确定基点 3，做出标志。

(3) 用细线拉出直线 3*P* 和直线 1*Q*，两线的交点即为基点 2，做出标志。

(4) 在点 2 上安置经纬仪或全站仪，精确测量∠123，其值与 90° 的差值不应超过 24″，并检查 12，23 的实际距离，其与设计长度的相对误差不应大于 1/10000。

2. 根据附近已有的测量控制点测设建筑基线

在新建筑区，可以利用建筑基线的设计坐标和附近已有控制点的坐标，采用极坐标法测设建筑基线。如图 9-5 所示，点 *A*、*B*、*C* 为已知坐标的控制点，点 1、2、3 为已知坐标的待测设基线主点。测设的步骤如下。

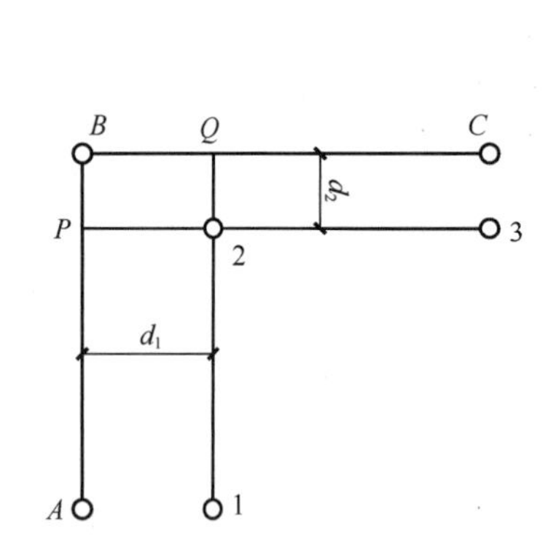

图 9-4 用建筑红线测设建筑基线

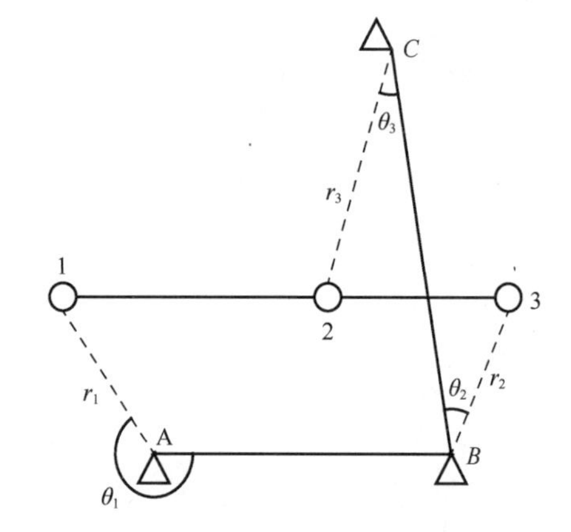

图 9-5 用控制点测设建筑基线

1) 计算测设数据

根据控制点 *A*、*B*、*C* 和建筑基线主点 1、2、3 的坐标反算测设数据 r_1、r_2、r_3 及 θ_1、θ_2、θ_3，如图 9-5 所示。

2) 测设主点

分别在控制点 A、B、C 上安置经纬仪，用极坐标法测设出三个主点，初步确定1′、2′、3′，并用木桩标定。

3) 检验校核

由于存在测量误差，测设的基点通常不共线，且基点间的距离也不满足设计要求，需要进行检验校核。在基点 2′ 上安置经纬仪，精确测量∠1′ 2′ 3′，如果(∠1′ 2′ 3′-180°)>±9″，找出原因，重测。如果(∠1′ 2′ 3′-180°)≤±9″，如图 9-6 所示，则对1′、2′、3′点在与基线垂直的方向上进行等量调整，调整值按式(9-3)计算：

$$\delta = \frac{ab}{a+b}\left(90^\circ - \frac{\beta}{2}\right)'' \frac{1}{\rho''} \tag{9-3}$$

当 a=b 时，有

$$\delta = \frac{a}{2}\left(90^\circ - \frac{\beta}{2}\right)'' \frac{1}{\rho''} \tag{9-4}$$

其中，a、b 为 12、23 之间的距离，$\rho'' = 206265''$。

将1′、2′、3′三点按δ 值移动，方向如图 9-6 所示。重复计算及操作，直到误差在允许范围以内，标定 1、2、3 的位置。

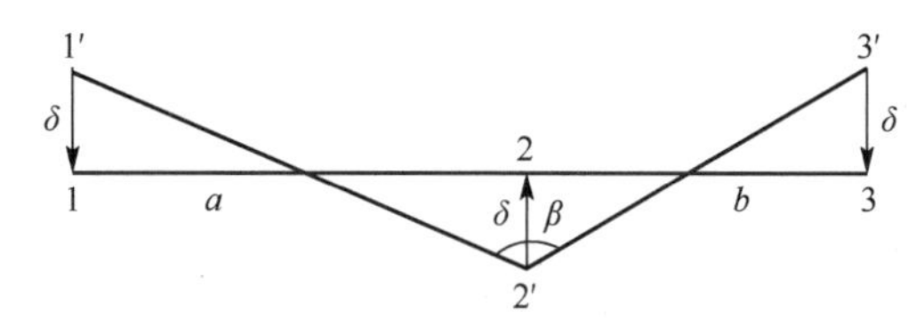

图 9-6　基线点的调整

精确测量 12 和 23 的距离，与计算值比较，若相对精度超过了 1/10000，则以 2 为基点按设计距离调整 1 和 3 的位置，直至满足精度要求，最终确定基点1和3的位置，并在地面做出标志。

对于“十”字形和“T”形基线，在按上述方法测设完一条基线后，再测设过该基线上某点的垂线为另一条基线。如图 9-7 所示，CPD 为已测设完成的基线点，在基点 P 上安置经纬仪，照准点 C，转动照准部90°，初步定下点 M'，倒转望远镜初步定下 N' 点，精确观测∠CPM'，若观测值与90°的差值大于±9″，则按下式进行调整，确定 M 、 N 点。

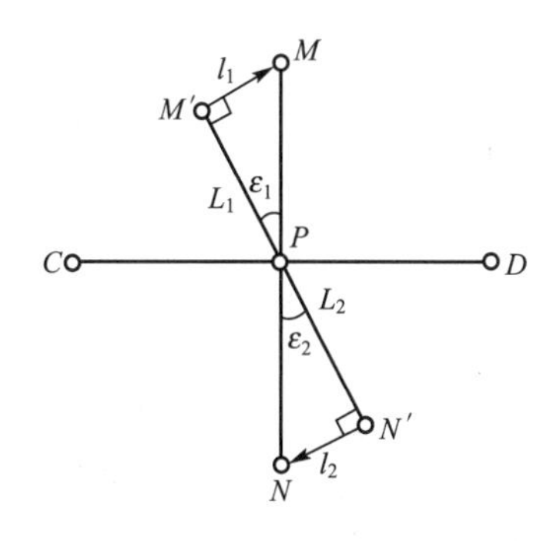

图 9-7　“十”字形基线主点测设

测设角度时，要选择远定向，以减少照准误差。

9.4　建筑方格网

对于地形较平坦的大、中型建筑场地，施工平面控制网多由正方形或矩形网格组成，称为建筑方格网。利用建筑方格网进行建筑物定位放线时，可按直角坐标进行，不仅容易推求测设数据，而且具有较高的测设精度。

建筑方格网布设应根据总平面图上各建(构)筑物、道路及各种管线的布置，结合现场的地形条件来确定。如图 9-8 所示，先确定方格网的主轴线，然后再布设方格网。布设时应遵循以下原则。

(1) 主轴线应尽量布设在建筑场区中央，并与主要建筑物轴线平行，且长度应控制整个建筑场区。

(2) 网格点、线在不受施工影响的条件下，应尽可能靠近建筑物。

(3) 网格点布设成矩形或正方形，纵横格线应互相垂直。

(4) 网格点应能通视，网格大小根据建筑物平面尺寸和分布确定，正方形边长一般为 100～200m，矩形网格边长一般为 50m 或其倍数。

建筑方格网的测设时，先测设主轴线，再测设方格网点。

1) 主轴线测设

建筑方格网主轴线的测设方法与建筑基线的测设方法相同。如图 9-8 所示，按建筑基线的测设方法测设互相垂直的主轴线 *CPD* 和 *MPN*，其测设结果应符合表 9-1 的要求。

2) 方格网点测设

主轴线测设后，如图 9-8 所示，分别在主点 *C*、*D* 和 *M*、*N* 处安置经纬仪，后视主点 *P*，向左右测设 90°水平角，即可交汇出田字形方格网点，然后检核。测量相邻两点的距离，看是否与设计值相等，测量角度是否为 90°，误差均在允许范围内则可埋设永久性标志。

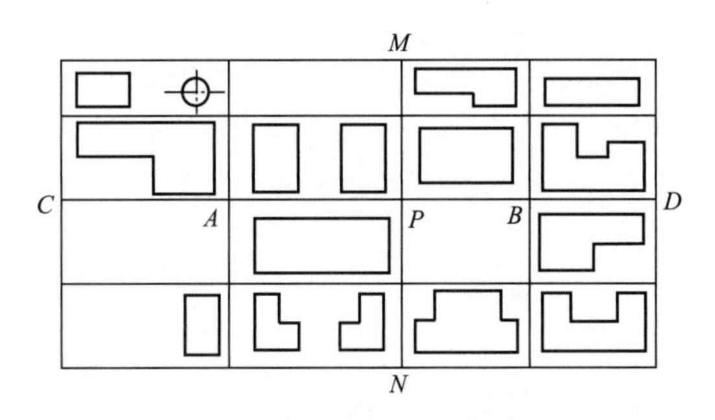

图 9-8　建筑方格网

表 9-1　建筑方格网的主要技术要求

等级	边长/m	测角中误差	边长相对中误差
I 级	100～300	5"	1/30000
II 级	100～300	8"	1/20000

建筑方格网计算简单、测设方便、精度高，但缺点是布设受总平面图限制，点位易破坏，测设的总工作量较大。

9.5 施工场地的高程控制测量

建筑施工场地的高程控制测量一般采用水准测量方法，应根据施工场地附近的国家或城市已知水准点，测定施工场地水准点的高程，以便纳入统一的高程系统。

在施工场地上，水准点的密度，应尽可能满足安置一次仪器即可测设出所需的高程。而测图时敷设的水准点往往是不够的，因此，还需增设一些水准点。在一般情况下，建筑基线点、建筑方格网点以及导线点也可兼作高程控制点。只要在平面控制点桩面上中心点旁边，设置一个突出的半球状标志即可。

为了便于检核和提高测量精度，施工场地高程控制网应布设成闭合或附合路线。高程控制网可分为首级网和加密网，相应的水准点称为基本水准点和施工水准点。

1. 基本水准点

基本水准点应布设在土质坚实、不受施工影响、无振动和便于实测的地点，并埋设永久性标志。一般情况下，按四等水准测量的方法测定其高程，而对于为连续性生产车间或地下管道测设所建立的基本水准点，则需按三等水准测量的方法测定其高程。

2. 施工水准点

施工水准点是用来直接测设建筑物高程的。为了测设方便和减少误差，施工水准点应靠近建筑物。

此外，由于设计建筑物常以底层室内地坪高±0.000 标高为高程起算面，为了施工引测设方便，常在建筑物内部或附近测设±0.000 水准点。±0.000 水准点的位置，一般选在稳定的建筑物墙、柱的侧面，用红漆绘成顶为水平线的“▼”形，其顶端为±0.000 位置。

特别提示

对已有的平面控制点和水准点，使用前都应检查其稳定性和可靠性。

本项目小结

本项目讲述的主要内容包括：施工控制测量的基本知识、施工坐标与测量坐标系的换算、建筑基线的设计原则、布设形式和测设方法、建筑方格网的设计原则和测设方法及施工高程控制的方法。

了解施工控制测量的意义及内容；了解施工坐标系与测量坐标系的关系及换算方法。

掌握建筑基线的设计、测设方法和建筑方格网的布设及测设方法。

掌握施工场地高程控制测量的方法。

习 题

一、 单选题

1. 中型企业场地测设建筑方格网边长及角度误差精度要求为(　　)。

A. 1∶50000—5″　　B. 1∶25000—10″

C. 1∶10000—15″　　D. 1∶20000—15″

2. 小型企业场地测设建筑方格网边长及角度误差精度要求为(　　)。

A. 1∶50000—5″　　B. 1∶25000—10″

C. 1∶10000—15″　　D. 1∶20000—15″

3. 大型企业场地测设建筑方格网边长及角度误差精度要求为(　　)。

A. 1∶50000—5″　　B. 1∶25000—10″

C. 1∶10000—15″　　D. 1∶20000—15″

二、多选题

1. 施工场地的平面控制形式有(　　)。

A. 导线　　B. 建筑基线

C. 建筑方格网　　D. 轴线

2. 测设建筑方格网的方法有(　　)。

A. 主轴线交点法　　B. 轴线法

C. 测定　　D. 导线

3. 测设场地建筑方格网的准备工作有(　　)。

A. 放样数据　　B. 现场踏勘

C. 编制测设方案　　D. 检校经纬仪

4. 主轴线交点法测设建筑方格网主轴线 *AOB* 和 *COD* 应具备的条件是(　　)。

A. *P*、*Q* 为已知控制点　　B. *O*、*A*、*B*、*C*、*D* 的坐标

C. 经纬仪　　D. 水准仪

5. 投测法测设高层建筑物轴线中，设置控制点应注意的问题有(　　)。

A. 控制点不少于 3 个

B. 控制点应离开轴线 500～800mm

C. 控制点位置应平行或垂直于控制桩

D. 应根据建筑物平面形状来考虑

6. 建筑方格网先在(　　)上进行布设，然后再到现场(　　)。

A. 设计总平面图　　B. 测设　　C. 测定　　D. 平面图

7. 建筑方格网主轴线尽可能通过(　　)中央，且与主要建筑物的(　　)平行。

A. 建筑场地　　B. 轴线　　C. 控制点　　D. 导线

8. 建筑方格网中的正方形或矩形的边长，一般以(　　)m 为宜。场地不大时也可采用(　　)m 的边长。

A. 100　　B. 200　　C.300　　D. 500

三、 计算题

1. 如图 9-9 所示，已知施工坐标原点 O'的测图坐标为 X_0=187.500m，Y_0=112.500m，建筑基线点 P 的施工坐标为 A_P=135.000m，B_P=90.000m，设两坐标系轴线间的夹角α=16° 00′00″。试求 P 点的测图坐标值。

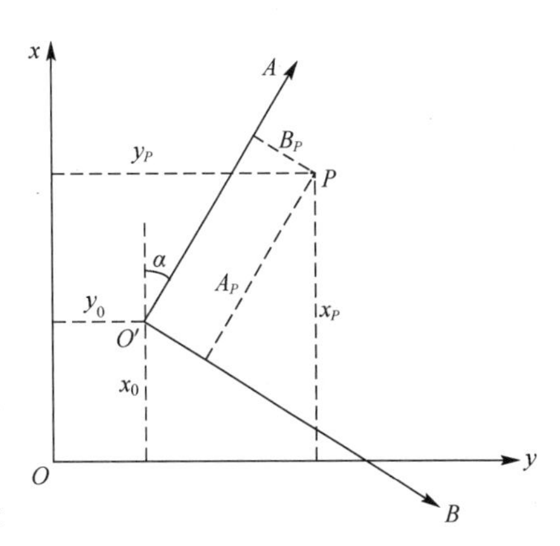

图 9-9 坐标换算

2. 如图 9-10 所示，假定“一”字形建筑基线 1′、2′、3′三点已测设在地面上，经检测，∠1′2′3′=179° 59′30″，a=90m，b=150m，试求调整值δ，并说明如何调整才能使三点成一直线。

3. 如图 9-11 所示，测设出直角∠BOD'后，用经纬仪精确地检测其角值为 89° 59′30″，并知 OD'=150m，问 D'点在 $D'O$ 的垂直方向上改动多少距离才能使∠BOD为 90°？

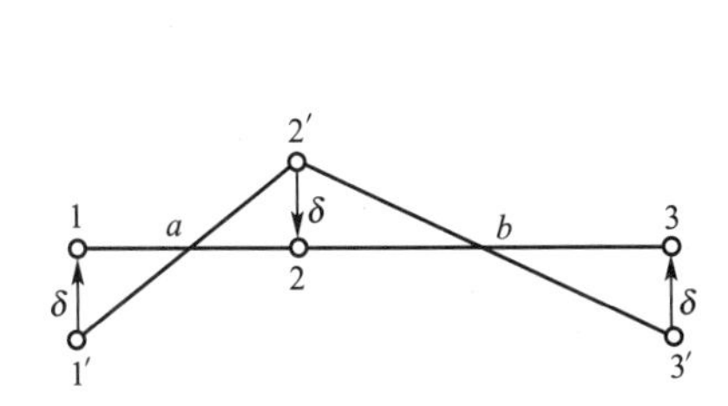

图 9-10 建筑基线

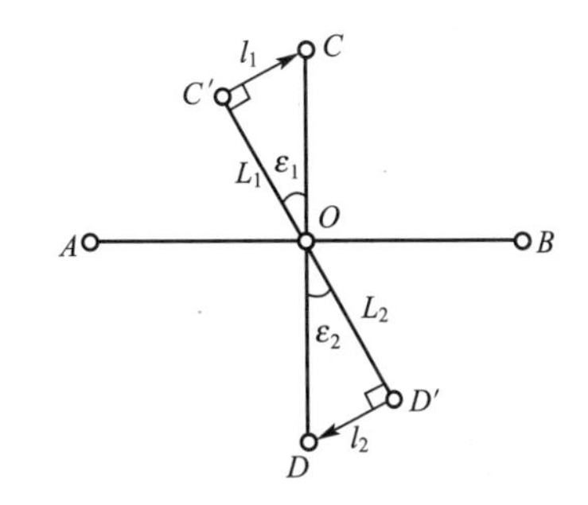

图 9-11 主点调整

能力评价体系

知识要点	能 力 要 求	所占分值(100 分)	自评分数
施工测量概述	(1) 掌握施工测量应遵循的程序和原则	12	
	(2) 了解施工控制网	9	
坐标系统及坐标换算	(1) 了解施工坐标系统	8	
	(2) 巩固测量坐标系统	8	
	(3) 了解坐标系统的换算方法	10	
建筑基线	(1) 掌握建筑基线的布设形式	15	
	(2) 掌握建筑基线的测设方法	15	
建筑方格网	了解建筑方格网设计的原则	8	
施工场地的高程控制测量	掌握施工场地高程控制的方法	15	
总分		100	

项目 10

民用建筑施工测量

学习目标

通过本章学习和实训，要求学生掌握民用建筑施工测量，即施工现场控制测量、建筑物的定位和放线测量、基础施工测量、高层建筑物的轴线投测及高程传递、安全质量验收。

能力目标

知识要点	能力要求	相关知识
民用建筑施工测量概述	明确施工测量的任务	熟悉设计图纸、现场踏勘、确定测设方案和准备测设数据
建筑物的定位和放线	(1) 掌握建筑物定位的方法	角度的测设、距离的测设、测设数据的计算、轴线控制桩和龙门板
	(2) 掌握建筑物放线的方法	
建筑物基础施工测量	(1) 掌握基础标高控制的方法	高程的测设、高程的传递和基础皮数杆
	(2) 掌握基槽抄平的方法和垫层上轴线测设的方法	
高层建筑施工测量	(1) 熟悉高层建筑施工测量的特点	内投法、外控法
	(2) 掌握高层建筑轴线投测的方法	
	(3) 掌握高层建筑高传递的方法	

学习重点

建筑物定位、放线和标高控制、高层建筑轴线投测和高程传递。

最新标准

《工程测量规范》(GB 50026—2007)；《建筑变形测量规程》(JGJ 8—2007)。

引 例

工程概况：某工程位于北京市某区，是集金融、商业、办公、餐饮为一体的综合性、智能化大型公用建筑。

该工程占地 16338m^2，总建筑面积为 136034m^2，其中：地上部分 94000m^2，地下部分 42034m^2，地下四层为车库，每层层高 3.6m；地上 23 层，其中标准层层高为 3.6m。建筑总高为 109.8m。使用年限 50 年，建筑耐火等级为一级，建筑结构安全等级为二级，抗震设防为 8 度，人防工程为六级。1 号、2 号主楼为框架-剪力墙结构；3 号、4 号主楼为框架核心筒结构。

本工程由北京市某建筑工程有限责任公司承建，北京市某监理工程建设有限责任公司负责监理。

平面控制网的布设：根据本工程的结构形式和特点，建立二级平面控制网来控制工程的整体施工。首级控制采用建筑方格网；再根据建筑方格网加密成各单体的建筑物平面控制网，作为二级控制。两控制网等级均确定为二级。本工程建筑物定位桩由北京市测绘院测定，现场共测设 11 个平面控制点和 3 个高程控制点。

测设要求：① ±0.00 以下的施工测量。包括轴线控制桩的校测，平面放样测量，支立模板时的测量控制和 ±0.00 以下结构施工中的标高控制。② ±0.00 以上的施工测量。包括平面控制测量和高程传递。

在民用建筑测设前应做哪些准备工作？如何利用测量仪器根据限定条件对 1～4 号楼进行定位放线？建筑物基础、墙体施工测量包括哪些项目？各项目如何进行测设？本项目将会进行详细讲解。

10.1 概 述

民用建筑包括住宅楼、商场、学校、医院、宾馆、写字楼等建筑物。

施工测量的主要任务是按照设计图纸要求，把建筑物的平面位置和高程位置测设到地面上，作为施工的依据，并配合施工进度保证施工质量。进行施工测量之前，测量仪器要送测量仪器检验站进行检验与校正，获取国家授权的检校证书后，方可开工使用。此外，还要做好以下准备工作。

特别提示

建筑场地施工放线的主要过程如下。

(1) 熟读相关图纸(总平面图、平面图、基础平面图、基础剖面图、立面图)。

(2) 现场踏勘(检查图纸给定的已知控制点与测设施工控制网是否相符及施工场地是否满足施工要求等)。

(3) 三方会审图纸(建设方、设计方、施工方)。

(4) 建立施工场地控制网(轴线控制点连起来即为控制网)。

(5) 建筑物定位、放线。

(6) 自检定位、放线精度。

(7) 场地控制网、建筑物定位、放线验收。

(8) 三方签字、撒出基础开挖边界线。

10.1.1 熟悉设计图纸

设计图纸是施工测量的主要依据，与建筑物定位、放线、传递高程有关的图纸主要有：建筑总平面图、建筑平面图、基础平面图和基础剖面图、立面图。

(1) 从建筑总平面图上可以查明拟建建筑物与原有建筑物的平面位置和高程的关系，它是测设建筑物总体定位的依据，如图 10-1 所示。

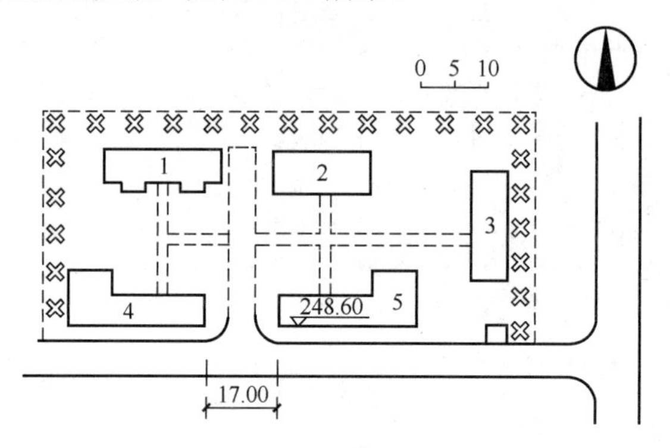

图 10-1　建筑总平面图

(2) 从建筑平面图上查明建筑物的总尺寸和内部各定位轴线间的尺寸关系，如图 10-2 所示。

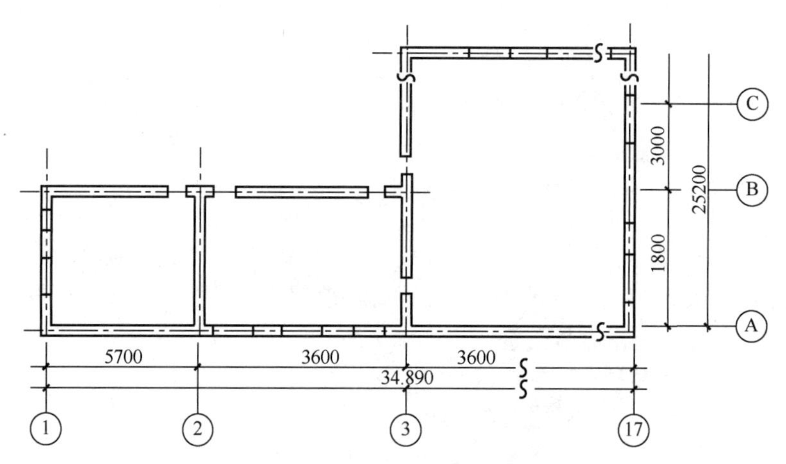

图 10-2　建筑平面图

(3) 从基础平面图上可以查明基础边线与定位轴线的关系尺寸，以及基础布置与基础剖面位置关系，如图 10-3 所示。

(4) 从基础剖面图上可以查明基础立面尺寸、设计标高以及基础边线与定位轴线的尺寸关系，如图 10-4 所示。

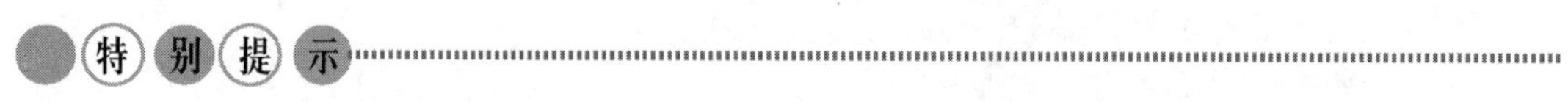

在熟悉图纸的过程中，应仔细核对各种图纸上的相同部位的尺寸是否一致，同一图纸上总尺寸与各有关部位尺寸之和是否一致，以免发生错误。

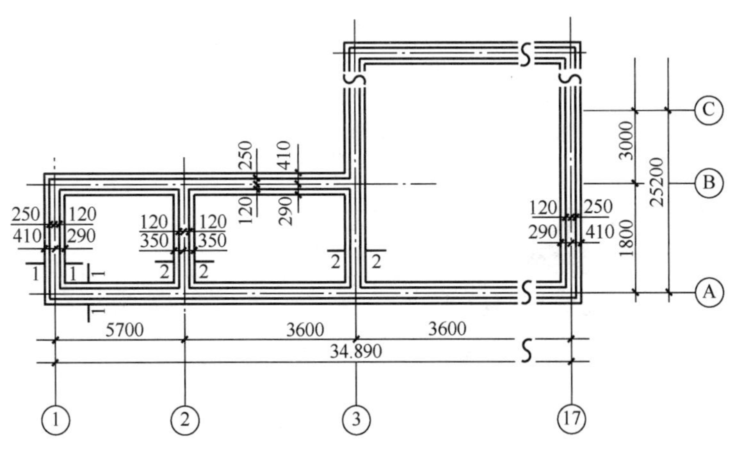

图 10-3　基础平面图

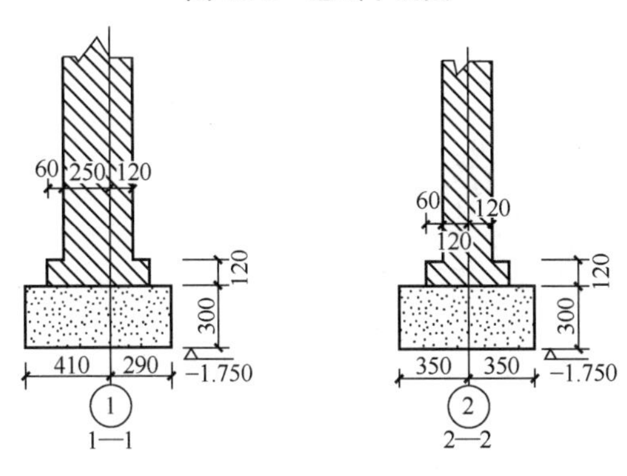

图 10-4　基础剖面图

10.1.2　现场踏勘

现场踏勘的目的是了解现场的地物、地貌和原有测量控制点的分布情况，并调查与施工测量有关的问题。对建筑场地上的平面控制点、水准点要进行检核，获得正确的测量起始数据和点位。

10.1.3　确定测设方案

首先了解设计要求和施工进度计划，然后结合现场地形和控制网布置情况，确定测设方案。例如，按图 10-1 的设计要求，拟建的 5 号楼与现有 4 号楼平行，两者南墙面平齐，相邻墙面相距 17.00m。因此，可根据现有建筑物进行测设定位。

10.1.4　准备测设数据

测设数据包括根据测设方法所需要而进行的计算数据和绘制测设略图。

测设数据：如图 10-5 所示为注明测设尺寸和方法的测设略图。从图 10-4 可以看出，由于拟建房屋的外墙为 370mm(1—1 剖面)，定位轴线距离外墙面为 0.25m，故在测设图中横向楼间距 17.00m 加上 0.25m 为拟建房屋的定位轴线(即 17.25m)；另外拟建的 5 号楼与现有 4 号楼南立面墙平齐。从东西山墙向南引测 3m 再加 0.25m 为拟建房屋纵向定位轴线(即 3.25m)，如图 10-5 所示，以满足施工和南墙面平齐等设计要求。

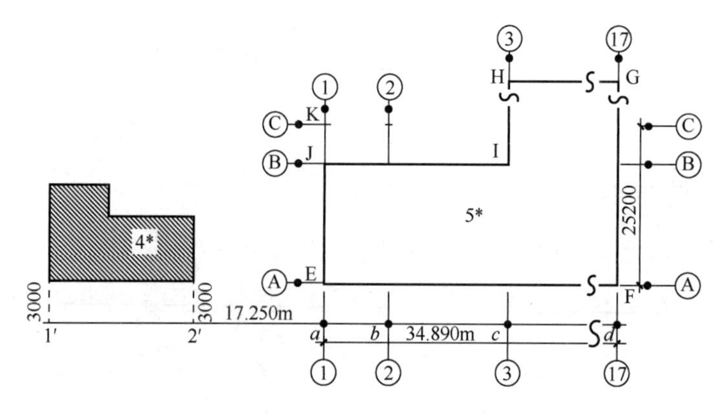

图 10-5　建筑控制测量、定位、放线

10.2　建筑物的定位和放线

10.2.1　建筑物的定位

建筑物的定位，就是将建筑物外轮廓各轴线交点测设在地面上，作为施工放线的依据(如 10-5 图中的 E、F、G、H、I、J)。

建筑物的放线：依据建筑物的定位进行底层平面图各轴线的放样，即将建筑物底层平面图各轴线按一比一的比例放样在地面上，作为施工的依据。

1. 根据原有建(构)筑物定位

如图 10-6 所示，*ABCD* 为原有建筑物，*MNQP* 为新建高层建筑，*M′N′Q′P′*为该高层建筑的矩形控制网(在基槽外，作为开挖后在各施工层上恢复中线或轴线的依据)。

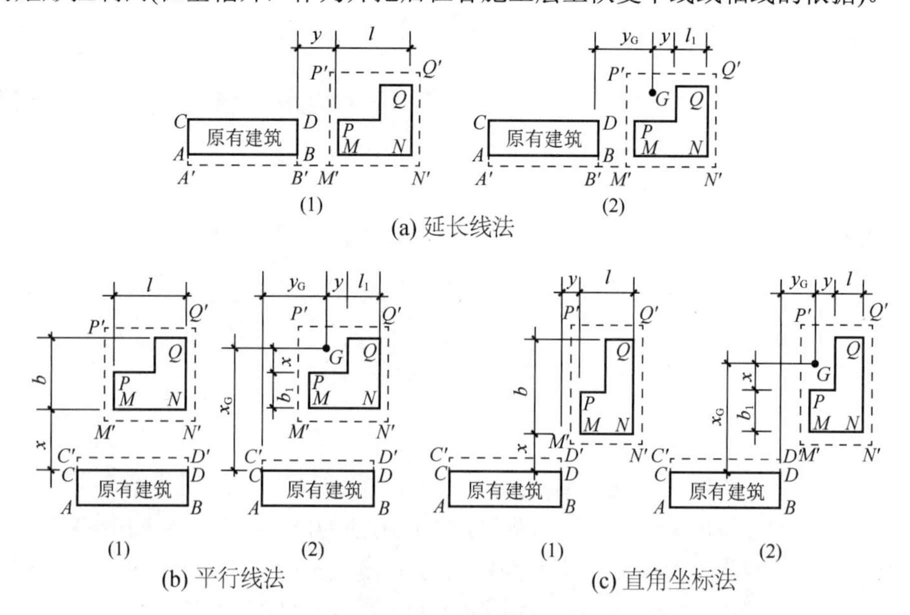

图 10-6　根据原有建筑物定位

根据原有建(构)筑物定位，常用的方法有三种：延长线法、平行线法、直角坐标法。

而由于定位条件的不同，各种方法又可分成两类情况：一类情况是如图中(1)类，它是仅以一栋原有建筑物的位置和方向为准，用各(1)图中所示的 y、x 值确定新建高层建筑物位置；另一类情况则是以一栋原有建筑物的位置和方向为主，再加另外的定位条件，如各(2)图中 G 为现场中的一个固定点，G 至新建高层建筑物的距离 y、x 是定位的另一个条件。

2. 延长线法

如图 10-6(a)所示，是先根据 AB 边，定出其平行线 $A'B'$；安置经纬仪在 B'，后视 A'点，用正倒镜法延长 $A'B'$直线至 M'点；若为图(1)情况，则再延长至 N'点，移经纬仪在 M'点和 N'点上，定出 P'点和 Q'点，最后校测各对边长和对角线长；若为图(2)情况，则应先测出 G 点至 BD 边的垂距 y_G，才可以确定 M'点和 N'点的位置。一般可将经纬仪安置在 BD 边的延长点 B'上，以 A'点为后视，测出 $\angle A'B'G$，用钢尺量出 $B'G$ 的距离，则 $y_G=B'G\times\sin(\angle A'B'G-90^\circ)$。

3. 平行线法

如图 10-6(b)所示，是先根据 CD 边，定出其平行线 $C'D'$。若为图(1)情况，新建高层建筑物的定位条件是其西侧与原有建筑物西侧同在一条直线上，两建筑物南北净间距为 x，则由 $C'D'$可直接测出 $M'N'Q'P'$矩形控制网；若为图(2)情况，则应先由 $C'D'$测出 G 点至 CD 边的垂距和 G 点至 AC 延长线的垂距，才可以确定 M'点和 N'点的位置，具体测法基本同前。

4. 直角坐标法

如图 10-6(c)所示，是先根据 CD 边，定出其平行线 $C'D'$。若为图(1)情况，则可按图示定位条件，由 $C'D'$直接测出 $M'N'Q'P'$矩形控制网；若为图(2)情况，则应先测出 G 点至 BD 延长线和 CD 延长线的垂距和，然后即可确定 M'点和 N'点的位置。

10.2.2 根据规划红线、道路中心线或场地平面控制网定位

常用的定位方法有以下四种。

1. 直角坐标法

如图 10-7 所示为某饭店定位情况。它是由城市规划部门给定的广场中心正点起，沿道路中心线向西量 y=123.300m 定 S 点，然后由 S 点逆时针转 90°定出建筑群的纵向主轴线——X 轴，由 S 点起向北沿 X 轴量 x=84.200m，定出建筑群纵轴(X)与横轴(Y)的交点 O。

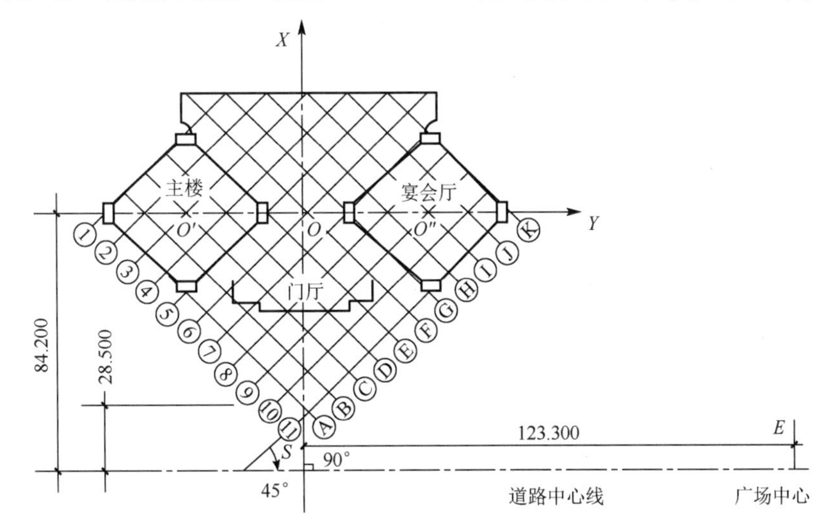

图 10-7 某饭店直角坐标法定位图(单位：m)

2. 极坐标法

如图 10-8 所示为五幢 25 层运动员公寓，1～4 号楼的西南角正布置在半径 R=186.000m 的圆弧形地下车库的外缘。定位时可将经纬仪安置在圆心 O 点上，用 0° 00'00"后视 A 点后，按 1～5 号点的设计极坐标数据(极角、极距)，由 A 点起依次定出各幢塔楼的西南角点 1、2、3、4、5，并实量各点间距作为校核。

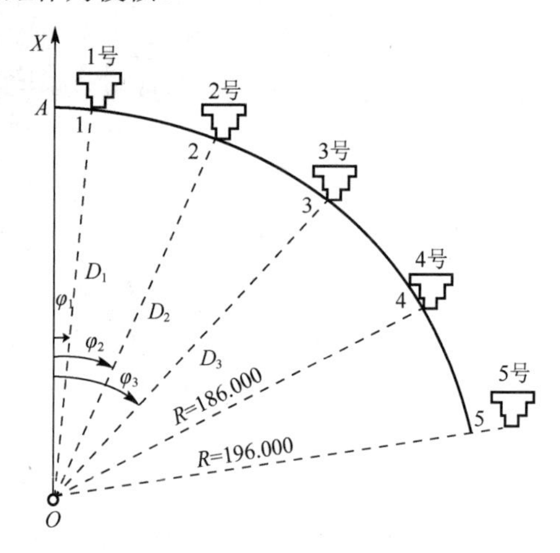

图 10-8　建筑物极坐标法定位图

3. 交会法

如图 10-9 所示为某重要路口北侧折线形高层建筑 $MNQP$，其两侧均为平行道路中心线，间距为 d。定位时，先在规划部门给出的道路中心线上定出 1、2、3、4 点，并根据 d 值定出各垂线上的 1′、2′、3′、4′点，然后由 1′2′与 4′3′ 两方向线交会定出 S'点，最后由 S'点和建筑物四廓尺寸定出矩形控制网 $M'S'N'Q'R'P'$。

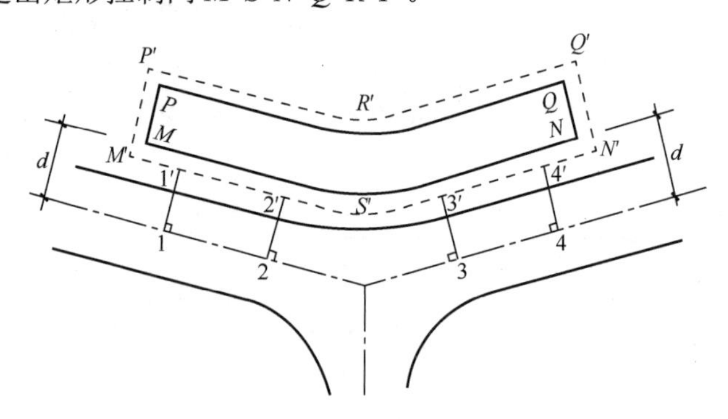

图 10-9　建筑物交会法定位图

4. 综合法

以图 10-10 某小区高层 $MNQP$ 为例，其定位条件是：M 点正落在 AB 规划红线上，MN 平行于 BC 规划红线，且距 G 为 8.000m。为了定位，首先要确定 MN 相对于 BC 边的位置。因此，先在 B 点上安置经纬仪，测出∠ABC 和∠GBC，并量出 BG 间距；算出 MN 至 BC 的垂直距离 MM_1=8.000m+BGsin∠GBC 和 M_1B=MM_1cot(180° 00′ 00″−∠ABC)。当求出 MM_1 和 M_1B 后，以 BC 边为准，用直角坐标法、极坐标法或交会法等测定矩形控制网 $M'N'Q'P'$，并用所给定位条件进行检测。

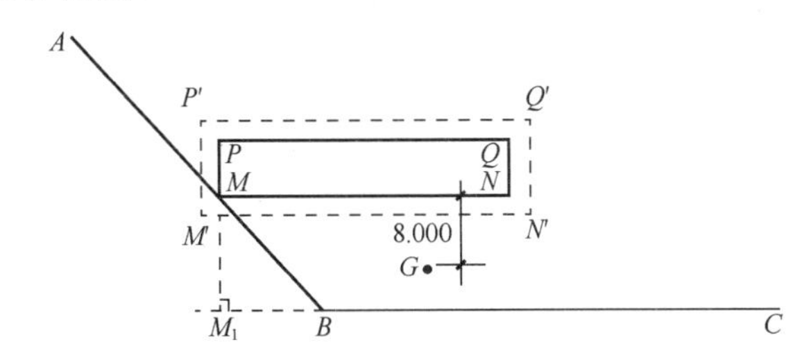

图 10-10 建筑物综合法定位图(单位：m)

当定位依据是原有建(构)筑物时，要会同建设单位和设计单位到现场，对定位依据的建(构)筑物的边、角、中线、标高等具体位置，进行明确的指定和确认，必要时进行拍照，以便查证和存档。

当定位依据是规划红线、道路中心线或测量控制点时，在同建设单位和设计单位在现场当面交桩后，要根据各点的坐标值、标高值校算其间距、夹角和高差，并实地校测各桩位是否正确，若有不符，应请建设单位妥善处理。

10.2.3 建筑物放线

建筑物的放线是根据已经定位的外墙轴线交点桩详细测设出建筑物的其他各轴线交点的位置，并用木桩标定出来，成为中心桩(图 10-11)，并据此按基础宽和放坡宽确定基槽开挖边界线。

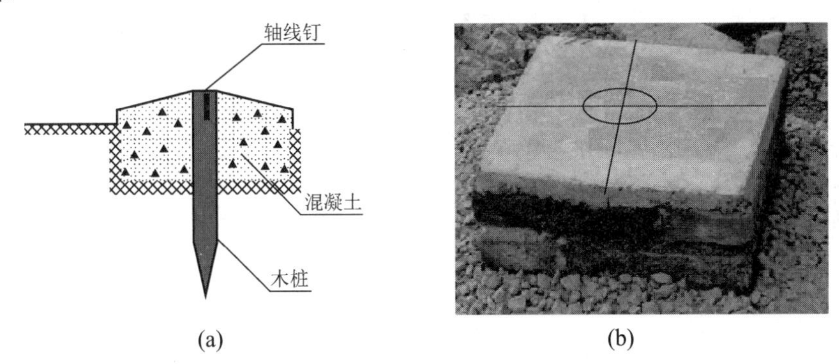

图 10-11 轴线控制桩

1. 建筑放样方法

根据已定位的外墙轴线交点(M、N、Q、P)，在检查符合精度要求的 M、P 点上，分别安置全站仪，坐标放样分别定出①①，②②，③③，…轴线和ⒶⒶ，ⒷⒷ，ⒸⒸ，…轴线点，详细放样出建筑物各轴线交点桩的位置。控制桩及轴线控制桩要在同一竖直面内，如图 10-12 所示。

三方验收：控制桩、定位桩、建筑物轴线放线完成后，三方验收——建设方(甲方即监理方)、设计方、施工方(乙方)验收合格后，三方签字后，画出基坑开挖边界线。

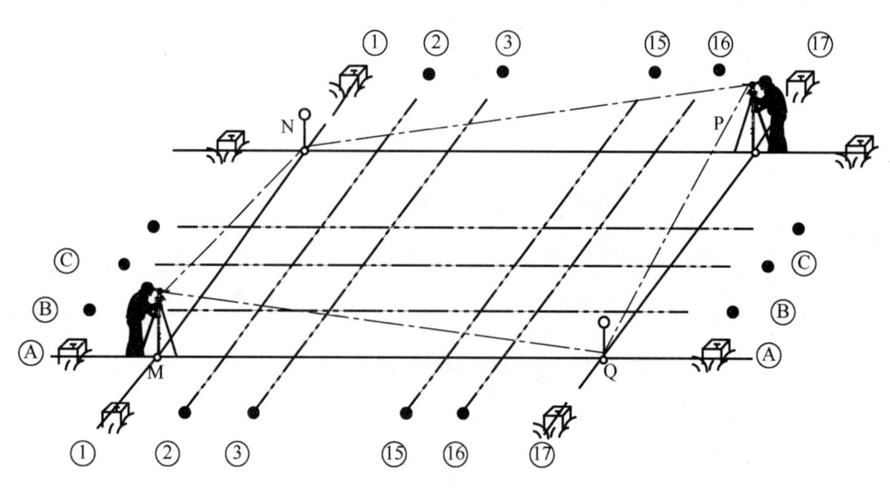

图 10-12　建筑物的放线

2. 确定基础开挖边界线

在建筑物定位、放线满足精度要求后，根据定位桩用白灰撒出基坑开挖边界线。

计算方法：开挖宽度 B = 34890+(410+300+放坡宽)×2=36310+放坡宽×2

注：规范规定混凝土基础工作面为 300m，放坡宽根据地基土质查看规范计算，如图 10-13、图 10-14 所示。

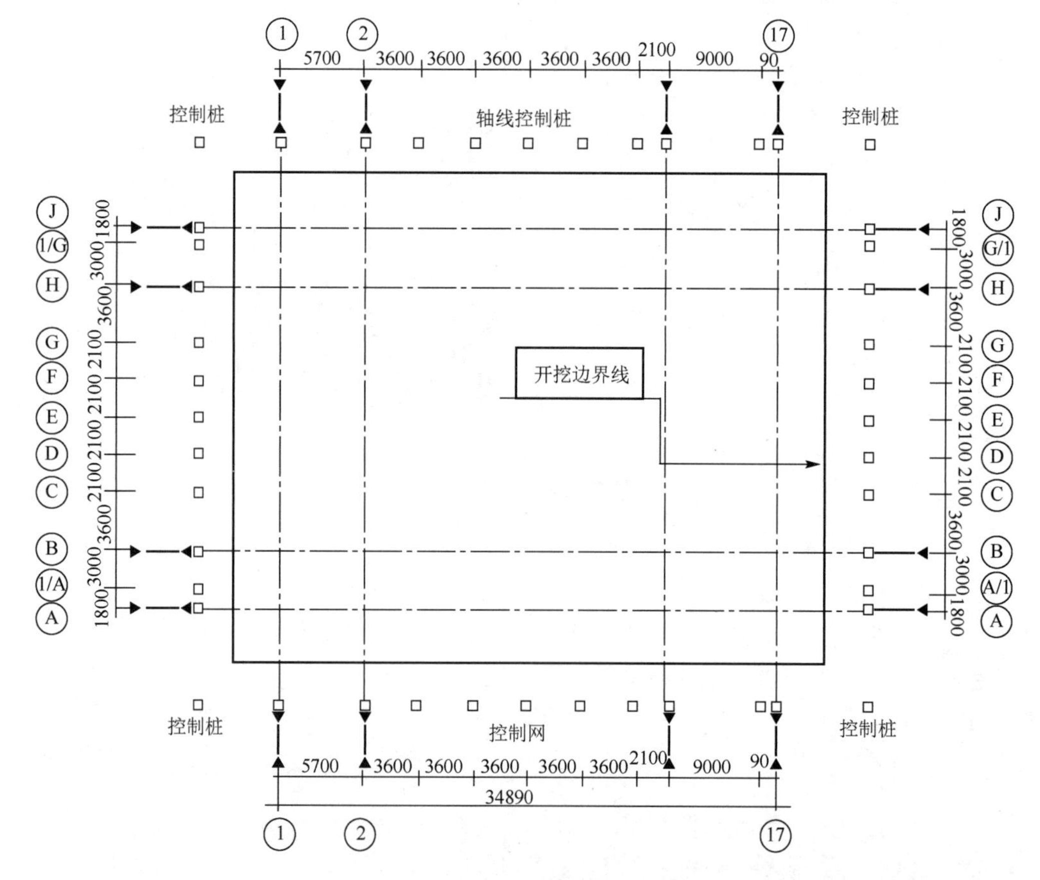

图 10-13　平面图

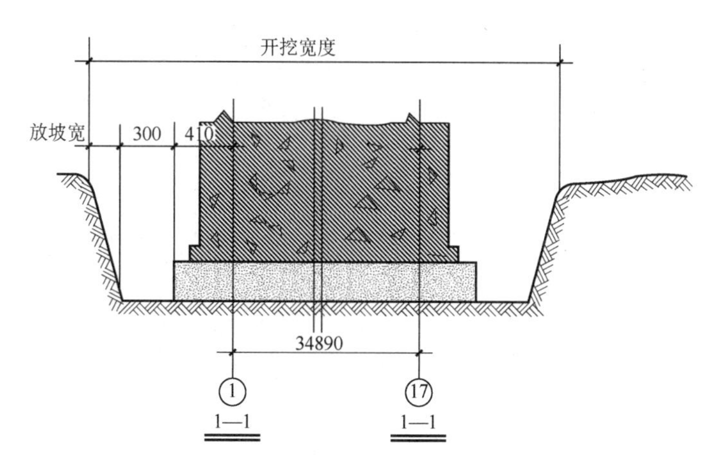

图 10-14 基础开挖边线示意图

10.3 基础工程施工测量

10.3.1 基槽与基坑抄平

1. 设置水平桩位置

为了控制基坑的开挖深度，当开挖接近坑底设计标高时，应用水准仪根据控制桩上的±0.000m 标高线，在基坑壁上测设一些水平桩(可用钢筋头代替)，使水平桩的上表面为提高设计坑底 0.500m 或 1.000m 的标高处，如图 10-15 所示。

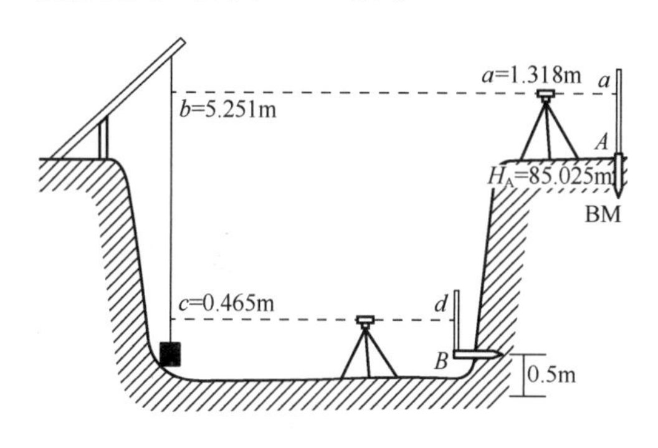

图 10-15 基坑示意图

2. 水平桩的作用

作为基坑开挖深度、修平坑底和打基础垫层、绑扎钢筋、支模板等标高施工的依据。

3. 水平桩的测设方法

如图 10-15 所示，已知高程 H_A=85.025m，坑底设计高程为 80.125m，坑底设计标高为−4.900m，欲测设比设计坑底提高 0.500m 的水平桩。

(1) 绝对高程计算 d 点水准尺上的应读数：

$$d = H_i - H_{坑设} - (b - c) - 0.5$$
$$= (H_A + a) - H_{坑设} - (b - c) - 0.5$$
$$= 85.025 + 1.318 - 80.125 - (5.251 - 0.465) - 0.5 = 0.932(\mathrm{m})$$

(2) 相对标高计算 d 点水准尺上的应读数：

$$d = (H_{坑设} + a) - (b - c) - 0.5$$
$$= (4.9 + 1.318) - (5.251 - 0.465) - 0.5 = 0.932(\mathrm{m})$$

10.3.2 垫层中线的投测

基础垫层打好后，根据控制桩用全站仪(或经纬仪)把轴线投测到垫层上，在基础垫层上按 1∶1 的比例恢复基础平面轴线图，并用墨线弹出柱基中心线和基础边线，作为基础施工的依据，如图 10-16 所示。

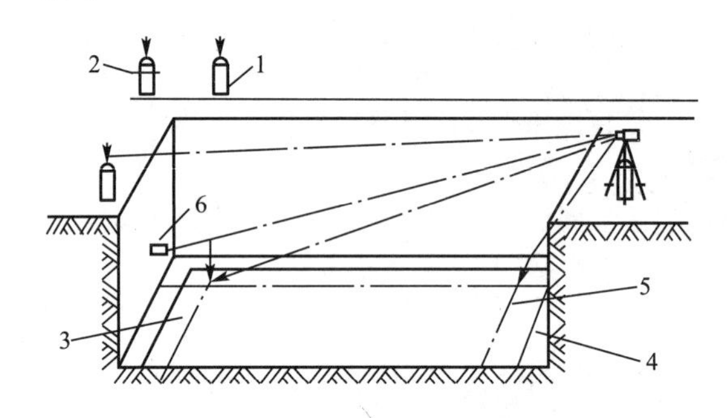

图 10-16 垫层轴线投测

1—控制桩；2—控制板；3—轴线；4—基础边线；5—垫层；6—腰桩

10.3.3 基础面标高的检查

基础施工结束后，应检查基础面的标高是否符合设计要求(也可检查防潮层)。可用水准仪测出基础面上若干点的高程和设计高程比较，允许误差为±10mm。基础面标高检查也称基础面抄平。

10.4 主体施工测量

10.4.1 墙体定位

(1) 利用轴线控制桩标志，用经纬仪将轴线投测到基础面上或防潮层上。

(2) 用墨线弹出柱子中线和墙边线，如图 10-17 所示。

(3) 把柱子轴线延伸并画在基础外侧立面上，并用红三角做出标记，作为柱子轴线向上投测的依据，如图 10-17 所示。

(4) 检查柱子轴线夹角是否等于 90°。

(5) 把门、窗和其他洞口的边线，也在基础面上标定出来，作为施工的依据。

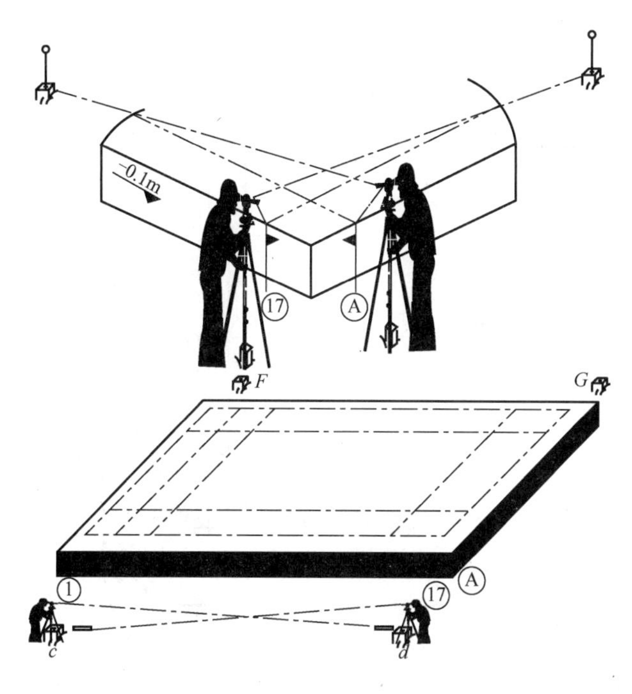

图 10-17　墙体定位

10.4.2　多层建筑轴线传递

1. 轴线投测

一般建筑施工中，常用吊垂球法将轴线逐层向上投测。

测设方法：将垂球悬吊在模板或柱子顶边缘，垂球尖对准基础侧面的定位轴线，在模板或柱顶及外侧面边缘画一短线作为标志；同样方法将轴线投测到每根柱子顶端外侧面，两根柱顶轴线端点连线即为定位轴线，各轴线的端点投测完后，再对准端点拉墨线将轴线投测到楼板上，用钢尺检核各轴线间距，相对误差不得大于 1/2000。检查合格后，才能在楼板上分房间弹轴线，继续施工，并把轴线逐层自下向上传递，如图 10-18 所示。

为减少累计误差，保证施工质量，宜施工到三层时将经纬仪安置在轴线控制桩上，用望远镜瞄准基础侧面的轴线标志，仰起望远镜将轴线投测到三层，以校核用垂球投测上去的轴线是否符合要求，在三层的轴线以经纬仪投测为基准再逐层向上投测，如图 10-19 所示。

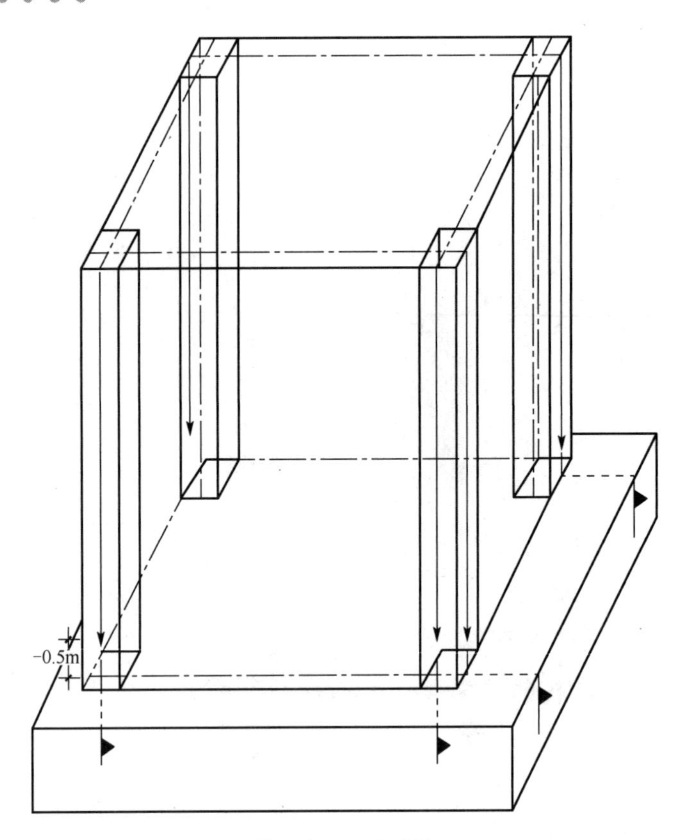

图 10-18　垂球法

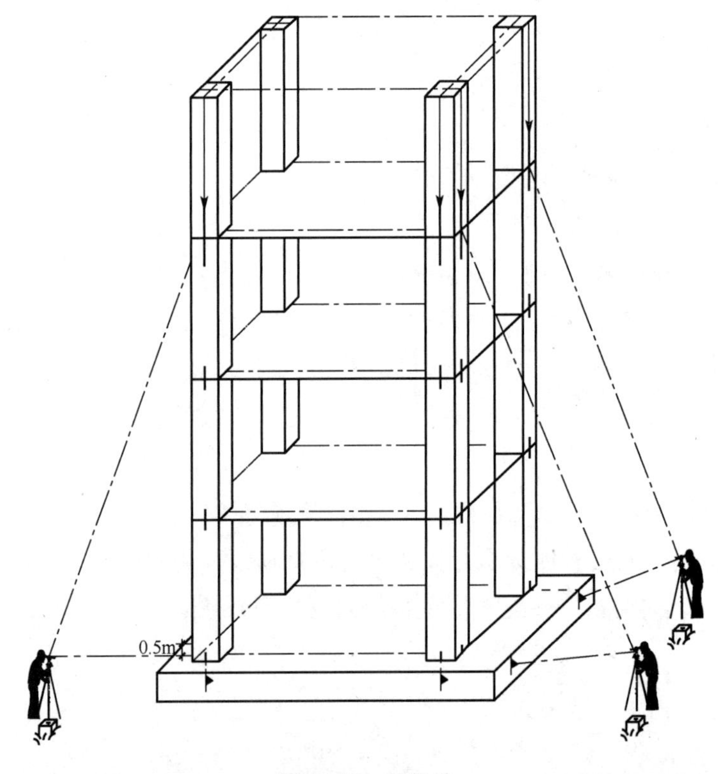

图 10-19　外投法

2. 高程传递(图 10-20)

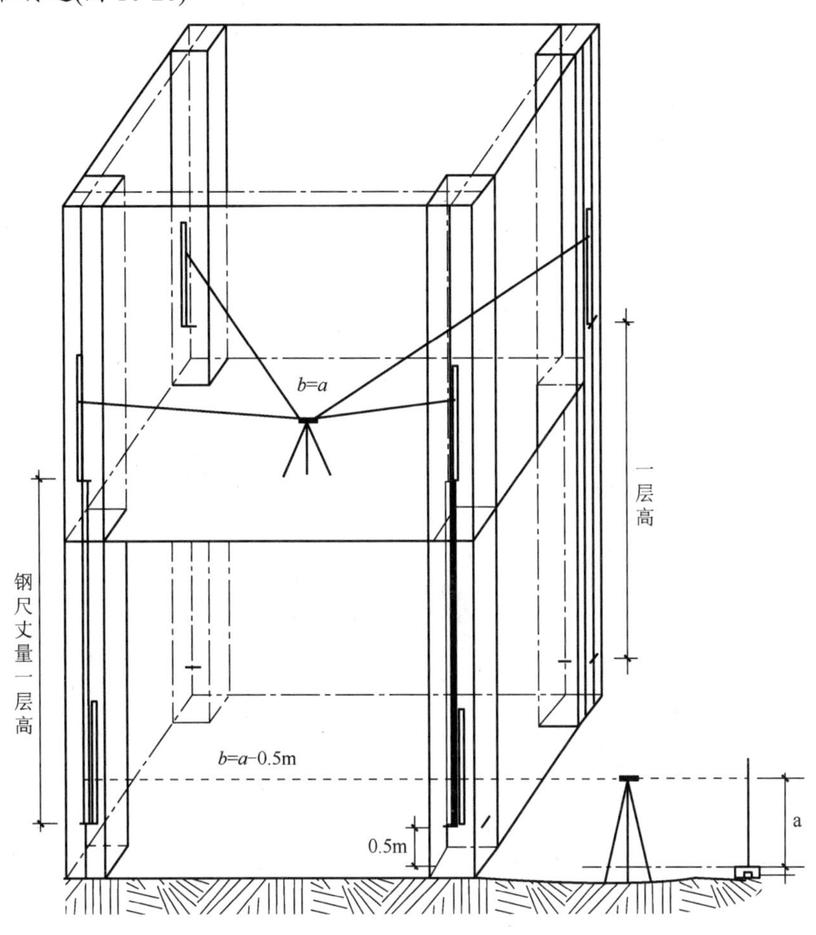

图 10-20　高程传递

依据施工现场高程控制点，每施工段在柱子外侧设置 3 个标高控制点，一层控制点相对标高为+0.50m，以上各层均以此标高线为准直接用 50m 钢尺向上传递，每层误差小于 3mm 时，以其平均点向室内引测+50cm 水平控制线。抄平时，尽量将水准仪安置在测设范围内中心位置，并进行精密安平。

0.5m 测设方法：安置水准仪与测设点和控制桩之间，水准尺竖立在控制桩±0.000m 标高线上，读取后视读数 a，转动望远镜瞄准前视尺读取 $b=a-0.5$m，水准尺贴靠在柱子侧面上下移动直至读取 $b_{应}$读数，沿尺底画线即为 0.5m 标准线。

3. 高程验收(图 10-21)

吊钢尺法：用钢尺代替水准尺，从建筑物顶层悬吊钢尺，在底层控制桩的±0.000m 标高竖立水准尺，在钢尺与水准尺之间安置水准仪，读取水准尺读数 a 和钢尺上的读数 c，$h=c-b$。比较两读数的差值，若 $H=h+a$ 在允许范围内则为合格，否则为不合格。

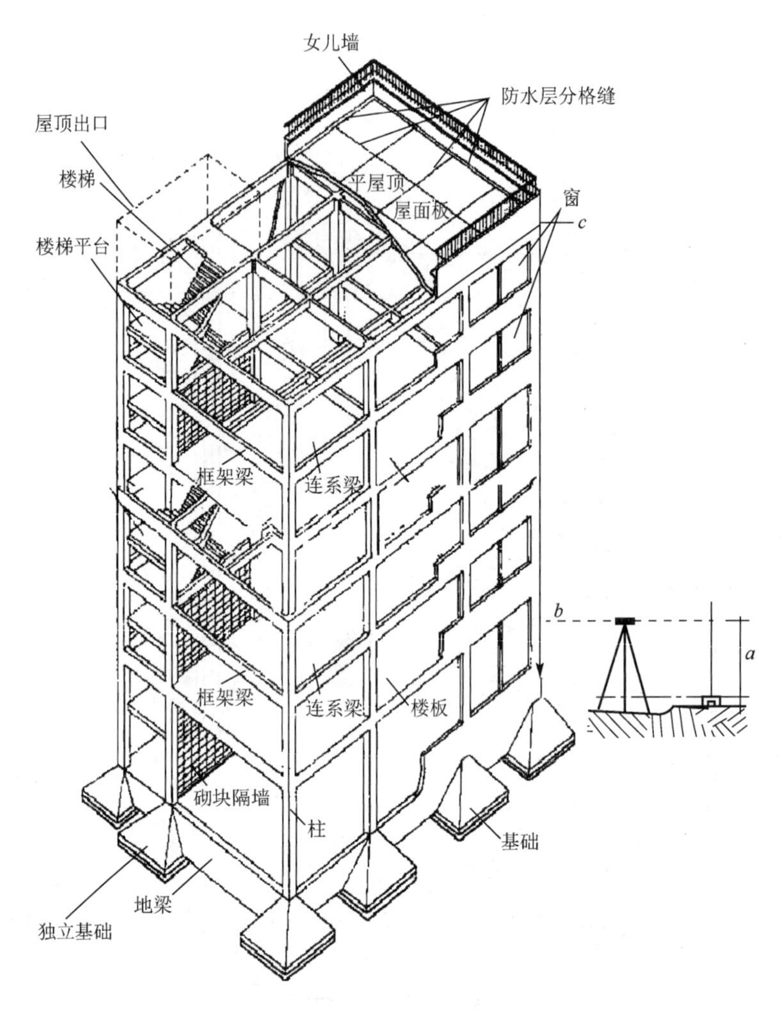

图 10-21　高程验收

10.5　高层建筑施工测量

10.5.1　高层建筑施工测量的特点

高层建筑物的特点是建筑物层数多、高度高，建筑结构复杂，设备和装修标准较高。因此，在施工过程中对建筑物各部位的水平位置、垂直度及轴线尺寸、标高等的精度要求都十分严格。对质量检测的允许偏差也有严格要求。例如，层间标高测量偏差和竖向测量偏差均不应超过±3mm，建筑全高(H)测量偏差和竖向偏差也不应超过 $3H/10000$，且 $30\text{m}<H\leqslant 60\text{m}$ 时，不应大于±10mm；$60\text{m}<H\leqslant 90\text{m}$ 时，不应大于±15mm；$90\text{m}<H$ 时，不应大于±20mm。

此外，由于高层建筑工程量大，多设地下工程，又多为分期施工，且工期长，施工现场变化大，为保证工程的整体性和局部施工的精度要求，实施高层建筑施工测量，事先必须谨慎仔细地制定测量方案，选用精度较高的测量仪器，并拟出各种控制和检测的措施，以确保放样精度。

高层建筑一般采用箱形基础或桩基础，上部主体结构为现场浇筑的框架结构工程。以下介绍有关框架结构工程施工常用的两种轴线投测和高程传递的方法。

10.5.2 高层建筑轴线传递

高层建筑物施工测量中的主要问题是控制垂直度，就是将建筑物的基础轴线准确地向高层引测，并保证各层相应轴线位于同一竖直面内，控制竖向偏差，使轴线向上投测的偏差值不超限。轴线向上投测时，要求竖向误差在本层内不超过 3mm，全楼累计误差值不应超过 3*H*/10000(*H* 为建筑物总高度)，且不应大于：30m＜*H*≤60m 时，10mm；60m＜*H*≤90m 时，15mm；90m＜*H* 时，20mm。我国《工程测量规范》对建筑物施工放样的主要技术要求详见表 10-1。高层建筑物轴线的竖向投测，主要是内控法和外控法。

表 10-1 建筑物施工放样、轴线标测和标高传递的允许偏差

项目	内容		允许偏差/mm
基础桩位放样	单排桩或群桩中的边桩		±10
	群桩		±20
各施工层上放线	外廓主轴线长度/m	*L*≤30	±5
		30＜*L*≤60	±10
		60＜*L*≤90	±15
		L＞90	±20
	细部轴线		±2
	承重墙、梁、桩边线		±3
	非承重墙边线		±3
	门窗洞口线		±3
轴线竖向投测	每层		±3
	总高/m	*H*≤30	±5
		30＜*H*≤60	±10
		60＜*H*≤90	±15
		80＜*H*≤120	±20
		120＜*H*≤150	±25
		H＞150	±30
标高竖向传递	每层		±3
	总高/m	5	±5
		10	±10
		15	±15
		20	±20
		25	±25
		30	±30

特别提示

高层建筑施工测量需要从下向上投测的轴线有:
(1) 建筑物外廓轴线;
(2) 伸缩缝、沉降缝两侧轴线;
(3) 电梯间、楼梯间两侧轴线;
(4) 单元、施工流水段分界轴线。

1. 内控法

在建筑物一层地面设置轴线控制点，并预埋标志。在各层楼板相应位置上预留200mm×200mm 的传递孔。在轴线控制点上直接采用激光铅垂仪投测，通过预留孔将内控点垂直投测到施工作业面楼层上。

1) 内控法轴线控制点的设置

在基础施工完毕后，在±0.000m 首层平面上的适当位置设置与轴线平行的辅助轴线。辅助轴线距轴线 500～1000mm 为宜，并在辅助轴线交点或端点处埋设标志。

(1) 浇筑一层顶板混凝土过程中，预埋控制件 100mm×100mm×3mm 铁板，如图 10-22 所示。

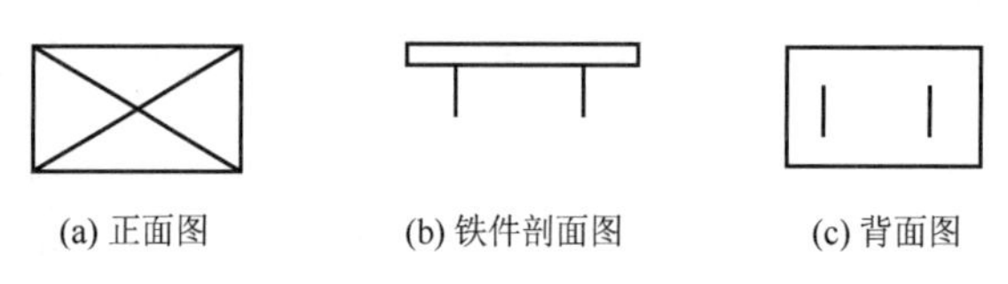

图 10-22　内控点标志

(2) 楼层上部结构轴线垂直控制，采用内控点传递法，在一层布设。根据流水段的划分，第一施工段内设置 4 个内控点，组成自成体系的矩形控制方格，其余各施工段设置 2 个内控点(纵横主控轴交叉点)，控制点编号见内控点平面图，如图 10-23 所示。

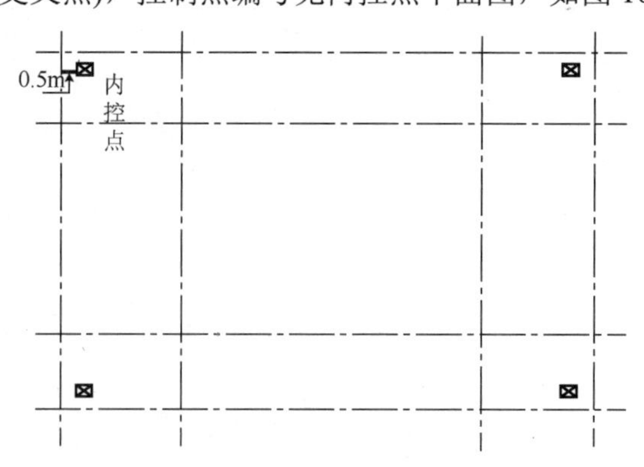

图 10-23　内控点平面图

2) 内主控桩

(1) 在一层楼地面上测设出内控桩，依据平面控制网控制点相互通视的原则建立内控网，在铁板上用钢针画出纵、横轴线交叉点，并将交叉点处钻出 2mm 小孔涂上红油漆作为标志。不用时盖上铁板加以保护。

(2) 上部楼层结构相同的部位留 200mm×200mm 的放线洞口以便进行竖向轴线投测。

在各楼层的轴线投测过程中，上下层的轴线竖向垂直偏移不得超过 3mm。预留洞不得偏位，且不能被掩盖，保证上下通视，如图 10-24 所示。

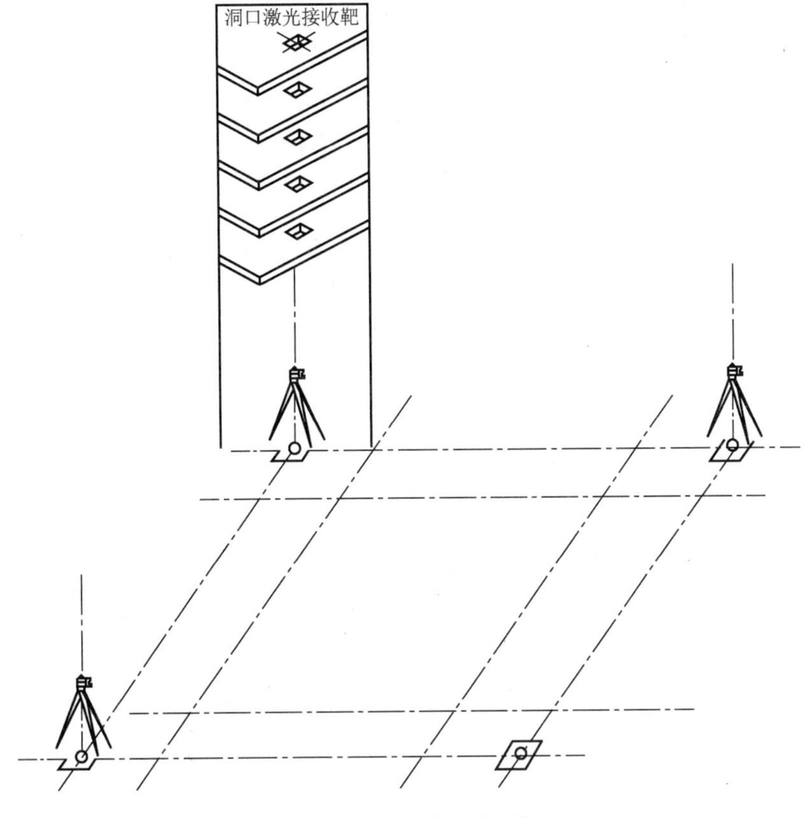

图 10-24 内控点投测

(3) 一层楼面的轴网须认真校核，经复核验收后方可向上投测。

(4) 一层楼面基点铁件上不得堆放料具，顶板排架避开铁件，确保可以架设仪器。

(5) 平面控制网根据结构平面确定，尽量避开墙肢，保证通视。

(6) 平面控制网布设原则：先定主控轴，再进行轴网加密。

(7) 控制轴线应测设在下列位置：建筑物外轮廓线、施工段分界轴线、楼梯间和电梯间两侧轴线。

3) 竖向投测程序

(1) 将激光垂准仪(图 10-25)架设在一层楼面内控点上，精确对中、精确整平后，射出光束。

(2) 激光束打在施工作业层的激光接收靶(图 10-26)上，通过调焦使激光点最小，最清晰(激光接收靶是随

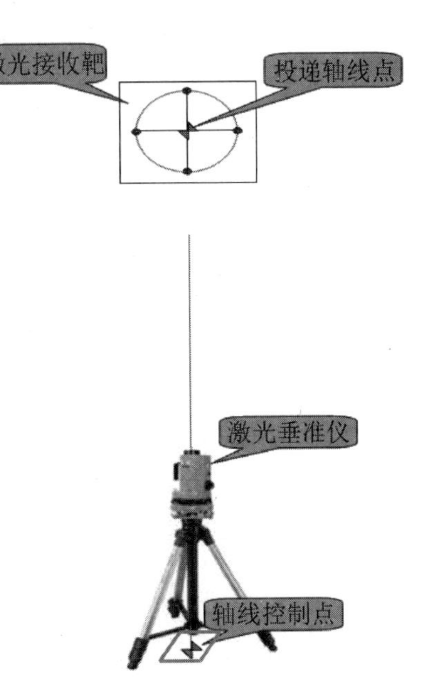

图 10-25 激光垂准仪

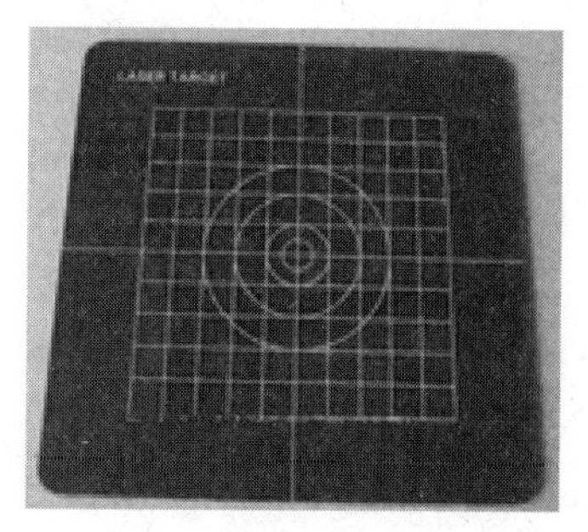

图 10-26　接收靶

垂准仪带的一把四方形塑料尺)。

(3) 通过顺时针转动激光垂准仪 360°，检查激光束的轨迹误差。如误差在允许限差内，则轨迹圆心为所投轴线点。

(4) 通过移动激光接收靶，使激光靶的圆心与轨迹圆心同心，然后用宽胶带固定激光接收靶，注意激光接收点不能动。

固定好接收靶后，用专用尺或钢尺回量 0.5m 定下该层楼面的轴线点位置(在进行控制点传递时，一般用对讲机通信联络)。如图 10-27 所示为激光垂准仪投测示意图。

(5) 轴线点恢复到楼层后，用全站仪或经纬仪进行放线，如图 10-28 所示。

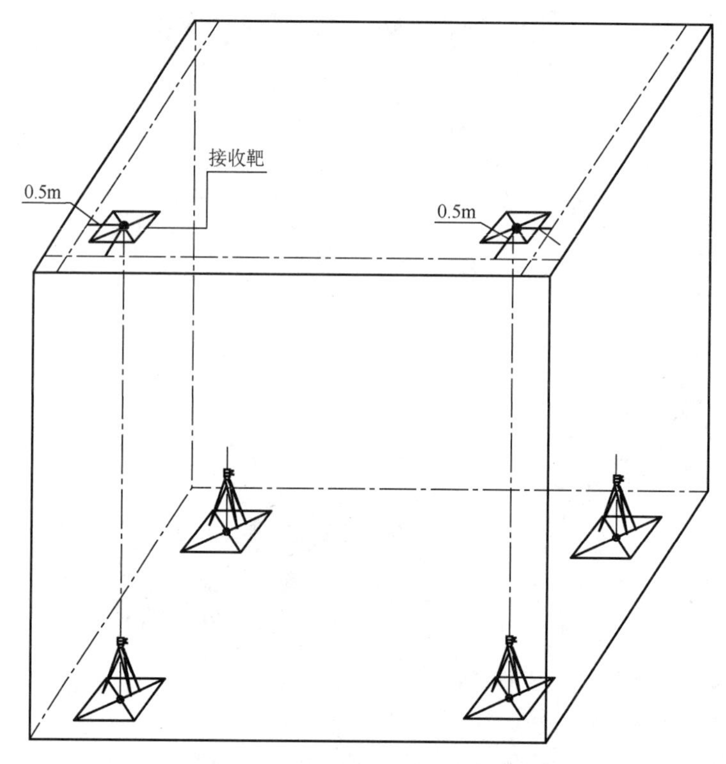

图 10-27　激光垂准仪投测示意图

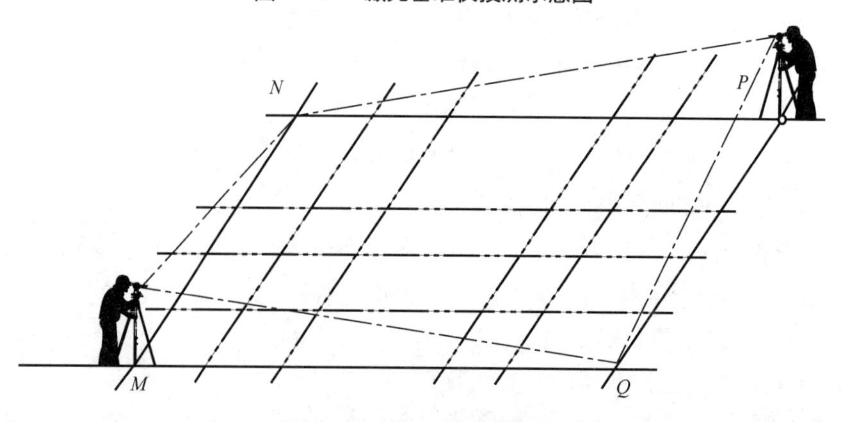

图 10-28　施工层恢复轴线

(6) 施工层放线时，首先在结构平面上校核恢复轴线点，闭合后再进行细部放线。

(7) 各层应把建筑物轮廓轴线和电梯井轴线的投测作为关键部位。

(8) 为了有效控制各层轴线误差在允许范围内，并达到在装修阶段仍能以结构控制线为依据测定，要求在施工层的放线中弹放所有细部轴线、墙体边线、门窗洞口边线等控制线，如图 10-29 所示。

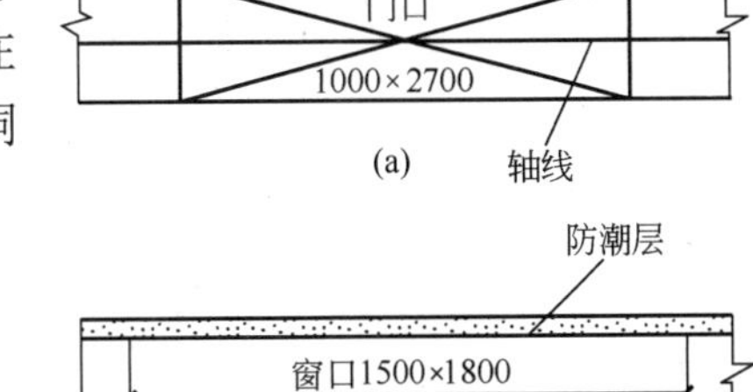

图 10-29 门窗位置和尺寸标注

4) 测量精度要求

(1) 距离测量精度：1/5000。

(2) 测角允许偏差：20″。

5) 垂直度控制

结构施工中每层施工完毕，应检测外墙偏差记录，并每层检查门窗洞口净空尺寸偏差，同一外立面同层窗洞口高低偏差及各层同一部位窗洞口水平位移，弹外墙窗口边线竖直通线。

2. 外控法

外控法是在建筑物外部，利用经纬仪，根据建筑物轴线控制桩来进行轴线的竖向投测，也称作“经纬仪引桩投测法”。

1) 在建筑物底部投测中心轴线位置

如图 10-30 所示，高层建筑的基础工程完工后，将经纬仪安置在轴线控制桩 A_1、A'_1、B_1 和 B'_1 上，把建筑物主轴线精确地投测到建筑物的底部，并设立标志，如图 10-30 所示的 a_1、a'_1、b_1 和 b'_1，以供下一步施工与向上投测之用。

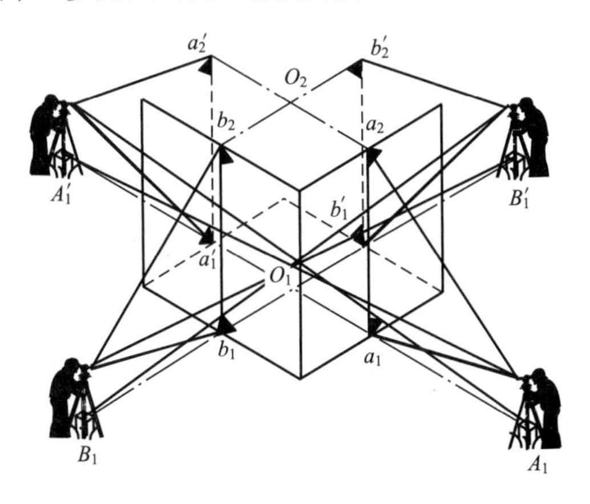

图 10-30 经纬仪投测中心轴线

2) 向上投测中心线

随着建筑物不断升高，要逐层将轴线向上传递。将经纬仪安置在中心轴线控制桩 A_1、A'_1、B_1 和 B'_1 上，严格整平仪器，用望远镜瞄准建筑物底部已标出的轴线 a_1、a'_1、b_1 和 b'_1 点。用盘左和盘右分别向上投测到每层楼板上，并取其中点作为该层中心轴线的投影点，a_2、a'_2、b_2 和 b'_2。

3) 增设轴线引桩

当楼房逐渐增高，而轴线控制桩距建筑物又较近时，望远镜的仰角较大，操作不便，投测精度也会降低。将原中心轴线控制桩引测到更远的安全地方，或者附近大楼的屋面。将经纬仪安置在已经投测上去的较高层(如第十层)楼面轴线 a_{10}、a'_{10}上。瞄准地面上原有的轴线控制桩 A_1 和 A'_1 点，用盘左、盘右分中投点法，将轴线延长到远处 A_2 和 A'_2 点，并用标志固定其位置，A_2、A'_2 即为新投测的 A_1、A'_1 轴控制桩，如图 10-31 所示。

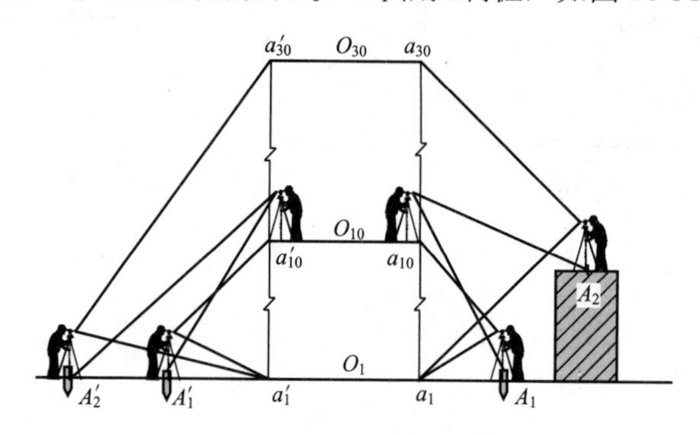

图 10-31　经纬仪引桩投测

10.5.3　高层建筑物的抄平、高程传递

1. 建筑物的抄平(图 10-32)

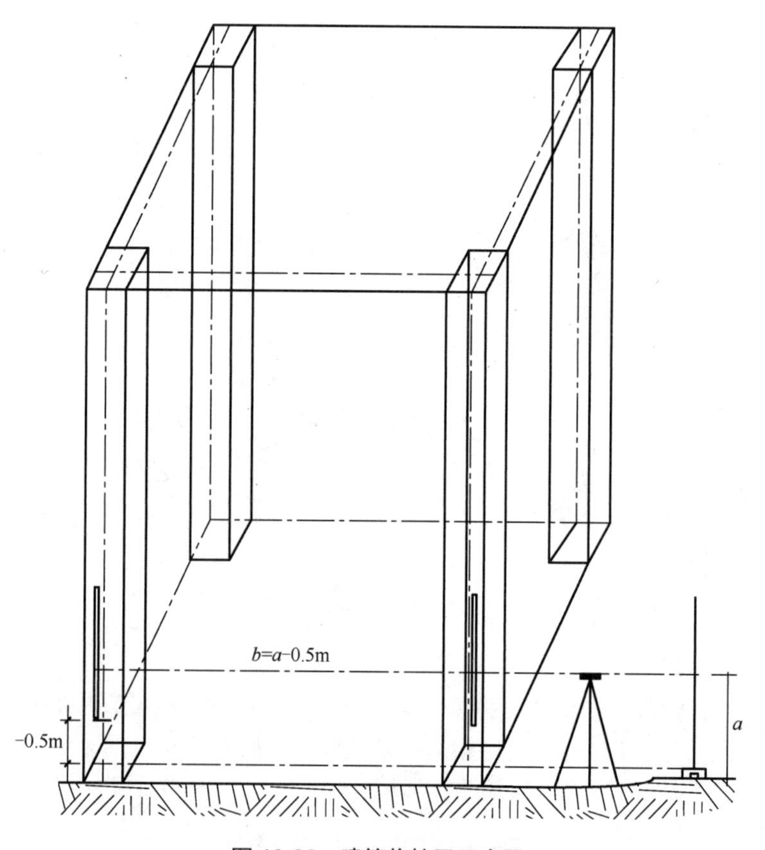

图 10-32　建筑物抄平示意图

建筑物的抄平即利用水准仪提供一条水平视线，借助于水准尺将所需标高测设到施工

指定位置，如±0.000、0.5m、1.000m 等标高。

1) 以 0.5m 标高抄平为例叙述测设方法

在±0.000m 标高控制桩上竖立水准尺，在测设点与控制桩之间安置水准仪，假若读取后视读数 a=1.250m，转过望远镜瞄准柱子，将水准尺贴靠在柱子中线上，上下移动水准尺读取 b=a−0.5m=1.250m−0.5m=0.75m，沿尺底画出 0.5m 的标准线，将所有仪器能观测到的柱子均标出 0.5m 的标高线。

2) 0.5m 标高抄平的意义

(1) 第一遍 0.5m 标高。

基础施工完后，要先立柱子钢筋龙骨，校正其中一根竖向钢筋的垂直度，第一遍 0.5m 标高线就抄平在校正过的钢筋上，每个柱子都要抄 0.5m 标高线，如图 10-33 所示。

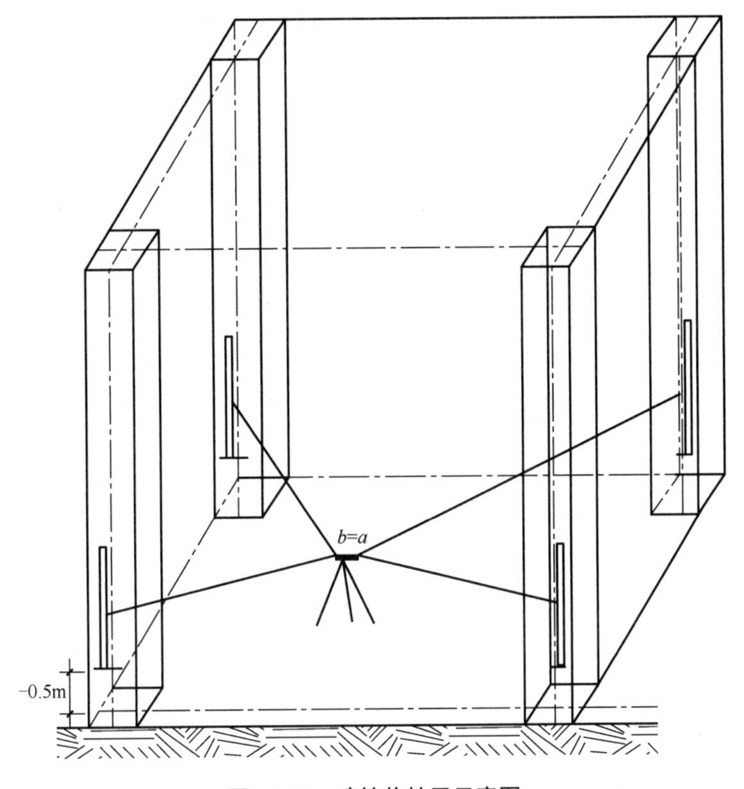

图 10-33　建筑物抄平示意图

作用：以 0.5m 标高线为标准，向上量取梁的底模板、梁钢筋龙骨、楼板等标高位置的依据。

(2) 第二遍 0.5m 标高。

柱子模板支好后，找出柱子模板中线抄平第二遍 0.5m 标高线。

作用：检查梁底模板、楼板标高是否符合要求。

(3) 第三遍 0.5m 标高。

柱子拆除模板后，用墨线弹出柱子中线，抄平第三遍 0.5m 标高线。

作用：以 0.5m 标高线沿柱子中线向上量取一层层高，定出二层 0.5m 标高线，画在二层钢筋龙骨上，作为二层 0.5m 标高线抄平的依据。同时柱子上的 0.5m 标高线还作为主体施工完后的装修标准线。

2. 高程传递(图 10-34)

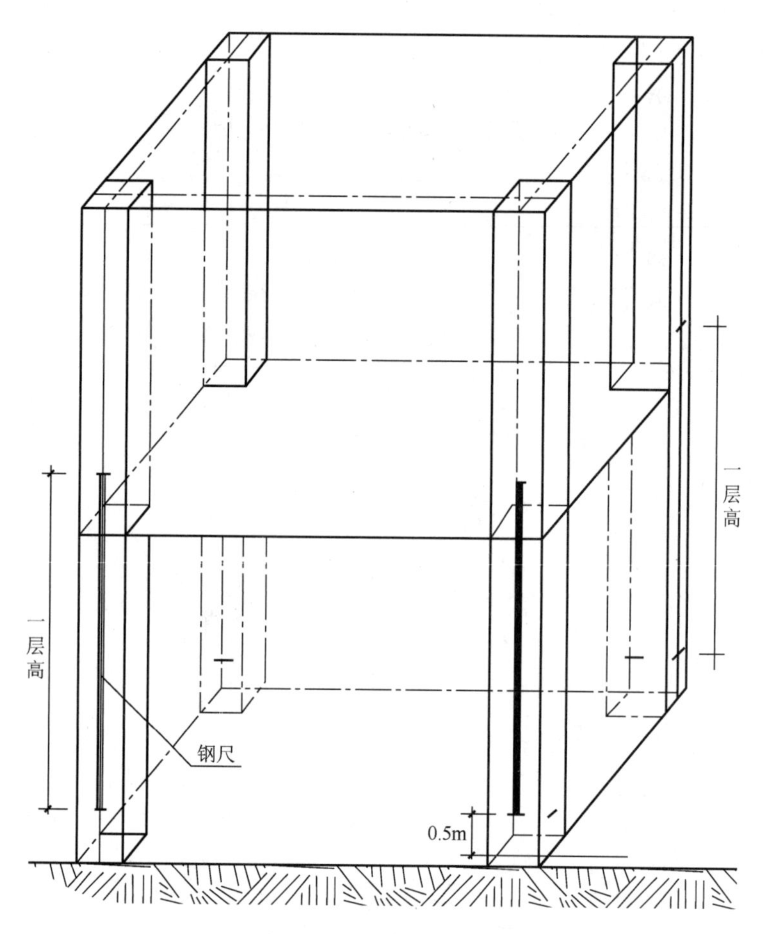

图 10-34　高程传递示意图

1) 测设方法

依据施工现场高程控制点，每个施工段在柱子外侧设置 3 个标高控制点，并在柱子上画出中线打出墨线，一层控制点相对标高为+0.50m，以上各层均以此标高线为准，直接用 50m 钢尺向上量取一层层高，定出二层 0.5m 标高线，画在二层钢筋龙骨上；每层误差小于 3mm 时，以其平均点向室内引测+50cm 水平控制线。抄平时，尽量将水准仪安置在测设范围内中心位置，并进行精密安平。

2) 标高传递技术要求

(1) 标高引至楼层后，进行闭合复测。

(2) 钢尺需有检定合格证。

(3) 钢尺读数应进行温差修正。

3) 二层及以上标高抄平

依据下一层层高传递上来的 0.5m 标高线为标准，分别从 3 个柱子传递上来的 0.5m 标高线，用水准仪检查闭合，误差不超过 3mm，以其平均点为标准向其他柱子和室内引测 0.5m 标高水平控制线。抄平时，尽量将水准仪安置在测设范围内中心位置，并进行精密安平。

如图 10-35 所示为高程传递、抄平示意图。

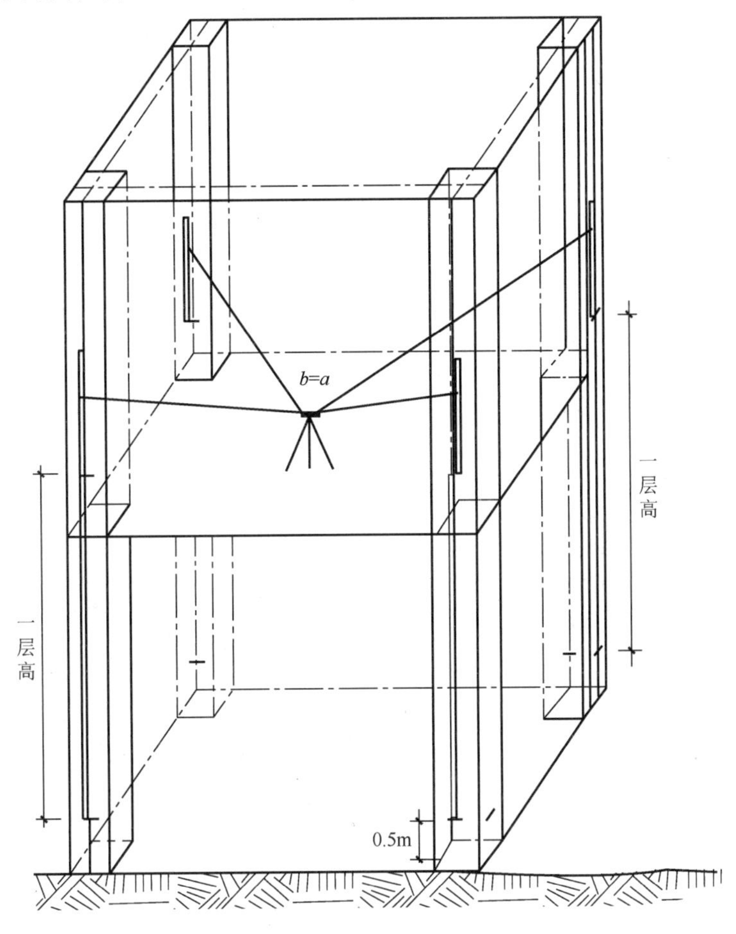

图 10-35 高程传递、抄平示意图

特别提示

(1) 标高基准点的确定非常重要，标高传递前，必须进行复核。

(2) 标高基准点需要妥善保护。

本项目小结

本项目讲述的主要内容包括：建筑施工测量的基本知识，建筑物的定位、放线，基础标高控制，墙体的定位、测设和标高控制，高层建筑的投测和高程传递等。

建筑物的定位、放线、抄平是建筑工程测量中经常性的工作。因此，测设已知距离、角度、高程三个基本功一定要切实掌握，并力求熟练技能。

单幢建筑施工测量，包括建筑物定位、细部轴线测设、设置轴线控制桩，撒出基槽开挖边界线，以及测设基槽水平桩，恢复各部位轴线，立皮数杆等工作。这对保证工程质量和施工进度有着重要意义。测量人员必须熟悉图纸，紧密配合工程进度，做好施工测量工作。

高层建筑施工测量一定要考虑高层建筑的特殊要求，要严格控制竖向轴线投测的精度要求，采用内控法、外控法、标准框架柱高程传递法。一般不少于 3 根柱子，传递到该层校核时 3 点应为一水平面。

习 题

一、 选择题

1. 建筑产品分为(　　)和(　　)两大类。

A. 建筑物　　B. 构筑物　　C. 道路　　D. 桥梁

2. 建筑物分为(　　)和(　　)两大类。

A. 建筑物　　B. 构筑物　　C. 工业建筑　　D. 民用建筑

3. 建筑施工图分为(　　)。

A. 建筑总平面图，施工总平面图　　B. 建筑施工图，结构施工图

C. 暖卫施工图，电气施工图　　D. 基础平面图，基础详图

4. 三通一平是(　　)、(　　)、(　　)和(　　)。

A. 水通　　B. 电通　　C. 道路通　　D. 施工场地平整

5. 施工现场准备工作包括(　　)。

A. 施工场地平整　　B. 三通一平

C. 测量放线　　D. 搭设临时设施

6. 建筑红线是(　　)的界限。

A. 施工用地范围　　B. 规划用地范围

C. 建筑物占地范围　　D. 建设单位申请用地范围

7. 施工测量是工程施工各阶段所进行测量工作的总称，其中包括(　　)。

A. 规划设计阶段的地形测量　　B. 场地平整测量

C. 基础施工测量　　D. 主体施工测量

8. 建筑平面图尺寸线一般注有三道，包括(　　)。

A. 长宽总尺寸　　B. 轴线间尺寸

C. 门窗洞口尺寸　　D. 散水雨篷尺寸

9. 民用建筑是指(　　)等建筑物。

A. 住宅、办公楼　　B. 道路、桥梁

C. 医院、学校　　D. 食堂、俱乐部

10. 施工测量的任务是按照设计的要求，把建筑物的(　　)到地面上，作为(　　)并配合施工进度(　　)。

A. 平面位置和高程测设　　B. 施工的依据

C. 保证施工安全　　D. 保证施工质量

11. 设计图纸是施工测量的主要依据，与施工放样有关的图纸主要有(　　)。

A. 建筑总平面图　　B. 建筑平面图

C. 基础平面图　　D. 基础剖面图

12. 从建筑(　　)上可以查明拟建建筑物与原有建筑物的(　　)和(　　)的关系。它是测设建筑物(　　)的依据。

A. 平面位置　　B. 总体定位　　C. 总平面图　　D. 高程

13. 从建筑(　　)上查明建筑物的(　　)和(　　)内部各(　　)的尺寸关系。

A. 总尺寸　　B. 平面图

C. 建筑总平面图　　D. 定位轴线间

14. 从基础(　　)上可以查明基础(　　)与定位(　　)的关系尺寸，以及基础布置与基础(　　)的位置关系。

A. 轴线　　B. 平面图　　C. 剖面　　D. 边线

15. 从基础(　　)上可以查明基础(　　)尺寸、设计标高以及基础(　　)与定位(　　)的尺寸关系。

A. 立面图　　B. 轴线　　C. 边线　　D. 剖面图

16. 建筑的定位，就是将建筑物外廓各(　　)在地面上，然后再根据这些点进行(　　)放样。

A. 轴线交点　　B. 测定　　C. 测设　　D. 细部

17. 轴线控制桩的测设：基础开挖前，应将(　　)引测到基础槽外不受施工干扰并便于引测的地方，测设上(　　)并做好轴线钉的标志，作为基础开挖后恢复各(　　)的依据。

A. 轴线控制桩　　B. 控制桩　　C. 边线　　D. 轴线

18. 根据轴控桩用经纬仪将主墙体的轴线投到基础墙的(　　)，用红油漆画出轴线标志，写出(　　)编号，作为上部(　　)投测的依据。还应在四周用水准仪抄出(　　)的标高线，弹以墨线标志，作为上部标高控制的依据。

A. 轴线　　B. 外侧　　C. 轴线　　D.-0.1m

19. 皮数杆是根据建筑物剖面图画有每块砖和灰缝的厚度，并注明墙体上窗台、(　　)等构件标高的位置。

A. 屋面坡度　　B. 门窗洞口、过梁

C. 雨篷、圈梁、楼板　　D. 轴线

20. 内控法的三种投测方法有(　　)。

A. 吊线坠法　　B. 天顶垂直法

C. 天底垂直法　　D. 投测法

二、名词解释

1. 建筑基线
2. 定位测量
3. 施工放线

三、思考题

1. 民用建筑施工测量包括哪些主要测量工作？
2. 试述基槽开挖时控制开挖深度的方法。
3. 轴线控制桩和龙门板的作用是什么？如何设置？
4. 建筑施工中，如何由下层楼板向上层传递高程？

5. 高层建筑物施工中如何将底层轴线投测到各层楼面上？

6. 在图 10-36 中已给出新建筑物与原有建筑物的相对位置关系(墙厚 37cm，轴线偏里)，试述测设新建筑物的方法和步骤。

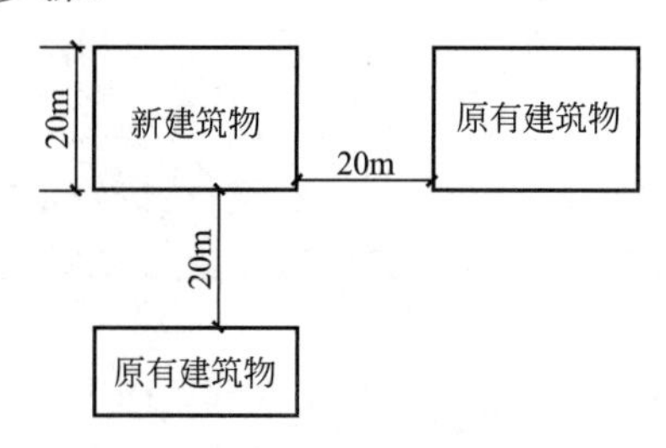

图 10-36　建筑物定位与放线

能力评价体系

知识要点	能 力 要 求	所占分值(100 分)	自评分数
建筑施工测量概述	明确施工测量的任务	8	
建筑物的定位和放线	(1) 掌握建筑物定位的方法	15	
	(2) 掌握建筑物放线的方法	15	
建筑物基础施工测量	(1) 掌握基础标高控制的方法	10	
	(2) 掌握基槽抄平的方法和垫层上轴线测设的方法	12	
高层建筑施工测量	(1) 熟悉高层建筑施工测量的特点	10	
	(2) 掌握高层建筑轴线投测的方法	15	
	(3) 掌握高层建筑高传递的方法	15	
总分		100	

项目 11

工业建筑施工测量

学习目标

本项目应掌握工业建筑中以厂房为主体的施工测量方法，如厂房控制网的测设、厂房基础施工测量、厂房预制构件的安装测量，以及烟囱和水塔施工测量、金属网架安装测量、管道施工测量等。重点掌握厂房预制构件的安装测量方法及管道施工测量方法。

能力目标

知识要点	能力要求	相关知识
厂房矩形控制网的测设	(1) 掌握直角坐标法，测设矩形控制网	直角坐标法定点、矩形控制网、引桩
	(2) 了解矩形控制网的形式	
	(3) 了解厂房柱列轴线的测设方法	
厂房基础施工测量	(1) 掌握钢筋混凝土柱基的定位、放线	吊线法、经纬仪投线法、经纬仪平行线法
	(2) 掌握基础控制桩的测设及杯口投线抄平	
	(3) 了解钢柱基础的施工测量	
	(4) 了解混凝土柱子基础、柱身、平台施工测量	
厂房构件安装测量	(1) 掌握柱子的安装测量	吊车梁装测量步骤及方法、柱子安装测量步骤及方法
	(2) 理解并掌握吊车梁安装测量	
	(3) 了解吊轨、屋架安装测量	
烟囱、水塔施工测量	(1) 理解并掌握烟囱施工测量的方法及步骤	烟囱筒身施工测量、枋子及靠尺板的工作原理、吊线法、激光导向法
	(2) 理解吊线法和激光导向法的操作	
	(3) 掌握筒身高程测量方法	
金属网架安装测量	了解金属网架安装测量	模台基础放样、模台顶面投点的检查及其精度

续表

知识要点	能力要求	相关知识
管道施工测量	(1) 理解并掌握管道中线测量 (2) 理解并掌握管道纵、横断面测量方法 (3) 了解地下管道及架空管道施工测量	管道中线测量的内容与方法、管道纵、横断面测量方法与步骤

学习重点

厂房矩形控制网的测设、厂房基础施工测量、厂房构件安装测量。

最新标准

《工程测量规范》(GB 50026—2007)；《建筑变形测量规范》(JGJ 8—2016)。

引例

工程概况：某有限公司二期厂房工程位于天津经济技术开发区，地处五大街与相安路交口附近，建筑面积 18315m^2，结构形式为全现浇框架结构，建筑物檐高 24.400m，室内外高差 450mm，±0.000m 相当于绝对标高 4.450m。

基础为钢筋混凝土承台结构，埋深-1.700m，C15 混凝土垫层 100mm 厚，外轴线尺寸为 64.8m×57.6m，内设三部电梯，其中两部为货梯。

施测要求：拟建建筑物的四周场地狭小，故南北向和东西向控制点集中布设在东侧和北侧的原有混凝土路面上，西侧和南侧只布设远向复核控制点，根据甲方要求和测量大队提供的控制点形成四边形进行控制。±0.000m 以上施工，采用正倒镜分中法投测其他细部轴线，±0.000m 以上高程传递，采用钢尺直接丈量法，误差必须符合规范要求。

测设任务：

(1) 厂房控制网测设。

(2) 厂房基础施工测量。

(3) 构件安装测量。

(4) 给排水、热力和煤气等管道施工测量。

对上述测设任务如何快速准确地进行施工测量，将是本项目重点阐述的内容。

11.1 概　　述

工业建筑中以厂房为主体，而工业厂房多为排柱式建筑，跨距和间距大，间隔少，平面布置简单，而且施工测量精度又明显高于民用建筑，故其定位一般是根据现场建筑基线或建筑方格网，采用由柱轴线控制桩组成的矩形方格网作为厂房的基本控制网。

目前，我国较多采用预制钢筋混凝土柱装配式单层厂房。采用预制的钢筋混凝土柱、吊车梁、吊车轨道、屋架等构件，在施工现场进行安装。施工测量的主要内容如下。

(1) 厂房矩形控制网测设。对于一般中、小型工业厂房，在其基础的开挖线以外约 4m，测设一个与厂房轴线平行的矩形控制网，即可满足放样要求。对于大型厂房或设备基础复杂的厂房，为了使厂房各部分精度一致，须先测设主轴线，然后根据主轴线测设矩形控制网。对于小型厂房，可采用民用建筑定位的方法测设矩形控制网。厂房矩形控制网的放样方案，是根据厂区平面图、厂区控制网和现场地形情况等资料制定的。

(2) 柱列轴线放样。

(3) 杯形基础施工测量。

(4) 构件与设备的安装测量等。

11.2 厂房控制网测设

11.2.1 单一厂房矩形控制网的测设

厂房矩形控制网是为了厂房放样布设的专用平面控制网。布设时，应使矩形网的轴线平行于厂房的外墙轴线(两种轴线间距一般取 4m 或 6m)，并根据厂房外墙轴线交点的施工坐标和两种轴线的间距，给出矩形控制网角点的施工坐标，如图 11-1 所示。根据矩形控制网 4 个角点的施工坐标和地面建筑方格网，利用直角坐标法即可将控制网的 4 个角点在地面上直接标定出来。

1. 确定矩形网的形式

1) 轴线控制网

如图 11-1 所示，各轴线桩都钉在轴线交点上，挖槽时会被挖掉，所以要把轴线桩引测到基槽开挖边线以外，称为引桩。这个引桩称为轴线控制桩，也称为保险桩。

2) 矩形控制网

把各轴线控制桩连接起来，称为矩形控制网。矩形控制网的形式根据建筑物的规模而定，一般工程布设矩形控制网就能满足要求，较复杂的工程应布设田字形控制网。矩形控制网的一般形式如图 11-1 所示。

2. 设置控制桩时应注意的问题

(1) 设在距基槽开挖边线以外 1～1.5m 处，至轴线交点的距离应为 1m 的倍数。

(2) 采用机械挖方或爆破施工时，距离要加大。

(3) 桩位要选在易于保存，不影响施工，避开地下、地上管道及道路，便于丈量和观测的地方。

11.2.2 大型工业厂房矩形控制网的测设

对于大型或设备基础复杂的厂房，可选其相互垂直的两条主轴线测设矩形控制网的 4 个角点即布设田字控制网，用测设建筑方格网主轴线同样的方法将其测设出来，然后再根据这两条主轴线测设矩形控制网的 4 个角点，如图 11-2 所示。控制网的技术要求见表 11-1。

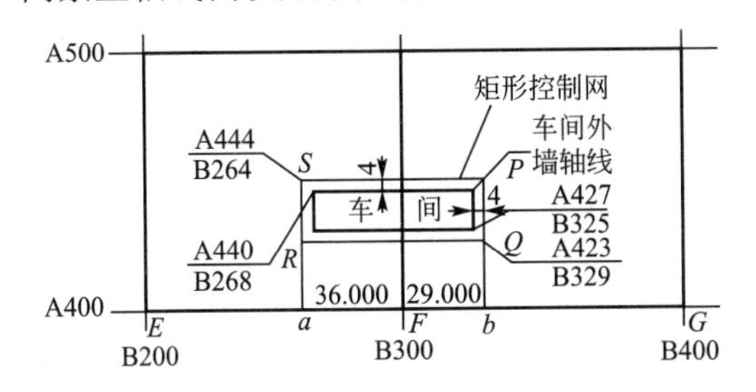

图 11-1 厂房矩形控制网测设

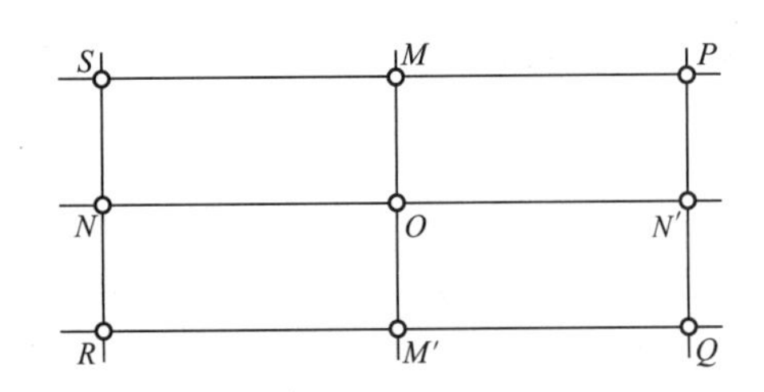

图 11-2 大型厂房控制网测设

表 11-1　控制网的技术要求

矩形网类型	厂房类别	主轴线、矩形边长精度	矩形角允许误差	角度闭合差
单一矩形网	中、小型厂房或系统工程	1∶10000～1∶25000	15′	60″
田字形网	大型厂房或系统工程	1∶30000	7′	28″

注：建筑物建立控制网后，细部放线均以控制网为依据，不得再利用场区控制点。

11.2.3　厂房柱列轴线的测设

如图 11-3 所示，根据厂房平面图上给出的柱间距和跨距，沿厂房矩形控制网的四边用钢尺精确排出各柱列轴线控制点的位置，并以木桩小钉标志，作为柱基础施工和构件安装的依据。

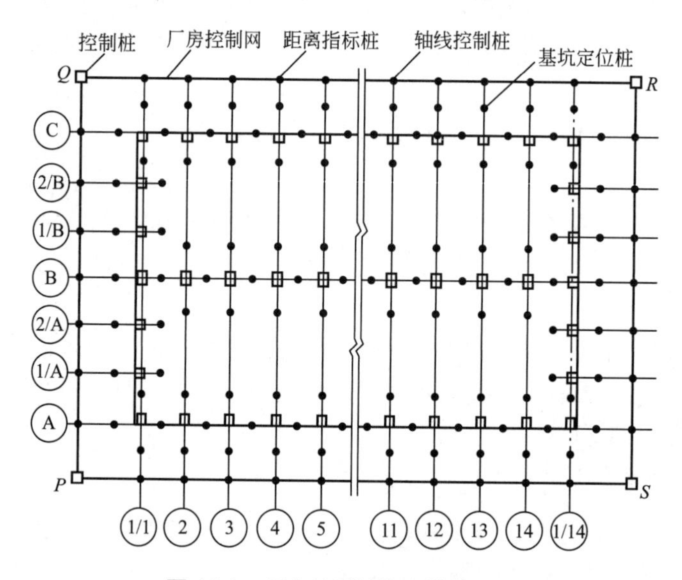

图 11-3　厂房柱列轴线和柱基测设

特别提示

本节主要讲述了单一厂房矩形控制网和大型工业厂房矩形控制网的测设。重点理解其两者的区别，了解其技术指标要求。

11.3　厂房基础施工测量

11.3.1　混凝土杯形基础施工测量

1. 柱基的定位与放线(图 11-4)

将两台经纬仪分别安置在相互垂直的两条轴线上，用方向交会法进行柱基定位。每个柱基的位置，均用 4 个定位小木桩和小钉标志。定位小木桩应设置在开挖边界线外比基坑深度大 1.5 倍的地方。柱基定位后，用特制的“T”形尺放出基坑开挖边线，并撒以白灰。

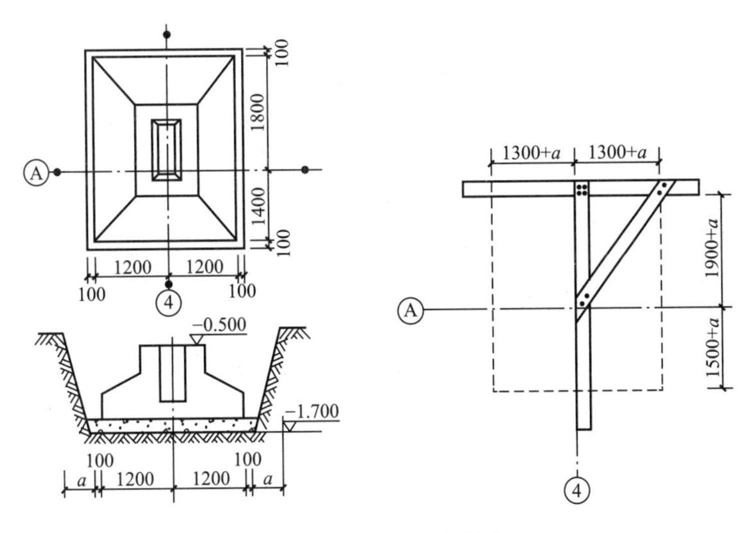

图 11-4　桩基定位与放线

2. 水平与垫层控制桩的测设

如图 11-5 所示，当基坑将要挖到底时，应在坑的四壁上测设上层面距坑底为 0.3～0.5m 的水平控制桩，作为清底依据。清底后，尚需在坑底测设垫层控制桩，使桩顶的标高恰好等于垫层顶面的设计标高，作为打垫层的标高依据。

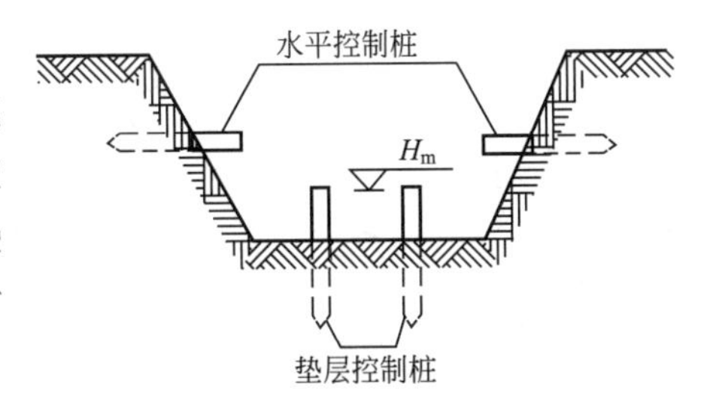

图 11-5　水平与垫层控制桩

3. 立模定位

基础垫层打好后，在基础定位小木桩间拉线绳，用垂球把柱列轴线投设到垫层上弹以墨线，用红漆画出标记，作为柱基立模板和布置基础钢筋的依据。

立模板时，将模板底部的定位线标志与垫层上相应的墨线对齐，并用吊垂球的方法检查模板是否垂直。

模板定位后，用水准仪将柱基顶面的设计标高抄在模板的内壁上，作为浇灌混凝土的高度依据。

支模时，还应使杯底的实际标高比其设计值低 5cm，以便吊装柱子时易于找平。

4. 杯口投线及抄平

(1) 校核轴线控制桩、定位桩、高程点是否发生变动。

(2) 根据轴线控制桩，用经纬仪把中线投测到基础顶面上，并做标记，供吊装柱子使用，基础中线对定位轴线的允许误差为 ±5mm。把杯口中线引测到杯底，在杯口立面弹墨线，并检查杯底尺寸是否符合要求，如图 11-6 所示。

(3) 为给杯底找平提供依据，在杯口内壁四角测设一条标高线。该标高线一般取比杯口顶面设计标高低 100mm 处，以便根据标高线修整杯底。

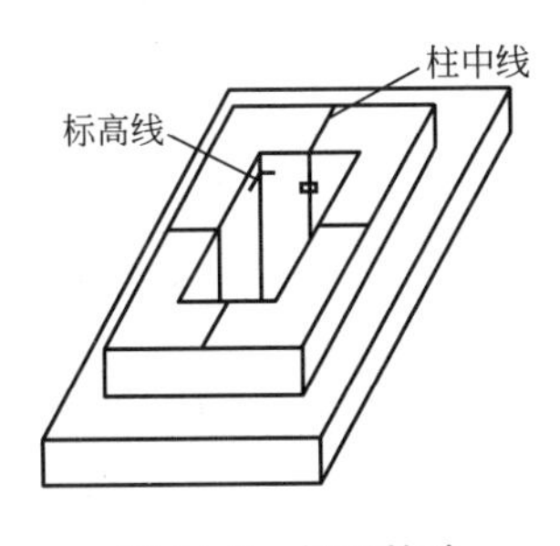

图 11-6　杯形基础

11.3.2 钢柱基础施工测量

钢柱基础垫层以下的定位放线方法与柱形基础相同，其特点是：基础较深，且基础中埋有地脚螺栓，其平面位置和标高精度要求较高，一旦螺栓位置偏差超限，会给钢柱安装造成困难。具体做法如下。

(1) 垫层混凝土凝固后，应根据控制桩用经纬仪把柱中心线投测到垫层上，同时根据中线弹出螺栓固定架位置，如图 11-7 所示。

(2) 安装螺栓固定架。为保证地脚螺栓的位置正确，工程中常用型钢制成固定架来固定螺栓，固定架要有足够的刚度，防止在浇筑混凝土过程中发生变形。固定架的内口尺寸应是螺栓的外边线，以便焊接螺栓。安置固定架时，把固定架上中线用吊线的方法与垫层上的中线对齐，将固定架四角用钢板垫稳垫平，然后再把垫板、固定架、斜支撑与垫层中的预埋件焊牢，如图 11-8 所示。

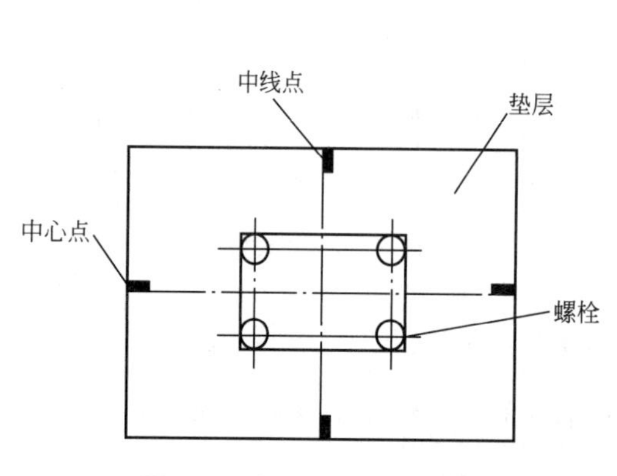

图 11-7　钢柱基础中线投测

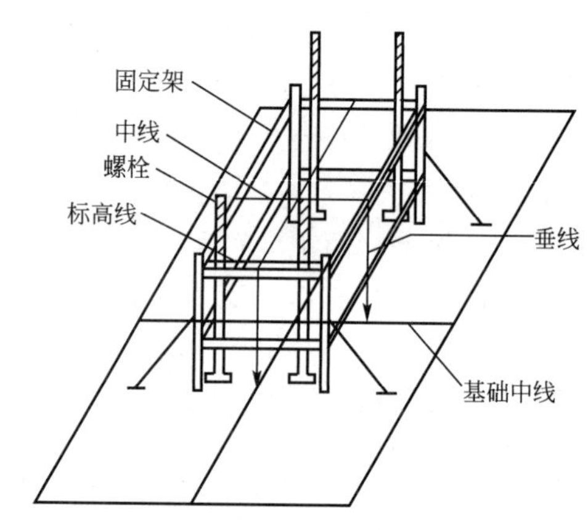

图 11-8　柱中线固定架

(3) 固定架标高抄测。用水准仪在固定架四角的立角钢上抄测出基础顶面的设计标高线，作为安装螺栓和控制混凝土标高的依据。

(4) 安装螺栓。先在固定架上拉标高线，在螺栓上也画出同一标高线。安置螺栓时，将螺栓上的标高线与固定架上的标高线对齐，待螺栓的距离、高度、垂直度校正好后，将螺栓与固定架的上下横梁焊牢。

(5) 检查校正。用经纬仪检查固定架中线，其投点误差应不大于 2mm。

用水准仪检查基础顶面标高线，地脚螺栓不要低于设计标高，允许偏差为+20mm、中心线位移为±5mm。基础混凝土浇筑后，应立即对地脚螺旋进行检查，发现问题及时处理。

11.3.3 混凝土柱子基础、柱身、平台施工测量

混凝土柱子基础、柱身、平台称整体结构柱基础，它是指柱子与基础平台结为一个整体，先按基础中心线挖好基坑，安放好模板，在基础与柱身钢筋绑扎后，浇灌基础混凝土至柱底，然后安置柱子(柱身)模板。其基础部分的测量工作与前面所述相同。柱身部分的测量工作主要是校正柱子、模板中心线及柱身铅直，由于是现浇现灌，测量精度要求较高。

1. 混凝土柱基础施工测量

混凝土柱基础底部的定位、支模放线与杯形基础相同。当基础混凝土凝固后，根据轴线

控制桩或定位桩，将中线投测到基础顶面上，弹出十字线中线供柱身支模及校正使用。有时基础中的预留筋恰在中线上，投线时不能通视，可采用借助线的方法投测，如图 11-9 所示。将仪器侧移至 *a* 点，先测出与柱中心线相平行的 *aa*′直线，再根据 *aa*′直线恢复柱中线位置。

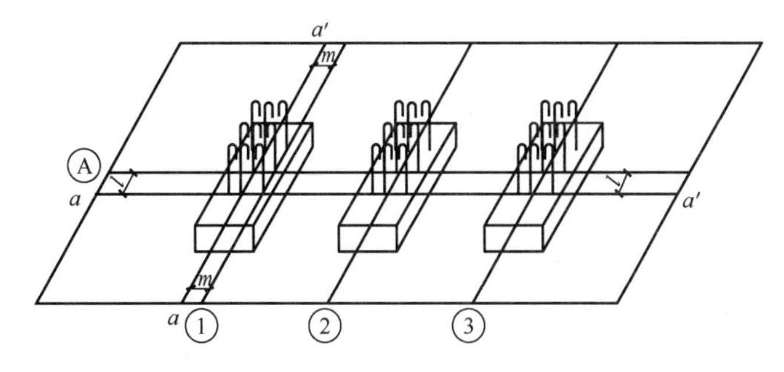

图 11-9　混凝土柱基础中线投测

在基础预留筋上用水准仪测设出某一标高线，作为柱身控制标高的依据。每根柱除给出中线外，为便于支模，还应弹出柱的断面边线。

2. 柱身施工测量

柱身施工测量的主要内容包括两部分，即柱身支撑垂直度的校正和模板标高抄测。

1) 柱身支撑垂直度的校正

(1) 吊线法校正。

① 制作模板时，在四面模板外侧的上端和下端标出中线。

② 安装过程中，先将下端的 4 条中线分别与基础顶面的 4 条中线对齐。

③ 模板立稳后，1 人在模板上端对齐中线用线坠向下做垂线，如果垂线与下端中线重合，表示模板在这个方向垂直。

④ 用同样的方法再校正另一个方向。

⑤ 当纵横两个方向同时垂直时，模板就校好了，如图 11-10 所示。

(2) 经纬仪校正。经纬仪校正的方法有投线法和平行线法两种。

① 投线法。仪器至柱子的距离应大于投点高度，先用经纬仪照准模板下端中线，然后仰起望远镜观察模板上端中线，如果中线偏离视线，要校正上端模板使中线与视线重合，如图 11-11 所示。

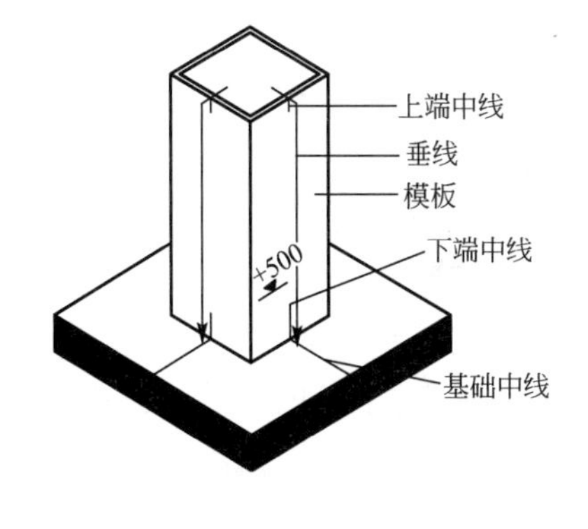

图 11-10　吊线法

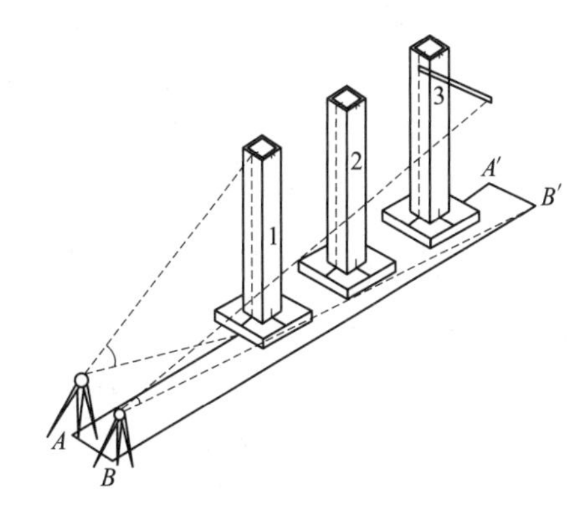

图 11-11　投线法

需要注意的是，校正横轴方向时，要检查已校正的纵轴方向是否又发生倾斜，最好是用两台经纬仪同时校正。

② 平行线法。先做柱中线的平行线，平行线距中线距离一般取 1m。做一木尺，在尺上用墨线标出 1m 标记，由 1 人在模板上端持木尺，把尺的零端对齐中线，水平地伸向观测方向。仪器置于 B 点，照准 B'点，然后抬高望远镜观看木尺。如果视线正照准尺上的 1m 标志，表示模板在这个方向上垂直；如果尺上 1m 标志偏离视线，则要校正上端模板，使尺上标志与视线重合。

2) 模板标高抄测

柱身模板垂直度校正好后，在模板的外侧测设一标高线，作为测量柱顶标高、安装铁件和牛腿支模等各种标高的依据。标高线一般比地面高 0.5m，每根柱不少于两点，点位要选择便于量尺、不易移动即标记明显的位置上，并注明标高数值。

3. 柱拆模后的抄平放线

柱拆模后，要把中线和标高抄测在柱表面上，供下一步砌筑、装修使用。

(1) 投测中线。根据基础表面的柱中线，在下端立面上标出中线位置，然后用吊线法或经纬仪投点法把中线投测到柱上端的立面上。

(2) 测设水平线。在每根柱立面上抄测高 0.5m 的标高线。

本节主要讲述了厂房各种基础设施的施工测量。重点掌握混凝土柱基的施工测量，尤其是柱身支撑垂直度的校正方法：吊线法、经纬仪投线法、经纬仪平行线法。

11.4 厂房构件安装测量

装配式单层厂房的柱、吊车梁和屋架等多是预制构件，需在施工现场进行吊装。吊装必须进行校准测量，以确保各构件按设计要求准确无误地就位。所使用的仪器主要是经纬仪、水准仪及全站仪的常规仪器。

11.4.1 柱子安装测量

1. 吊装前的准备工作——投测柱列轴线

基础模板拆除后，在柱列轴线控制桩上安置经纬仪，用正倒镜取中法将柱列轴线投到基础顶面上，弹以墨线，画出“▲”标志(柱列轴线不通过柱子中心线时，尚需在基础顶面上弹出柱中心线)，如图 11-12 所示。同时，在杯口内壁上抄出-0.600m 的标高线。

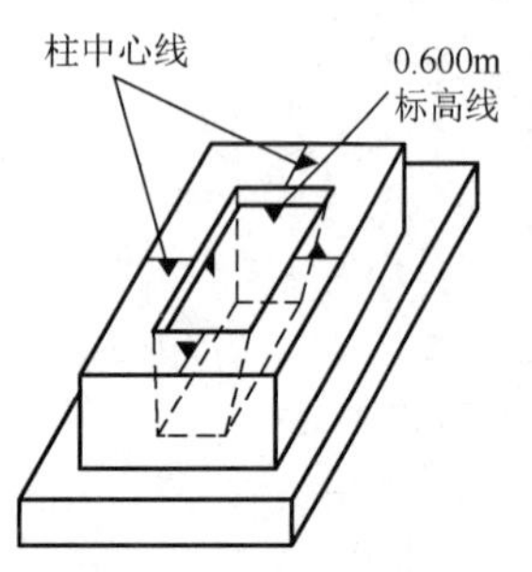

图 11-12 投测柱列轴线

2. 柱子弹线

将每根柱子按轴线位置进行编号，在柱身上 3 个侧面弹出柱中心线，并分上、中、下 3 点画出“▲”标志，如图 11-13 所示。此外，还应根据牛腿面的设计标高，用钢尺由牛腿面向下量出±0.000m 和-0.600m 的标高位置，弹以墨线。

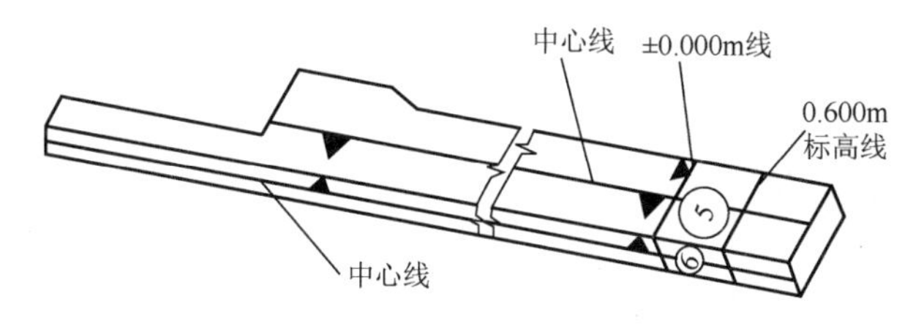

图 11-13　柱身弹线

3. 柱身长度和杯底标高检查

量柱底四角至柱上-0.600m 标高线的实际长度 h_1～h_2 以及杯底与柱底相对应的四角至杯口内壁-0.600m 标高线的深度 h'_1～h'_4。h'_i 与 h_i 之差即为在杯底第 i 个角的找平厚度。施工人员根据找平厚度在杯底抹 1∶2 的水泥砂浆进行找平(因浇基础时杯底留有 5cm 的余量，很少会出现铲底找平情况)，以使柱子装上后，牛腿面的标高符合设计要求。

4. 柱子垂直度的检查

柱子对号吊入杯口后，应使柱身中心线对齐弹在基础面上的柱中心线，在杯口四周加木楔或钢楔初步固定。然后，用水准仪检测柱上±0.000m 标高线，其误差不超过±3mm 时，便可进行柱子垂直度的校正。如图 11-14 所示，校正单根柱子时，可在相互垂直的两个柱中心线上且距柱子的距离不小于 1.5 倍柱高的地方分别安置经纬仪，先瞄准柱身中心线上下面的黑三角标志，再仰起望远镜观测中间和上面的黑三角标志，若 3 点在同一视准面内，则柱子垂直；否则，应指挥施工人员进行校正。垂直校正后，用杯口四周的楔块将柱子放牢，并将上视点用正倒镜取中法投到柱下，量出上下视点的垂直偏差。标高在 5m 以下时，允许偏差为 5mm，检查合格后，即可在杯口处浇筑混凝土，将柱子最后固定。

当校正成排的柱子时，为了提高工作效率，可安置一次仪器校正多根柱子，如图 11-15 所示。但由于仪器不在轴线上，故不能瞄准不在同一截面内的柱中心线。

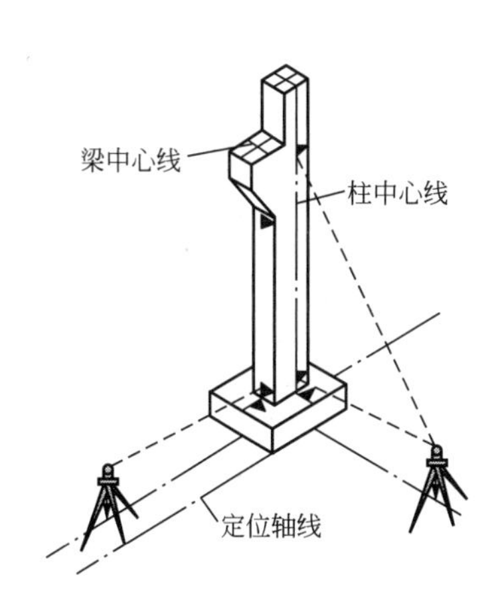

图 11-14　柱子垂直度校正

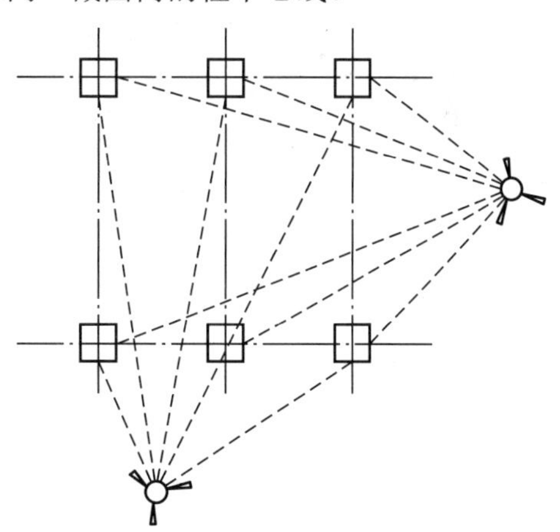

图 11-15　成排柱子垂直度校正

校正柱子时，应注意以下事项。

(1) 所用仪器必须严格检校。

(2) 校直过程中，尚需检查柱身中心线是否相对于杯口的柱中心线标志产生了过量的水平位移。

(3) 瞄准不在同一截面的中心线时，仪器必须安在轴线上。

(4) 柱子校正宜在阴天或早晚进行，以免柱子的阴、阳面产生温差使柱子弯曲而影响校直的质量。

11.4.2 吊车梁安装测量

吊车梁的安装测量主要是为了保证吊装后的吊车梁中心线位置和梁面标高满足设计要求。吊装前，先在吊车梁的顶面上和其两端弹出吊车梁中心线(图 11-16)，并把吊车轨的中心线投到牛腿上面。

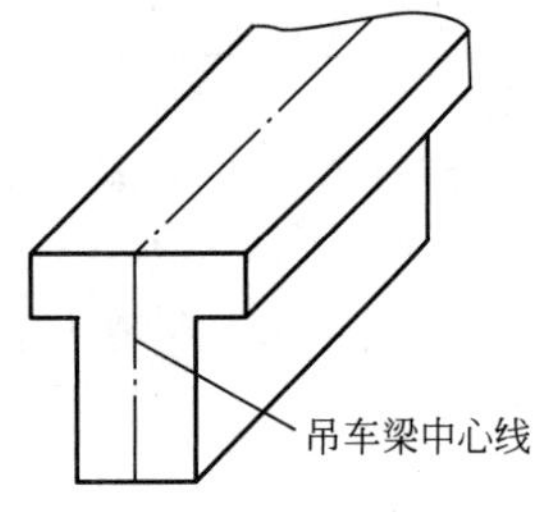

图 11-16 吊车梁中线投测

如图 11-17 所示，投测时，可利用厂房中心线 A_1A_1，根据设计轨距在地面上标出吊车轨中心线 $A'A'$和 $B'B'$，然后分别在 $A'A'$和 $B'B'$上安置经纬仪，用正倒镜取中法将吊车轨中心线投到牛腿面上，并弹以墨线。安装时，将梁端的中心线与牛腿面上的中心线对正；用垂球线检查吊车梁的垂直度；从柱上修正后的±0.000m 线向上量距，在柱子上抄出梁面的设计标高线；在梁下加铁垫板，调整梁的垂直度和梁的标高，使之符合设计要求。安装完毕，应在吊车梁面上重新放出吊轨中心线。在地面上标定出和吊轨中心线距离为 1m 的平行轴线 $A''A''$和 $B''B''$，分别在 $A''A''$和 $B''B''$上安置经纬仪，在梁面上垂直于轴线的方向放一根木尺，使尺上 1m 处的刻度位于望远镜的视准面内，在尺的零端划线，则此线即为吊轨中心线。经检验各画线点在一条直线上时，即可重新弹出吊车轨中心线。

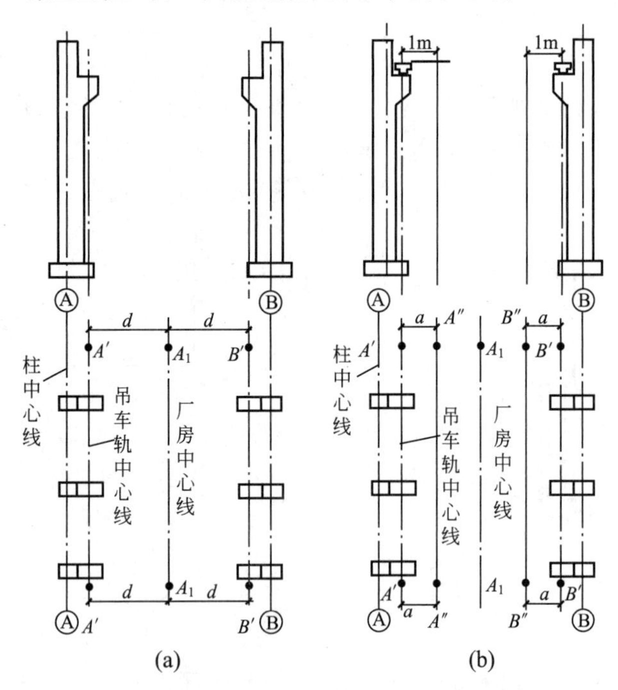

图 11-17 吊车梁安装测量

11.4.3 吊轨安装测量

吊轨安装测量主要是进行吊轨安装后的检查测量。吊轨间的跨距用精密量距法检测，与设计跨距相比，误差不应超过±2mm。检测吊轨顶面的标高时，可将水准仪固定在轨面上，利用柱上的水准标志作后视点，每隔 3m 检查轨面上一点，实测标高与设计标高相比，误差不应超过±2mm。

11.4.4 屋架的吊装测量

吊装前，先用经纬仪在柱顶上投出屋架定位轴线，在屋架两端弹出屋架中心线。吊装时，使屋架上的中心线与柱顶上的定位轴线对正，便完成了屋架的平面定位工作。屋架的垂直度可用垂球法或经纬仪检查。用经纬仪检查时如图 11-18 所示，在屋架上安装三把卡尺，自屋架几何中心线沿卡尺向外量 500mm 做出标记，在地面上标出距屋架中心线 500mm 的平行轴线，并在该轴线上安置经纬仪，当三个卡尺上的标记均位于经纬仪的视准面内时，屋架即处于垂直状态；否则，应进行校正。

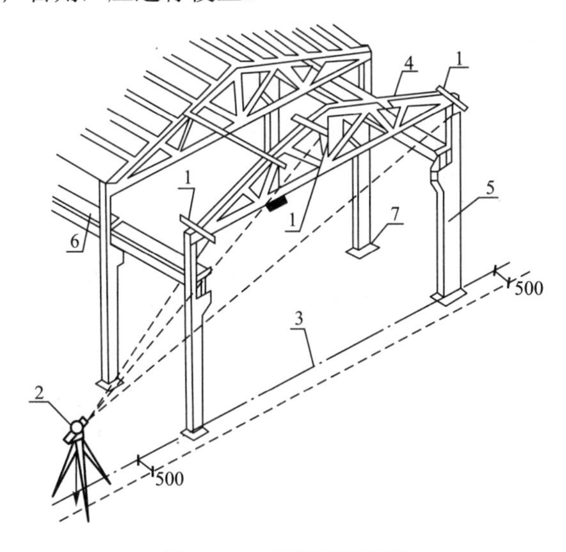

图 11-18 屋架吊装测量

1—卡尺；2—经纬仪；3—定位轴线；4—屋架；5—柱；6—吊木架；7—基础

特别提示

本节内容是工业厂房施工测量的重点，主要讲述了柱子、吊车梁、吊车轨道、屋架的安装测量，尤其是柱子安装测量中的几部分内容应重点掌握。其他构件的安装测量重点掌握检验和校正。

11.5 烟囱、水塔施工测量

烟囱和水塔的形式虽然不同，但它们也有共同点，即基础小、主体高。其对称轴通过基础圆心的铅垂线。在施工过程中，测量工作的主要目的是严格控制它们的中心位置，保证主体竖直。其放样方法和步骤如下。

11.5.1 基础定位

首先按设计要求，利用与已有控制点或建筑物的尺寸关系，在实地定出基础中心 *O* 的位置。如图 11-19 所示，在 *O* 点安置经纬仪，定出两条相互垂直的直线 *AB*、*CD*，使 *A*、*B*、*C*、*D* 各点至 *O* 点的距离均为构筑物直径的 1.5 倍左右。另在离开基础开挖线外 2m 左右标

定 a、b、c、d 四个定位小桩，使它们分别位于相应的 AB、CD 直线上。

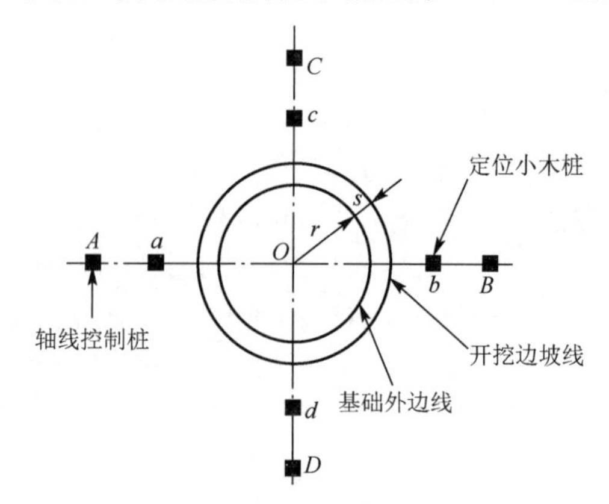

图 11-19　圆形建筑物定位放线

以中心点 O 为圆心，以基础设计半径 r 与基坑开挖时放坡宽度 b 之和为半径($R=r+b$)，在地面画圆，撒上灰线，作为开挖的边界线。

11.5.2　基础施工测量

当基础开挖到一定深度时，应在坑壁上放样整分米水平桩，控制开挖深度。当开挖到基底时，向基底投测中心点，检查基底大小是否符合设计要求。浇筑混凝土基础时，在中心面上埋设铁桩，然后根据轴线控制桩用经纬仪将中心点投设到铁桩顶面，用钢锯锯刻"十"字形中心标记，作为施工控制垂直度和半径的依据。混凝土凝固后，尚需进行复查，如有偏差，应及时纠正。

11.5.3　筒身施工测量

烟囱筒身向上砌筑时，筒身中心线、半径、收坡要严格控制。不论是砖烟囱还是钢筋混凝土烟囱，筒身施工时都要随时将中心点引测到施工作业面上，引测的方法常采用吊垂线法和导向法。

1. 吊垂线法

在烟囱施工中，一般每砌一步架或每升模板一次，就应引测一次中心线，以检核该施工作业面的中心与基础中心是否在同一铅垂线上。

如图 11-20 所示，吊垂线法是在施工作业面上固定一根断面较大的方木，另设一带刻划的木杆插入方木铰接在一起。木杆可绕铰接点转动，即为枋子。在枋子铰接点下设置的挂钩上悬挂 8～12kg 的垂球，烟囱越高使用的垂球应越重。投测时，先调整钢丝的长度，使垂球尖与基础中心标志之间仅存在很小的间隔。然后调整作业面上的方木位置，使垂球尖对准标志上的"十"字形交点，则方木铰接点就是该工作面的筒身中心点。在工作面上，根据相应高度的筒身设计半径转动木尺杆画圆，即可检查筒壁偏差和圆度，作为指导下一步施工的依据。

烟囱每砌筑完 10m，必须用经纬仪引测一次中心线。引测方法如下：如图 11-19 所示，分别在控制桩 A、B、C、D 上安置经纬仪，瞄准相应的控制点 a、b、c、d，将轴线点投测到作业面上，并做出标记。然后，按标记拉两条细绳，其交点即为烟囱的中心位置，并与垂球引测的中心位置比较，以做校核。烟囱的中心偏差一般不应超过砌筑高度的 1/1000。

吊垂球法是一种垂直投测的传统方法，使用简单。但该方法易受风的影响，有风时吊垂球会发生摆动和倾斜，随着筒身增高，对中的精度会越来越低。因此，该方法仅适用于高度在 100m 以下的烟囱。

2. 激光导向法

对于高大的钢筋混凝土烟囱常采用滑升模板施工，若仍采用吊垂球或经纬仪投测烟囱中心点，无论是投测精度还是投测速度，都难以满足施工要求。采用激光垂准仪投测烟囱中心点，能克服上述方法的不足。投测时，将激光垂准仪安置在烟囱底部的中心标志上，在工作台中央安置接收靶，烟囱模板每滑升 25～30cm 浇灌一层混凝土，每次模板滑升前后各进行一次观测。观测人员在接收靶上可直接得到滑模中心对铅垂线的偏离值，施工人员依此调整滑模位置。在施工过程中，要经常对仪器进行激光束的垂直度检验和校正，以保证施工质量。

3. 烟囱外筒壁收坡控制

烟囱筒壁的收坡，是用坡度靠尺板来控制的。如图 11-21 所示为坡度靠尺板的形状。靠尺板两侧的斜边应严格按设计的筒壁斜度制作。使用时，把斜边贴靠在筒体外壁上，若垂球线恰好通过下端缺口，说明筒壁的收坡符合设计要求。

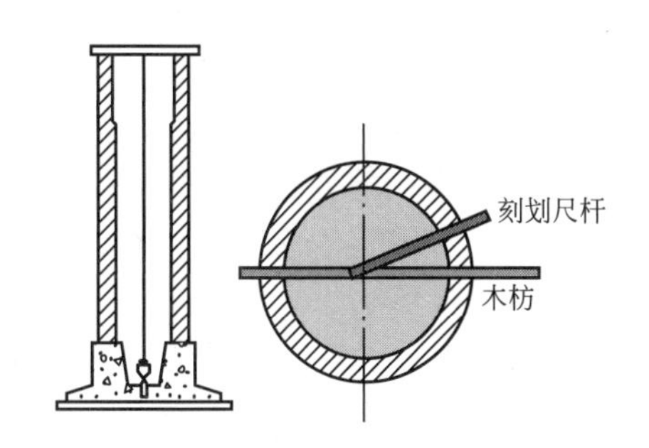

图 11-20 烟囱壁位置检查

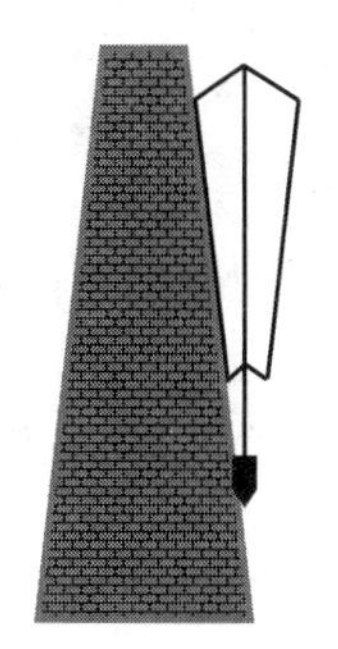

图 11-21 倾斜度靠尺板

4. 筒体高程测量

筒体高程测量时用水准仪在筒壁上测出整分米数(如+50m)的标高线，再向上用钢尺量取高度进行控制的。

本节内容重点在于烟囱筒身施工测量。理解枋子及靠尺板的工作原理。

11.6 金属网架安装测量

金属网架是由预制钢管构件在现场模台上拼装焊接而成。如图 11-22 所示，某金属网架大屋顶由 914 个不同规格的钢球和 9230 根 16Mn 管焊接而成，构成一个上下弦高达 6m，平面直径 124.6m 的圆形屋顶，总面积超过 12000m^2，重达 600 多吨，它由 36 根高 26m 的混凝土立柱所支撑。其规模大、结构复杂，是一座现代化的金属网架结构。

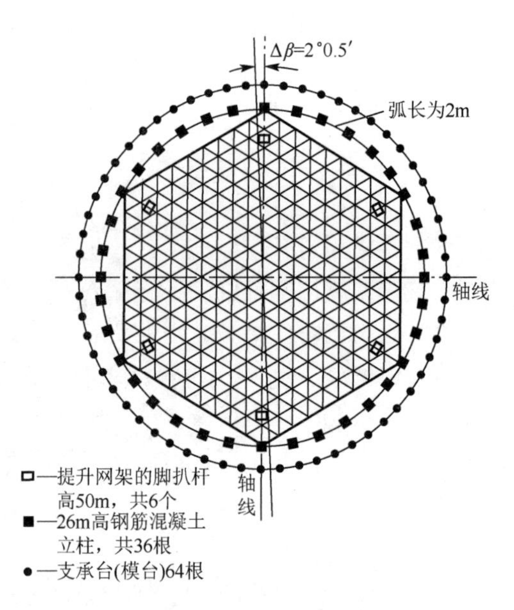

图 11-22　金属网架

施工方法采用网架在现场地面拼接，整体提升，空中旋转就位。网架拼装为小拼、大拼两个作业工序。小拼工作简单，不予介绍，大拼中的测量工作包括下列几方面。

11.6.1　模台基础放样

模台是为地面拼装网架支撑钢球而设置的，要求模台中心与各节点钢球中心位于同一铅垂线上。实际定位方法如图 11-23 所示，以圆心角 60°范围为例，先定出 *D*、*E* 两点，构成 *ODE* 大等边三角形，再依此定出大三角形内其余各点点位。

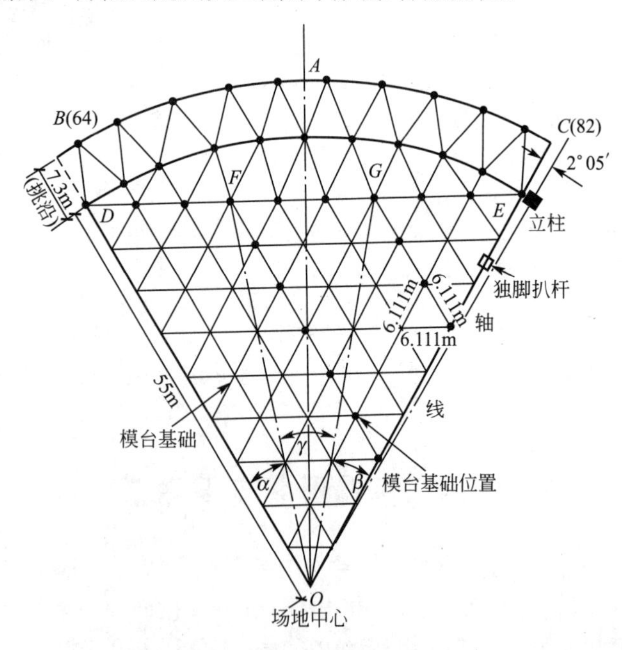

图 11-23　模台基础放样

如果 OD、OE 不通时，则将 DE 线段三等分，得出 F、G 两点，连接 OF、OG 求得

$$\alpha=\beta=19°23'42''$$

$$r=21°12'36''$$

$$OF=OG=49.804\text{m}$$

用 DJ_2 经纬仪架于 O 点(圆心)，照准轴线方向点，使用检验过的钢尺，定出 F、G 两点，根据几何关系求出 D、E 两点。

11.6.2 挑檐内外圈各模台基础的放样

由图 11-23 可知，先定出挑檐外圈上的 A、B、C 三点，然后将经纬仪分别置于该三点，按圆曲线方法，定出外圈各模台基础中心点位，再根据设计图所给出的各三角形边长条件，应用余弦定理关系算出相应各角值，然后用角度交会法定出内圈各钢球连接点(节点)的中心点位。

11.6.3 模台顶面投点

当模台基础施工完毕后，再将工字钢构成的标桩安装在基础上，顶面焊上 50cm×50cm 的钢板，同时还需将基础中心的位置投影到按设计确定的相应高度的模台顶面上，然后在顶面上焊上一截 ϕ150 的钢管(高差垫头)，以确定钢球安放的位置及高度，如图 11-24 所示。

模台除了起着承载网架作用之外，还起着控制网架平面位置的几何图形和控制网架竖直面上、下弦的设计倾斜度的作用。对测量的精度要求较高。模台顶面投点方法是采用线交会法来确定其中心位置，挑檐内外圈各模台顶面因离开地面比较高，仪器不便瞄准，故采用挂垂球法将其基础上的“十”字线投影到地面上，再定中心位置。

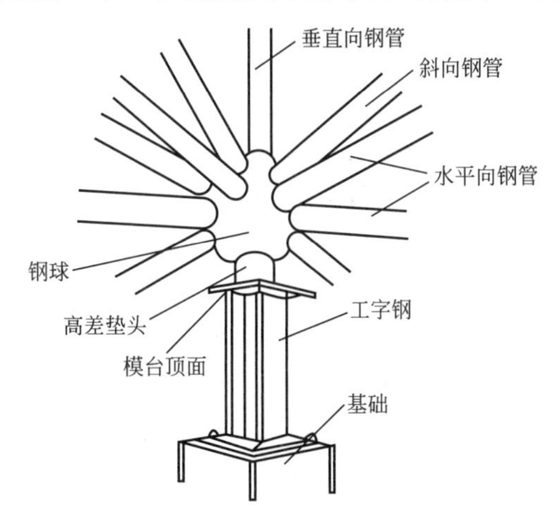

图 11-24 模台顶面投点

11.6.4 模台顶面投点的检查及其精度

(1) 内六角形各角的检查。用 DJ_2 经纬仪观测一个测回，则三角形最大闭合差为±30°。

(2) 内六角形边长检查。用检定过的钢尺丈量其模台顶面中心间的距离，应满足 1/10000 的相对精度。

(3) 模台顶面高程精度。各点均观测两次，取平均值与设计值比较，误差不超过±5mm。

11.7 管道施工测量

管道工程是现代工业与民用建筑的重要组成部分，按其用途可以分为给水、排水、热力、煤气、输电和输油管道。为了合理地敷设各种管道，首先进行规划设计，确定管道中线的位置并给出定位的数据，即管道的起点、转向点及终点的坐标、高程。然后将图纸上设计的中线测设到地面，作为施工的依据。各种管道除小范围的局部地面管道外，主要可分为地下管道和架空管道。

11.7.1 施工前的准备工作

(1) 熟悉图纸和现场情况。施工前，要认真研究图纸、附属构筑物图以及有关资料，并熟悉和核对设计图纸，了解设计意图及工程进度安排。到现场找到各交点桩、转点桩、里程桩及水准点位置。

(2) 校核中线并测设施工控制桩。若设计阶段所标定的中线位置就是施工所需要的中线位置时，且各桩点完好，则仅需校核，不需重新测设；否则，应重新测设管道中线。在校核中线时，应把检查井等附属构筑物及支线的位置同时定出。这项工作可根据设计的位置和数据用钢尺沿中线将其位置标定出来并用小木桩标志。

(3) 加密控制点。为了便于施工过程中引测高程，应根据设计阶段布设的水准点，在沿线附近每隔 150m 增设一个临时水准点。精度要求应根据工程性质和有关规定确定。

(4) 槽口放线。槽口放线就是按设计要求的埋深和土质情况、管径大小等计算出开槽宽度，并在地面上定出槽边线位置，画出白灰线，以便开挖施工。

11.7.2 管道中线测量

管道的起点、终点和转向点通称为主点，主点的位置及管线方向是设计时确定的。管道中线测量就是将已确定的管线位置测设于实地，并用木桩标定。其内容包括：主点测设数据的准备；主点测设；管道转向角测量；中桩测量以及里程桩手簿的绘制等。

1. 主点测设数据的准备和测设方法

主点的测设数据可用图解法或解析法求得。主点的测设方法有直角坐标法、极坐标法、角度交会法和距离交会法等。

1) 图解法

当管道规划设计图的比例尺较大，而且管道主点附近又有明显可靠的地物时，可采用图解法来获得测设数据。图解法就是在规划设计图上直接量取测设所需的数据，如图 11-25 所示，*A*、*B* 是原有管道检查井位置，Ⅰ、Ⅱ、Ⅲ点是设计管道的主点。欲在地面上标定出Ⅰ、Ⅱ、Ⅲ等主点，可根据比例尺在图上量出长度 *a*、*b*、*c*、*d* 和 *e*，即可测得数据。然后，沿原管道 *BA* 方向，从 *B* 点量出 *D* 即可得Ⅰ点；用直接坐标法或距离交会法测设Ⅱ点，用距离交会法测设Ⅲ点，测设长度以不超过一整尺为宜。图解法受图解精度的限制，精度不高。当管道中线精度要求不高的情况下，可采用此方法。

2) 解析法

当管道规划设计图上已经有主点的坐标，而且主点附近又有控制点时，宜用解析法求测设数据。如图 11-26 所示中 1、2、3、4 等为控制点，*A*、*B*、*C* 等为管道主点，如用极坐

标法测设 B 点，则可根据 1、2 和 B 点坐标，按极坐标法计算出测设数据 $\angle 12B$ 和距离 D_{2B}。测设时，安置经纬仪于 2 点，后视 1 点，转 $\angle 12B$，得 $2B$ 方向，在此方向上用钢尺测设距离 D_{2B}，即得 B 点。其他主点均可按上述方法测设。

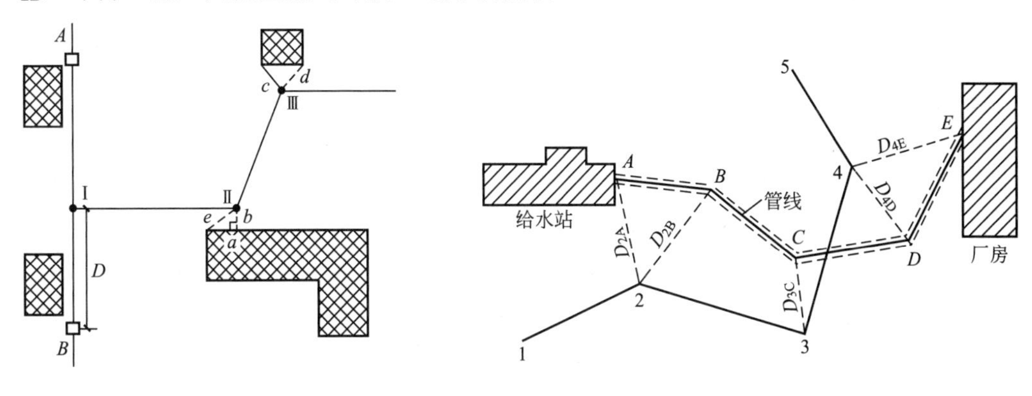

图 11-25　图解法　　　　图 11-26　解析法

主点测设工作必须进行校核，其校核方法是：先用主点坐标计算相邻主点间的长度；然后在已测设的主点间量距，看其是否与算得的长度相符。如果主点附近有固定地物，可量出主点与地物间的距离进行检核。

如果在拟建管道工程附近没有控制点或控制点不够时，应先在管道附近敷设一条导线，或用交会法加密控制点，然后按上述方法采集测设数据，进行主点的测设工作。在管道中线精度要求较高的情况下，均用解析法测设主点。

2. 中桩的测设

为了测定管线的长度和测绘纵、横断面图，从管道起点开始，沿管道中线在地面上要设置整桩和加桩，这项工作称为中桩测设。从起点开始按规定每隔一整数设一桩，这个桩叫做整桩。根据不同管线，整桩之间的距离也不同，一般为 20m、30m，最长不超过 50m。相邻整桩间的主要地物穿越处及地面坡度变化处要增设木桩，称为加桩。

为了便于计算，管道中线上的桩，自起点开始按里程注明桩号，并用红油漆写在木桩的侧面，如整桩的桩号为 0+100，即此桩离起点距离 100m，如加桩的桩号为 0+162，即表示离起点距离为 162m(“+”前为千米数，“+”后为米数)。管道中线上的整桩和加桩都称为里程桩。

为了避免测设中桩错误，量距一般用钢尺丈量两次，精度为 1/1000，困难地区可放宽至 1/500，或用光电测距仪测距；在精度要求不高的情况下，可用皮尺或测绳丈量。

不同的管道，其起点也有不同规定，如给水管道以水源为起点；煤气、热力等管道以来气方向为起点；电力、电信管道以电源为起点；排水管道以下游出水口为起点。

3. 转向角测量

管线改变方向时，转变后的方向与原方向间的夹角称为转向角。转向角有左右之分(图 11-27)，以$\alpha_{左}$和$\alpha_{右}$表示。欲测量 2 点的转向角时，首先安置经纬仪于 2 点，盘左瞄准 1 点，纵转望远镜读水平度盘读数；再瞄准 3 点，并读数，两次读数之差即为转折角；用右盘按上述方法再观测一次，取盘左盘右的平均值作为转折角的最后结果。再根据转折角计算转向角。但必须注意转向角的左、右方向，即

$$\left.\begin{aligned}&\text{当}\beta>180^\circ\text{时，}\alpha_{左}=\beta-180^\circ\\&\text{当}\beta<180^\circ\text{时，}\alpha_{左}=180^\circ-\beta\end{aligned}\right\}\tag{11-1}$$

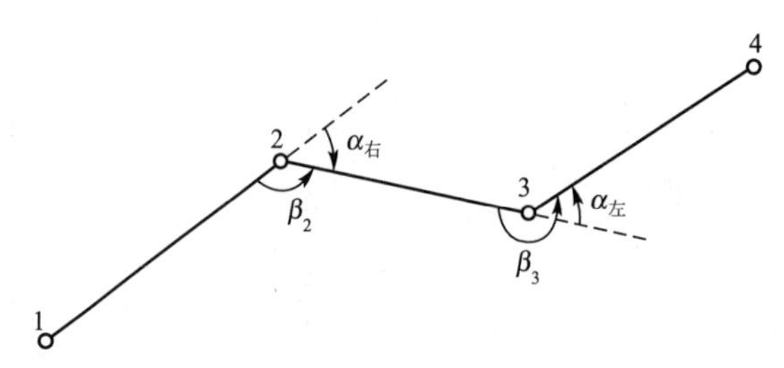

图 11-27 转向角测量

有些管道转向角要满足定型弯头的转向角的要求，如给水管道使用铸铁弯头时，转向角有 90°、45°、22.5°、11.25°、5.625°等几种类型。当管道主点之间距离较短时，设计管道的转向角与定型弯头的转向角之差不应超过 1°～2°。排水管道的支线与干线汇流处，不应有阻水现象，故管道转向角不应大于 90°。

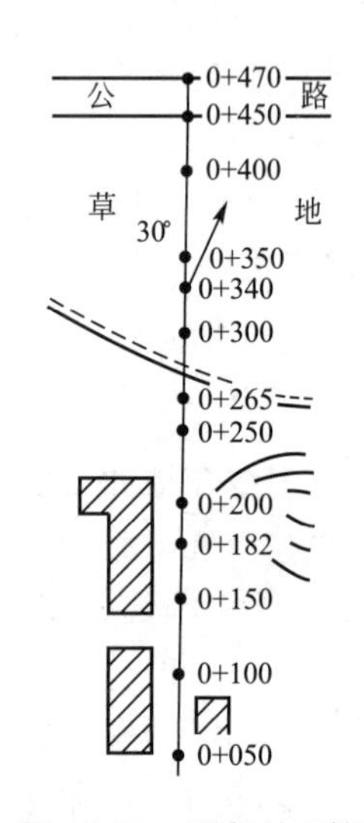

图 11-28 里程桩手簿

4. 绘制里程桩手簿

在中桩测量的同时，要在现场测绘管道两侧的地物、地貌，称为带状地形图，也叫里程桩手簿。里程桩手簿是绘制纵断面图和设计管道时的重要参考资料。如图 11-28 所示，此图是绘在毫米方格纸上，图中的粗线表示管道的中心线，0+000 为管道起点。0+340 处为转向点，转向后的管线仍按原直线方向绘出，但要用箭头表示管道转折的方向，并注明转向角值(图中转向角$\alpha_{右}$=30°)。0+450 和 0+470 是管道穿越公路的加桩，0+182 和 0+265 是地面坡度变化的加桩，其他均为整桩。

管线带状地形的测绘宽度一般为左、右各 20m，在宽度范围内的建筑物应一并测绘成图。测绘方法主要用皮尺，以距离交会法、直角坐标法为主，必要时也可用罗盘仪和皮尺以极坐标法进行测绘。如果有近期的大比例尺地形图，可以直接从地形图上摘取地物、地貌，以减少外业测量工作。

11.7.3 纵横断面测量

1. 管道纵断面测量

沿管道中心线方向的断面图称为纵断面。管道的纵断面图是表示管道中心线上地面起伏变化的情况。纵断面图测量的任务，是根据水准点的高程，测量出中线上各桩的地面高程，然后根据测得的高程和相应的各桩桩号绘制断面图。作为设计管道埋深、坡度及计算土方量的主要依据，其工作内容如下。

1) 水准点的布设

为了保证管道高程测量精度，在纵断面水准测量之前，应先沿管道设立足够的水准点。通常每 1～2km 设一个水准点，300～500m 设立临时水准点，作为纵断面水准测量分段符合和施工时引测高程的依据。水准点应埋设在使用方便、易于保存和不受施工影响的地方。

2) 纵断面水准测量

纵断面水准测量一般是以相邻的两个水准点为一个测段，从一个水准点出发，逐点测量中桩的高程，再符合到另一水准点上，以便校核。纵断面水准测量的视线长度可适当放宽，一般采用中桩作为转点，但也可另设。在两转点间的各桩，通称为中间点的高程用仪高法求得。测量方法如图 11-29 所示。表 11-2 是由水准点 BM1 到 0+200 的纵断面水准测量示意和记录手簿。

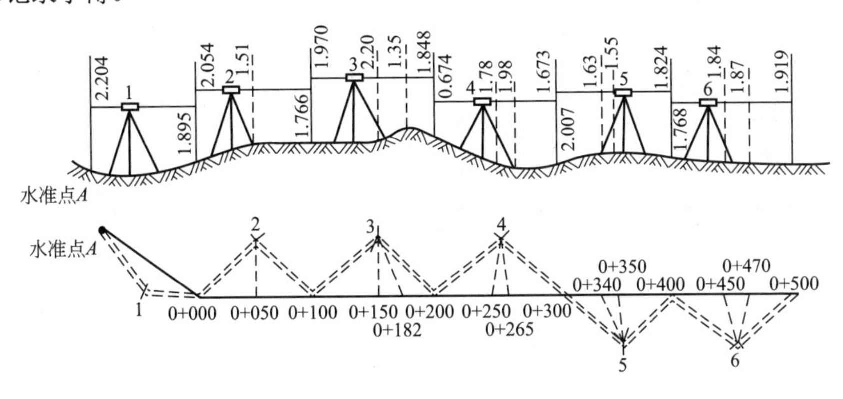

图 11-29 断面水准测量

表 11-2 纵断面水准测量记录手簿

测区：______ 观测者：______ 记录者：______ 日期：______ 天气：______ 仪器：______

测站	桩号	水准尺读数			高差		仪器视线高	高程
		后视	前视	中间视	+	−		
1	水准点 BM1 0+000	2.204	1.895		0.309			156.800 157.109
2	0+000 0+000 0+000	2.054	1.566	1.81	0.488		159.163	157.109 157.353 157.597
3	0+000 0+000 0+000 0+000	1.970	2.048	1.70 1.55		0.078	159.567	157.597 157.867 158.017 157.519
…	…	…	…	…	…	…	…	…

一个测段的纵断面水准测量，要进行下列计算工作。

(1) 高程闭合差计算。纵断面水准测量一般均起讫于水准点，其高差闭合差，对于重力自流管道不应大于±40$\sqrt{L}$ mm。当闭合差在容许范围内时不必进行调整。

(2) 用高差法计算各转点的高程。

(3) 用仪高法计算中间点的高程。

例 11-1 为了计算中间点 0+050 的高程，首先计算测站的仪器视线高程为

(157.109+2.054)m=159.163m

中间点 0+050 的高程+1590163m-1.810m=157.353m

当管线较短时，纵断面水准测量可与测量水准点的高程在一起进行，由一水准点开始，按上述纵断面水准测量方法测出中线上各桩的高程后，符合到高程未知的另一水准点上，然后再以一般水准测量方法返测到起始水准点上，依次校核。若往返闭合差在允许范围内，则取高差平均数推算下一水准点的高程，然后再进行下一段的测量工作。

2. 纵断面图的绘制

在毫米方格网上进行纵断面图绘制时，一般以管线的里程为横坐标，高程为纵坐标。为了更明显地表示地面的起伏，一般纵断面图的高程比例尺要比水平比例尺大 10 倍或 20 倍。自流管线和压力管线纵横断面图的比例尺，可按表 11-3 进行选择。

表 11-3　纵横断面的水平、高程比例尺参考表

路线名称	纵断面图		横断面图
	水平比例尺	高程比例尺	(水平、高程比例尺相同)
自流管线	1∶1000 1∶2000	1∶100 1∶200	1∶100 1∶200
压力管线	1∶2000 1∶5000	1∶100 1∶500	1∶100 1∶200

3. 管道横断面的测量

垂直于管道中心线方向的断面称为横断面。管道的横断面图是表示管道两侧地面起伏变化情况的断面图。横断面图测绘的任务是根据中心桩的高程，测量横断面方向上地面坡度变化点的高程及到中心桩的水平距离，然后根据高程和水平距离绘制横断面图，供设计时计算土方量和施工时确定开挖边界线之用。其工作内容如下。

1) 确定横断面方向

确定横断面方向通常用经纬仪或方向架。用经纬仪确定横断面方向，即按已知角度测设的方法。用方向架确定横断面方向，将方向架置于预测横断面的中心桩上，以方向架的一个方向照准管道上的任一中心桩，则另一方向即为所求横断面方向。

2) 横断面测量

横断面测量的宽度取决于管道的直径和埋深，一般每侧为 10～20m。根据精度要求和地面高低情况，横断面的测量可采用以下几种方法。

(1) 标杆皮尺法。如图 11-30 所示，点 1、2、3 和点 1′、2′、3′为横断面坡度上的变化点。施测时，将标杆立于 1 点，皮尺零点放在 0+050 桩上，并拉成水平方向，在皮尺与标杆的交点处读出水平距离和高差。同法可求各相邻两点之间的水平距离和高差。记录格式见表 11-4。表中按管道前进方向分成左侧、右侧两栏，观测值用分数形式表示，分子表示两点间的高差，分母表示两点间的水平距离。

此法操作简单，但精度较低，适用于等级较低的管道。

(2) 水准仪法。选择适当的位置安置水准仪，首先在中心桩上竖立水准尺，读取后视

读数，然后在横断面方向上的坡度变化点处竖立水准尺，读取前视读数，用皮尺量出立尺点到中心桩的水平距离。水准尺读数至厘米，水平距离精确至分米。记录格式见表 11-5。各点的高程可由视线高程求得。

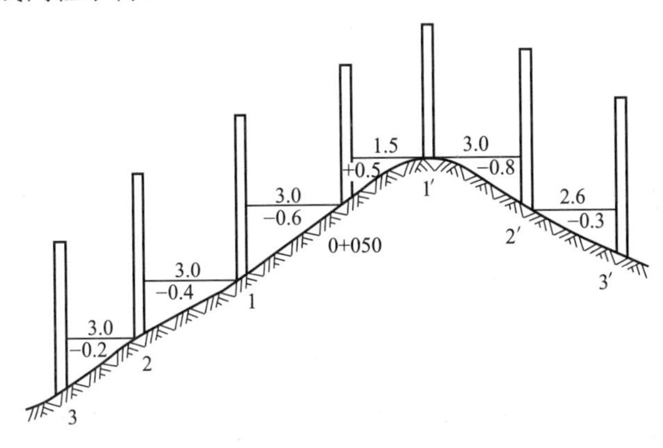

图 11-30　标杆皮尺法

表 11-4　横断面测量(标杆皮尺法)记录表

左　侧	桩　号	右　侧
$\frac{-0.2}{2.6}$，$\frac{-0.3}{3.0}$，$\frac{-0.8}{3.6}$	0+000	$\frac{+0.7}{3.2}$，$\frac{-0.3}{3.0}$，$\frac{-0.4}{2.6}$
$\frac{-0.2}{3.0}$，$\frac{-0.4}{3.0}$，$\frac{-0.6}{3.0}$	0+050	$\frac{+0.5}{1.5}$，$\frac{-0.8}{3.0}$，$\frac{-0.3}{2.6}$

表 11-5　横断面测量(水准仪)记录表　　单位：m

桩号 0+100			高程 157.597m			
测点		水平距离	后视	前视	视线高	高程
左	右	0	1.26		158.86	
1		2.0		1.30		157.56
2		5.4		1.42		157.44
3		7.2		1.37		157.49
…	…	…	…	…	…	…

此法精度较高，但在横向坡度较大或地形复杂的地区不宜采用。

(3) 经纬仪法。如图 11-31 所示。在欲测横断面的中心桩上安置经纬仪，并量取仪器高 i 照准横断面方向上坡度变化点处的水准尺，读取视距间隔 l，中丝读数 v，垂直角 α，根据视距测量计算公式即可得到两点间的水平距离 D 和高差 h，即

$$\left.\begin{aligned} D&=Kl\cos^2\alpha \\ h&=D\tan\alpha+i-v \end{aligned}\right\} \tag{11-2}$$

记录格式见表 11-6。此法不受地形的限制，故适用于横向坡度变化较大、地形复杂的地区。

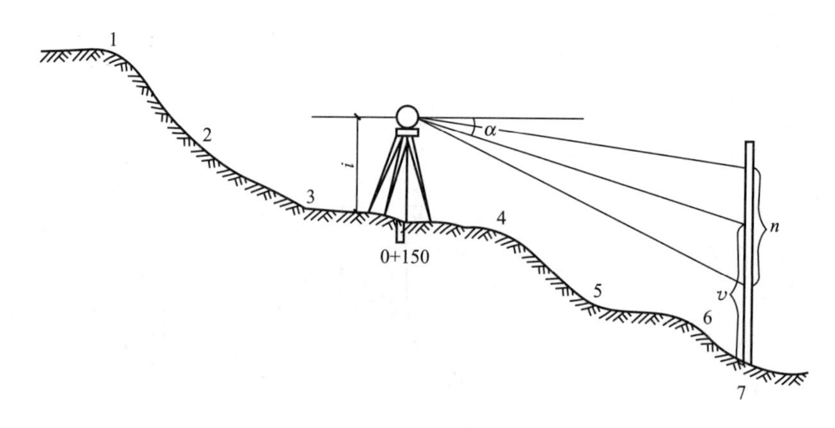

图 11-31　经纬仪法

表 11-6　横断面测量(经纬仪法)记录表

桩号 0+150				高程 157.87m		仪器高 i=1.42m		
测点		视距间隔/m	垂直角	中丝读数/m	水平距离/m	高差/m	高程/m	备注
左	右							
	4	13.8	−10°45′	2.42	13.32	−3.53	154.34	
	5	29.3	−10°45′	2.42	26.38	−9.77	148.10	
…	…	…	…	…	…	…	…	…

横断面测量时应在现场绘制出断面示意图。

3) 横断面图的绘制

横断面图一般绘在毫米方格纸上，水平方向表示水平距离，竖直方向表示高程。横断面图的比例通常采用 1∶100 或 1∶200。为了便于计算横断面面积和确定管道开挖边界，水平方向和竖直方向应取相同的比例。

11.7.4　地下管道施工测量

设计阶段进行纵断面测量所定出的管道中线位置，如果与管线施工所需要的中线位置一致，而且主点各桩在地面上完好无损，则只需要进行检核，不必重测；否则就需要重新测设管道中线。

根据设计数据用钢尺标定检查井的位置，并且用木桩标定之。

在施工时，管道中线上各桩将被挖掉，为了便于恢复中线和检查井的位置，应在管道主点处的中线延长线上设置中线控制桩，在每个检查井处垂直于中线方向设置检查井位控制桩，这些控制桩应设置在不受施工破坏、引测方便，而且容易保存的位置。为了便于使用，检查井位控制桩离中线距离最好是一个整数。

根据管径大小、埋置深度以及土质情况，决定开槽宽度，并在地面上定出槽边线的位置。若横断面上的坡度比较平缓，开挖管道宽度可用下列公式进行计算，即

$$B=b+2mh \tag{11-3}$$

式中　b——槽底的宽度；

h——中线上的挖土深度；

$1/m$——管槽边坡的坡度。

管道的埋设要按照设计的管道中线和坡度进行。因此在开槽前应设置控制管道中线和高程的施工测量标志。

1. 坡度板和中线钉设置

为了控制管线中线与设计中线相符，并使管底标高与设计高程一致，基槽开挖到一定程度，一般每隔 10～20m 处即检查井处沿中线跨槽设置坡度板，如图 11-32 所示。坡度板埋设要牢固，顶面应水平。

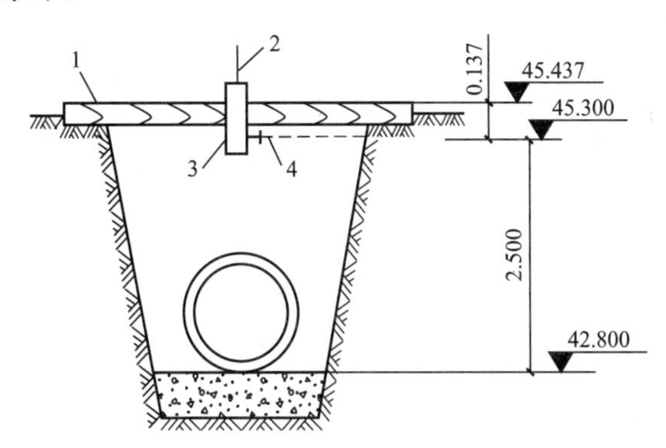

图 11-32　坡线板和中线钉设置

1—坡度板；2—中线钉；3—高程板；4—坡度钉

根据中线控制桩，用经纬仪将管线中线投测到坡度板上，并钉上小钉(称为中线钉)。此外，还需将里程桩号和检查井编号写在坡度板侧面。各坡度板上中线钉连线即为管道的中线方向，在连线上挂垂球线可将中线位置投测到基槽内，以控制管道按中线方向敷设。

2. 设置高度板和测设坡度钉

为了控制基槽开挖的深度，根据附近水准点，用水准仪测出各坡度板顶面高程 $H_{顶}$，并标注在坡度板表面。板顶高程与管底设计高程 $H_{底}$之差 k 就是坡度板顶面往下开挖至管底的深度，俗称下返数，通常用 C 表示。k 亦称管道埋置深度。

由于各坡度板的下返数都不一致，且不是整数，无论施工或者检查都不方便，为了使下返数在同一段管线内均为同一整数值 C，则须由下式计算出每一坡度板顶应向下或向上量的调整数δ，即

$$\delta=C-k=C-(H_{顶}-H_{底}) \tag{11-4}$$

在坡度板中线钉旁钉一竖向小木板桩，称为高程板。根据计算的调整数δ，在高程板上向下或向上量δ定出点位，再钉上小钉，称为坡度钉，如图 11-32 所示。如 k=2.726，取 C=2.500m，则调整数δ=−0.226m，即从板顶向下量 0.226m 钉坡度钉，即从坡度钉向下量 2.500m，便是管底设计高程。同法可钉出各处高程板和坡度钉。各坡度钉的连线即平行于管底设计高程的坡度线，各坡度钉下返数均为 C。施工时只需用一标有长度的木杆就可随时检查是否挖到设计深度。如果开挖深度超过设计高程，绝不允许回填土，只能加厚垫层。

3. 平行轴腰桩法

当现场条件不便采用坡度板，且施工的是管径较小、坡度较大、精度要求较低的管道时，可用平行腰桩法来控制施工，其步骤如下。

1) 测设平行轴线

管沟开挖前，在中线的一侧测设一排平行轴线桩，桩位落在开挖槽边线以外，如图 11-33 所示，轴线桩至中线桩的平距为 a，桩距一般为 20m，各检查井位也应在平行轴轴线上设桩。

2) 钉腰桩

为了控制管底高程，在槽沟坡上(距槽底约 1m)打一排与平行轴线相对应的桩，这排桩称为腰桩，如图 11-34 所示。

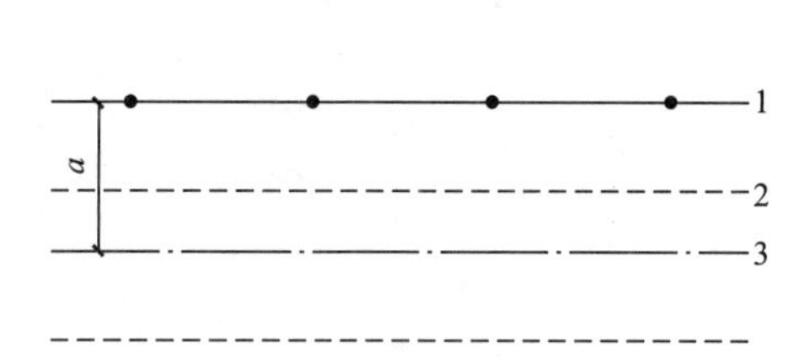

图 11-33 平行轴线测设

1—平行轴线；2—槽边；3—管道中心线

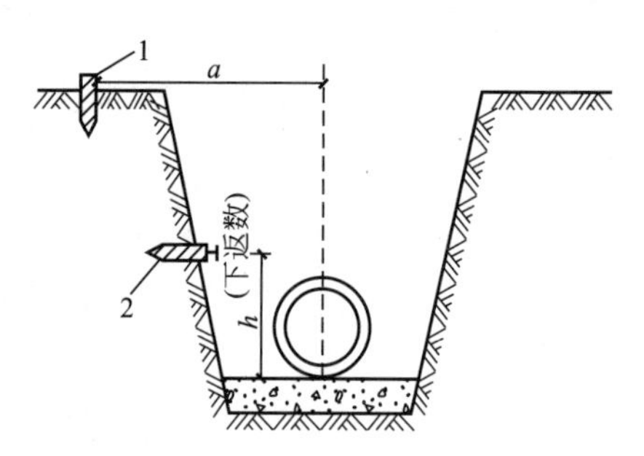

图 11-34 腰桩测设

1—平行轴线桩；2—腰桩

3) 引测腰桩高程

在腰桩上钉一小钉，并用水准仪测出各腰桩上小钉的高程，小钉高程与该处管底设计高程之差 h 即为下返数。施工时只需用水准尺量取小钉到槽底的距离，与下返数比较，便可检查是否挖到管底设计高程。

平行腰桩法施工和测量都比较麻烦，且各腰桩的下返数不同，容易出错。为此需选定到管底的下返数为某一整数，并计算出各腰桩的高程，然后再测设出各腰桩，并以小钉标明其位置，此时各桩小钉的连线与设计坡度平行，并且小钉的高程与管底设计高程之差为一常数。

11.7.5 架空管道施工测量

在管道穿越铁路、公路、河流或重要建筑物时，为了不影响正常的交通秩序或避免大量的拆迁和开挖工作，可采用架空管道施工方法敷设管道。首先在欲设顶管的两端挖好工作坑，在坑内安装导轨(铁轨或方木)，将管材放在导轨上，用顶镐将管材沿中线方向顶进土中，然后挖出管筒内泥土。顶管施工测量的主要任务是控制管道中线方向、高程及坡度。

架空管道主点的测设与地下管道相同。架空管道的支架基础开挖测量工作和基础模板的定位，与厂房柱子基础的测设相同。架空管道安装测量与厂房构件安装测量基本相同。

本项目小结

(1) 厂房控制网是测设厂房施工放样的重要依据，对厂房控制网的测设一定严格执行施工测量规范，边长、角度满足限差要求，严格校核。

(2) 掌握混凝土杯形基础、钢柱基础、混凝土柱基础施工测量，特别注意柱基中心线的测设和基础标高控制。

(3) 在柱子、吊车梁、吊车轨道安装测量及屋架的吊装测量中，一定要做好各项准备工作，安装完毕，要严格检核。

(4) 烟囱、水塔施工测量要注意中心垂直度的测量，严格把关，以保证工程质量。

(5) 了解金属网架安装测量，严把模台基础放样和顶面投点质量关。

(6) 管道中线测量中，要特别注意拐角测量，应符合管道的设计要求和测设要求，掌握地下管道、架空管道的施工测量方法。

习题

一、选择题

1. 管道的主点，是指管道的起点、终点和(　　)。

A. 中点　　B. 交点　　C. 接点　　D. 转向点

2. 管道主点测设数据的采集方法，根据管道设计所给的条件和精度要求，可采用图解法和(　　)。

A. 模拟法　　B. 解析法　　C. 相似法　　D. 类推法

3. 顶管施工，在顶进过程中的测量工作，主要包括中线测量和(　　)。

A. 边线测量　　B. 曲线测量　　C. 转角测量　　D. 高程测量

二、思考题

1. 管道施工测量中的腰桩起什么作用？

2. 杯形基础定位放线有哪些要求？如何检验是否满足要求？

3. 试述单一厂房矩形控制网的测设方法。

4. 试述工业厂房柱子安装的主要测量工作和柱子竖直校正的注意事项。

5. 地下管道施工时，施工测量标志的形式有哪几种？它们是如何设置的？

6. 试述地下管道采用顶管施工时，施工测量的主要工作。

三、计算题

在 No.5、No.6 两井(距离为 50m)之间，每隔 10m 在沟槽内设置一排腰桩，已知 No.5 井的管底高程为 135.250m，其坡度为-0.8%，设置腰桩是从附近水准点(高程为 139.234m)引测的，选定下返数为 1m，设置时，以水准点作后视读数为 1.543m，求表 11-7 中钉各腰桩的前视读数。

表 11-7　腰桩测设手簿

井和腰桩编号	距离/m	坡度	管底高程/m	选定下返数 C/m	腰桩高程/m	起始点高程/m	后视读数/m	各腰桩前视读数/m
1	2	3	4	5	6	7	8	9
No.5(1)								
2								
3								
4								
5								
No.6(6)								

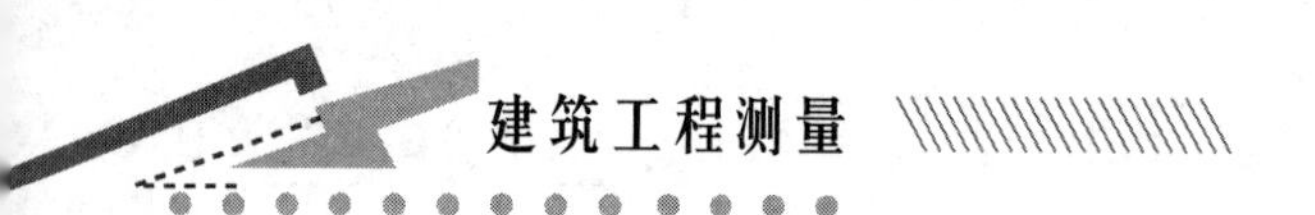

能力评价体系

知识要点	能 力 要 求	所占分值(100 分)	自评分数
厂房矩形控制网的测设	(1) 掌握直角坐标法，测设矩形控制网	10	
	(2) 了解矩形控制网的形式	4	
	(3) 了解厂房柱列轴线的测设方法	6	
厂房基础施工测量	(1) 掌握钢筋混凝土柱基的定位、放线	6	
	(2) 掌握基础控制桩的测设及杯口投线抄平	6	
	(3) 了解钢柱基础的施工测量	6	
	(4) 了解混凝土柱子基础、柱身、平台的施工测量	8	
厂房构件安装测量	(1) 掌握柱子的安装测量	6	
	(2) 理解并掌握吊车梁的安装测量	6	
	(3) 了解吊轨、屋架的安装测量	6	
烟囱、水塔施工测量	(1) 理解并掌握烟囱施工测量的方法及步骤	8	
	(2) 理解吊线法和激光导向法的操作	4	
	(3) 掌握筒身高程测量的方法	4	
金属网架安装测量	了解金属网架安装测量	4	
管道施工测量	(1) 理解并掌握管道中线测量	6	
	(2) 理解并掌握管道纵、横断面测量方法	6	
	(3) 了解地下管道及架空管道施工测量方法	4	
总分		100	

项目 12

道路工程测量

学习目标

本项目主要介绍了道路施工测量概述、道路中线测量方法、道路纵横断面测量、道路施工测量，包括施工前的测量工作和施工过程中的测量工作。道路工程测量的具体内容是：在道路施工前和施工中，恢复中线，测设边坡、桥涵、隧道等的平面位置和高程位置，并建立测量标志以作为施工的依据，保证道路工程按设计图进行施工。当工程逐项结束后，还应进行竣工验收测量，以检查施工成果是否符合设计要求，并为工程竣工后的使用、养护提供必要的资料。

本项目的重点内容包括道路中线测量方法、道路纵横断面测量。本项目的难点道路施工测量。

能力目标

知识要点	能力要求	相关知识
道路工程测量概述	(1) 了解道路工程测量内容 (2) 了解中线测量内容 (3) 理解道路施工测量任务 (4) 理解施工测量的目的及其重要性	初测、定测、交点的测设、转点的测设、转角、分角线、里程桩、整桩、加桩
道路中线测量	(1) 掌握交点的测设 (2) 掌握转点的测设 (3) 掌握路线转折角的测设 (4) 掌握里程桩的设置	放点、穿线、交点、路线右角、整桩、加桩

续表

知识要点	能力要求	相关知识
道路纵横断面测量	(1) 掌握路线纵断面测量 (2) 掌握基平测量、中平测量 (3) 了解纵断面绘制方法 (4) 掌握路线横断面测量 (5) 了解横断面绘制方法	基平测量、中平测量
道路施工测量	(1) 了解施工前的测量工作和施工过程中的测量工作 (2) 掌握恢复中线测量 (3) 掌握测设施工控制桩 (4) 掌握路基边桩放样 (5) 掌握路基边坡的测设 (6) 掌握竖曲线测设 (7) 了解路面施工放样和道牙(侧石) 与人行道的测量放线	恢复交点、恢复转点、恢复中桩、平行线法、延长线法、交会法、路堤放线、路堑放线、竖曲线

学习重点

中线测量方法、道路纵横断面测量、道路施工测量。

最新标准

《工程测量规范》(GB 50026—2007)；《建筑变形测量规范》(JGJ 8—2007)。

12.1　道路工程测量概述

道路工程是一种带状的空间三维结构物。道路工程分为城市道路(包括高架道路)、联系城市之间的公路(包括高速公路)、工矿企业的专用道路以及为农业生产服务的农村道路，由此组成全国道路网。

道路工程一般均由路基、路面、桥涵、隧道、附属工程(如停车场)、安全设施(如护栏)和各种标志等组成。

12.1.1　道路工程测量的内容

道路工程测量包括路线勘测设计测量和道路施工测量。

1. 路线勘测设计测量

路线勘测设计测量分为初测和定测。

(1) 初测内容：控制测量、测带状地形图和纵断面图、收集沿线地质水文资料、做纸上定线或现场定线，编制比较方案，为初步设计提供依据。

(2) 定测内容：在选定设计方案的路线上进行路线中线测量、测纵断面图、横断面图及桥涵、路线交叉、沿线设施、环境保护等测量和资料调查，为施工图设计提供资料。

2. 道路施工测量

按照设计图纸恢复道路中线、测设路基边桩和竖曲线、工程竣工验收测量。

12.1.2 中线测量

平面线型：由直线和曲线(基本形式有圆曲线、缓和曲线)组成。通过直线和曲线的测设，将道路中心线的平面位置测设到地面上，并测出其里程，即测设直线上、圆曲线上或缓和曲线上的中桩。

1. 交点的测设

(1) 定义：路线的转折点，即两个方向直线的交点，用 *JD* 来表示。

(2) 方法：

① 等级较低公路：现场标定。

② 高等级公路：图上定线—实地放线。

(3) 实地放线的方法分类。

① 放点穿线法：放直线点→穿线→定交点。

② 拨角放线法——极坐标法。

2. 转点的测设

(1) 定义：当相邻两交点互不通视时，需要在其连线上测设一些供放线、交点、测角、量距时照准之用的点，用 *ZD* 来表示。

(2) 分类：在两交点间测设转点、在两交点延长线上测设转点。

3. 转角和分角线的测设

(1) 定义：指路线由一个方向偏向另一个方向时，偏转后的方向与原方向的夹角。当偏转后的方向在原方向的左侧，称为左转角；反之为右转角。

(2) 转角的测定。

① 当$\beta_{左}>180°$时，为右转角，有$\alpha_y=\beta_{左}-180°$。

② 当$\beta_{左}<180°$时，为左转角，有$\alpha_z=180°-\beta_{左}$。

③ 当$\beta_{右}<180°$时，为右转角，有$\alpha_y=180°-\beta_{右}$。

④ 当$\beta_{右}>180°$时，为左转角，有$\alpha_z=\beta_{右}-180°$。

(3) 分角线的测定。若角度的两个方向值为 a、b，则分角线方向 $c=(a+b)/2$。

4. 里程桩的设置

里程桩又称中桩，表示该桩至路线起点的水平距离，如 K7+814.19 表示该桩距路线起点的里程为 7814.19m。里程桩分为整桩和加桩。

(1) 整桩。一般每隔 20m 或 50m 设一个。

(2) 加桩。分为地形加桩、地物加桩、人工结构物加桩、工程地质加桩、曲线加桩和断链加桩(如：改 K1+100=K1+080，长链 20m)。

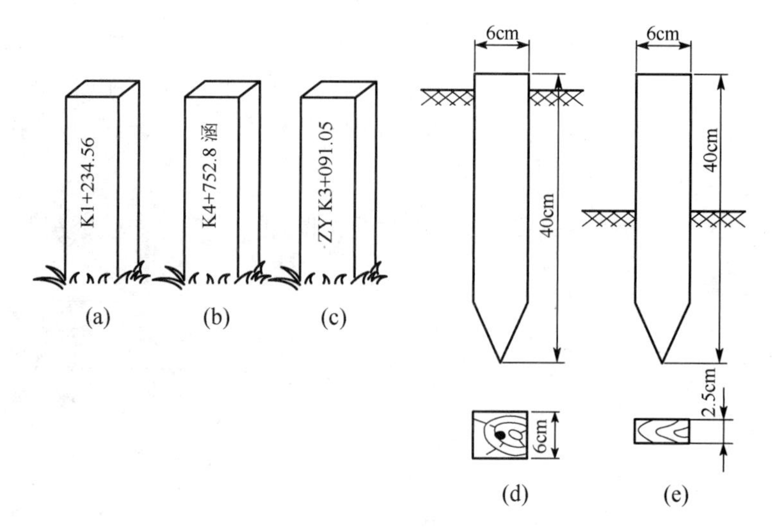

图 12-1 里程桩钉设

12.1.3 道路施工测量的任务

道路施工测量的任务是：将道路的设计位置按照设计与施工要求测设到实地上，为施工提供依据。它又分为道路施工前的测量工作和施工过程中的测量工作。

道路工程测量的具体内容是：在道路施工前和施工中，恢复中线，测设边坡、桥涵、隧道等的平面位置和高程位置，并建立测量标志以此作为施工的依据，保证道路工程按设计图进行施工。当工程逐项结束后，还应进行竣工验收测量，以检查施工成果是否符合设计要求，并为工程竣工后的使用、养护提供必要的资料。

1. 熟悉图纸和施工现场

设计图纸主要有路线平面图、纵横断面图和附属构筑物等。在明了设计意图及对测量精度要求的基础上，应勘察施工现场，找出各交点桩、转点桩、里程桩和水准点的位置，必要时应实测校核，为施工测量做好充分准备。

2. 公路中心线复测

公路中心线定测以后，一般情况不能立即施工，在这段时间内，部分标桩可能丢失或者被移动。因此，施工前必须进行一次复测工作，以恢复公路中心线的位置。

3. 测设施工控制桩

由于中心线上的各桩位，在施工中都要被挖掉或者被掩埋，为了在施工中控制中线位置，需要在不受施工干扰，便于引用，易于保存桩位的地方测设施工控制桩(道路上一般都是先布设道路中桩，按中桩放线挖填方做好路床，然后按中桩向两侧依据设计要求的路宽垂直布设“腰桩”，在腰桩上测好横断面高程后，两侧腰桩拉线来控制道路各层结构的标高)。

4. 水准路线复测

水准路线是公路施工的高程控制基础，在施工前必须对水准路线进行复测。如有水准点遭破坏应进行恢复。为了施工引测高程方便，应适度加设临时水准点。加密的水准点应尽量设在桥涵和其他构筑物附近，易于保存、使用方便的地方。

5. 路基边坡桩的放样

路基放样主要是测设路基施工零点和路基横断面边坡桩(即路基的坡脚桩和路堑的坡顶桩)。

6. 路面的放样

路基施工后，为便于铺筑路面，要进行路槽的放样。在已恢复的路线中线的百米桩、十米桩上，用水准测量的方法测量各桩的路基设计高，然后放样出铺筑路面的标高。路面铺筑还应根据设计的路拱(路拱坡度主要是考虑路面排水的要求，路面越粗糙，要求路拱坡度越大。但路拱坡度过大对行车不利，故路拱坡度应限制在一定范围内。对于六、八车道的高速公路，因其路基宽度大，路拱平缓不利横向排水，《公路工程技术标准》规定“宜采用较大的路面横坡”)线形数据，由施工人员制成路拱样板控制施工操作。

7. 其他

涵洞、桥梁、隧道等构筑物，是公路的重要组成部分。它的放样测设，也是公路工程施工测量的任务之一。在实际工作中，施工测量并非能一次完成任务，应随着工程的进展不断实施，有的要反复多次才能完成，这是施工测量的一大特征。

12.1.4 施工测量的目的及其重要性

施工测量的目的，就是要将线路设计图纸中各项元素准确无误地测设于实地，按照规定要求指导施工，为公路的修筑、改建提供测绘保障，以期取得高效、优质、安全的经济效益和社会效益。为此必须做到以下几点。

(1) 施工测量是一项精密而细致的工作，稍有不慎，就有可能产生错误。一旦产生错误而又未及时发现，就会影响下一步的工作，甚至影响整个测量成果，从而造成推迟工作进度或返工浪费，给国家造成损失。

(2) 测量人员要牢固树立严肃认真的科学态度。为了保证测量成果的正确可靠，坚持做到测量、运算工作步步有校核，层层有检查。不符合技术规定的成果，一定要返工重测，以保证有足够的精度。

(3) 测量人员要与道路施工人员紧密配合，了解工程进展对测量工作的不同要求，适时提供有关数据，做到紧张而有秩序地工作，按期完成任务。

(4) 各种测量仪器和设备，是施工测量人员不可缺少的生产工具，必须加强保养与维护，定期检校，使仪器、设备保持完好状态，随时能提供使用，保障施工测量的顺利进行。

12.2 道路中线测量

道路的中线测量是路线定测阶段中的重要测量部分。道路中线一般是指路线的平面位置，它是由直线和连接直线的曲线(平曲线)组成，如图 12-2 所示。

中线测量的主要任务是：通过直线和曲线的测设，将道路中线的平面位置测设标定在实地上，并测定路线的实际里程。

中线测量的主要内容是：测设中线的起点、终点和中间的各交点(*JD*)与转点(*ZD*)的位置，测量各转角、中线里程桩和加桩的设置，测设圆曲线等。

中线测量与定线测量的区别在于：定线测量只是将道路交点和必要的转点标定出来，

用以表明路线的前进方向；而中线测量是根据已钉设出来的交点和转点，用一系列的木桩将道路的直线段和曲线段在地面上详细地标定出来。

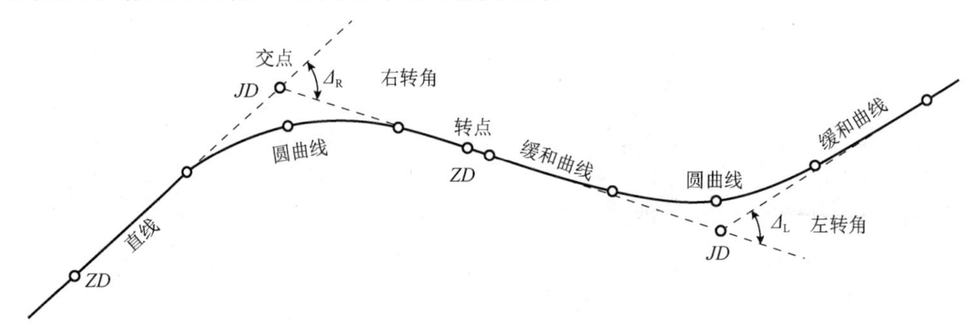

图 12-2　道路中线组成

12.2.1　交点和转点的测设

道路路线的各交点，也包括起点和终点，是详细测设中线的控制点，也称为中线的主点。

在定线测量中，当相邻两交点互不通视或直线较长时，需要在其连线上测定一个或几个转点。一般直线上每隔 200～300 m 设一转点，在路线与其他道路交叉处和需设置桥、涵等构筑物处，也要设置转点。以便在交点测量转折角和直线量距时作为瞄准和定线的目标。

1. 交点的测设

对于等级较低的道路，交点的测设可采用现场标定的方法，也就是根据设定的技术标准，按照设计的要求，结合现场的地形、地质、水文等条件，在现场反复比较，直接标定出道路中线的交点位置。

对于高级道路或地形复杂、现场标定困难的地区，应采用在纸上定线的方法，也就是先在实地布设测图的控制网，如布设导线，测绘 1∶1000 或 1∶2000 的地形图，然后在地形图上选定出路线，计算出中线桩的坐标，再到实地去放线。

交点的测设可根据地物、导线点和穿线法进行测设。

1) 根据地物测设交点

如图 12-3 所示，道路中线交点 JD_{10} 的位置已在地形图上选定，可事先在图上量得该点至两房角和电杆的距离，再在现场用距离交会法测设出 JD_{10} 的位置。

2) 根据导线点测设交点

如图 12-4 所示，5、6、7 点为导线的控制点，JD_4 为道路中线的交点。事先根据导线点的坐标和交点的设计坐标，用坐标反算出方位角 α_{67} 和 α_{6JD_4}，然后计算出转角 $\beta=\alpha_{6JD_4}-\alpha_{67}$，再在现场依据转角和距离 S_{6JD_4}，按极坐标法测设出交点的位置。

3) 穿线法测设交点

穿线法又称穿线交点法，该法是利用图上道路中线就近的地物点或导线点，将中线的直线段独立地测设到地面上，然后将相邻直线延长相交，标定出地面交点的位置。其程序为放点—穿线—交点。

(1) 放点：只要定出路线中线直线段上若干个点，就可以确定这一直线的位置。放点常用的方法有极坐标法和支距法 (即直角坐标法)，如图 12-5 所示。

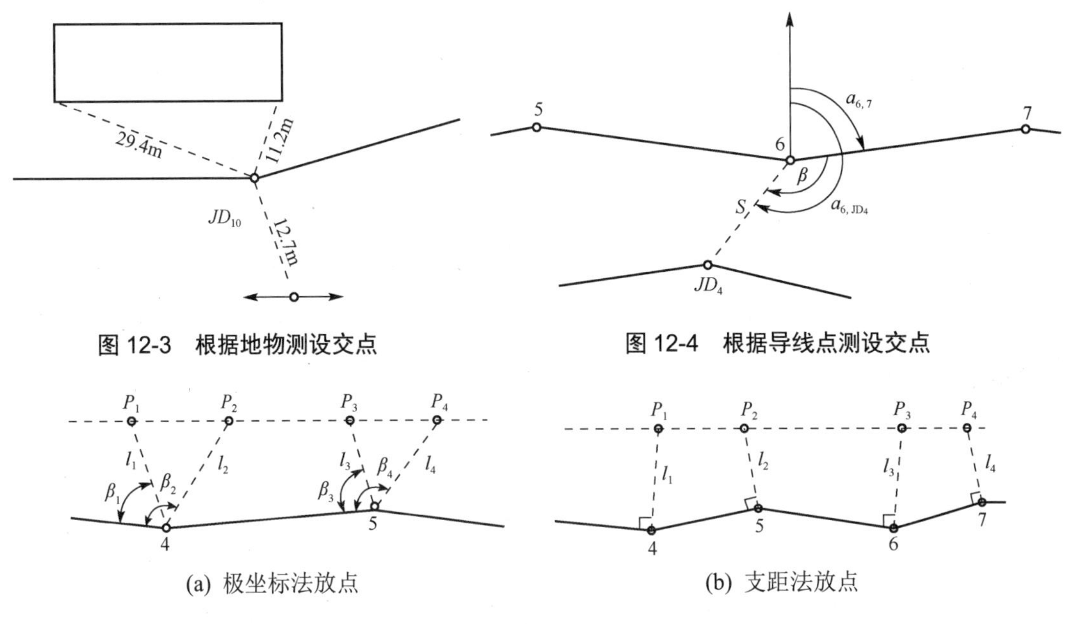

图 12-3 根据地物测设交点

图 12-4 根据导线点测设交点

(a) 极坐标法放点

(b) 支距法放点

图 12-5 放点

(2) 穿线：放出的点由于图解数据和测设工作都存在误差，其各点不在一条直线上，如图 12-6(a)所示，可依据现场的实际情况，采用目估法穿线或经纬仪法穿线，通过比较和选择，定出一条尽可能多地穿过或靠近临时点的直线 AB，最后在 A、B 或其方向上选定两个以上的转点桩 ZD_1、ZD_2 等，这一工作称为穿线。

用同样的方法测设另一中线上直线段上的 ZD_3 和 ZD_4 点，如图 12-6(b)所示。

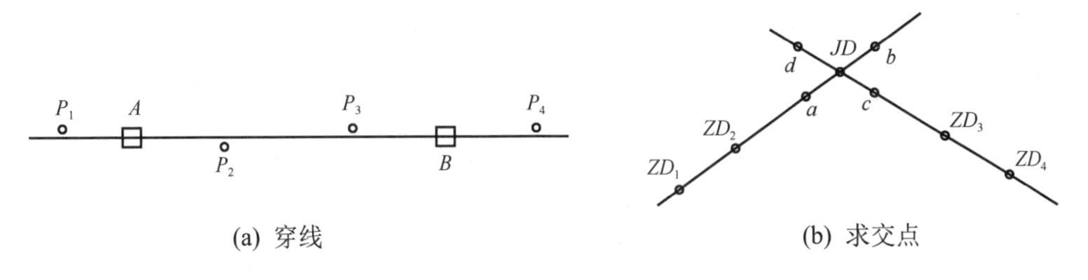

(a) 穿线

(b) 求交点

图 12-6 穿线及求交点

(3) 交点：当相邻两相交的直线在地面上确定后，就可以进行交点。将经纬仪安置在 ZD_2 瞄准 ZD_1，倒镜在视线方向上接近交点的概略位置前后打下两个桩(俗称骑马桩)，采用正倒镜分中法在该两桩上定出 a、b 两点，并钉以小钉，挂上细线。同理将仪器搬至 ZD_3，同法定出 c、d 点，挂上细线，在两条细线相交处打下木桩，并钉以小钉，即可得到交点 JD。为寻找方便，还需在交点旁边转折方向外侧约 30cm 处钉设标志桩，并在标志桩上写明点号与里程。

4) 拨角放线法

在室内，首先根据纸上定线的交点坐标，反算出相邻直线的长度、方位角和转角；然后在野外将仪器置于中线起点或已知定的交点上，拨出转角，测设有关距离，依次测出各交点位置，如图 12-7 所示。

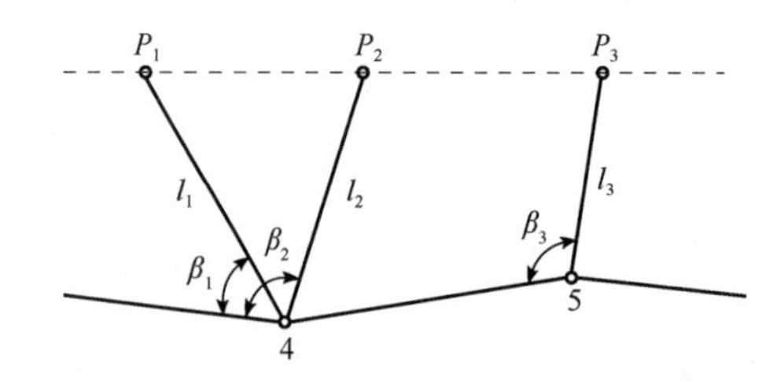

图 12-7　拨角放线法

这种方法，外业工作迅速，但拨角放线的次数越多，误差累积也越大。故每隔一定距离应将测设的中线与初测导线或测图导线联测，联测闭合差的限差与初测导线相同，当角度闭合差与距离相对闭合差在限差以内时，应调整闭合差。最后使交点位置符合纸上定线的要求。

5) 全站仪放样法

将全站仪架设在已知点 A 上，输入测站点 A、后视点 B 及待定点 P 的坐标，瞄准后视点方向，使用全站仪方位角反算功能，可将测站点与后视点连线的方位角设置在该方向上。使用全站仪放样功能，可使仪器瞄准设计线方向，再通过距离放样，即可方便地完成点位的放样。全站仪极坐标法放样简单灵活，适用于中线通视较差的测区，但工作量较大，放样精度相对不高。

2. 转点的测设

可采用经纬仪直接定线或经纬仪正倒镜分中法测设转点。

转点的测设分为在两交点间测设转点和在两交点延长线上测设转点。

1) 在两交点延长线上测设转点

如图 12-8 所示，JD_8、JD_9 交点互不通视，要求在其延长线上定转点 ZD。

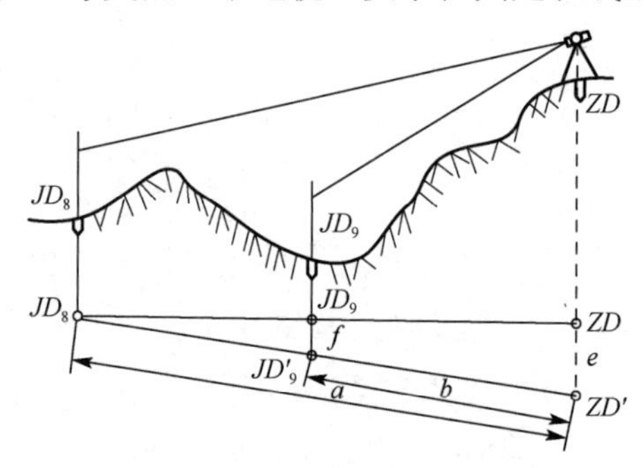

图 12-8　两交点延长线上设转点

初定转点 ZD'：先利用目估方法定出一点，使该点与两交点大致在一条直线上，记为 ZD'，如图 12-8 所示。然后，将经纬仪安置于转点 ZD'，用正镜(即盘左位)瞄准交点 JD_8，在交点 JD_9 标出一点，再用倒镜(即盘右位)瞄准 JD_8，在 JD_9 外边标出一点，取两点的中点得 JD_9'。若交点 JD_9'与 JD_9 重合或偏差值 f 在容许范围之内，即可将 JD_9'代替 JD_9 作为交点，ZD'即作为转点，否则应调整 ZD'的位置。设 e 为 ZD'应横向移动距离，量出 f 值，用视距测量出 a、b 距离，则 e 值可按下式计算：

$$e=\frac{a}{a-b}\times f$$

将 ZD'按 e 值移到 ZD，重复上述方法，直至 f 值小于容许值为止。最后将点 ZD 用木桩标定在地面上。

2) 在交点间设转点

如图 12-9 所示，ZD'为粗略定出的转点位置。将经纬仪置于 ZD'，用正倒镜分中法延长直线 JD_5—ZD'于 JD_6'。若 JD_6'与 JD_6 重合或量取的偏差在路线容许移动的范围内，则转点位置即为 ZD'，这时应将 JD_6 移至 JD_6'，并在桩顶上钉上小钉表示交点位置；否则应调整 ZD'的位置。设 e 为 ZD'应横向移动距离，量出 f 值，用视距测量出 a、b 距离，则 e 值可按下式计算：

$$e=\frac{a}{a+b}f$$

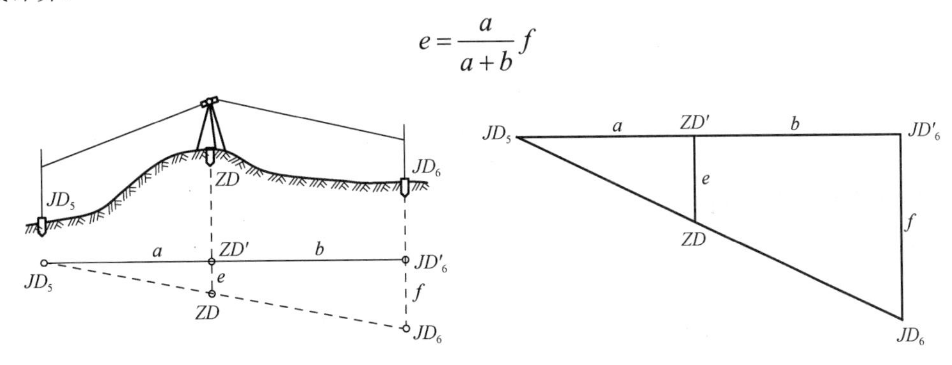

图 12-9　交点间设转点

将 ZD'按 e 值移到 ZD，延长直线 JD_5—ZD 看是否通过 JD_6 或偏差小于容许值，否则应再次设置转点，直至符合要求为止。最后将点 ZD 用木桩标定在地上。

12.2.2　路线转折角的测定

当中线的主点桩设置好后，在路线转折处，为了测设曲线，应测出各交点的转折角(简称转角)。

转角：是指路线由一个方向偏转至另一个方向时，偏转后的方向与原方向间的夹角。如道路中线组成(图 12-10)，就是指后一边的延长线和前一边的延长线的水平夹角，用α来表示。由于中线在交点处转向的不同，转角有左、右转角之分。在延长线左侧的，称为左转角；在延长线右侧的，称为右转角。

1. 路线右角的观测

在道路工程测量中，很少有直接测定转折角的，而较普遍的测角方法是用测回法测定路线的左、右角，再用左、右角来推算路线的转折角。

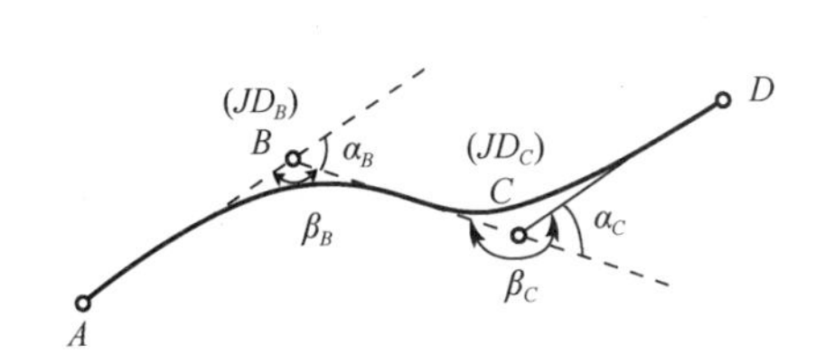

图 12-10　路线转角测定

在道路中线组成(图 12-10)中，A、B、C、D 为路线前进的方向，在前进方向左侧的水平夹角，称为左角；在前进方向右侧的称为右角，如β_B、β_C。中线测角一般习惯上观测右角，再由右角来计算转角。右角测定是应用测回法观测一个测回，两个半测回角值的较差不超过±40"，则取其均值作为一

测回的观测值。再由右角推算出转角的大小，从图中可得出其关系为

(1) 当$\beta_{右}$<180°时，$\alpha_{右}$=180°−$\beta_{右}$，为右转角。

(2) 当$\beta_{右}$>180°时，$\alpha_{左}$=$\beta_{右}$−180°，为左转角。

限差要求：高速公路、一级公路限差为20"以内，二级及二级以下公路限差为60"以内。

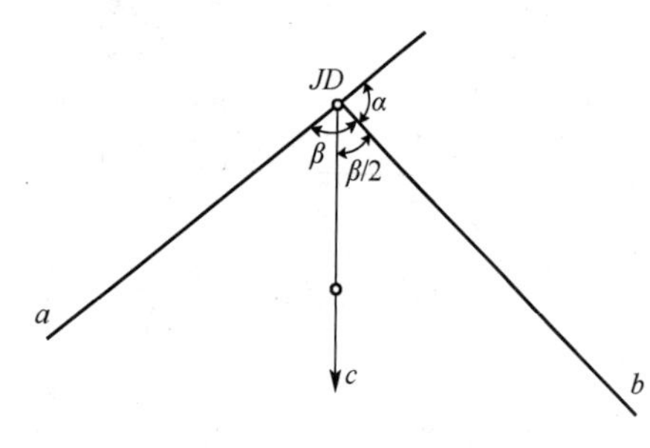

图 12-11 分角线测设

2. 分角线方向的标定

为便于设置曲线中点桩，在测角的同时，需要将曲线中点方向桩(即分角线方向桩)钉设出来。使用经纬仪定分角线方向时，通常是在角值测定后在测角的基础上进行的。根据测得的右角的前、后视数，分角线方向的水平度盘读数=(前视读数+后视读数)/2，如图 12-11 所示。为了保证测角的精度，还须进行路线角度闭合差的检核。

12.2.3 里程桩的设置

在路线交点、转点及转角测定后，即可进行实地量距，设置里程桩、标定中线位置。一般使用钢尺或全站仪。

里程桩也称中桩，是从中线起点开始，每隔 20m 或 50m(曲线上根据不同的曲线半径，每隔 5m、10m 或 20m)设置一个桩位，各桩编号是用该桩与起点桩的距离来编定的。如某桩的编号为 K1+800，表示该桩距起点桩 0+000 的距离为 1800m。各桩的桩号，应用红油漆写在朝向起点桩一侧的桩面上，如图 12-12 所示。可见，里程桩即表示了该桩点至路线起点的里程。里程是指沿道路前进方向从路线起点至该桩的水平距离，其中曲线段上的中桩里程是以曲线长计算的。

中桩间距是指相邻中桩之间的最大距离。里程桩分为整桩和加桩两种。

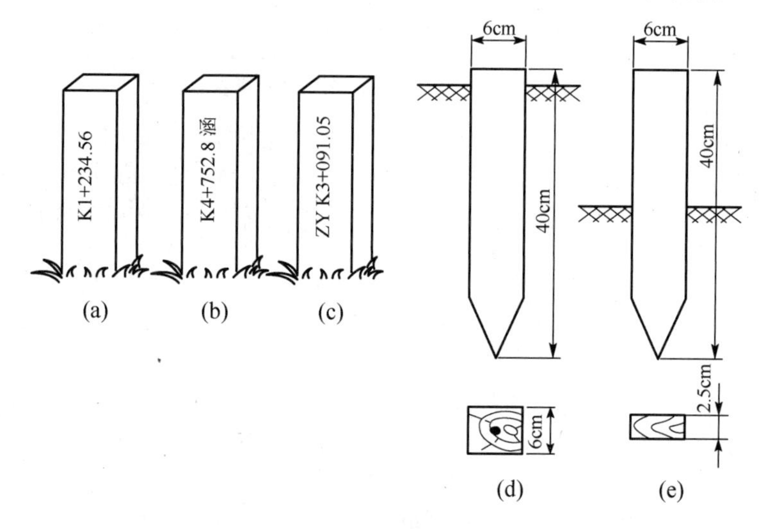

图 12-12 里程桩钉设

1. 整桩

整桩是以 10m、20m 或 50m 的整倍数桩号而设置的里程桩，百米桩和公里桩均属整桩。

整桩的采用，山岭、重丘区以 20m 为宜；平原、微丘区可采用 25m。一般 50m 整桩桩距应少用或不用，桩距太大会影响纵坡设计质量和工程量计算，中线上应钉设千米桩、百米桩；当曲线桩或加桩距整桩较近时，整桩可省略，但百米桩不应省略。路线中桩间距不应大于表 12-1 的规定。

表 12-1　中桩间距

直线/m		曲线/m			
平原微丘区	山岭重丘区	不设超高的曲线	$R>60$	$60\geqslant R\geqslant 30$	$R<30$
≤50	≤25	25	20	10	5

注：R 为平曲线半径，m。

2. 加桩

加桩又分为地形加桩、地物加桩、曲线加桩和关系加桩。

(1) 地形加桩：沿中线地形起伏突变处、横向坡度变化处以及天然河沟处等所加设置的里程桩，丈量至米。

(2) 地物加桩 ：沿中线的人工构筑物如桥涵处、路线与其他道路、渠道等交叉处以及土壤地质变化处加设的里程桩，丈量至米或分米。

(3) 曲线加桩 ：凡是在曲线主点上设置的里程桩，如圆曲线中曲线起点、中点、终点等，计算至厘米，设置至分米。

(4) 关系加桩 ：是指路线上的转点(ZD)桩和交点(JD)桩，一般丈量至厘米。

所有中桩均应写明桩号与编号，在书写桩号时，除百米桩、千米桩、桥位桩要写明千米外，其余桩可不写。另外，对于曲线加桩和关系加桩，应在桩号前加写其缩写名称。目前，我国公路采用汉语拼音缩写名称，见表 12-2。

表 12-2　路线标志桩名称

名称	简称	汉语拼音缩写	英语缩写
交点		JD	IP
转点		ZD	TP
圆曲线起点	直圆点	ZY	BC
圆曲线中点	曲中点	QZ	MC
圆曲线终点	圆直点	YZ	EC
公切点		GQ	CP
第一缓和曲线起点	直缓点	ZH	TS
第一缓和曲线终点	缓圆点	HY	SC
第二缓和曲线起点	圆缓点	YH	CS
第二缓和曲线终点	缓直点	HZ	ST

里程桩的测设方法，是以两桩点的连线为方向线，采用经纬仪定线，采用钢尺通常量距的方法来测设每段的水平距离，并在端点处钉设里程桩。定桩时，对于交点桩、转点桩

和一些重要的地物桩，如桥位桩、隧道定位桩等均应使用方桩，将方桩定至与地面平齐，顶面钉一小钉表示点位。在距方桩 20cm 左右设置指示桩，上面书写桩的名称与桩号。钉指示桩时应注意字面朝向方桩，在直线上应钉设在路线的同一侧，在曲线上应钉设在曲线的外侧。此外，其他桩一般不设方桩，直接将指示桩打在点位上，桩号面向路线起点方向，并露出地面。

12.3　道路纵横断面测量

通过中线测量，直线和曲线上的所有线路控制桩、中线桩和加桩都已测设完成，之后就可进行路线的纵、横断面测量。路线纵断面测量又称路线水准测量，它的主要任务是沿路中线设立水准点；测定路中线上各里程桩和加桩的地面高程；用以表示沿道路中线位置的地势高低起伏，然后根据各里程桩的高程绘制纵断面图，主要用于路线纵坡设计。横断面测量的任务是测定线路各中桩处与中线相垂直方向的地面高低起伏情况，通过测定中线两侧地面变坡点至中线的距离和高差，即可绘制横断面图，为路基横断面设计、土石方量的计算和施工时边桩的放样提供依据。横断面应逐桩施测，其施测宽度及断面点间的密度应根据地形、地质和设计需要而定。

12.3.1　路线纵断面测量

纵断面测量又分为基平测量(水准点高程测量)和中平测量(中桩高程测量)。

1. 基平测量

基平测量时，要先将起始水准点与国家水准点进行测测，以获得绝对高程式。在沿线其他水准点的测量过程中，凡能与附近国家水准点进行测测的均应测测，以进行水准路线的校核，如果路线附近没有国家水准点，则可以气压计或国家小比例地形图上的高程作参考，假定起始水准点高程。

1) 水准点的布设

(1) 一般在道路沿线每隔 1～2km 设置一永久性水准点，作为全线高程的主要控制点，中间每隔 300～500m 设置一临时性水准点，作为纵断面水准测量分别附合和施工时引测高程的依据。

(2) 水准点应布设在便于引点，便于长期保存，且在施工范围以外的稳定建(构)筑物上。

(3) 水准点的高程可用附合(或闭合)水准路线自高一级水准点，按四等水准测量的精度和要求进行引测。

2) 基平测量的方法

基平测量一般采用三、四等水准测量或普通水准测量，各级公路及构造物的水准测量等级应按表 12-3 选定。进行基平测量，应将起始点与附近国家水准点联测，以获得水准点的绝对高程；在沿线的测量中，也应尽量与附近的国家水准点联测，以获得更多的检核条件。

表 12-3 各级公路及构造物的水准测量等级

高架桥、路线控制测量	多跨桥梁总长 L/m	单跨桥梁长度 L_K/m	隧道贯通长度 L_G/m	测量等级
—	$L \geqslant 3000$	$L_K \geqslant 500$	$L_G \geqslant 6000$	二等
—	$1000 \leqslant L < 3000$	$150 \leqslant L_K < 500$	$3000 \leqslant L_G < 6000$	三等
高架桥、高速公路、一级公路	$L < 1000$	$L_K < 150$	$L_G < 3000$	四等
二、三、四级公路	—	—	—	五等

各级公路及构造物的水准测量的主要技术要求应符合表 12-4 的规定。

表 12-4 各级公路及构造物的水准测量的主要技术要求

测量等级	往、返较差，附合或环线闭合差/mm		检测已测测段高差之差/mm
	平原、微丘	山岭、重丘	
二等	$\leqslant 4\sqrt{L}$	$\leqslant 4\sqrt{L}$	$\leqslant 6\sqrt{L_i}$
三等	$\leqslant 12\sqrt{L}$	$\leqslant 3.5\sqrt{n}$ 或 $\leqslant 15\sqrt{L}$	$\leqslant 20\sqrt{L_i}$
四等	$\leqslant 20\sqrt{L}$	$\leqslant 6.0\sqrt{n}$ 或 $\leqslant 25\sqrt{L}$	$\leqslant 30\sqrt{L_i}$
五等	$\leqslant 30\sqrt{L}$	$\leqslant 45\sqrt{L}$	$\leqslant 40\sqrt{L_i}$

注：计算往、返较差时，l 为水准点间的路线长度，m；计算附合或环线闭合差时，L 为附合或环线闭合差的路线长度，km；n 为测站数；L_i 为检测测段长度，km；小于 1km 时按 1km 计算。

2. 中平测量

基平测量结束后，根据水准点高程，用附合水准测量的方法，测定路中线各里程桩的地面高程，称为中平测量，即中桩高程测量。中平测量的方法通常有水准测量、三角高程测量和 GPS-RTK 测量。

1) 水准测量

(1) 中平水准测量的原理。

中平水准测量是从一个水准点出发，按普通水准测量的要求，用“视线高法”测出该测段内所有中桩的地面高程，最后附合到另一个水准点上。

如图 12-13 所示，若以水准点 BM1 开始，首先置水准仪于 1 站，在 BM1 立尺，读取后视读数，读数至毫米；以 TP_1 为前视，读取前视读数,读数至毫米；K_i 为中间点,最后逐一读取中间点上尺的读数，称为中视读数，读数至厘米。

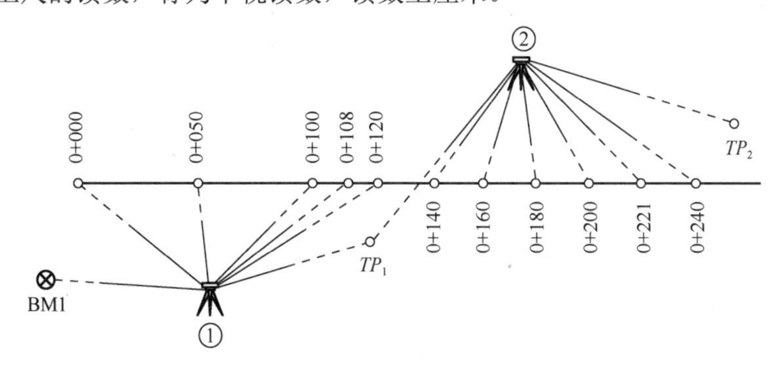

图 12-13 中平测量示意图

中桩及转点的高程按下式计算：

视线高程=后视点高程+后视读数

转点高程=视线高程−前视读数

中桩高程=视线高程−中视读数

转点 TP 起传递高程的作用，应保证读数正确，要求读至毫米，并选在较稳固之处。在软土处选转点时，应按尺垫并踏紧，有时也可选中桩作为转点。由于中间点不传递高程，且本身精度要求仅为分米，为了提高观测速度，读数取至厘米即可。

中平测量只做单程观测。一测段观测结束后，应计算测段高差。与基平所测测段两端点高差之差，称为测段高差闭合差。精度要求：高速公路、一级、二级公路为 $\pm 30\sqrt{L}$mm；三级、四级公路为 $\pm 50\sqrt{L}$mm。

(2) 中平水准测量施测、记录和计算。

具体步骤如下。

如图 12-13 所示，水准仪置于 1 站，后视水准点 BM1，前视转点 TP_1，将观测结果分别记入表中“后视”和“前视”栏内；然后观测 BM1 且与 TP_1 间的各个中桩，将后视点 BM1 上的水准尺依次立于 0+000，+050，…，+120 等各中桩地面上，将读数分别记入表中“中视”栏内，见表 12-5。仪器搬至 2 站，后视转点 TP_1，前视转点 TP_2，然后观测竖立于各中桩地面点上的水准标尺。

表 12-5 路线纵断面水准(中平)测量记录

<table>
<tr><th rowspan="2">测站</th><th rowspan="2">点号</th><th colspan="3">水准尺读数/m</th><th rowspan="2">仪器视线高程/m</th><th rowspan="2">高程/m</th><th rowspan="2">备注</th></tr>
<tr><th>后视</th><th>中视</th><th>前视</th></tr>
<tr><td rowspan="7">1</td><td>BM1</td><td rowspan="7">2.191</td><td></td><td rowspan="7">1.006</td><td rowspan="7">14.505</td><td>12.314</td><td rowspan="7">ZY_1</td></tr>
<tr><td>0+000</td><td>1.62</td><td>12.89</td></tr>
<tr><td>+050</td><td>1.90</td><td>12.61</td></tr>
<tr><td>+100</td><td>0.62</td><td>13.89</td></tr>
<tr><td>+108</td><td>1.03</td><td>13.48</td></tr>
<tr><td>+120</td><td>0.91</td><td>13.60</td></tr>
<tr><td>TP_1</td><td></td><td>13.499</td></tr>
<tr><td rowspan="8">2</td><td>TP_1</td><td rowspan="8">2.162</td><td></td><td rowspan="8">1.521</td><td rowspan="8">15.661</td><td>13.499</td><td rowspan="8">QZ_1</td></tr>
<tr><td>+140</td><td>0.50</td><td>15.16</td></tr>
<tr><td>+160</td><td>0.52</td><td>15.14</td></tr>
<tr><td>+180</td><td>0.82</td><td>14.84</td></tr>
<tr><td>+200</td><td>1.20</td><td>14.46</td></tr>
<tr><td>+221</td><td>1.01</td><td>14.65</td></tr>
<tr><td>+240</td><td>1.06</td><td>14.60</td></tr>
<tr><td>TP_2</td><td></td><td>14.140</td></tr>
<tr><td rowspan="8">3</td><td>TP_2</td><td rowspan="8">1.421</td><td></td><td rowspan="8">1.388</td><td rowspan="8">15.561</td><td>14.140</td><td rowspan="8">YZ_1</td></tr>
<tr><td>+260</td><td>1.48</td><td>14.08</td></tr>
<tr><td>+280</td><td>1.55</td><td>14.01</td></tr>
<tr><td>+300</td><td>.156</td><td>14.00</td></tr>
<tr><td>320</td><td>1.57</td><td>13.99</td></tr>
<tr><td>+335</td><td>1.77</td><td>13.79</td></tr>
<tr><td>+350</td><td>1.97</td><td>13.59</td></tr>
<tr><td>TP_3</td><td></td><td>14.173</td></tr>
</table>

续表

测站	点号	水准尺读数/m			仪器视线高程/m	高程/m	备注
		后视	中视	前视			
4	TP_3 +384 +391 +400 BM2	1.724	1.58 1.53 1.57	1.281	15.897	14.173 14.32 14.37 14.33 14.616	JD_2 (14.618)

用同法继续向前观测，直至附合到水准点 BM2，完成一测段的观测工作。

测量结束后，应首先计算出水准测量的闭合差，当闭合差在限差要求范围内时，应将闭合差按测站数平均反符号分配于各站。

2) 三角高程测量

(1) 测量原理。

采用测距仪或全站仪，通过测量测站点与中间点的距离和竖直角来求两点间的高差，从而求得中桩高程。

如图 12-14 所示，两点高差为：$h_{AB}=D\tan\alpha+i-v$，$h_{AB}=S\sin\alpha+i-v$。

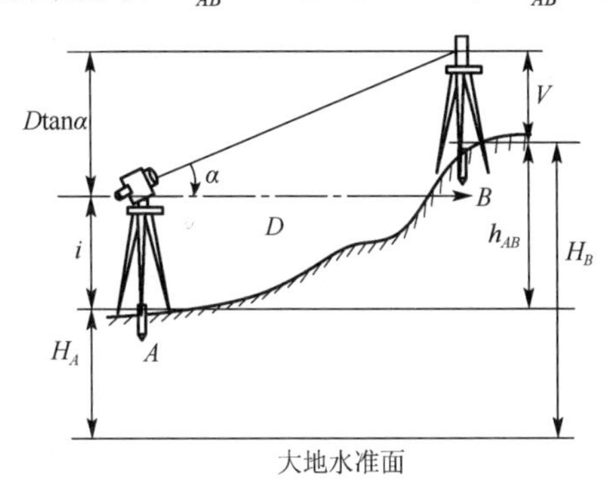

图 12-14　三角高程测量示意图

(2) 测量、记录与计算。

当采用测距仪测定中桩高程时，应测量测站点与中桩点的距离和瞄准棱镜时的视线竖直角；采用全站仪时，如图 12-15 所示，也可将测站高程、仪器高、棱镜高输入仪器，直接测量中桩高程。

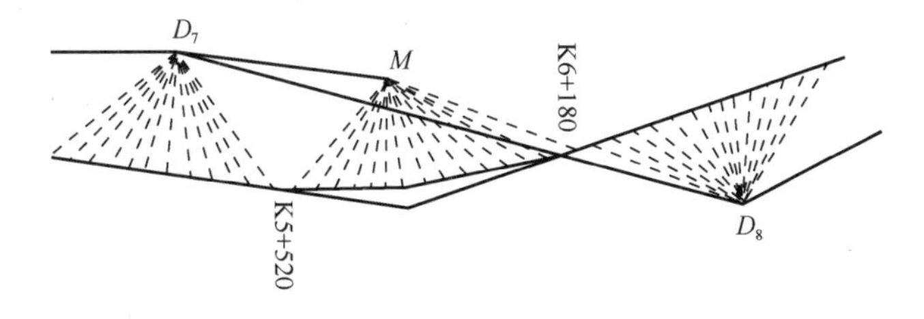

图 12-15　全站仪法中平测量

测量结束后，应计算三角高程测量的闭合差，当闭合差在限差要求范围内时，将闭合差按测站数平均反符号分配于各段。

不管是采用水准测量还是采用三角高程测量，计算的高差闭合差超限时，均应认真分析原因，原因不明时，应进行重测。

3) GPS-RTK 测量

采用 GPS-RTK 方法进行中平测量时，一般与中桩放样同时进行。当采用 GPS-RTK 方法放出中桩位置后，应立即采用 GPS-RTK 的采集模式，采集所放中桩的平面位置与高程。所测量记录的高程值即为中桩高程。

3. 纵断面图的绘制

路线纵断面图是表示线路中线方向地面高低起伏形状和纵坡变化的剖视图，它是根据中平测量成果绘制而成的。在铁路、公路、运河、渠道的设计中，纵断面图是重要的资料。纵断面图一般应标示地面线、设计线、竖曲线及其曲线要求；应标注桥涵位置、结构类型、水准点位置及高程；还应注明断链桩、河流洪水位和影响路基高度的沿河路线水位及地下水位等。

如图 12-16 所示为公路纵断面图。一般绘制在毫米方格纸上，横坐标表示道路的里程，纵坐标则表示高程。为了明显地表示地势变化，图的高程(竖直)比例尺通常比里程(水平)比例尺大 10 倍，如水平比例尺为 1∶2000，则竖直比例尺应为 1∶200。纵断面图分为上下两部分。图的上半部绘制原有地面线和道路设计线。下半部分则填写有关测量及道路设计的数据。

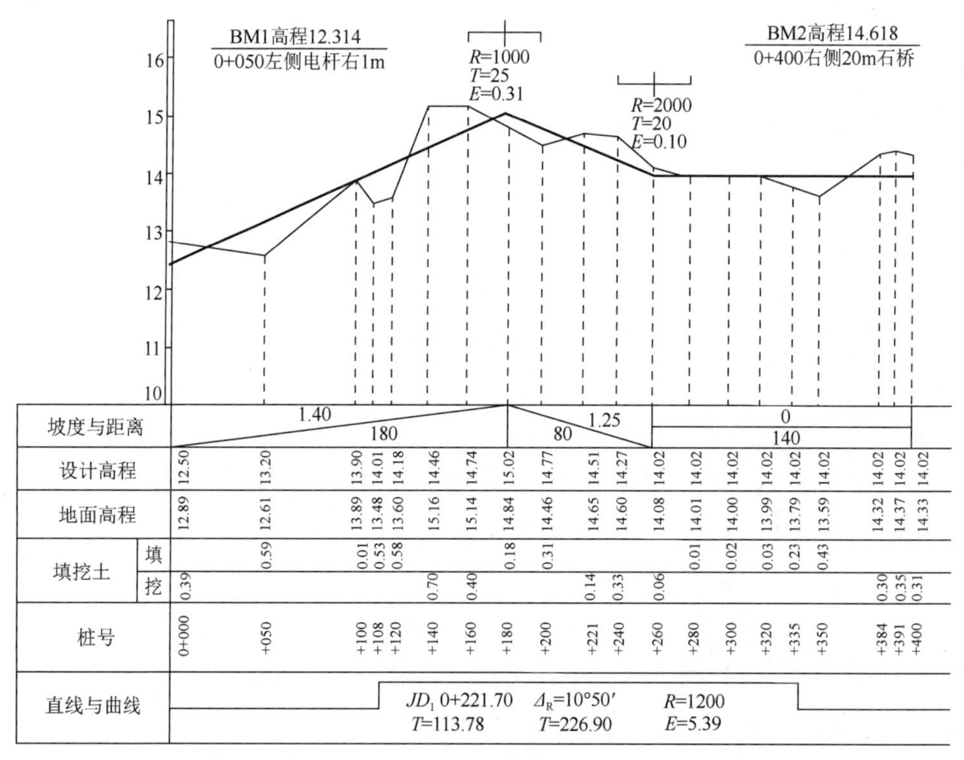

桩号	0+000	+050	+100	+108	+120	+140	+160	+180	+200	+221	+240	+260	+280	+300	+320	+335	+350	+384	+391	+400
设计高程	12.50	13.20	13.90	14.01	14.18	14.46	14.74	15.02	14.77	14.51	14.27	14.02	14.02	14.02	14.02	14.02	14.02	14.02	14.02	14.02
地面高程	12.89	12.61	13.89	13.48	13.60	15.16	15.14	14.84	14.46	14.65	14.60	14.08	14.01	14.00	13.99	13.79	13.59	14.32	14.37	14.33
填挖土 填		0.59	0.01	0.53	0.58			0.18	0.31				0.01	0.02	0.03	0.23	0.43			
填挖土 挖	0.39					0.70	0.40			0.14	0.33	0.06						0.30	0.35	0.31

图 12-16 路线纵断面图

道路纵断面图绘制步骤如下。

(1) 定比例尺。里程比例尺有 1∶5000、1∶2000 和 1∶1000 几种，一般高程比例尺比里程比例尺大 10 或 20 倍。

(2) 标志直线和曲线部分。途中直线段部分用直线表示；圆曲线部分用折线表示，上凸标示左转，下凹表示右转，并注明交点编号、路线转角和圆曲线半径；带有缓和曲线的圆曲线还应注明缓和曲线长度，用梯形折线表示。

(3) 绘地面线。首先选定纵坐标起始高程，使绘出的地面线处于图上合适位置。然后根据中桩的里程和高程，在图上按纵横比例尺依次点出各中桩的地面位置，再用直线将相邻点一一相连，即可得到地面线。

(4) 标注设计坡度线。

(5) 计算路面设计高程。

(6) 绘制道路设计线。

(7) 计算管线埋深。

(8) 在图上注记有关资料。

4. 纵断面图的内容

纵断面图包括两部分，上半部绘制断面线，进行有关注记；下半部填写资料数据表。

(1) 坡度与坡长：从左至右向上斜者为上坡(正坡)，向下斜者为下坡(负坡)，水平线表示平坡；线上注记坡度的百分数(铁路断面图为千分数)。线下注记坡长。

(2) 设计高程：按中线设计纵坡计算的路基高程。

(3) 地面高程：按中平测量成果填写的各里程桩的地面高程。

(4) 里程桩与里程：按中线测量成果，根据水平比例尺标注的里程桩号。为使纵断面图清晰，一般只标注百米桩和公里桩，为了减少书写，百米桩的里程只写 1～9，公里桩则用符号 *O* 表示，并注明公里数。

(5) 直线和曲线：为路线中线的平面示意图，按中线测量资料绘制。直线部分用居中直线表示，曲线部分用凸出的矩形表示，上凸者表示路线右弯，下凸者表示左弯，并在凸出的矩形内注明交点编号和曲线半径。

12.3.2 路线横断面测量

横断面测量的任务是测定线路各中桩处与中线相垂直方向的地面高低起伏情况，通过测定中线两侧地面变坡点至中线的距离和高差，即可绘制横断面图，称为横断面图。横断面图为路基横断面设计、土石方量的计算和施工时边桩的放样提供依据。横断面应逐桩施测，其施测宽度及断面点间的密度应根据地形、地质和设计需要而定。

距离和高差的测量方法可用标杆皮尺法、水准仪皮尺法、经纬仪视距法等。

测量步骤为：先确定横断面方向，再测定变坡点间的平距及高差。

横断面图一般绘制在毫米方格纸上。为了方便计算面积，横断面图的距离和高差采用相同比例尺，通常为 1∶100 或 1∶200。

1. 横断面方向的标定

路线中心由直线段和曲线段组成，其横断面方向的标定各不相同。

1)直线段上横断面方向的标定

直线段上横断面方向与路线中线方向垂直，一般采用普通方向架测定。如图 12-17 所示，将方向架置于待标定横断面方向的中桩上，方向架上有两个互相垂直的固定片，用一个固定片瞄准中线直线段上相邻中桩，另一个固定片所指方向即为该桩的横断面方向。

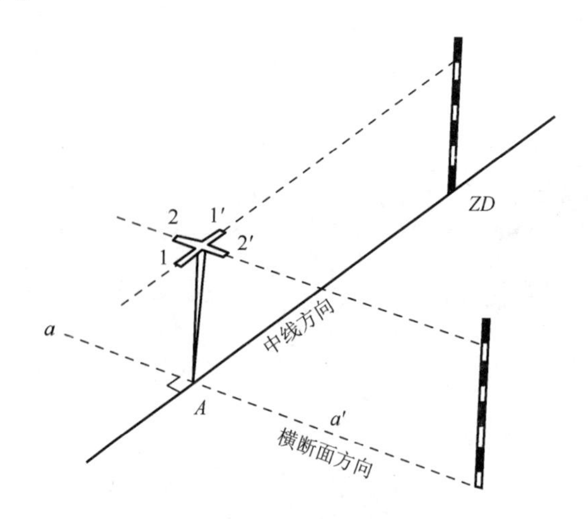

图 12-17　直线段上横断面方向的标定

2) 圆曲线段上横断面方向的标定

圆曲线段上各中桩点的横断面方向即为过该点的半径方向。测定时一般采用求心方向架法和经纬仪法。

(1) 求心方向架法。

当中桩位于曲线上时，横断面方向应为该曲线的圆心方向，在实际工作中，多采用弯道求心方向架(即在一般方向架上增加一活动觇板)获得。如图 12-18 所示，首先置求心方向架于曲线起点 *ZY*，用 *ab* 觇板瞄准 *JD* 方向，此时 *cd* 觇板即为圆心方向，然后旋转活动觇板 *EF* 瞄准曲线上 1 点，并用螺旋固定 *ef* 位置，合弦切角 α 不变，移方向架于 1 点，用 *cd* 觇板瞄准曲线起点 *ZY*，此时，*ef* 觇板所指的方向即为 1 点的圆心方向。

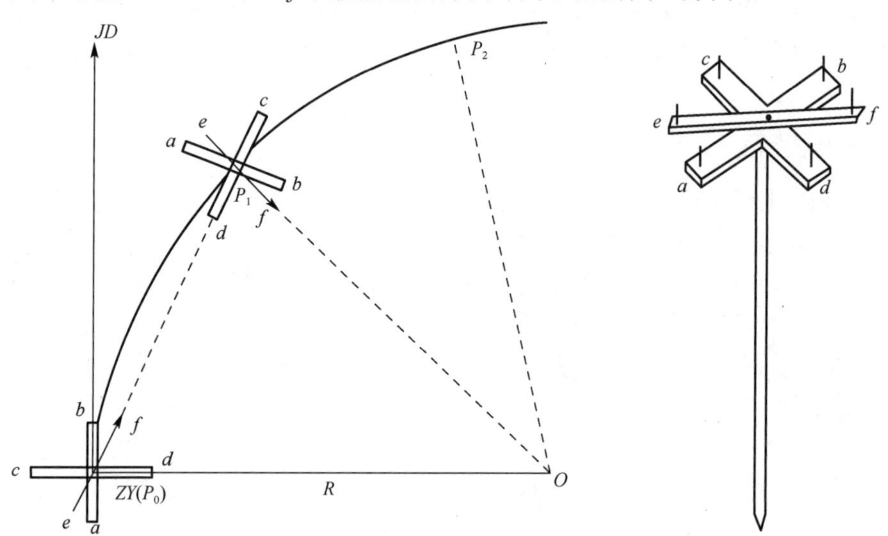

图 12-18　直线段上横断面方向的标定

(2) 经纬仪法。

将经纬仪置于要测定的中桩 *P* 点，如图 12-19 所示，后视 *ZY*(*YZ*)点，将仪器转动*Δ*角(可根据偏角法算出*Δ*)，得到 *P* 点的切线方向，与其垂直的方向即为 *P* 点的横断面方向，或直接测定 90°−*Δ*方向。

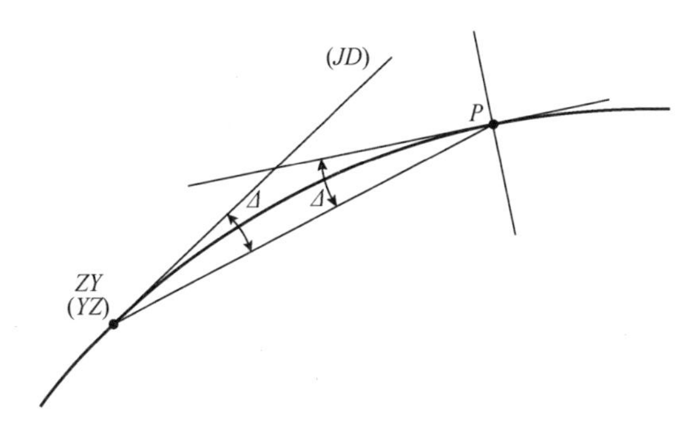

图 12-19 经纬仪法

2. 横断面的测定方法

横断面测量的目的是测定路线两测变坡点的平距与高差，视线路的等级和地形情况，可以采用不同的方法。对于铁路、高速公路和一级公路应采用水准仪法、GPS-RTK 法、全站仪法或经纬仪视距的方法测量，对于二级以下公路的断面可采用水准仪皮尺法或抬杆法测量，无构造物及防护工程路段可采用数字地面模型方法和手持式无棱镜测距仪法。

1) 水准仪皮尺法

水准仪皮尺法是指用水准仪测高差、皮尺丈量平距，适用于地形简单地区，其精度高。

如图 12-20 所示，选择适当的位置安置水准仪，首先在中心桩上竖立水准尺，读取后视读数，然后在横断面方向上的坡度变化点处竖立水准尺，读取前视读数，用皮尺量出立尺点到中心桩的水平距离。水准尺读数至厘米，水平距离精确至分米。记录格式见表 12-6。各点的高程可由视线高程求得。

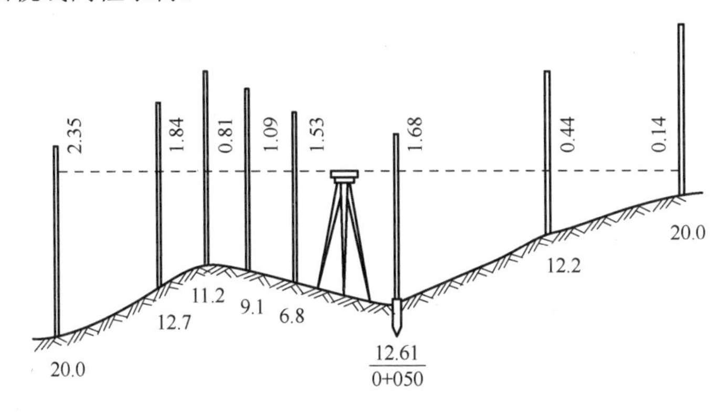

图 12-20 水准测量横断面

表 12-6 横断面测量(水准仪)记录表

桩号 0+050					高程 12.61m	
测点		水平距离/m	后视/m	前视/m	视线高/m	高程/m
左	右	0	1.68		14.29	
1		6.8		1.53		12.76
2		9.1		1.09		13.20
3		11.2		0.81		13.48
…	…	…	…	…	…	…

此法精度较高，但在横向坡度较大或地形复杂的地区不宜采用。

2) 经纬仪法

如图 12-21 所示，在欲测横断面的中心桩上安置经纬仪，并量取仪器高 i，然后照准横断面方向上坡度变化点处的水准尺，读取视距间隔 l，中丝读数 v，垂直角α，根据视距测量计算公式即可得到两点间的水平距离 D 和高差 h，即

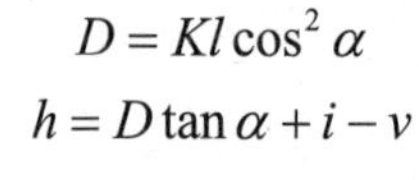

$$D = Kl\cos^2\alpha$$
$$h = D\tan\alpha + i - v$$

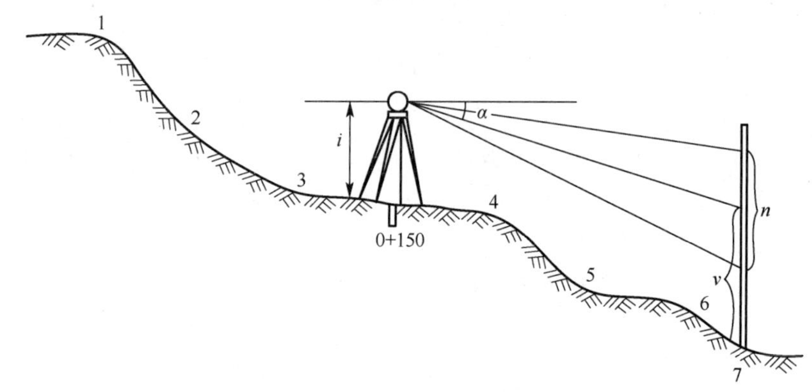

图 12-21　经纬仪测定横断面

记录格式如表 12-7 所示。此法不受地形的限制，故适用于横向坡度变化较大、地形复杂的地区。

表 12-7　横断面测量(经纬仪法)记录表

桩号 0+150				高程 157.87m			仪器高 i=1.42m	
测点		视距间隔/m	垂直角	中丝读数/m	水平距离/m	高差/m	高程/m	备注
左	右							
	4	13.8	−10°45′	2.42	13.32	−3.53	154.34	
	5	29.3	−10°45′	2.42	26.38	−9.77	148.10	
…	…	…	…	…	…	…	…	…

横断面测量时应在现场绘制出断面示意图。

3) GPS-RTK 法横断面测量

利用 GPS-RTK 法测量横断面，比较适合在高差较大的地方或植被比较密集但不高大的情况下使用。在与参考方向一致的方向线上逐点采集各变坡点的坐标与高程，即可得到横断面的地面线数据。

3. 横断面图的绘制

横断面图也是绘在透明毫米方格纸的背面。在绘图前，先在图上标出中桩位置，注明桩号，一幅图上可绘制多个断面，一般是从左到右、从下到上依次测绘。

(1) 一般采用 1∶100 或 1∶200 的比例尺绘制横断面图。

(2) 根据横断面测量得到的各点间的平距和高差，在毫米方格纸上绘出各中桩的横断面图。

(3) 如图 12-22 中的细实线所示，绘制时，先标定中桩位置，由中桩开始，逐一将特征点画在图上，再直接连接相邻点，即绘出横断面的地面线。

(4) 横断面图画好后，经路基设计，先在透明纸上按与横断面图相同的比例尺分别绘出路堑、路堤和半填半挖的路基设计线，称为标准断面图。

(5) 然后按纵断面图上该中桩的设计高程把标准断面图套在实测的横断面图上。

(6) 也可将路基断面设计线直接画在横断面图上，绘制成路基断面图，该项工作俗称“戴帽子”。图 12-23 中粗实线所示为半填半挖的路基断面图。

(7) 根据横断面的填、挖面积及相邻中桩的桩号，可以算出施工的土、石方量。

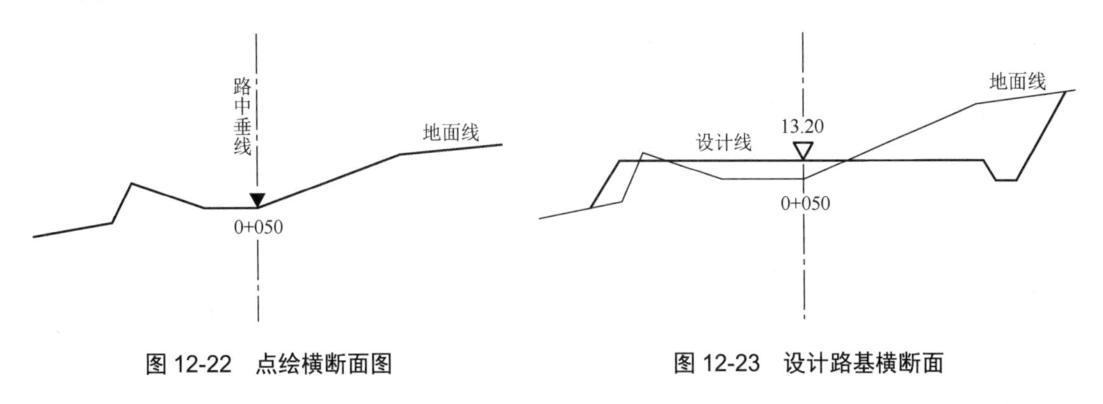

图 12-22　点绘横断面图　　图 12-23　设计路基横断面

12.4　道路施工测量

公路施工测量就是利用测量仪具和设备，按设计图纸中的各项元素(如公路平纵横元素)和控制点坐标(或路线控制桩)，将公路的“样子”准确无误地放到实地，指导施工作业，俗称“放样”。

施工测量是保证施工质量的一个重要环节。这是一项严肃认真、精确细致的工作，稍有不慎，就有可能发生错误。一旦发生错误而又未能及时发现，就会影响下步工作，影响工程进度，甚至造成损失。在实际工作中，必须严格遵守《工程测量规范》(GB 50026—2016)、《公路勘测规范》(JTG C10—2007)、《公路路基施工技术规范》(JTG F10—2006)等有关规范、规程的要求。对测量数据要认真检查，不合格的成果一定要返工重测，要一丝不苟，树立质量重于泰山的意识。为确保施工测量质量，在施工前必须对导线控制点和路线控制桩(又称固定点)进行复测，在施工过程中也要定期检查。应尽量使用精良的测量设备，采用先进的测设方法。

道路施工测量的主要任务是根据工程进度的需要，按照设计要求，及时恢复道路中线测设高程标志，以及细部测设和放线等，作为施工人员掌握道路平面位置和高程的依据，以保证按图施工。其内容有施工前的测量工作和施工过程中的测量工作。

12.4.1　施工前的测量工作

施工前的测量工作的主要内容是熟悉图纸和现场情况、恢复中线、加设施工控制桩、增设施工水准点、纵横断面的加密和复测、工程用地测量等。

1. 资料准备

1) 熟悉设计图纸和现场情况

道路设计图纸主要有：路线平面图，纵、横断面图，标准横断面图和附属构筑物图等。

接到施工任务后，测量人员首先要熟悉道路设计图纸。通过熟悉图纸，在了解设计意图和对工程测量精度要求的基础上，熟悉道路的中线位置和各种附属构筑物的位置，确定有关的施测数据及相互关系。同时要认真校核各部位尺寸，发现问题及时处理，以确保工程质量和进度。

施工现场因机械、车辆、材料堆放等原因，各种测量标志易被碰动或损坏，因此，测量人员要勘察施工现场。熟悉施工现场时，除了解工程及地形的情况外，应在实地找出中线桩、水准点的位置，必要时实测校核，以便及时发现被碰动破坏的桩点，并避免用错点位。在勘测施工现场时，除了了解工程及施工现场的一般情况和校测控制点、中线桩位置外，还应特别注意做好现有地下管线的复查工作，以免施工时造成不必要的损失。

2) 桩的交接

交桩时由设计、施工单位双方代表同赴现场，由设计单位按图表(一般包括线路平面图、线路控制桩表、水准基点表)逐个桩点交接。

控制桩交接范围一般应交接的有：直线上的转点桩、曲线部分的交点桩及曲线主点桩，大、中桥控制桩，隧道口的控制桩，桥、隧三角网控制桩，间接测距的三角形控制桩，沿线水准基点编号、位置及高程等情况，以便施工测量工作的进行。

2. 导线控制点和路线控制桩的复测

路线勘测设计完成以后，往往要经过一段时间才能施工。在这段时间内，导线控制点或路线控制桩是否移位?精度如何?需对其进行复测。

1) 导线点的复测

导线点的复测主要是检查它的坐标和高程是否正确。路线控制桩的复测主要检查其平面位置是否正确。通常有以下两种情况。

第一种情况：路线控制桩本来就是由导线点坐标放样的。检测的方法可根据放样原始资料进行，检测 S、α。满足精度要求，则认为该控制桩位置是正确的。还可以根据 S、α 重新放出该点，新放的点位与原点位的偏差不应大于±3cm。

第二种情况：路线两旁没有布设导线点，或施工单位没有测距仪。这种情况下用普通钢尺量距来检查路线控制桩是否正确，可按常规的偏角法来复测桩位，其精度应满足要求。对曲线还可以用检查偏角的方法进行复测。

2) 路线控制桩的高程复测

在使用水准点之前应仔细校核，并与国家水准点闭合。水准点高程的检测和水准测量的方法一样。高速公路和一级公路的水准点闭合差按四等水准($20\sqrt{L}$)控制，二级以下公路水准点闭合差按五等水准($30\sqrt{L}$)控制。大桥附近的水准点闭合差应按《公路桥涵施工技术规范》(JTG/TF50—2011)的规定办理。若满足精度要求，则认为点的高程是正确的。

一般情况下，公路两旁布设的导线点，其坐标和高程均在同一点上。因此，在复测坐标的同时可利用三角高程测量的方法检测高程。

水准点间距不宜大于 1km。在人工结构物附近、高填深挖地段、工程量集中及地形复杂地段宜增设临时水准点。临时水准点必须符合精度要求，并与相邻路段水准点闭合。

3. 恢复中线测量

线路施工前施工单位除对勘测设计成果在室内进行审查外，并应到现场进行系统的校核性测量，以防由于勘测设计错误引起返工造成损失，未经核对的工程是不允许开工的。在线路复测时进行补桩工作，并对中线控制桩要测设护桩，以便在施工中经常据以恢复中线，检查质量及进度。

工程设计阶段所测定的中线桩至开始施工时，往往存在有一部分桩点被碰动或丢失的现象。为保证工程施工中线位置准确可靠，在施工前根据原定线的条件进行复核，并将丢失的交点桩和里程桩等恢复校正好。此项工作往往是由施工单位会同设计、规划勘测部门共同来校正恢复的。

对于部分改线地段，则应重新定线并测绘相应的纵、横断面图。恢复中线时，一般应将附属构筑物如涵洞、挡土墙、检修井等的位置一并定出。

1) 用导线控制点恢复中线

用导线控制点测设中线(图 12-24)，实质上就是根据导线控制点坐标与公路中线坐标之间的关系，借以高精度的测距手段，将公路中线放样到实地，因此，也可称为坐标法。

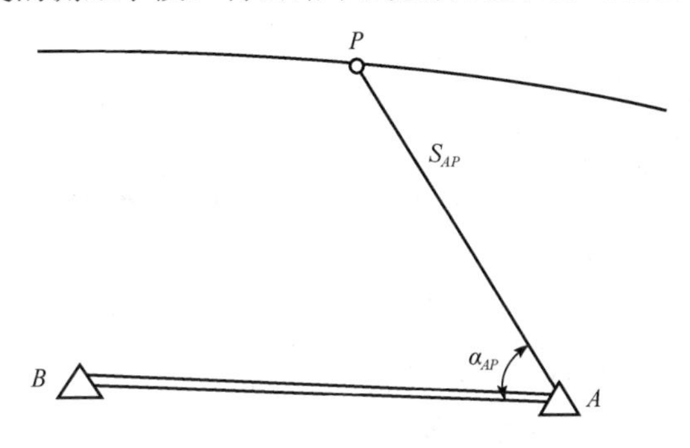

图 12-24　用导线控制点测设中线

如图 12-24 所示，P 为公路中线点，坐标为(x_P，y_P)；A、B 为导线点，坐标分别为(x_A，y_A)、(x_B，y_B)，P 点与 A 点的极坐标关系用 A 点到 P 点的距离 S_{AP} 表示，坐标方位角用 α_{AP} 表示，即

$$\alpha_{AP} = \arctan\frac{\Delta y_{AP}}{\Delta x_{AP}} = \arctan\frac{y_P - y_A}{x_P - x_A}$$

$$S_{AP} = \sqrt{(x_P - x_A)^2 + (y_P - y_A)^2}$$

2) 用路线控制桩恢复中线

(1) 恢复交点。

当原勘测设计时所钉的交点桩保存基本完好，只有个别交点桩丢失时，恢复路线中线的测量工作就比较简单，可用前述的方向交会法，根据前、后两已知方向交出已丢失的交点桩，然后将经纬仪搬到新交出的交点上量角，同时丈量相邻两交点间的直线距离，所量得的转角值和距离应和原勘测时的转角值和距离相符，其差数应不超过测量误差要求的范围，并根据勘测时的路线平面图和断面图与实地对照，看其新交的交点的点位是否与图示一致。

当原勘测设计时所钉的交点桩大部分丢失时，路线要恢复到原来的位置是比较困难的，一般只能恢复到比较接近原来的位置。恢复时先组织人员根据路线平面图把可能保存下来的桩都打出来，然后从一已知直线段出发，根据原勘测设计时的直线、曲线及转角一览表上的数据，用放样已知数值的水平角和已知长度直线的方法，放样丢失的交点。如图 12-25 所示，JD_{19}、ZD、JD_{23} 是打出的原桩，JD'_{20}、JD'_{21}、JD'_{22}、JD'_{23} 为用放样的方法获得的已丢失的交点桩。

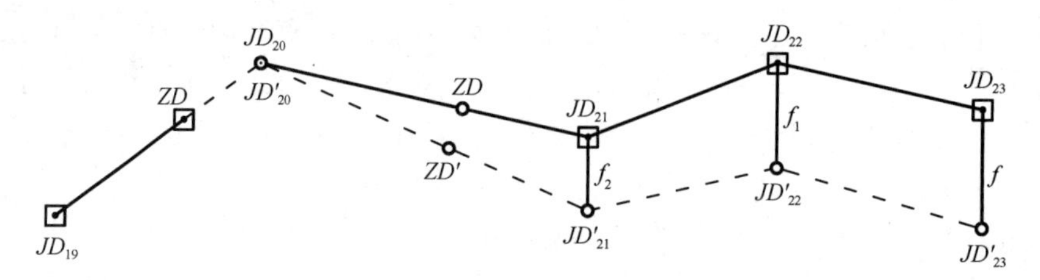

图 12-25　恢复交点

由于放样角度和边长均存在误差，所以通过放样方法得出的交点位置，必然和原来位置不一致，使 JD_{23} 和 JD'_{23} 不重合，在实地的闭合差为 f。根据附合导线的闭合差与导线边长成正比的原则，在实地量出 f 值后，按直线、曲线及转角一览表上所列各交点间的直线长度在实地进行近似的调整，调整的数值如下：

$$f_1 = \frac{f}{(d_1 + d_2 + d_3)}(d_1 + d_2),\quad f_2 = \frac{f}{(d_1 + d_2 + d_3)}d_1$$

按 f 的方向量 f_1，钉出 JD'_{22}；再量 f_2 钉出 JD'_{21}。然后在 JD'_{20}、JD'_{21}、JD'_{22}、JD'_{23} 上安置经纬仪量角、量边，看其数值是否符合直线、曲线及转角一览表上所列数值。若不超过测量误差要求的范围，则根据地形和地物先在直线段恢复几个比较典型的中桩，并在中桩上测出横断面图，将测出的横断面图与原来的进行对照，如果基本一致，即可认为所恢复的交点桩基本正确，否则应反复调整交点桩，直到所测得的横断面与原横断面图出入不大。

(2) 恢复转点。

由于在恢复交点的过程中不能一次定下交点的定位，一般都要经过多次调整才能符合要求，所以用正倒镜的方法得出的转点往往不在两交点之间的直线上。因此，转点的最后恢复都需采用逐渐趋近法。如图 12-26 所示，用放样的方法得出的 JD_{20} 和 JD'_{21} 中间有一个正倒镜法得出的转点 ZD'，由于调整了交点 JD'_{21} 后，使原来的 ZD' 也不在 JD_{20} 和 JD_{21} 的直线上。假设 JD_{20} 和 ZD' 之间的距离约为 $2/3d_1$，如图 12-26 所示，先估量出 ZD' 点应移动的 x 值，$x = \frac{f_2}{d_1} \times \frac{2}{3} d_1 = \frac{2}{3} f_2$。在原来的 ZD' 点上用尺量出 x 值，将经纬仪安置在此点上，经对中、整平后，后视 JD_{20}，倒转望眼镜看视线是否通过 JD_{21}，若视线通过 JD_{21}，则说明经纬仪的垂球尖，即为需求的 ZD 点。如果视线不通过 JD_{21}，而在 JD'_{21} 和 JD_{21} 之间，说明 x 值估算小了；反之，则说明 x 值估算大了，需再搬动经纬仪继续趋近，直到后视 JD_{20} 后，倒转望远镜视线恰好通过 JD_{21}。

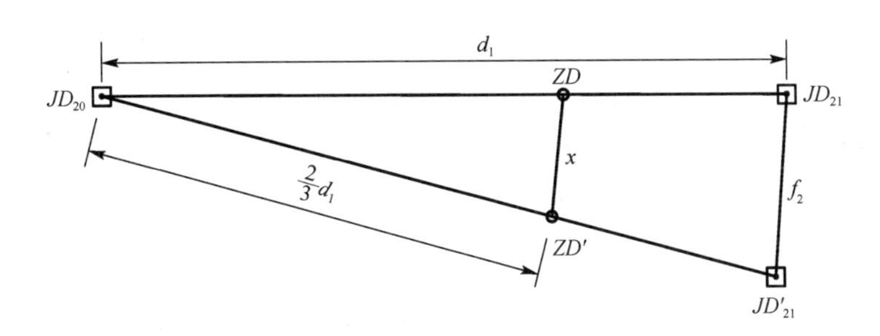

图 12-26 恢复转点

(3) 恢复中桩。

当交点和转点恢复后，根据路基设计表上的桩号，可直接用钢尺恢复直线段上的中桩。如果在恢复后的交点上量得的转角与原设计表上所列数值相差不大，则可根据勘测设计时给定的半径和曲线元素用直角坐标法或偏角法等设置曲线加桩；假如所量得的转角与原来的转角相差较大，应根据地形，并参照原来的切线长，根据改变后的转角改动曲线半径，重新计算曲线元素，并设置曲线上的各加桩。但应注意改变半径值不应影响纵坡设计的规定和要求。

4. 测设施工控制桩

道路施工时，会将原测设的中桩挖掉或掩埋，为了在施工中能有效地控制中桩的位置，就需要在不易被施工损害、便于引测和保存桩位的地方设置施工控制桩，常用的测设方法有以下几种。

1) 平行线法

平行线法是在设计的路基范围以外，测设两排平行于道路中线的施工控制桩。该法适用于平坦、直线段较长的地区。该法是在路线边 1 m 以外，以中线桩为准测设两排平行于中线的施工控制桩，如图 12-27 所示。控制桩间距一般取 10～20 m，用它既能控制中线位置，又能控制高程。

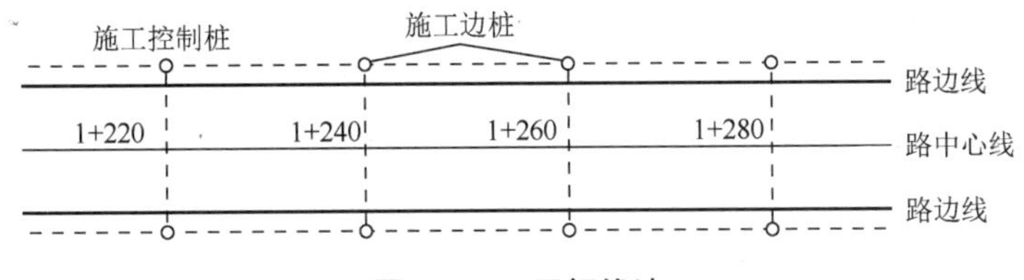

图 12-27 平行线法

2) 延长线法

延长线法是在交点处的中线延长线上或者在曲中点与交点的延长线上，测设两个能够控制交点位置的施工控制桩，控制桩至交点的距离应量出并做记录。该法适用于坡度较大和直线段较短的地区，如图 12-28 所示。

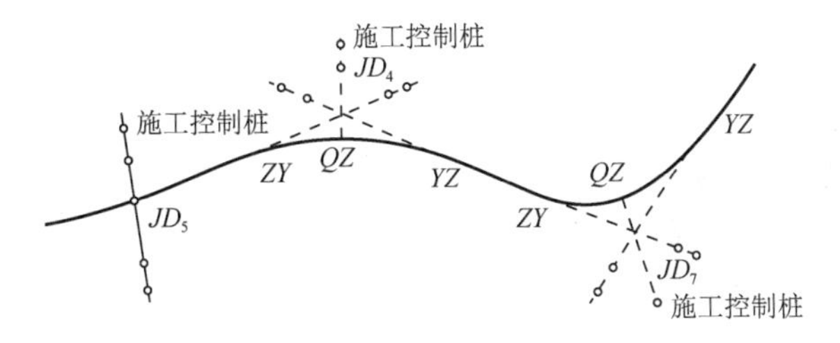

图 12-28 延长线法

3) 交会法

交会法是在中线的一侧或两侧选择适当位置设置控制桩或选择明显固定地物，如电杆、房屋的墙角等作为控制，如图 12-29 所示。此法适用于地势较开阔、便于距离交会的路段上。

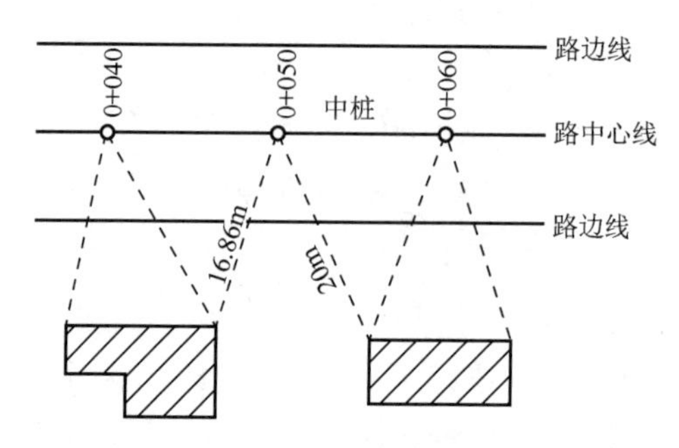

图 12-29　交会法

上述三种方法无论在城镇区、郊区或山区的道路施工中均应根据实际情况互相配合使用。但无论使用哪种方法测设施工桩，均要绘出示意图、量距并做好记录，以便查用。

5. 增设施工水准点

为了在施工中引测高程方便，应在原有水准点之间加设临时施工水准点，其间距一般为 100～300 m。对加密的施工水准点，应设置在稳固、可靠、使用方便的地方。其引测精度应根据工程性质、要求的不同而不同。引测的方法按照水准测量的方法进行。

6. 纵、横断面的加密与复测

当工程设计定测后至施工前一段时间较长时，线路上可能出现局部变化，如挖土、堆土等，同时为了核实土方工程量，也需核实纵、横断面资料，因此，一般在施工前要对纵、横端面进行加密与复测。

7. 工程用地测量

工程用地是指工程在施工和使用中所占用的土地。工程用地测量的任务是根据设计图上确定的用地界线，按桩号和用地范围，在实地上标定出工程用地边界桩，并绘制工程用地平面图，也可以利用设计平面图圈绘。此外，还应编制用地划界表并附文字说明，作为向当地政府以及有关单位申请征用或租用土地、办理拆迁、补偿的依据。

12.4.2　施工过程中的测量工作

施工过程中的测量工作又俗称施工测量放线，它的主要内容有路基放线、路基边坡的测设、竖曲线的测设、路面施工放样和道牙(侧石)与人行道的测量放线等。

1. 路基放线

路基的形式基本上可分为路堤和路堑两种。路堤如图 12-30(a)所示，路堑如图 12-30(b)所示。路基放线是根据设计横断面图和各桩的填、挖高度，测设出坡脚、坡顶和路中心等，构成路基的轮廓，作为填土或挖土的依据。

路基施工前，要把地面上的路基轮廓线表示出来，即把每一个横断面的路基两侧的边坡线与地面的交点找出来，钉上边桩，这就是边桩放线。在实际施工中边桩会被覆盖，往往是测设与边桩连线相平行的边桩控制桩。

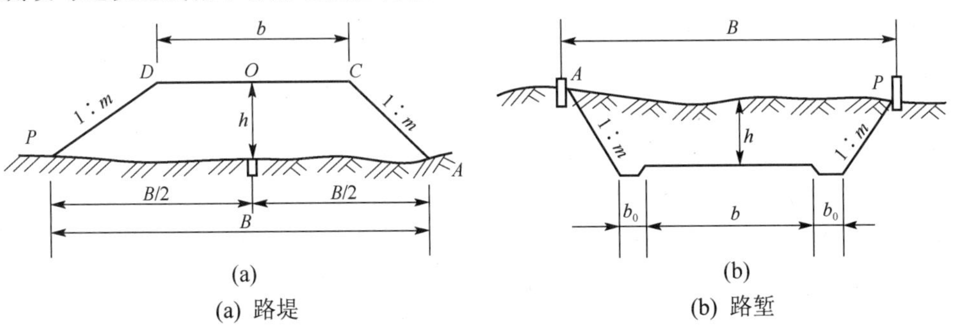

(a) 路堤　　(b) 路堑

图 12-30　路堤与路堑

边桩放线常用方法有以下两种。

1) 利用路基横断面图放边桩线(也叫图解法)

图 12-31 为设计好的横断面图。根据已“戴好帽子”的横断面设计图或路基设计表，计算出或查出坡脚点离中线桩的距离，用钢尺沿横断面方向实地确定边桩的位置。

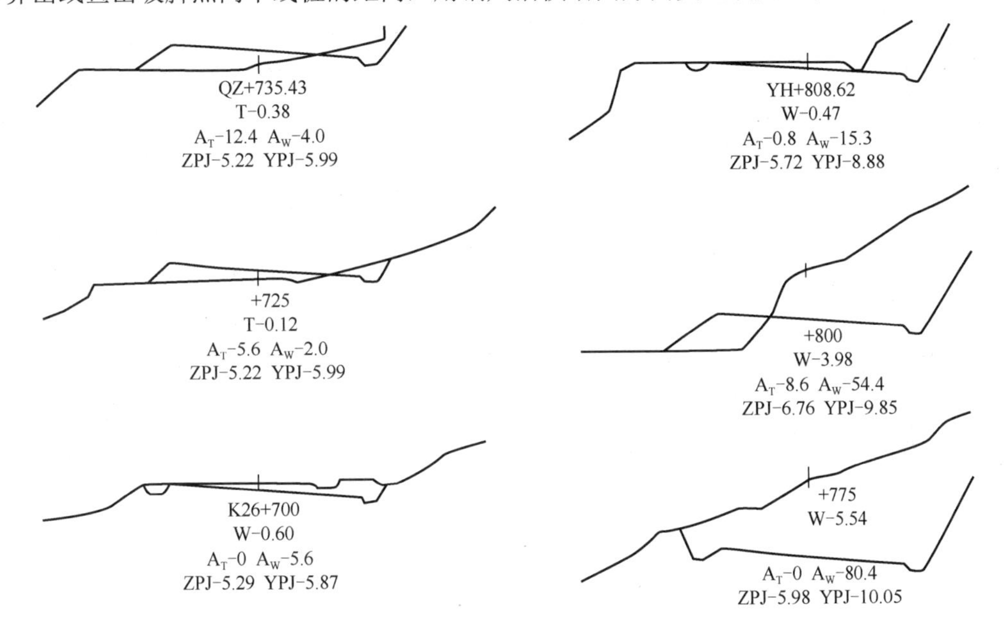

图 12-31　路基横断面设计图

2) 根据路基中心填挖高度放边桩线(也叫解析法)

根据路基中心设计的填挖高度、路基宽度、边坡率和横断面地形情况，计算中桩至边桩的距离，再在施工现场沿横断面方向量距，定出边桩的位置。距离的计算方法在地面平坦地段和地面倾斜地段各不相同。

(1) 路堤放线。

如图 12-32 所示为平坦地面路堤放线情况。路基上口 b 和边坡 $1:m$ 均为设计数值，填方高度 h 可从纵断面图上查得，由图中可得出：

$$B=b+2mh \quad 或 \quad \frac{B}{2}=\frac{b}{2}+mh$$

式中　B——路基下口宽度，即坡脚 A、P 之距；$B/2$ 为路基下口半宽，即坡脚 A、P 的半距。

放线方法是：由该断面中心桩沿横断面方向向两侧各量 $B/2$ 后钉桩，即得出坡脚 A 和 P。在中心桩及距中心桩 $b/2$ 处立小木杆(或竹竿)，用水准仪在杆上测设出该断面的设计高程线，即得坡顶 C、D 及路中心三点，最后用小线将 A、C、D、P 点连起，即得到路基的轮廓。施工时，在相邻断面坡脚的连线上撒出白灰线作为填方的边界。

如图 12-33 所示为地面坡度较大时路堤放线的情况。由于坡脚 A、P 距中心桩的距离与 A、P 地面高低有关，故不能直接用路堤公式算出，通常采用坡度尺定点法和横断面图解法。

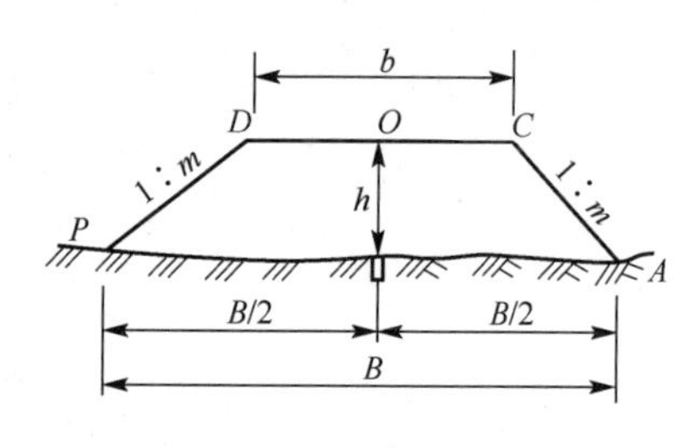

图 12-32　平坦地面路堤放线图

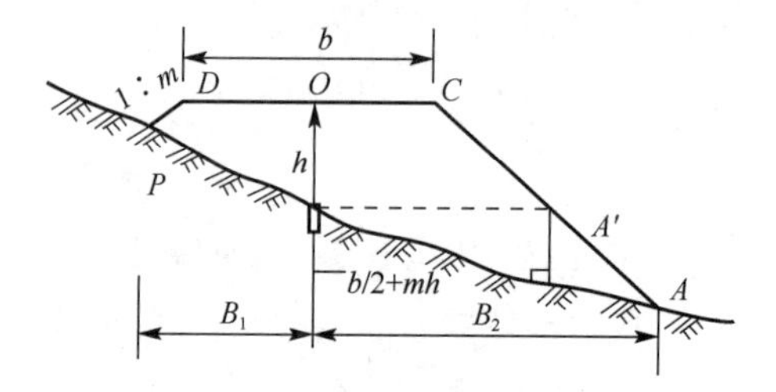

图 12-33　地面坡度较大时路堤放线图

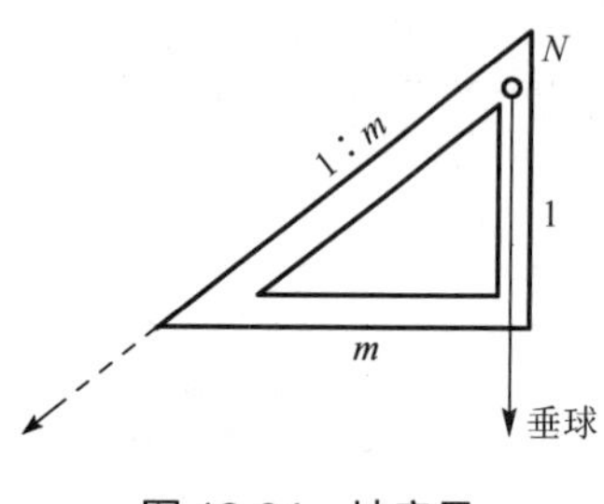

图 12-34　坡度尺

坡度尺定点法：先做一个符合设计边坡 1：m 的坡度尺，如图 12-34 所示，当竖向转动坡度尺使直立边平行于垂球线时，其斜边即为设计坡度。

用坡度尺测设坡脚的方法是先用平坦地面路堤放线方法测出坡顶 C 和 D 点，然后将坡度尺的顶点 N 分别对在 C 和 D 点上，用小线顺着坡度尺斜边延长至地面，即分别得到坡脚 A 和 P 点。当填方高度较大时，由 C 点测设 A 点有困难，可用平坦地面路堤放线方法测设出与中桩在同一水平线上的边坡点 A'，再在 A'点用坡度尺测设出坡脚 A。

(2) 路堑放线。

如图 12-35 所示为平坦地面路堑放线情况。其原理与路堤放线基本相同，但计算坡顶宽度 B 时，应考虑排水边沟的宽度 b_0，计算公式如下：

$$B=b+2(b_0+mh) \quad 或 \quad \frac{B}{2}=\frac{b}{2}+b_0+mh$$

式中　B——路基上口宽度，即坡顶 A、P 之距；$B/2$ 为路基上口半宽，即坡顶 A、P 的半距。

如图 12-36 所示为地面坡度较大时的路堑放线情况。其关键是找出坡顶 A 和 P 点，按坡度尺定点法或横断面图解法找出 P、A(或 A_1)。当挖深较大时，为方便施工，可制作坡度尺或测设坡度板，作为施工时掌握边坡的依据。

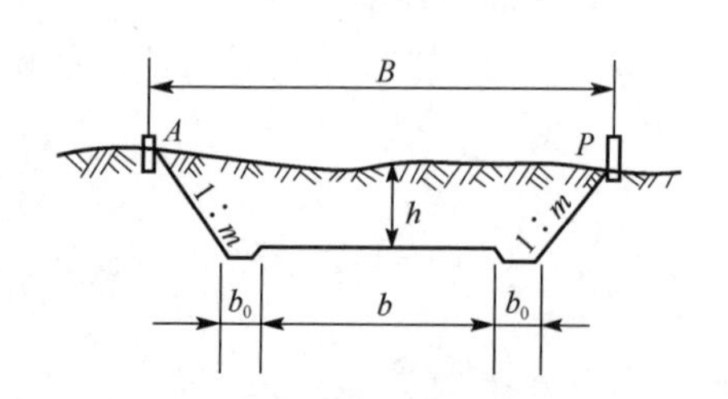

图 12-35　平坦地面路堑放线图

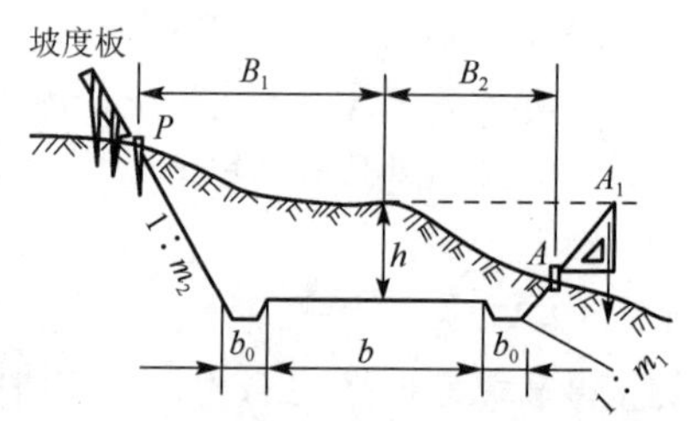

图 12-36　地面坡度较大时的路堑放线图

(3) 半填半挖的路基放线。

在修筑山区道路时，为减少土石方量，路基常采用半填半挖形式，如图 12-37 所示。

这种路基放线时，除按上述方法定出填方坡度 A 和挖方坡顶 P 外，还要测设出不填不挖的零点 O'。

测设方法是：用水准仪直接在横断面上找出等于路基设计高程的地面点，即为零点 O'。

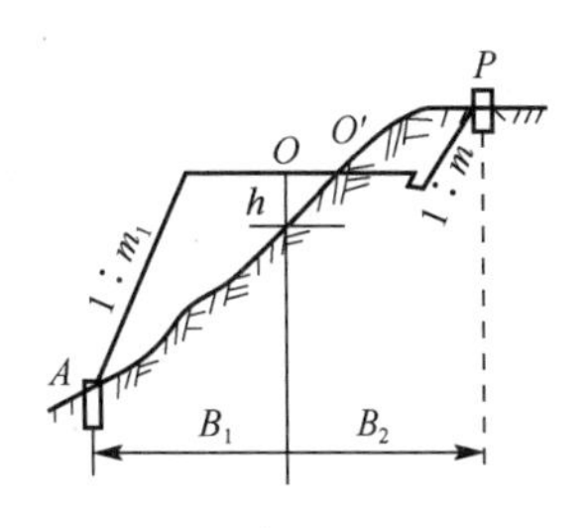

图 12-37 半填半挖路基放线

2. 路基边坡的测设

1) 用麻绳竹竿放样边坡(图 12-38)

当路堤高度不大时，可一次把线挂好。当路堤较高时，分层挂线较好(图 12-39)。在每次挂线前，应当恢复中线并用手水准横向抄平。

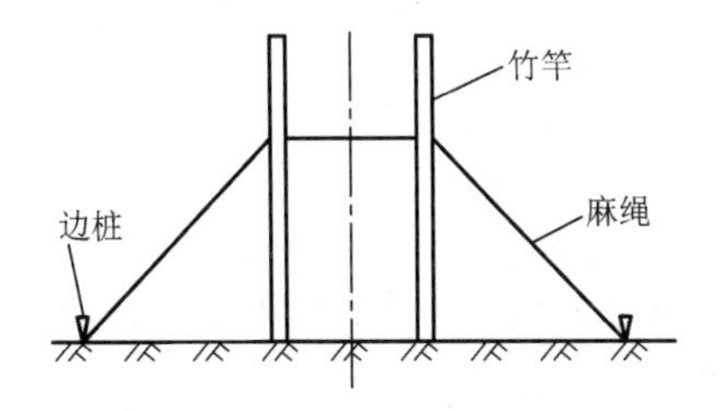

图 12-38 麻绳竹竿放样边坡

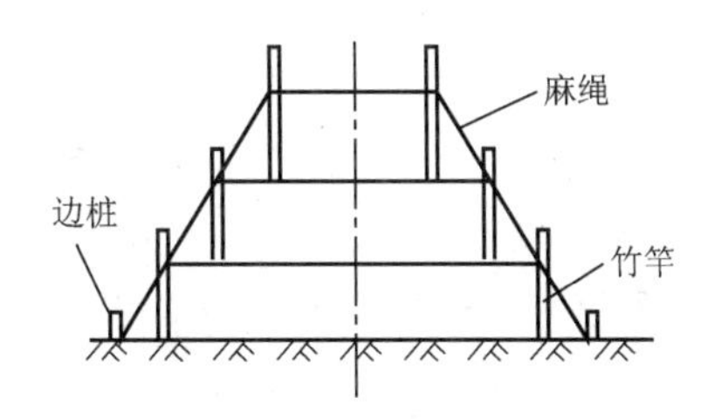

图 12-39 分层挂线放样边坡

该法只适用于人工施工，对机械化施工不合适。

2) 用固定边坡架放样边坡

用坡度尺或手旗式多坡尺放样边坡，如图 12-40 所示。首先按照路基边坡坡度，做好坡度尺，施工时可比照该尺进行。也可用一直尺上装有带坡度的手水准代替，如图 12-41 所示。在施工过程中，可随时用坡度尺或手水准来检查路基边坡是否合乎设计要求。

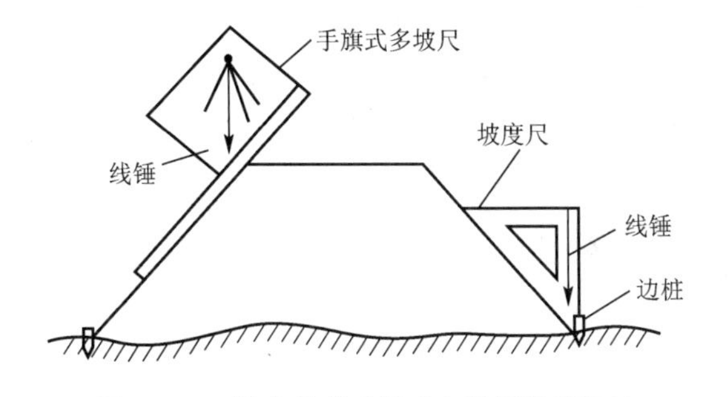

图 12-40 坡度尺或手旗式多坡尺放样边坡

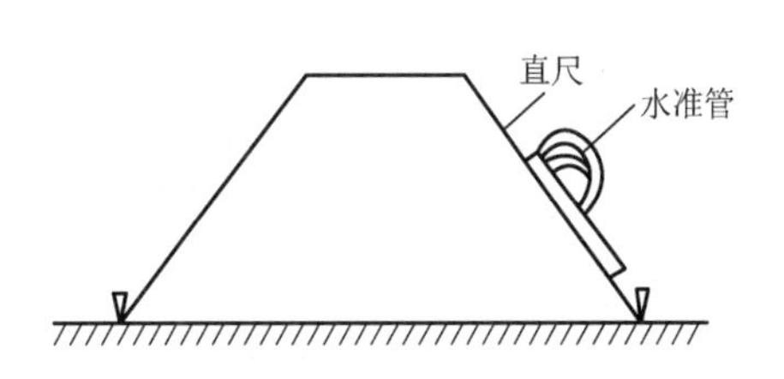

图 12-41 手水准放样边坡图

3. 机械施工路基断面的掌握

1) 路堤边坡与填高的掌握方法

(1) 机械填土时，应按铺土厚度及边坡坡度，保持每层间正确地向内收缩一定距离，且不可按自然堆土坡度往上填土，这样会造成超填而浪费土方。

(2) 每填高 1m，应进行自边桩用手水准向上测设边坡(即测高差，计算水平距离)，校对填筑面宽度，并将标杆移至填筑面边上，显示正确的边线位置。

(3) 每填高 3～4m 或填至距路肩 1m 时，要重新复测一次中桩用高程，核对填筑面的宽度。

(4) 距路肩 1m 以下的边坡，常按设计宽度每侧多填 20cm 掌握，距路肩 1m 以内的边坡，则按稍陡于设计坡度掌握，以使路基面有足够的宽度，整修时铲除超宽的松土层后，能保证路肩标高时，应将大部分地段(填高 4m 以下的路堤)设计标高进行实地检测，填高大于 4m 地段，应按土质和填高不同考虑预留沉落量，使粗平后的路基无缺土现象。最后测设中线桩及路肩桩，抄平后计算整修工作量。

2) 路堑边坡及挖深的掌握方法

路堑机械开挖过程中，一般都需配合人力同时进行边坡整修工作。

(1) 机械挖土时，应按每层挖土厚度及边坡坡度保持层与层之间向内回收的宽度，防止挖伤边坡或留土过多。

(2) 每挖深 1～1.5m 应测设边坡，复核路基宽度，并将标杆向下移到挖土面的正确边线位置上。每挖 3～4m 或距路基面 20～30cm 时，应复测中桩、高程，复核路基面宽度。

这样可及时地控制填方超填现象和挖方超挖现象的出现。

4. 竖曲线的测设

在道路路线纵坡变化处，为了保证行车的安全和通顺，按规定，应以圆曲线连接起来，这种曲线称为竖曲线，竖曲线有凹形和凸形两种，如图 12-42 所示。

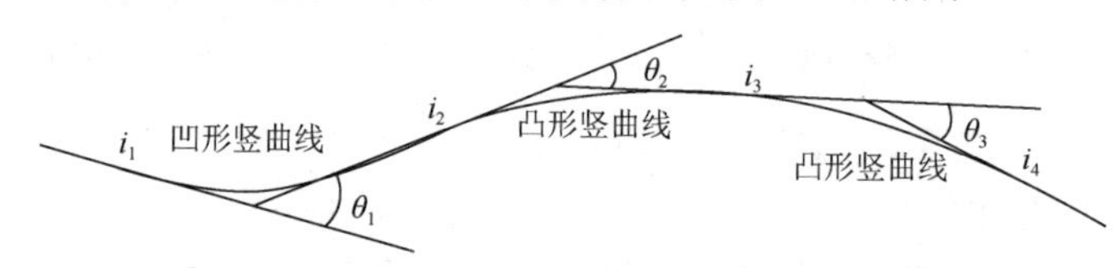

图 12-42　竖曲线图

竖曲线一般采用圆曲线，这是因为在一般情况下，相邻坡度差都很小，而选用的竖曲线半径都很大，因此即使采用二次抛物线等其他曲线，所得结果也是相同的。

测设竖曲线是根据路线纵断面设计中给定的半径 R 和两坡道的坡度和进行的。测设前应首先计算出测设元素，即曲线长 L、切线长 T 和外距。由图 12-43 可得：

$$L=R\theta$$

其中，θ 为竖向转折角，其值一般都很小，故用两坡度角值 i_1、i_2 的代数差代替，也就是：$\theta = i_1 - i_2$

则

$$L = R\theta = R(i_1 - i_2)$$

$$T = R\times\tan\frac{\theta}{2}，\ T = R\times\frac{\theta}{2} = \frac{L}{2} = \frac{1}{2}R\times(i_1 - i_2)$$

由于 θ 很小，故有 $\tan\frac{\theta}{2} = \frac{\theta}{2}$

外距计算式为 $E = \frac{T^2}{2R}$

T 值求出以后，由变坡点 C 沿路中线向两边量 T 值，即可钉出竖曲线的起点 A 和终点 B。同理，竖曲线中间各点按直角坐标法测设纵距，即竖曲线上的标高改正值。其计算式为

$$y_i = \frac{x_i^2}{2R}$$

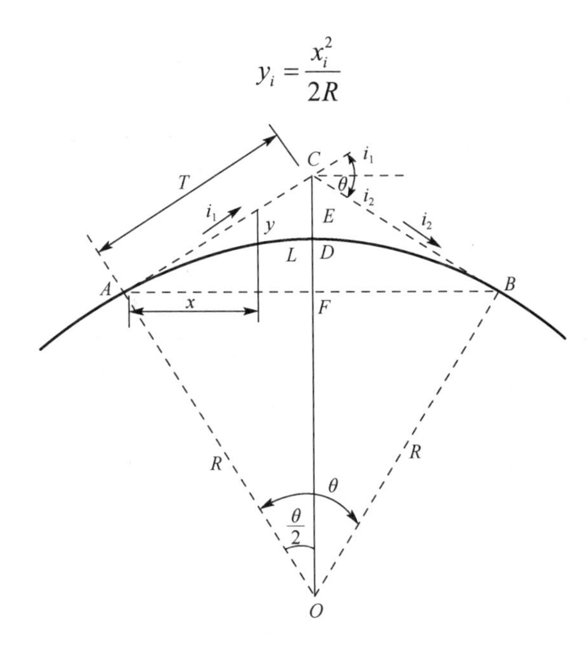

图 12-43 竖曲线测设元素

式中：y 在凹形竖曲线中为正号，在凸形竖曲线中为负号；x 为竖曲线上任一点至竖曲线起点或终点的水平距离。

当曲线中间各点的标高改正值求出后，与坡道上各点的坡道高程 H_i'相加，即得到竖曲线上各点的设计高程，即

$$H_i = H_i' + y_i$$

曲线上各里程桩的设计高程求出后，就可用测设已知高程点的方法在各桩上测设出设计高程线，即得到竖曲线上各点的位置。

竖曲线上一般每隔 10 m 测设一里程桩，即辅点。竖曲线起、终点的测设方法与圆曲线相同，而竖曲线辅点的测设，实质上是在竖曲线范围内的里程桩上测设出竖曲线的高程。因此在实际工作中，测设竖曲线与测设路面高程桩(施工边桩)一起进行。

5. 路面施工放样

路面施工放样的任务是根据路肩上测设的施工边桩的位置和桩顶高程，以及路拱曲线大样图、路面结构大样图、标准横断面图，测设出侧石(俗称道牙)的位置并给出控制路面各结构层路拱的标志，以指导施工。

道路路面一般分为垫层、基层、面层等几个结构层。为了能及时指导施工，在施工前，应根据面层设计标高及每个结构层的设计厚度，把每个结构层的设计高程先求出并列表。

由于垫层、基层均需碾压，所以垫层、基层的摊铺厚度必须由压实系数(碾压前土的厚度与碾压后土的厚度之比，施工时由材料实验人员测出)与设计厚度计算出，这就造成各结构层施工高程与设计高程不一致，因此，在设计高程求出后，应把各结构层的施工高程一并算出并列入设计高程表中。

一般路面施工的施工宽度往往与车道宽度或混凝土板宽度一致，为了准确控制横坡(或路拱)，也为了正确指导施工，在每个中桩横断面上除中桩、边桩计算结构层的施工高程、

设计高程外，在各施工分界点(如图 12-44 中的 b_{22}、c_{22} 等各点)也应推算出设计高程和施工高程，与各结构层的设计高程、施工高程一并列表，以备随时查用，见表 12-8。

图 12-44(a)是某市区某工程快车道一施工段略图，图 12-44(b)是中桩 K1+150 横断面右半侧的结构层示意图，表 12-8 是中桩 K1+150 右侧各结构层的设计高程和施工高程数据，有了各桩上的这些数据，即可提高施工效率。

图中 a_{11}、b_{12}、c_{12}、d_{12} 等各点，都是各结构层在施工时要进行控制的点位。

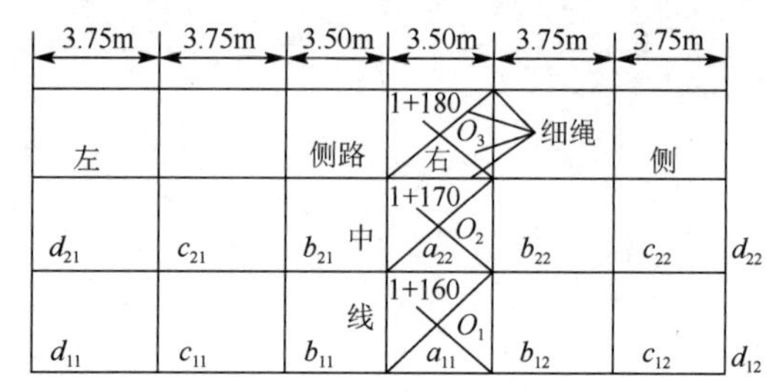

(a) 某市区某工程快车道-施工段略图

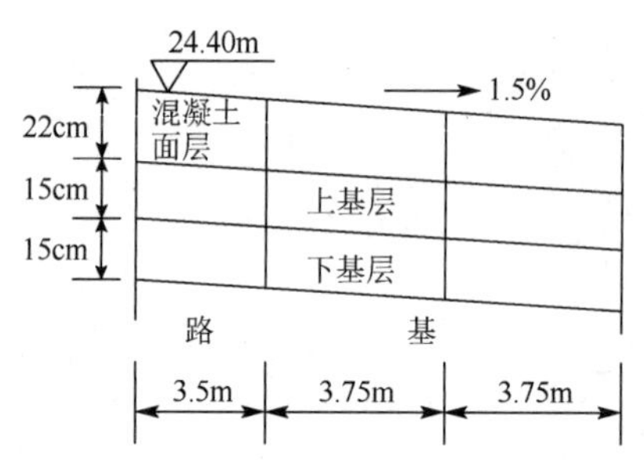

(b) 中桩K1+150横断面右半侧的结构示意图

图 12-44　道路施工图

在实际施工中，除了对这些点控制外，在基层摊铺时，为了使摊铺厚度均匀，在每 10m 相邻桩间用细绳来控制，如图 12-44 中，O_1 及其周围、O_2 及其周围，俗称“挂线”。

表 12-8　各结构层的设计高程和施工高程数据

分层	设计高程/m				施工高程/m			
	a_{11}	b_{12}	c_{12}	d_{12}	a_{11}	b_{12}	c_{12}	d_{12}
面层	24.40	24.348	24.291	24.235	24.40	24.348	24.291	24.235
上基层	24.18	24.128	24.071	24.015	24.249	24.196	24.140	24.084
下基层	24.03	23.978	23.921	23.865	24.099	24.046	23.990	23.934
路基	23.88	23.828	23.771	23.715	—	—	—	—

1) 侧石边线桩和路面中心桩的测设

如图 12-45 所示，根据两侧的施工边桩，按照控制边桩钉桩的记录和设计路面宽度，推算出边桩距侧石边线和路面中心的距离，然后自边桩沿横断面方向分别量出至侧石及道路中心的距离，即可钉出侧石内侧边线桩和道路中心桩。同时可按路面设计宽度尺寸复测侧石至路中心的距离，以便校核。

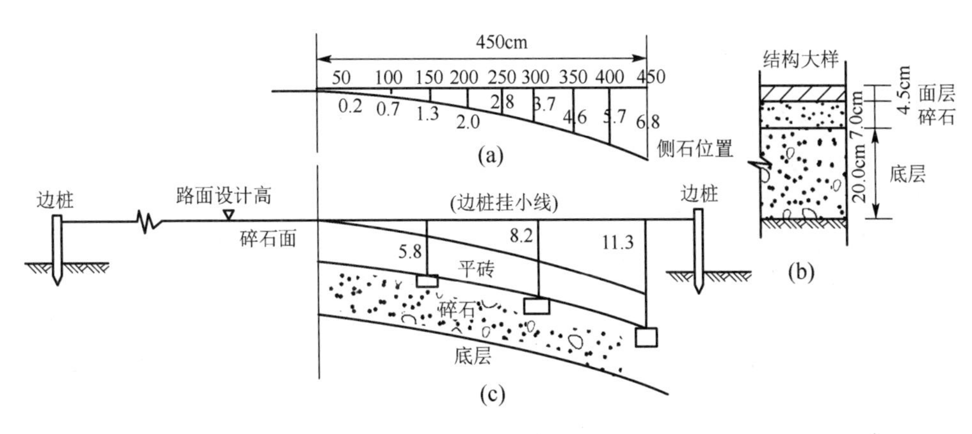

图 12-45 路面放线图

2) 路面放线

(1) 直线形路拱的路面放线。

直线形路拱的路面放线如图 12-46 所示，B 为路面宽度；h 为路拱中心高出路面边缘的高度，称为路拱矢高，路拱矢高数值为 $h=\frac{B}{2}\times i$ [其中：i 为设计路面横向坡度(%)]；x 为横距；y 为纵距，$y=xi$；O 为原点(路面中心点)。

放线步骤：计算中桩填、挖值，即中桩桩顶实测高程与路面各层设计高程之差；计算侧石边桩填、挖值，即边线桩桩顶实测高程与路面各层设计高程之差；根据计算成果，分别在中、边桩上标定并挂线，即得到路面各层的横向坡度线。如果路面较宽可在中间加点。

施工时，为了使用方便，应预先将各桩号断面的填、挖值计算好，以表格形式列出，称为平单，供放线时直接使用。

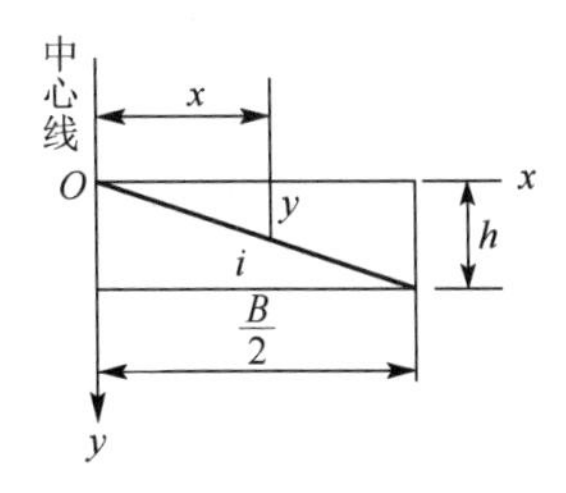

图 12-46 直线形路拱路面放线图

(2) 抛物线形路拱的路面放线。

对于路拱较大的柔性路面，其路面横向宜采用抛物线形。B 为路面宽度；h 为路拱矢高，其值 $h=\frac{B}{2}\times i$，[其中：i 为直线形路拱坡度(%)]；x 为横距，是路拱的路面中心点的切线位置；y 为纵距；O 为原点，是路面中心点。其路拱计算公式为

$$y=\frac{4h}{B^2}x^2$$

放线步骤：根据施工需要、精度要求选定横距值，如路面放线图 12-45(a)，50cm，100cm，150cm，200cm，250cm，300cm，350cm，400cm，450cm，按路拱公式计算出相应的纵距值 0.2cm，0.7cm，…，5.7cm，6.8cm；在边线桩上定出路面各层中心设计高，并在路两侧挂线，此线就是各层路面中心高程线；自路中心向左、右量取 x 值，自路中心标高水平线向下取

相应的 y 值，就可得到横断面方向路面结构层的高程控制点。

6. 道牙(侧石)与人行道的测量放线

道牙(侧石)是为了行人和交通安全，将人行道与路面分开的一种设置。人行道一般高出路面 8～20cm。

道牙(侧石)的放线，一般和路面放线同时进行，也可与人行道放线同时进行。道牙(侧石)与人行道测量放线方法如下。

(1) 根据边线控制桩，测设出路面边线挂线桩，即道牙的内侧线，如图 12-47 所示。

(2) 由边线控制桩的高程引测出路面面层设计高程，标注在边线挂线桩上。

(3) 根据设计图纸要求，求出道牙的顶面高程。

(4) 由各桩号分段将道牙顶面高程挂线，安放并砌筑道牙。

(5) 以道牙为准，按照人行道铺设宽度设置人行道外缘挂线桩。再根据人行道宽度和设计横坡，推算出人行道外缘设计高程，然后用水准测量方法将设计高程引测到人行道外缘挂线桩上，并做出标志。用线绳与道牙连接，即为人行道铺设顶面控制线。

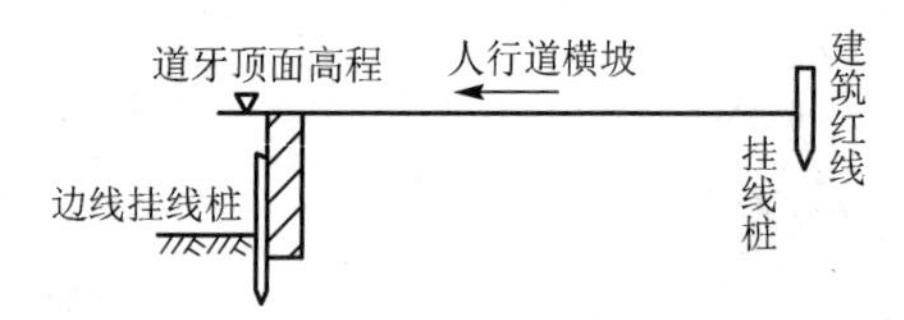

图 12-47 道牙与人行道测量放线

本项目小结

道路工程测量的具体内容是：在道路施工前和施工中，恢复中线，测设边坡、桥涵、隧道等的平面位置和高程位置，并建立测量标志以作为施工的依据，保证道路工程按设计图进行施工。本章主要从以下几个方面对道路工程测量加以分述。

1. 道路中线测量

主要阐述了道路中线交点的测设、转点的测设，道路中线路线转折角的测设。应了解什么是里程桩，掌握里程桩整桩、加桩的设置。

2. 道路纵横断面测量

主要阐述了路线纵断面测量，其中重点内容是道路基平测量、中平测量，了解纵断面绘制方法。还应掌握路线横断面测量方法，如水准仪皮尺法、经纬仪法等，了解横断面绘制方法。

3. 道路施工测量

主要阐述了施工前的测量工作和施工过程中的测量工作。掌握恢复中线测量方法，如恢复交点、恢复转点、恢复中桩。掌握测设施工控制桩的方法，即平行线法、延长线法和交会法。掌握路基边桩放样，包括路堤放线、路堑放线；掌握路基边坡的测设；掌握竖曲线测设；了解路面施工放样和道牙(侧石)与人行道的测量放线。

习题

一、单选题

1. 公路中线测量中转点的作用是(　　)。

A. 传递高程　　B. 传递方向　　C. 加快速度　　D.减小误差

2. 路线中平测量是测定(　　)的高程。

A. 水准点　　B. 转点　　C. 中桩　　D. 导线点

3. 中平测量中视线高程应等于(　　)+后视读数。

A. 后视点高程　　B. 转点高程　　C. 前视点高程　　D. 水准点

4. 基平测量中，高差闭合差的容许值为(　　)。

A. $\pm 20\sqrt{L}$　　B. $\pm 30\sqrt{L}$　　C. $\pm 40\sqrt{L}$　　D. $\pm 50\sqrt{L}$

5. 为提高观测精度，中平测量每测站的观测顺序应为(　　)。

A. 先中桩后转点　　B. 先转点后中桩

C. 沿前进方向，按先后顺序观测　　D. 任意顺序观测

6. 路线横断面图的绘图顺序是从图纸的(　　)依次按桩号绘制。

A. 左上方自上而下，由左向右　　B. 左下方自下而上，由左向右

C. 左上方由左向右，自上而下　　D. 左下方由左向右，自上而下

7. 公路中线里程桩测设时，短链是指(　　)。

A. 实际里程大于原桩号　　B. 实际里程小于原桩号

C. 原桩号测错　　D. 因设置圆曲线使公路的距离缩短

8. 公路测量 GPS 点的英文符号位 GPS，图示为(　　)

A. ■　　B. △　　C. ▲　　D. □

9. 以下(　　)项不属于 RTK-GPS 测设的优点。

A. 高精度　　B. 作用距离大　　C. 实时性能　　D. 轻便灵活

10. 基平测量进行路线水准点设置时，水准点设置的间隔一般为：山区，平原区(　　)。

A. 0.5～1.0km，1.0～1.5km　　B. 0.5～1.5km，1.5～2.0km

C. 1.0～1.5km，1.0～2.0km　　D. 0.5～1.0km，1.0～2.0km

二、判断题

1. 在路线测量时，当观测到的右角小于 180°时，路线为右转。(　　)
2. 路线纵断面测量是测定路线中桩的地面高程。(　　)
3. 路线中线测量设置转点主要是为了传递高程。(　　)
4. 全站仪可以测定两点间的高差。(　　)
5. 纵断面图是以里程为横坐标，以高程为纵坐标绘制的。(　　)
6. 中平测量是按附合水准路线施测中桩的地面高程。(　　)
7. 相对高程又称海拔。(　　)
8. 三、四等水准测量的观测顺序为：后—前—前—后。(　　)
9. 按选定的桩距在曲线上设桩的方法有整桩距和整桩号法。(　　)

10. 纵断面测量一般分两步进行：基平测量和中平测量。 (　　)

11. 绘制纵断面图的目的是设置纵坡和计算土石方填挖高度，为道路设计和施工提供重要资料。 (　　)

12. 控制测量的目的是确定测区范围内控制点的坐标和高程。 (　　)

13. 圆曲线终点 *YZ* 的桩号等于其 *JD* 的桩号加切线长。 (　　)

14. 中线测量主要是测定公路中线的平面位置。 (　　)

三、思考题

1. 基平测量有哪些内容？叙述具体观测方法。
2. 中平测量有哪些内容？
3. 如何确定路基边桩位置？
4. 道路施工测量包括哪些内容？
5. 如何进行道路恢复中线测？

能力评价体系

知识要点	能力要求	所占分值(100 分)	自评分数
道路工程测量概述	(1) 理解道路施工测量任务	4	
	(2) 理解施工测量的目的及其重要性	2	
道路中线测量	(1) 掌握交点的测设	8	
	(2) 掌握转点的测设	8	
	(3) 掌握路线转折角的测设	8	
	(4) 掌握里程桩的设置	8	
道路纵横断面测量	(1) 掌握路线纵断面测量	2	
	(2) 掌握基平测量、中平测量	12	
	(3) 了解纵断面绘制方法	2	
	(4) 掌握路线横断面测量	8	
	(5) 了解横断面绘制方法	2	
道路施工测量	(1) 了解施工前的测量工作和施工过程中的测量工作	2	
	(2) 掌握恢复中线测量	8	
	(3) 掌握测设施工控制桩	6	
	(4) 掌握路基边桩放样	5	
	(5) 掌握路基边坡的测设	5	
	(6) 掌握竖曲线测设	6	
	(7) 了解路面施工放样和道牙(侧石) 与人行道的测量放线	4	
总分		100	

项目 13

建筑物变形观测与竣工测量

学习目标

本项目重点讲述建筑物沉降观测、建筑物倾斜观测、建筑物位移与裂缝观测及竣工测量的内容和方法。学生应主要掌握以下内容：建筑物变形观测概述；建筑物沉降观测；建筑物倾斜观测方法；建筑物水平位移的观测；竣工测量的意义及编绘竣工总平面图的方法。

能力目标

知识要点	能力要求	相关知识
建筑物变形观测概述	(1) 了解建筑物变形观测方案的制度 (2) 了解建筑物变形观测的目的和特点	变形观测、精度、频率
建筑物沉降观测	(1) 理解水准点和沉降观测点的布设 (2) 掌握沉降观测方法	水准点、沉降观测点、周期性、沉降值
建筑物倾斜观测	(1) 掌握一般建筑物的倾斜观测 (2) 了解塔式建筑物的倾斜观测 (3) 了解倾斜仪观测	建筑物倾斜、倾斜度、相对沉降
建筑物位移与裂缝观测	(1) 掌握位移观测方法 (2) 掌握裂缝观测方法	位移观测、基线法、小角法、交会法、水平位移
竣工测量	(1) 了解竣工测量的意义 (2) 掌握编绘竣工总平面图的方法 (3) 了解竣工总平面图的附件	竣工测量、竣工测量成果表、竣工总平面图、专业图、断面图，碎部点坐标、高程明细表

学习重点

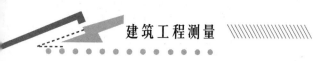

中线测量方法、道路纵横断面测量、道路施工测量。

最新标准

《工程测量规范》(GB 50026—2007)；《建筑变形测量规范》(JGJ 8—2007)。

引 例

意大利比萨斜塔八层，高 55m，1～6 层为大理石砌，7～8 层为青砖石砌，内径 7.65m，呈圆环形。1173—1371 年竣工，经过 198 年建到四层倾斜，停工 94 年。复建到第七层又停工 83 年，再建时第八层明显有转折。

比萨斜塔主要因施工不慎，地基粉砂土外挤，偏心荷载南侧压力大造成倾斜外，对比萨斜塔倾斜程度以及是否影响到建筑物的正常使用，乃至倒塌的监测是非常重要的。

比萨斜塔的变形观测包括那些监测项目？如何选取比萨斜塔控制观测点？变形观测精度如何控制？对比萨斜塔变形观测时在观测周期、观测方法上如何处理？以上问题的正确处理对比萨斜塔变形监测至关重要。通过对本项目系统学习，你将会对上述问题得以解决。

13.1 建筑物变形观测概述

13.1.1 建筑物变形观测的目的和特点

在建筑物的修建过程中，建筑物的基础和地基所承受的荷载会不断增加，从而引起基础及其四周的地层变形，而建筑物本身因基础变形及外部荷载与内部应力的作用，也要发生变形。这种变形在一定范围内，可视为正常现象，但超过某一限度就会影响建筑物的正常使用，会对建筑物的安全产生严重影响，或使建筑物产生倾斜，或造成建筑物开裂，甚至造成建筑物整体坍塌。因此，为了建筑物的安全使用，研究变形的原因和规律，在建筑物的设计、施工和运行管理期间需要进行建筑物的变形观测。

所谓变形观测就是对建筑物(构筑物)及其地基或一定范围内岩体和土体的变形(包括水平位移、沉降、倾斜、挠度、裂缝等)进行的测量工作。

变形观测的特点是，通过对变形体的动态监测，获得精确的观测数据，并对监测数据进行综合分析，及时对异常变形可能产生的危害进行预报，以便采取必要的技术手段和措施，避免造成严重后果。对于工业与民用建筑变形监测项目，可根据工程需要按表 13-1 进行选择。

表 13-1 工业与民用建筑变形监测项目

<table>
<tr><th colspan="2">项目</th><th colspan="2">主要监测内容</th><th>备注</th></tr>
<tr><td colspan="2">场地</td><td colspan="2">垂直位移</td><td>建筑施工前</td></tr>
<tr><td rowspan="8">基坑</td><td rowspan="5">支护边坡</td><td rowspan="2">不降水</td><td>垂直位移</td><td rowspan="2">回填前</td></tr>
<tr><td>水平位移</td></tr>
<tr><td rowspan="3">降水</td><td>垂直位移</td><td rowspan="3">降水前</td></tr>
<tr><td>水平位移</td></tr>
<tr><td>地下水位</td></tr>
<tr><td rowspan="3">地基</td><td colspan="2">基坑回弹</td><td>基坑开挖期</td></tr>
<tr><td colspan="2">分层地基土沉降</td><td>主体施工期、竣工初期</td></tr>
<tr><td colspan="2">地下水位</td><td>降水期</td></tr>
<tr><td rowspan="6">建筑物</td><td rowspan="2">基础变形</td><td colspan="2">基础沉降</td><td rowspan="2">主体施工期、竣工初期</td></tr>
<tr><td colspan="2">基础倾斜</td></tr>
<tr><td rowspan="4">主体变形</td><td colspan="2">水平位移</td><td rowspan="2">竣工初期</td></tr>
<tr><td colspan="2">主体倾斜</td></tr>
<tr><td colspan="2">建筑裂缝</td><td>发现裂缝初期</td></tr>
<tr><td colspan="2">日照变形</td><td>竣工后</td></tr>
</table>

13.1.2 建筑物变形观测方案的制度

建筑物的变形观测包括基础的沉降观测与建筑物本身的变形观测。变形观测能否达到预定的目的要受到很多因素的影响，其中最基本的因素是观测点的布设、观测的精度与频率，以及每次观测所进行的时间。通常在建筑物的设计阶段，在调查建筑物地基负载性能、研究自然因素对建筑物变形影响的同时，就应着手拟订变形观测的方案，并将其作为工程建筑物的一项设计内容，以便在施工时，就将标志和设备埋置在设计位置上。从建筑物开始施工就进行观测，一直持续到变形终止。

变形观测的精度要求，取决于该建筑物设计的允许变形值的大小和进行观测的目的。如果观测的目的是使变形值不超过某一允许的数值而确保建筑物的安全，则观测的中误差应小于允许变形值的1/10～1/20；如果观测目的是研究其变形过程，则中误差应比这个数值小得多，一般来讲，从使用的目的出发，对建筑物观测应能反映1～2mm的沉降量。表13-2为变形观测的等级划分及精度要求。

表 13-2 变形观测的等级划分及精度要求

<table>
<tr><th rowspan="2">变形测量等级</th><th colspan="2">垂直位移测量</th><th>水平位移测量</th><th rowspan="2">适用范围</th></tr>
<tr><th>变形点的高程中误差/mm</th><th>相邻变形点高差中误差/mm</th><th>变形点的点位中误差/mm</th></tr>
<tr><td>一等</td><td>0.3</td><td>0.1</td><td>1.5</td><td>变形特别敏感的高层建筑、高耸构筑物、工业建筑、重要古建筑、大型坝体、精密工程设施、特大型桥梁、大型直立岩体、大型坝区地壳变形监测</td></tr>
</table>

续表

变形测量等级	垂直位移测量		水平位移测量	适用范围
	变形点的高程中误差/mm	相邻变形点高差中误差/mm	变形点的点位中误差/mm	
二等	0.5	0.3	3.0	变形比较敏感的高层建筑、高耸构筑物、工业建筑、古建筑、特大型和大型桥梁、大中型坝体、直立岩体、高边坡、重要工程设施、重大地下工程、危害性较大的滑坡监测等
三等	1.0	0.5	6.0	一般性高层建筑、多层建筑、工业建筑、高耸构筑物、直立岩体、高边坡、课基坑、一般地下工程、危害性一般的滑坡监测、大型桥梁等
四等	2.0	1.0	12.5	观测精度要求较低的建(构)筑物、普通滑坡监测、中小型桥梁等

观测的频率决定于变形值的大小和变形速度，以及观测的目的。通常观测的次数应既能反映出变化的过程，又不遗漏变化的时刻。在施工阶段，观测频率应大些，一般有 3d、7d、15d 三种周期，到了竣工投产以后，频率可小一些，一般有 30d、60d、90d、半年及一年等不同的周期。除了系统的周期观测以外，有时还要进行紧急观测(临时观测)。

13.2 建筑物沉降观测

建筑物的沉降观测是用水准测量的方法，周期性地观测建筑物上的沉降观测点和水准基点之间的高差变化值，以测定基础和建筑物本身的沉降值。

13.2.1 水准点和沉降观测点的布设

1. 水准点的布设

水准基点是沉降观测的基准点，所有建筑物及其基础的沉降均根据它来确定，因此它的构造与埋设必须保证稳定不变和长久保存。水准基点应埋设在建筑物变形影响范围之外，一般距离基坑开挖边线 50m 左右，且不受施工影响的地方。可按二、三等水准点标石规格埋设标志，也可在稳定的建筑物上设立墙上水准点。为了互相检核，水准点最少应布设 3 个。对于拟测工程规模较大者，基点要统一布设在建筑物的周围，便于缩短水准路线，提高观测精度。城市地区的沉降观测水准基点可用二等水准点与城市水准点连测。也可以采用假定高程。

2. 沉降观测点的布设

沉降观测点的布设应能全面反映建筑及地基变形特征，并顾及地质情况及建筑结构特点。点位宜选设在下列位置。

(1) 建筑的四角、核心筒四角、大转角处及沿外墙每 10～20m 处或每隔 2～3 根柱基上。

(2) 高低层建筑、新旧建筑、纵横墙等交接处的两侧。

(3) 建筑裂缝、后浇带和沉降缝两侧、基础埋深相差悬殊处、人工地基与天然地基接壤处、不同结构的分界处及填挖方分界处。

(4) 对于宽度大于等于 15m 或小于 15m 而地质复杂以及膨胀土地区的建筑，应在承重内隔墙中部设内墙点，并在室内地面中心及四周设地面点。

(5) 邻近堆置重物处、受振动有显著影响的部位及基础下的暗浜(沟)处。

(6) 框架结构建筑的每个或部分柱基上或沿纵横轴线上。

(7) 筏形基础、箱形基础底板或接近基础的结构部分之四角处及其中部位置。

(8) 重型设备基础和动力设备基础的四角、基础形式或埋深改变处以及地质条件变化处两侧。

(9) 对于电视塔、烟囱、水塔、油罐、炼油塔、高炉等高耸建筑，应设在沿周边与基础轴线相交的对称位置上，点数不少于 4 个。

观测点应埋设稳固，不易破坏，能长期保存。点的高度、朝向等要便于立尺和观测。观测点的埋设形式如图 13-1 和图 13-2 所示。图 13-1(a)和(b)分别为承重墙和柱上的观测点，图 13-2 为基础上的观测点。沉降观测点的具体做法，如图 13-3 所示。

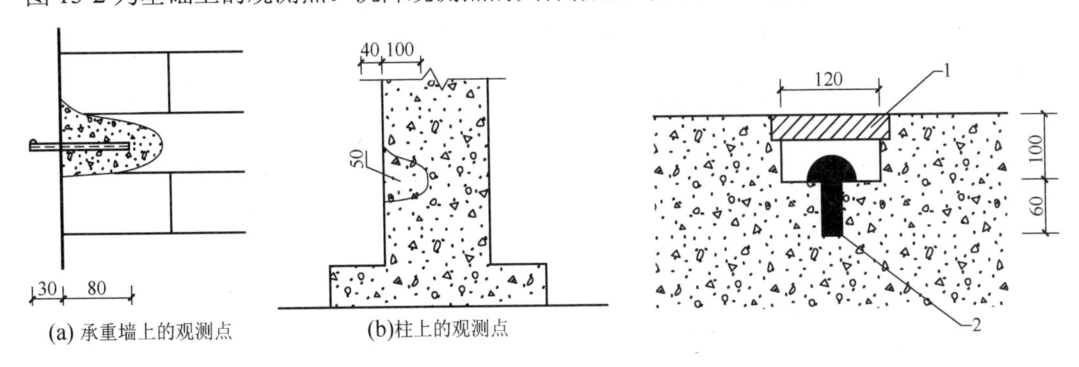

图 13-1 承重墙和柱上的观测点(单位：mm)

图 13-2 基础上的观测点

1—保护盖；2—ϕ20 铆钉

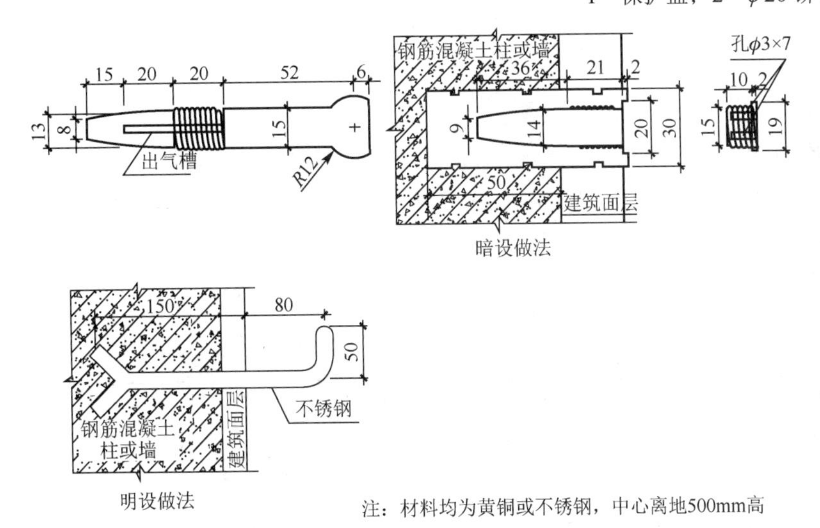

图 13-3 沉降观测点的具体做法

13.2.2 沉降观测

1. 沉降观测的时间和次数

(1) 建筑施工阶段的观测应符合下列规定。

① 普通建筑可在基础完工后或地下室砌完后开始观测，大型、高层建筑可在基础垫层或基础底部完成后开始观测。

② 观测次数与间隔时间应视地基与加荷情况而定。民用高层建筑可每加高 1～5 层观测一次，工业建筑可按回填基坑、安装柱子和屋架、砌筑墙体、安装设备等不同施工阶段分别进行观测。若建筑施工均匀增高，应至少在增加荷载的 25%、50%、75%和 100%时各测一次。

③ 施工过程中若暂停工，在停工时及重新开工时应各观测一次。停工期间可每隔 2～3 个月观测一次。

(2) 建筑使用阶段的观测次数，应视地基土类型和沉降速率大小而定。除有特殊要求外，可在第一年观测 3～4 次，第二年观测 2～3 次，第三年后每年观测 1 次，直至稳定为止。

(3) 在观测过程中，若有基础附近地面荷载突然增减、基础四周大量积水、长时间连续降雨等情况，均应及时增加观测次数。当建筑突然发生大量沉降、不均匀沉降或严重裂缝时，应立即进行逐日或 2～3d 一次的连续观测。

(4) 建筑沉降是否进入稳定阶段，应由沉降量与时间关系曲线判定。当最后 100d 的沉降速率小于 0.01～0.04mm/d 时可认为已进入稳定阶段。具体取值宜根据各地区地基土的压缩性能确定。

2. 沉降观测工作要求

一般性高层建筑物或大型厂房，应采用精密水准测量方法，按国家二等水准技术要求施测，将个观测点布设成闭合环或附合水准路线联测到水准基点上。对中小型厂房和建筑物，可采用三等水准测量的方法施测。为提高观测精度，可采用“三固定”的方法，即固定人员，固定仪器和固定施测路线、镜位与转点。观测时前、后视宜使用同一根水准尺，视线长度小于 50 m，前、后视距大致相等。

3. 沉降观测的精度及成果整理

每次观测结束后，应及时整理观测记录。先检查记录的数据和计算是否正确，精度是否合格，然后调整闭合差，推算各沉降观测点的高程，接着计算各观测点本次沉降量(本次观测高程减上次观测高程)和累计沉降量(本次观测高程减第一次观测高程)等数据，并计算结果、观测日期和荷载情况，一并记入沉降量观测记录表(表 13-3)内。

表 13-3 沉降量观测记录表

观测次数	观测时间	各观测点的沉降情况							施工进展情况	荷载情况/(t/m²)
		1			2			…		
		高程/m	本次下沉/mm	累计下沉/mm	高程/m	本次下沉/mm	累计下沉/mm	…		
1	1985.1.10	50.454	0	0	50.473	0	0	…	一层平口	
2	1985.2.23	50.448	−6	−6	50.467	−6	−6		三层平口	40
3	1985.3.16	50.443	−5	−11	50.462	−5	−11		五层平口	60
4	1985.4.14	50.440	−3	−14	50.4459	−3	−14		七层平口	70

续表

观测次数	观测时间	各观测点的沉降情况							施工进展情况	荷载情况/(t/m²)
		1			2			…		
		高程/m	本次下沉/mm	累计下沉/mm	高程/m	本次下沉/mm	累计下沉/mm	…		
5	1985.5.14	50.438	−2	−16	50.456	−3	−17		九层平口	80
6	1985.6.4	50.434	−4	−20	50.452	−4	−21		主体完	110
7	1985.8.30	50.429	−5	−25	50.447	−5	−26		竣工	
8	1985.11.6	50.425	−4	−29	50.445	−2	−28		使用	
9	1986.2.28	50.423	−2	−31	50.444	−1	−29			
10	1986.5.6	40.422	−1	−32	40.443	−1	−30			
11	1986.8.5	40.421	−1	−33	40.443	0	−30			
12	1986.012.25	40.421	0	−33	40.443	0	−30			

为了更形象地表示沉降、荷载和时间之间的相互关系，同时也为了预估下一次观测点的大约数字和沉降过程是否渐趋稳定或已经稳定，可绘制荷载、时间、沉降量关系曲线图，简称沉降曲线图，如图 13-4 所示。

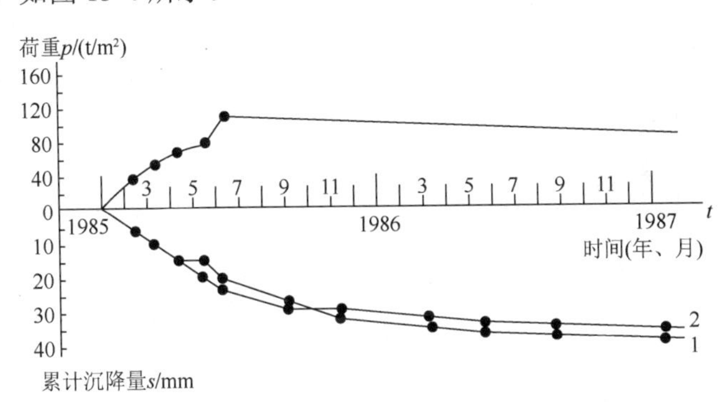

图 13-4　沉降曲线图

13.3　建筑物倾斜观测

基础的不均匀沉降会导致建筑物倾斜。测定建筑物倾斜的方法有两类：一类是直接测定建筑物的倾斜(最简单的是悬吊重球的方法，根据其偏差值可直接确定建筑物的倾斜，但有时无法在建筑物上固定重球)；另一类是通过测量建筑物基础的相对沉降确定建筑物的倾斜度。

13.3.1　一般建筑物的倾斜观测

如图 13-5 所示，在房屋顶部设置观测点 M，在离房屋建筑墙面大于其高度 1.5 倍的固定测站上(设一标志)安置经纬仪，瞄准 M 点，用盘左和盘右分中投点法将 M 点向下投影定出 N 点，做一标志。用同样的方法，在与原观测方向垂直的另一方向，定出上观测点 P 与下投影点 Q。相隔一段时间后，在原固定测站上安置经纬仪，分别瞄准上观测点 M 与 P，仍用盘左和盘右分中投点法分别得 N'和 Q'，若 N 与 N'、Q 和 Q'不重合，则说明建筑物发生倾斜。用尺量出倾斜位移分量ΔA 和ΔB，然后求得建筑物的总倾斜位移量，即

$$\varDelta = \sqrt{\Delta^2 A + \Delta^2 B} \tag{13-1}$$

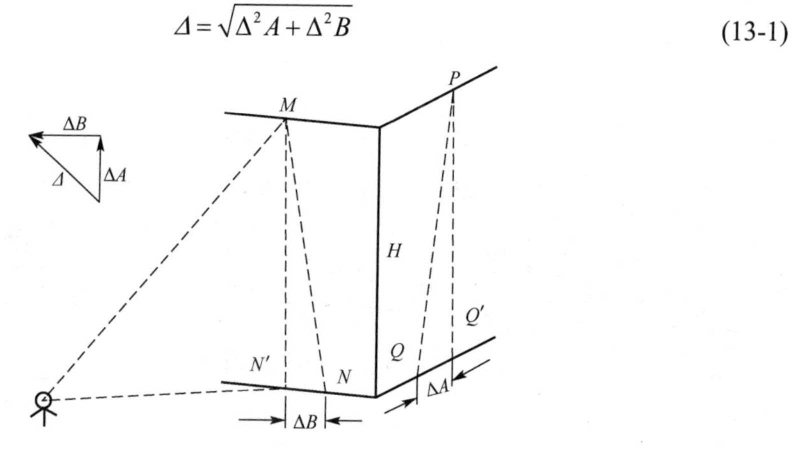

图 13-5　一般建筑物的倾斜观测

建筑物的倾斜度 i 由下式表示：

$$i = \frac{\varDelta}{H} = \tan\alpha \tag{13-2}$$

式中　H——建筑物高度；

α——倾斜角。

13.3.2　塔式建筑物的倾斜观测

水塔、电视塔、烟囱等高耸构筑物的倾斜观测是测定其顶部中心对底部中心的偏心距，即为其倾斜量。

如图 13-6(a)所示，在烟囱底部横放一根水准尺，然后在标尺的中垂线方向上安置经纬仪。经纬仪距烟囱的距离尽可能大于烟囱高度 H 的 1.5 倍。用望远镜将烟囱顶部边缘两点 A 和 A' 及底部边缘两点 B 和 B'，分别投到水准尺上，得读数为 y_1、y_1' 及 y_2、y_2'，如图 13-6(b)所示。烟囱顶部中心 O 对底部中心 O' 分别在 y 方向上的偏心距为

$$\varDelta = \frac{y_1 + y_1'}{2} - \frac{y_2 + y_2'}{2}$$

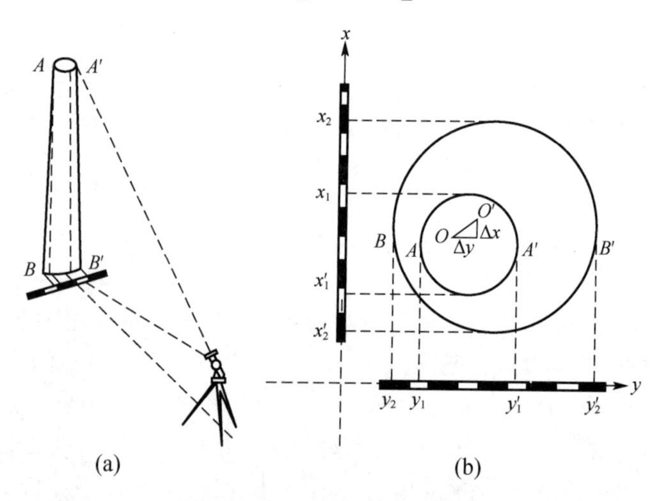

图 13-6　塔式建筑物的倾斜观测

同法可测得与 y 方向垂直的 x 方向上顶部中心 O 的偏心距为

$$\Delta=\frac{x_1+x_1'}{2}-\frac{x_2+x_2'}{2}$$

则顶部中心对底部中心的点偏心距和倾斜度 i 可分别用式(13-1)和式(13-2)计算。

13.3.3 倾斜仪观测

倾斜仪具有连续读数、自动记录、数字传输及精度较高的特点，在倾斜观测中应用较多。常见的倾斜仪主要有水平摆倾斜仪、电子倾斜仪、气泡式倾斜仪等。

如图 13-7 所示，气泡式倾斜仪有一个高灵敏度的气泡水准管 e 和一套精密的测微器组成。测微器中包括测微杆 g，读数盘 h 和指标 k。气泡水准管 e 固定在支架 a 上，a 可绕 c 点转动。a 下装一弹簧片 d，在底板 b 下为置放装置 m。将倾斜仪安置在需要的位置上，转动读数盘，使测微杆向上(向下)移动，直至水准管气泡居中为止。此时在读数盘上读数，即可得出该处的倾斜度。

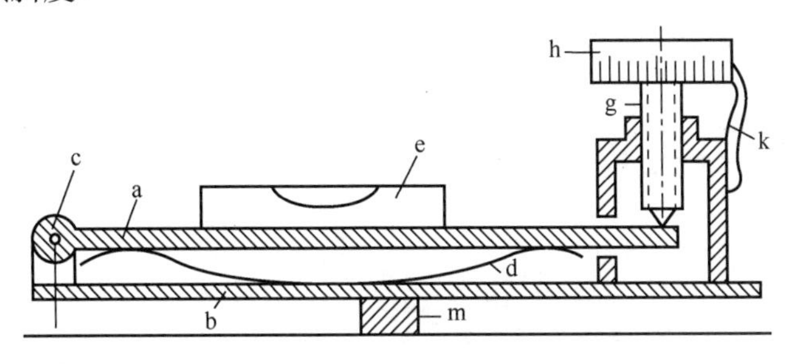

图 13-7 气泡式倾斜仪

我国制造的气泡式倾斜仪灵敏度为 2″，总的观测范围为 1°。气泡式倾斜仪适用于观测较大的倾斜角或量测局部地区的变形，例如测定设备基础和平台的倾斜。

为了实现倾斜观测的自动化，可用如图 13-8 所示的电子水准器。它是在普通的玻璃管水准器(内装酒精和乙醚的混合液，并留有空气气泡)的上面和下面装上三个电极 1、2、3，形成差动电容器的一种装置。此电容器的差动桥式电路如图 13-9 所示，u 为输入的高频交流电压 C_1 和 C_2，为差动电容器，构成桥路的两臂，Z_1 和 Z_2 为阻抗，$R_{载}$为负载电阻。电子水准器的工作原理是当玻璃管水准器倾斜时，气泡向旁边移动 x，使 C_1 和 C_2 中介质的介电常数发生变化，引起桥路两臂的电抗发生变化，因而桥路失去平衡，可用测量装置将其记录下来。

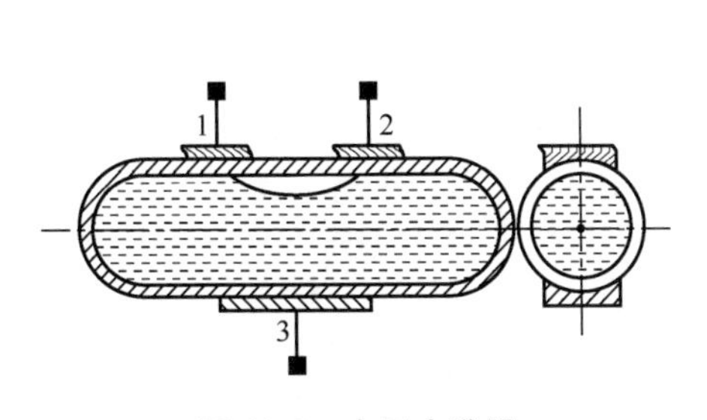

图 13-8 电子水准器

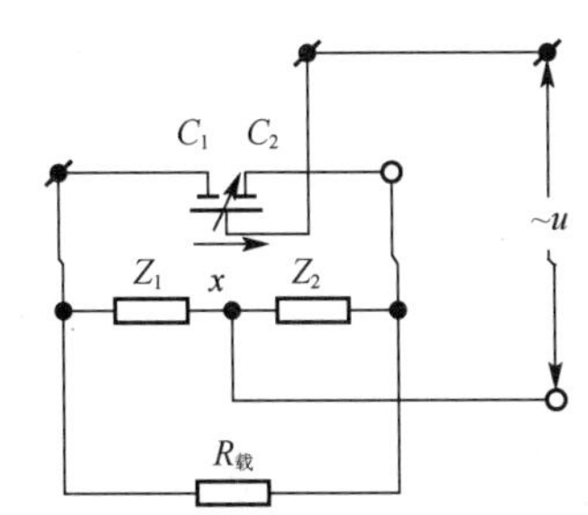

图 13-9 电容器的差动桥式电路

这种电子水准器可固定地安置在建筑物或设备的适当位置上，就能自动地进行倾斜观

测，因而适用做动态观测。当测量范围在 200″ 以内时，测定倾斜值的中误差在±0.2″ 以下。

13.4 建筑物位移与裂缝观测

13.4.1 位移观测

位移观测指根据平面控制点测定建筑物(构筑物)的平面位置随时间的变化移动的大小及方向。根据场地条件，可用基线法、小角法和交会法等测量水平位移。

1. 基线法

基线法的原理是在垂直于水平位移方向上建立一条基线，在建筑物(构筑物)上埋设一些观测标志，定期测定各观测标志偏离基准线的距离，从而求得水平位移量。如图 13-10 所示，*A* 和 *B* 为两个稳固的工作基点，其连线即为基准线方向。*P* 为观测点。观测时，将经纬仪安置于一端工作基点 *A* 上，瞄准另一端工作基点 *B*(后视点)，此视线方向即为基准线方向，通过测微尺测量观测点 *P* 偏离视线的距离变化，即可得到水平位移差。

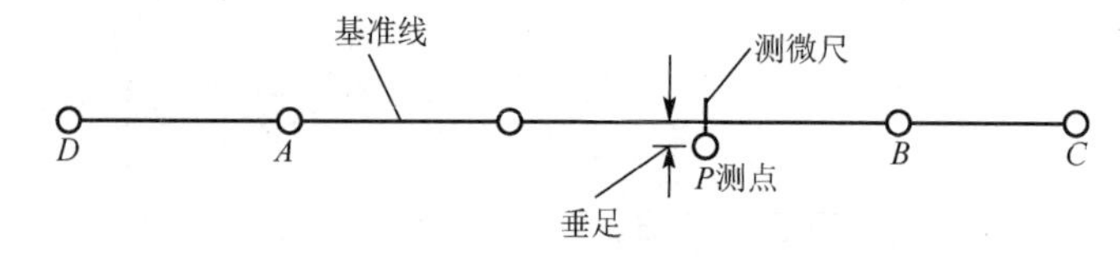

图 13-10 “基线法”位移观测

2. 小角法

小角法测量水平位移的原理与基线法基本相同，只不过小角法是通过测定目标方向线的微小角度变化来计算得到位移量。

如图 13-11 所示，将经纬仪安置于工作基点 *A*，在后视点 *B* 上安置观测觇牌，在建筑物上设置观测标志 *P*，可以用红油漆在墙体上涂三角符号作为观测标志。用测回法观测∠*BAP* 的角值，设第一次观测角值为β，第二次观测角值为$\beta'P$，两者之差$\Delta\beta=\beta'-\beta$，则 *P* 点的位移量符号为：

$$\delta=\frac{\Delta\beta}{\rho}D \tag{13-3}$$

式中 ρ——206 265"；

D——A，P 之间的距离。

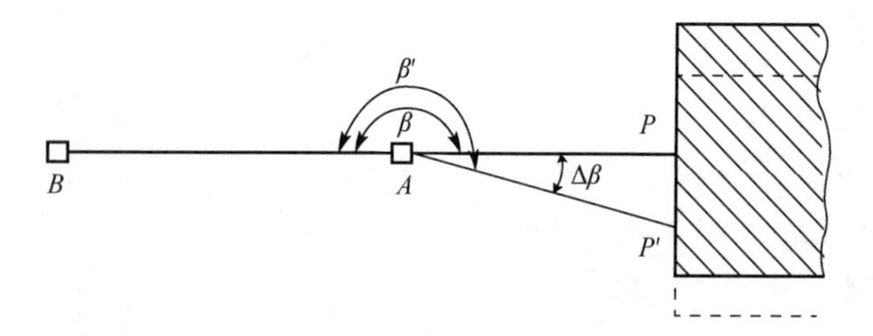

图 13-11 “小角法”位移观测

3. 交会法

当受建筑物及地形限制，不能采用基线法或小角法时，也可采用前方交会定点的方法来测出水平位移量。观测时尽可能选择较远的稳固的目标作为定向点，观测点埋设适用于不同方向照准的标志。

前方交会通常采用 J_1 经纬仪用全圆方向测回法进行观测。观测点偏移值的计算常不直接采取计算各观测点的坐标，用比较不同观测周期的坐标来求出位移值的方法；而是根据观测值的变化直接计算位移值。一般来说，当交会边长在 100 m 左右时，用 J_1 型经纬仪测 6 个测回，位移值测定中误差将不超过±lmm。

13.4.2 裂缝观测

工程建筑物发生裂缝时，为了解其现状和掌握其发展情况，应该进行观测，以便根据观测资料分析其产生裂缝的原因和它对建筑物安全的影响，及时采取有效措施加以处理。

当建筑物多处发生裂缝时，应先对裂缝进行编号，分别观测其位置、走向、长度和宽度等，如图 13-12 所示。用两块白铁皮，一块为正方形，边长为 150mm 左右，另一块为长方形大小为 50mm×200mm，将它们分别固定在裂缝的两侧，并使长方形铁片一部分紧贴在正方形铁皮上，然后在两块铁皮上涂上红油漆。当裂缝继续发展时，两块铁皮被逐渐拉开，正方形白铁皮上就会露出未被红油漆涂到的部分，其宽度即为裂缝增大的宽度，可用尺子直接量出。

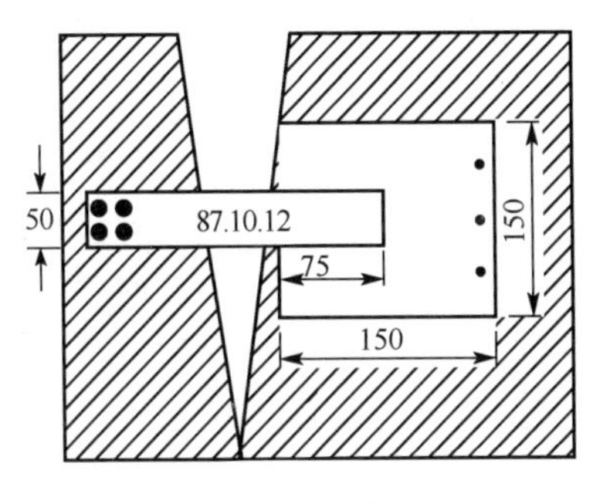

图 13-12　裂缝观测

13.5 竣工测量

竣工测量指工程建设竣工、验收时所进行的测量工作。它主要是对施工过程中设计有所更改的部分，直接在现场指定施工的部分，以及资料不完整无法查对的部分，根据施工控制网进行现场实测，或加以补测。其提交的成果主要包括：竣工测量成果表和竣工总平面图、专业图、断面图，以及碎部点坐标、高程明细表。

13.5.1 竣工测量的意义

竣工测量的目的和意义可概括为以下几个方面。

(1) 在工程施工建设中，一般都是按照设计总图进行，但是，由于设计的更改、施工的误差及建筑物的变形等原因，使工程实际竣工位置与设计位置不完全一致。因而需要进行竣工测量，反映工程实际竣工位置。

(2) 在工程建设和工程竣工后，为了检查和验收工程质量，需要进行竣工测量，以提供成果、资料作为检查、验收的重要依据。

(3) 为了全面反映设计总图经过施工以后的实际情况，并且为竣工后工程维修管理运营及日后改建、扩建提供重要的基础技术资料，应进行竣工测量，在其基础上编绘竣工总平面图。

13.5.2 编绘竣工总平面图的方法

竣工总平面图主要是根据竣工测量资料和各专业图测量成果综合编绘而成的。比例尺一般为 1∶1000，并尽可能绘制在一张图纸上，重要碎部点要按坐标展绘并编号，以便与碎部点坐标、高程明细表对照。地面起伏一般用高程注记方法表示。

编绘竣工总平面图的具体方法如下。

1. 准备

(1) 首先在图纸上绘制坐标方格网，一般用两脚规和比例尺展绘在图上，其精度要求与地形测图的坐标格网相同。

(2) 展绘控制点。将施工控制点按坐标值展绘在图上，展点对邻近的方格而言，其容许误差为±0.3mm。

(3) 展绘设计总平面图。根据坐标格网，将设计总平面图的图面内容按其设计坐标，用铅笔展绘于图纸上，作为底图。

(4) 展绘竣工总平面图。一是根据设计资料展绘；二是根据竣工测量资料或施工检查测量资料展绘。

2. 现场实测

对于直接在现场指定位置施工的工程及多次变更设计而无法查对的工程，竣工现场的竖向布置、围墙和绿化情况，施工后尚保留的大型临时设施以及竣工后的地貌情况，都应根据施工控制网进行实测，加以补充。实测的内容如下。

(1) 碎部点(如房屋角点、道路交叉点等)坐标测量。实测出选定碎部点的坐标。重要建筑物房角和各类管线的转折点、井中心、交叉点、起止点等均应用解析法测出其坐标。

(2) 各种管线测绘。地下管线应在回填土前准确测出其起点、终点、转折点的坐标。对于上水道的管顶、下水道的管底、主要建筑物的室内地坪、井盖、井底、道路变坡点等要用水准仪测量其高程。

(3) 道路测量。要正确测出道路圆曲线的元素，如交角、半径、切线长和曲线长等。

3. 分类竣工总平面图的编绘

厂区地上和地下所有建筑物、构筑物绘在一张竣工总平面图上时，如果线条过于密集而不醒目，则可根据工程的密集与复杂程度，按工程性质分类采用分类编图，如综合竣工总平面图，厂区铁路、道路竣工总平面图，工业管线竣工总平面图和分类管道竣工总平面图等。比例尺一般采用1∶1000。如不能清楚地表示某些特别密集的地区，也可局部采用 1∶500 的比例尺。这些分类总图主要是满足相应专业管理和维修之用，它是各专业根据竣工测量资料和总图编绘而成的。在图中除了要详尽反映本专业工程或设施的位置、特征点坐标、高程及有关元素外，还要绘出有关厂房、道路等位置轮廓，以便反映它们之间的关系。

4. 综合竣工平面图的编绘

综合竣工总平面图是设计总平面图在施工后实际情况的全面反映。综合竣工总平面图的编绘与分类竣工总平面图的编绘最好都随着工程的陆续竣工相继进行编绘。一面竣工、一面利用竣工测量成果编绘综合竣工总平面图，使竣工图能真实反映实际情况。

综合竣工总平面图编绘的资料来源有：实测获得；从设计图上获得；从施工中的设计变更通知单中获得；从竣工测量成果中获得。

综合竣工总平面图上应包括建筑方格网点、水准点、厂房、辅助设施、生活福利设施、架空与地下管线、铁路等建筑物或构筑物的坐标和高程，以及厂区内空地和未建区的地形。有关建筑物、构件物的符号应与设计图例相同，有关地形图的图例应使用国家地形图图式符号。

13.5.3 竣工总平面图的附件

竣工总平面图编绘好以后，随竣工总图一并提交的还应有控制测量成果表、控制点布置图、施工测量外业资料、施工期间进行的测量工作及各个建(构)筑物沉降和变形观测的说明书；设计图纸文件、原始地形图、地质资料；设计变更资料、验收记录；大样图、剖面图等。

本项目小结

本章的主要的内容有：建筑物的沉降及水平位移的观测；建筑物倾斜和裂缝观测；竣工总平面图的编绘等。概念和方法：变形观测、沉降观测、下沉曲线；倾斜观测、位移观测、基线法、小角法；竣工测量及其意义。

1. 建筑物沉降观测

建筑物的沉降观测是用水准测量的方法，周期性地观测建筑物上的沉降观测点和水准基点之间的高差变化值，以测定基础和建筑物本身的沉降值。

2. 建筑物倾斜观测

基础的不均匀沉降会导致建筑物倾斜。测定建筑物倾斜的方法有两类：一类是直接测定建筑物的倾斜；另一类是通过测量建筑物基础的相对沉降确定建筑物的倾斜度。

3. 建筑物位移观测

位移观测指根据平面控制点测定建(构)筑物的平面位置随时间变化移动的大小及方向。根据场地条件，可用基线法、小角法和交会法等测量水平位移。

4. 建筑物裂缝观测

工程建筑物发生裂缝时，为了解其现状和掌握其发展情况，应进行观测，以便根据观测资料分析其产生裂缝的原因和它对建筑物安全的影响，及时采取有效措施加以处理。

5. 建筑物竣工测量

竣工测量指工程建设竣工、验收时所进行的测量工作。它主要是对施工过程中设计有所更改的部分，直接在现场指定施工的部分，以及资料不完整无法查对的部分，根据施工控制网进行现场实测，或加以补测。其提交的成果主要包括：竣工测量成果表和竣工总平面图、专业图、断面图，以及碎部点坐标、高程明细表。

习题

思考题

1. 建筑物变形测量的意义是什么?变形观测主要包括哪些内容?

2. 布设沉降观测点应注意哪些问题?什么是沉降观测时的“三固定”?为什么在沉降观测时要做到“三固定”?

3. 在塔式建筑物的倾斜观测中，若只有经纬仪，能进行倾斜观测吗?若可以，请简述其方法。

4. 如何进行建筑物的裂缝观测?

5. 如何进行建筑物的位移观测?

6. 竣工测量的意义是什么?

能力评价体系

知识要点	能力要求	所占分值(100 分)	自评分数
建筑物变形观测概述	(1) 了解建筑物变形观测方案的制度	4	
	(2) 了解建筑物变形观测的目的和特点	2	
建筑物沉降观测	(1) 理解水准点和沉降观测点的布设	16	
	(2) 掌握沉降观测方法	12	
建筑物倾斜观测	(1) 掌握一般建筑物的倾斜观测	8	
	(2) 了解塔式建筑物的倾斜观测	10	
	(3) 了解倾斜仪观测	6	
建筑物位移与裂缝观测	(1) 掌握位移观测方法	12	
	(2) 掌握裂缝观测方法	12	
竣工测量	(1) 了解竣工测量的意义	4	
	(2) 掌握编绘竣工总平面图的方法	10	
	(3) 了解竣工总平面图的附件	4	
总分		100	

参考文献

[1] 中华人民共和国国家标准. 工程测量规范(GB 50026—2007)[S]. 北京：中国计划出版社，2008.

[2] 中华人民共和国国家标准. 城市测量规范(CJJ/T 8—2011)[S]. 北京：中国建筑工业出版社，2012.

[3] 中华人民共和国国家标准. 建筑变形测量规程(JGJ 8—2016)[S]. 北京：中国建筑工业出版社，2016.

[4] 中华人民共和国国家标准. 国家基本比例尺地图图式　第 1 部分：1∶500 1∶1000 1∶2000 地形图图式(GB/T 20257.1—2007)[S]. 北京：中国标准出版社，2008.

[5] 中华人民共和国国家标准. 1∶500 1∶1000 1∶2000 地形图平板仪测量规范(GB/T 16819—2012][S]. 北京：中国标准出版社，2012.

[6] 吴来瑞，邓学才. 建筑施工测量手册[M]. 北京：中国建筑工业出版社，2000.

[7] 李生平. 建筑工程测量[M]. 北京：高等教育出版社，2005.

[8] 赵景利，杨凤华. 建筑工程测量[M]. 北京：北京大学出版社，2010.

[9] 周建郑. 建筑工程测量[M]. 2 版. 北京：中国建筑工业出版社，2008.

[10] 张国辉. 土木工程测量[M]. 北京：清华大学出版社，2008.

[11] 覃辉. 土木工程测量[M]. 上海：同济大学出版社，2006.

[12] 吕云麟，杨龙彪，林凤明. 建筑工程测量[M]. 北京：中国建筑工业出版社，2002.

[13] 业衍璞. 建筑测量[M]. 北京：高等教育出版社，1999.

[14] 李仲. 建筑工程测量[M]. 北京：高等教育出版社，2007.

[15] 李玉宝. 测量学[M]. 成都：西南交通大学出版社，2006.

[16] 徐宇飞，等. 数字测图技术[M]. 郑州：黄河水利出版社，2005.

[17] 明东权，等. 数字测图[M]. 武汉：武汉大学出版社，2013.

[18] 张潇，牛志宏. 数字测图[M]. 北京：中国水利水电出版社，2012.

[19] 杨晓明，等. 数字测图原理与技术[M]. 2 版. 北京：测绘出版社，2014.

[20] 纪勇，等. 数字测图[M]. 北京：测绘出版社，2013.

[21] 覃辉，等. 土木工程测量[M]. 4 版. 上海：同济大学出版社，2014.

[22] 潘正风，等. 数字测图原理与方法习题和实验[M]. 2 版. 武汉：武汉大学出版社，2009.

[23] 中华人民共和国国家标准. 1∶500 1∶1000 1∶2000 外业数字测图技术规程(GB/T 14912—2005)[S]. 北京：中国标准出版社，2005.

[24] 中华人民共和国国家标准. 国家基本比例尺地形图分幅和编号(GB/T 13989—2012)[S]. 北京：中国标准出版社，2012.

[25] 中华人民共和国国家标准. 数字地形图产品基本要求(GB/T 17278—2009)[S]. 北京：中国标准出版社，2009.